高职高专工程造价专业系列教材

建筑构造与识图

主编　姚继权　倪树楠

中国建材工业出版社

图书在版编目（CIP）数据

建筑构造与识图/姚继权，倪树楠主编. —北京：
中国建材工业出版社，2010.5（2024.8 重印）
（高职高专工程造价专业系列教材）
ISBN 978-7-80227-749-6

Ⅰ. ①建… Ⅱ. ①姚… ②倪… Ⅲ. ①建筑构造—高
等学校：技术学校—教材②建筑制图—识图法—高等学校：
技术学校—教材 Ⅳ. ①TU2

中国版本图书馆 CIP 数据核字（2010）第 054975 号

内 容 简 介

本书共分为三篇，分别为建筑识图基础知识、房屋建筑施工图的识读、建筑构造，其中建筑识图基础知识部分包括：建筑制图的基本知识，投影的基本知识，点、直线、平面的投影，立体的投影，轴测投影，剖面图和断面图；房屋建筑施工图的识读部分包括：房屋建筑施工图概述、建筑施工图、装饰施工图；建筑构造部分包括：建筑构造概述、基础和地下室、墙体、楼板与楼地面、楼梯、屋顶、门与窗、工业建筑。

本教材尽量做到理论联系实践，深入浅出，层次分明，图文并重。在内容安排上符合学生学习的认识规律，便于教学与自学。本教材不仅可作为高等职业院校工程造价专业及其他相关专业的教材，也可作为工程造价人员的参考用书。

建筑构造与识图
主编 姚继权 倪树楠

出版发行：中国建材工业出版社
地 址：北京市西城区白纸坊东街 2 号院 6 号楼
邮 编：100054
经 销：全国各地新华书店
印 刷：北京雁林吉兆印刷有限公司
开 本：787mm×1092mm 1/16
印 张：17.5
字 数：443 千字
版 次：2010 年 5 月第 1 版
印 次：2024 年 8 月第 4 次
书 号：ISBN 978-7-80227-749-6
定 价：**45.00 元**

本社网址：www.jccbs.com，微信公众号：zgjcgycbs

《高职高专工程造价专业系列教材》编委会

《建筑构造与识图》编委会

主　编：姚继权　倪树楠

副主编：胡　姗

参　编：刘恩娜　吕万东　佘元超

李　娜　宋　涛　张　璐

前　言

随着建筑科学技术的发展，新技术、新工艺、新材料层出不穷，这就要求承担一线高技能应用型人才培养的高职院校在专业教学中必须紧跟建筑技术应用的潮流，编写与学生从业岗位需求配套的适用教材，突出岗位应用技能的传授，做到理论与实践的全方位结合，促进学生动手和综合应用能力的提高，培养出受建筑企业欢迎的人才。

《建筑构造与识图》是高职高专工程造价专业的主干课程，它必须适应建筑技术的进步和变化，才能满足现今的教学需求。本书共分为三篇，分别介绍了建筑识图基础知识、房屋建筑施工图的识读、建筑构造，旨在培养学生对建筑的基本构造原理和构造方法的学习理解能力，提高学生熟练识读施工图的能力。

本书在编写过程中，注意总结教学和实际应用中的经验，遵循教学规律。在图样选用、文字处理上注重简明形象、直观通俗，内容循序渐进、由浅入深，易于自学。

姚继权老师为本书房屋建筑施工图的识读部分提供了丰富的识读示例，胡姗老师对全书进行了认真审读。由于编者水平有限，本书难免有不足或未尽之处，恳请各位读者提出批评和改进意见。

编　者

2010.3

目　录

第一篇　建筑识图基础知识

第1章　建筑制图的基本知识

重　点　提　示

1. 熟悉基本制图标准。
2. 了解制图常用工具与使用。
3. 了解计算机制图及辅助设计的应用。

1.1　基本制图标准

工程图是工程施工、生产、管理等环节最重要的技术文件，是工程师的技术语言。为了便于技术交流，提高生产效率，国家指定专门机关负责组织制订“国家标准”，简称国标，代号“GB”。为了区别不同的技术标准，在代号后面加若干字母和数字等，如建筑工程制图方面的标准总代号为“GBJ”。目前执行以下标准：《房屋建筑制图统一标准》（GB/T 50001—2001）、《总图制图标准》（GB/T 50103—2001）、《建筑制图标准》（GB/T 50104—2001）、《建筑结构制图标准》（GB/T 50105—2001）、《给水排水制图标准》（GB/T 50106—2001）和《暖通空调制图标准》（GB/T 50114—2001）。所有从事建筑工程技术的人员，在设计、施工、管理中都应该严格执行国家有关建筑制图标准。

1.1.1　图纸的幅面规格及形式

建筑工程图纸的幅面规格共有五种，从大到小的幅面代号为A0、A1、A2、A3和A4。各种图幅的幅面尺寸和图框形式、图框尺寸都有明确规定，见表1-1及图1-1～图1-3。

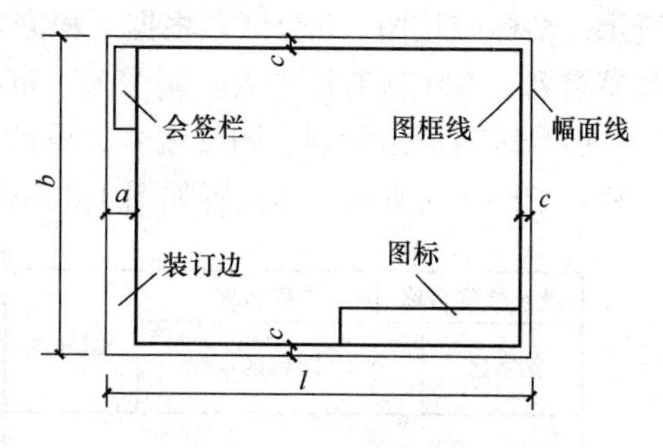

图1-1　A0～A3横式幅面

表1-1　图幅及图框尺寸　　单位：mm

尺寸代号	幅面代号				
	A0	A1	A2	A3	A4
$b \times l$	841×1189	594×841	420×594	297×420	210×297
c	10			5	
a	25				

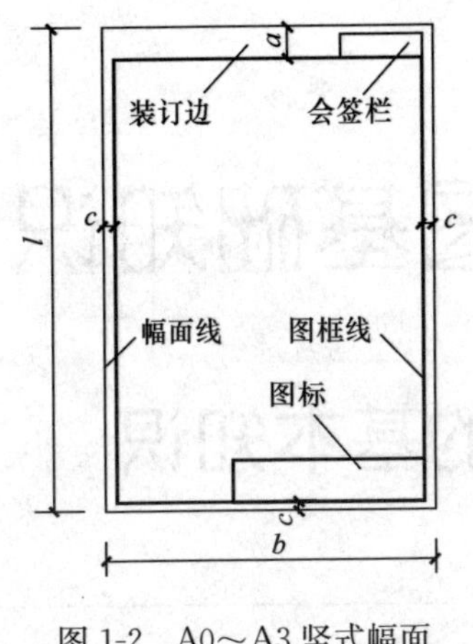

图 1-2　A0～A3 竖式幅面

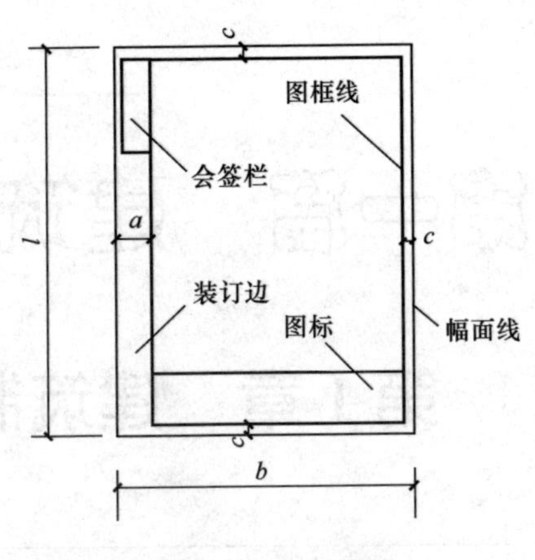

图 1-3　A4 幅面

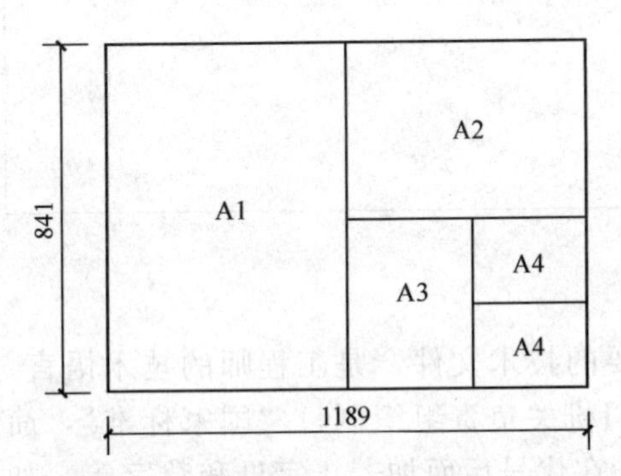

图 1-4　由 A0 图幅对裁其他图幅示意图

图纸幅面尺寸相当于$\sqrt{2}$系列，即 $l=(\sqrt{2})\ b$，l 为图纸的长边尺寸，b 为短边尺寸。A0 图幅的面积为 $1\mathrm{m}^2$，A1 图幅为 $0.5\mathrm{m}^2$，是 A0 的对裁，其他图幅依此类推，如图 1-4 所示。

长边作为水平边使用的图幅称为横式图幅，短边作为水平的称为立式图幅。A0～A3 图幅宜横式使用，必要时可立式使用，A4 则只能立式使用。

在确定一个工程设计所用的图纸大小时，每个专业所使用的图纸，一般不宜多于两种图幅。不含目录和表格所用的 A4 图幅。

每张图纸都应在图框的右下角设置标题栏（简称图标），位置如图 1-1、图 1-2、图 1-3 所示。图标应按图 1-5 分区，根据工程需要选择其尺寸、格式及分区。签字区应包括实名列和签名列，签字区有设计人、制图人、审核人、审批人等的签字，以便明确技术责任。

图号区有图纸类别、图纸编号、设计日期等内容。需要相关专业会签的图纸，还设有会签栏，如图 1-6 所示，其位置如图 1-3 所示。

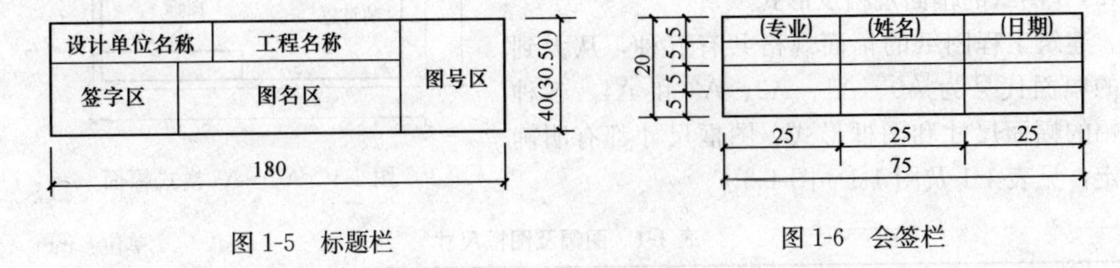

图 1-5　标题栏　　　　图 1-6　会签栏

学校制图作业的标题栏可选用图 1-7 所示格式。制图作业不需绘制会签栏。

1.1.2　图线及其画法

工程图上所表达的各项内容，需要用不同线型、不同线宽的图线来表示，这样才能做到图样清晰、主次分明。为此，《房屋建筑制图统一标准》（GB/T 50001—2001）作了相应规定。

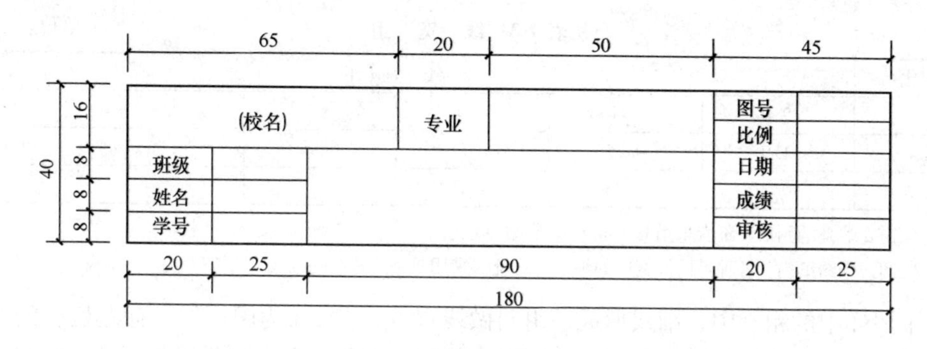

图 1-7　作业用标题栏

（1）线型

工程建设制图的线型有实线、虚线、单点长画线、双点长画线、折断线和波浪线共六种。其中有的线型还分粗、中、细三种线宽。各种线型的规定及一般用途见表 1-2。

表 1-2　线型和线宽

名称		线型	线宽	一般用途
实线	粗		b	主要可见轮廓线
	中		0.5b	可见轮廓线
	细		0.25b	可见轮廓线、图例线
虚线	粗		b	见各有关专业制图标准
	中		0.5b	不可见轮廓线
	细		0.25b	不可见轮廓线、图例线
单点长画线	粗		b	见各有关专业制图标准
	中		0.5b	见各有关专业制图标准
	细		0.25b	中心线、对称线等
双点长画线	粗		b	见各有关专业制图标准
	中		0.5b	见各有关专业制图标准
	细		0.25b	假想轮廓线、成型前原始轮廓线
折断线			0.25b	断开界线
波浪线			0.25b	断开界线

（2）线宽

在《房屋建筑制图统一标准》（GB/T 50001—2001）中规定，图线的宽度 b，宜从下列线宽系列中选用：2.0mm、1.4mm、1.0mm、0.7mm、0.5mm、0.35mm。

每个图样应根据复杂程度与比例大小，先选定基本线宽 b，再选用表 1-3 中的相应线宽组。

表 1-3　线　宽　组　　单位：mm

线宽比	线　宽　组					
b	2.0	1.4	1.0	0.7	0.5	0.35
$0.5b$	1.0	0.70	0.5	0.35	0.25	0.18
$0.25b$	0.5	0.35	0.25	0.18		

注：1. 需要缩微的图纸，不宜采用 0.18mm 及更细的线宽。

2. 同一张图纸内，各种不同线宽中的细线，可统一采用较细线宽组的细线。

一个图样中的粗、中、细线形成一组叫做线宽组。表 1-4 为图框线、标题栏线的宽度要求，绘图时可参照选择使用。在同一张图纸内相同比例的各图样应采用相同的线宽组。

表 1-4　图框线、标题栏线的宽度要求

图幅代号	图框线	标题栏外框线	标题栏分格线、会签栏线
A0、A1	1.40	0.7	0.35
A2、A3、A4	1.0	0.7	0.35

（3）图线的画法

1）在绘图时，相互平行的两直线，其间隙不能小于粗线的宽度，且不宜小于 0.7mm，如图 1-8（a）所示。

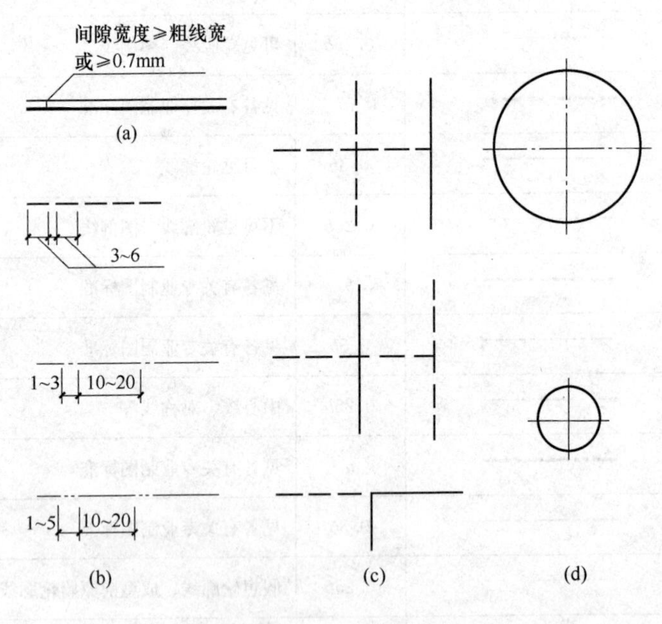

图 1-8　图线的画法

（a）两线的最小间隔；（b）线的画法；（c）交接；（d）圆的中心线画法

2）虚线、单点长画线、双点长画线的线段长度和间隔，宜各自相等，如图 1-8（b）所示。虚线与虚线相交或虚线与其他线相交时应交于线段处；虚线在实线的延长线上时，不能与实线连接，如图 1-8（c）所示。

3）单点长画线或双点长画线的两端不应是点，点画线之间或点画线与其他图线相交时应交于线段处。

4）在较小图形中，点画线绘制有困难时可用实线代替。圆的中心线应用单点长画线表示，两端伸出圆周 2～3mm；圆的直径较小时中心线可用实线表示，伸出圆周长度 1～2mm，如图 1-8（d）所示。

1.1.3 字体

建筑工程图样除用不同的图线表示建筑及其构件的形状、大小外，有些内容是无法用图线表达的，如建筑装修的颜色、尺寸标注、对各部位施工的要求等，因此，在图样中必须用文字加以注释。在建筑施工图中的文字有汉字、拉丁字母、阿拉伯数字、符号、代号等。这些字体的书写应笔画清晰、字体端正、排列整齐、间隔均匀、标点符号应清楚正确。

文字的字高应为 3.5mm、5mm、7mm、10mm、14mm、20mm，如书写更大的字，其高度应按$\sqrt{2}$的比值增加。

1.1.3.1 汉字

图样及说明中的汉字，应符合国务院公布的《汉字简化方案》的有关规定，宜采用长仿宋体，宽度与高度的关系应符合表 1-5 的规定。长仿宋体字的书写要领是：横平竖直、起落分明、笔锋满格、结构匀称、间隔均匀、排列整齐、字体端正，如图 1-9 所示。

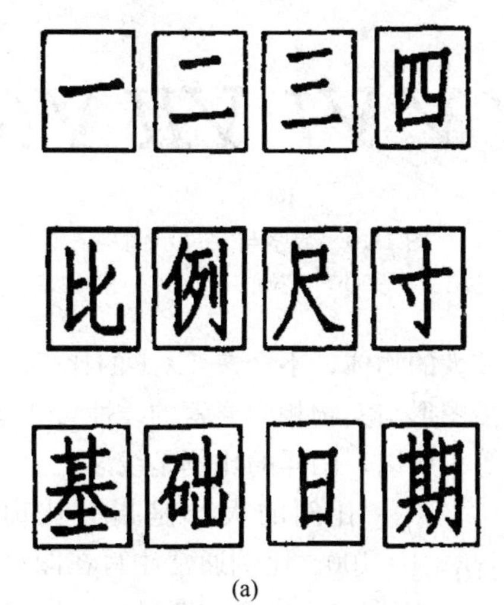

(a)

10 号字

字体工整 笔画清楚 间隔均匀 排列整齐

7 号字

横平竖直注意起落结构均匀填满方格

5 号字

技术制图机械电子汽车航空船舶土木建筑矿山井坑港口纺织服装

(b)

图 1-9 长仿宋体字示例

（a）长仿宋体字的结构布局；（b）不同字号的长仿宋体字

表 1-5　长仿宋体字高宽关系　　单位：mm

字高	20	14	10	7	5	3.5
字宽	14	10	7	5	3.5	2.5

1.1.3.2　拉丁字母、阿拉伯数字与罗马字母

拉丁字母、阿拉伯数字与罗马数字，如写成斜体字，其斜度应是从字的底线逆时针向上倾斜 75°。斜体字的高度与宽度应与相应的直体字相等。这三种字体的字高均不应小于 2.5mm。如图 1-10 所示。

(a)

0123456789　0123456789

(b)

I II III IV V VI VII VIII IX X

(c)

图 1-10　数字与字母示例

(a) 拉丁字母；(b) 阿拉伯字母；(c) 罗马数字

1.1.4　比例

通常情况下，建筑物都是较大的物体，不会按 1∶1 的比例绘制，应根据其大小采用适当的比例绘制。图样的比例是指图形与实物相应要素的线性尺寸之比。线性尺寸是指直线方向的尺寸，如长、宽、高尺寸等。所以，图样的比例是线段之比而非面积之比。

平面图 1:50　⑥ 1:10

图 1-11　比例的注写

比例的大小是指其比值的大小，如 1∶50 大于 1∶100。比例通常注写在图名的右方，与文字的基准线应取平，字高比图名小一号或两号，如图 1-11 所示。

绘图所用的比例应根据图样的用途与被绘对象的复杂程度，从表 1-6 中选用，并优先选用常用比例。

表 1-6　绘图所用的比例

常用比例	1∶1、1∶2、1∶5、1∶10、1∶20、1∶50、1∶100、1∶150、1∶200、1∶500、1∶1000、1∶2000、1∶5000、1∶10000、1∶20000、1∶50000、1∶100000、1∶200000
可用比例	1∶3、1∶4、1∶6、1∶15、1∶25、1∶30、1∶40、1∶60、1∶80、1∶250、1∶300、1∶400、1∶600

1.1.5　尺寸标注

工程图样中的图形除了按比例画出建筑物或构筑物的形状外，还必须标注完整的实际尺寸，作为施工的依据。因此，尺寸标注必须准确无误、字体清晰、不得有遗漏，否则会给施工造成很大的影响。

1.1.5.1　尺寸的组成

尺寸由尺寸界线、尺寸线、尺寸起止符号和尺寸数字四部分组成，如图 1-12 所示。

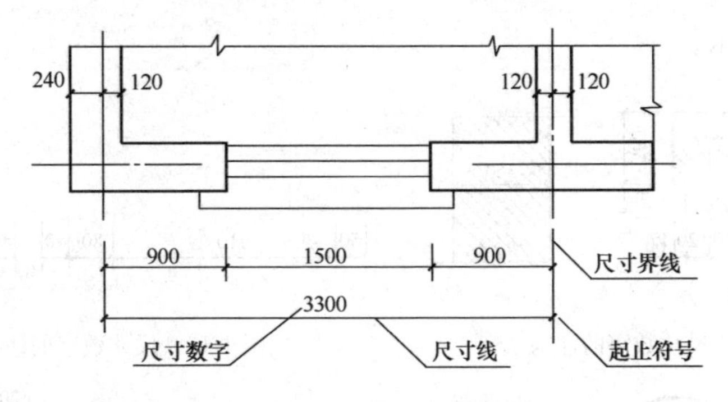

图 1-12　尺寸的组成

（1）尺寸界线。尺寸界线用细实线绘制，与所要标注轮廓线垂直。其一端应离开图样轮廓线不小于 2mm，另一端超过尺寸线 2～3mm，图样轮廓线、轴线和中心线可以作为尺寸界线。

（2）尺寸线。尺寸线表示所要标注轮廓线的方向，用细实线绘制，与所要标注轮廓线平行，与尺寸界线垂直，不得超越尺寸界线，也不得用其他图线代替。互相平行的尺寸线的间距应大于 7mm，并应保持一致，尺寸线离图样轮廓线的距离不应小于 10mm。如图 1-12 所示。

（3）尺寸起止符号。尺寸起止符号是尺寸的起点和止点。建筑工程图样中的起止符号一般用 2～3mm 的中粗短线表示，其倾斜方向应与尺寸界线成顺时针 45°角。半径、直径、角度和弧长的尺寸起止符号，宜用长箭头表示，箭头的画法如图 1-13 所示。

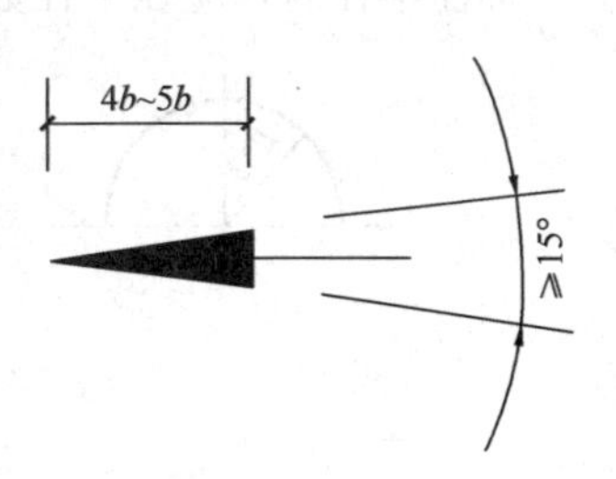

图 1-13　箭头的画法

（4）尺寸数字。尺寸数字必须用阿拉伯数字注写。建筑工程图样中的尺寸数字表示建筑物或构件的实际大小，与所绘图样的比例和精确度无关。尺寸数字除总平面图上的尺寸单位和标高的单位以“m”为单位外，其余尺寸均以“mm”为单位，在施工图中不注写单位。尺寸标注时，当尺寸线是竖线时，尺寸数字应写在尺寸线的左方，字头向左；当尺寸线是水平线时，尺寸数字应写在尺寸线的上方，字头朝上。当尺寸线为其他方向时，其注写方向如图 1-14 所示。

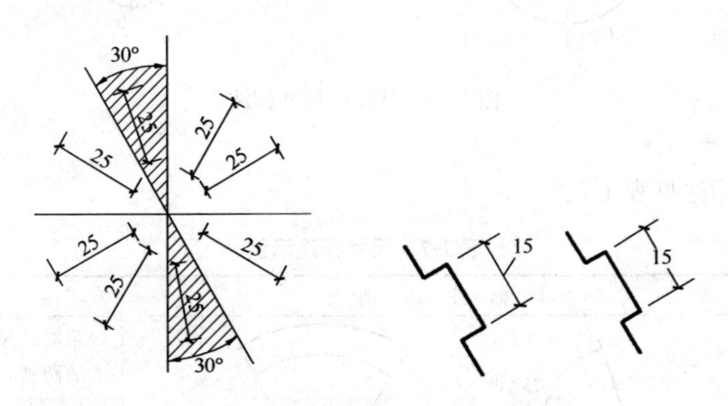

图 1-14　斜向尺寸的标注

尺寸宜标注在图样轮廓线以外，不宜与图线、文字及符号等相交，如图 1-15 所示。尺寸数字如果没有足够的位置注写时，两边的尺寸可以注写在尺寸界线的外侧，中间相邻的尺寸可以错开注写，如图 1-16 所示。

1.1.5.2　圆、圆弧及球体的尺寸标注

圆及圆弧的尺寸标注，通常标注其直径和半径。标注直径时，应在直径数字前加注字母

“ϕ”。如图 1-17 所示。

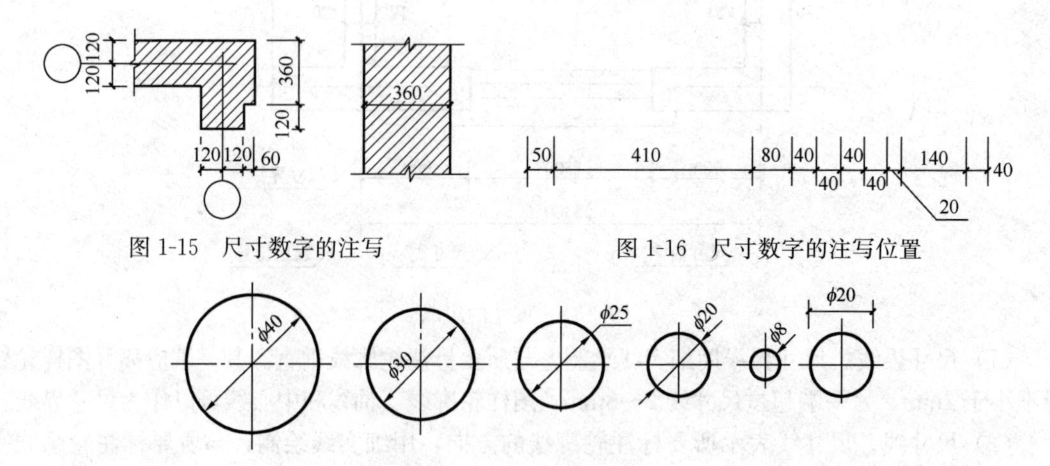

图 1-15　尺寸数字的注写

图 1-16　尺寸数字的注写位置

图 1-17　直径的尺寸标注

标注半径时，应在半径数字前加注字母“R”，如图 1-18 所示。

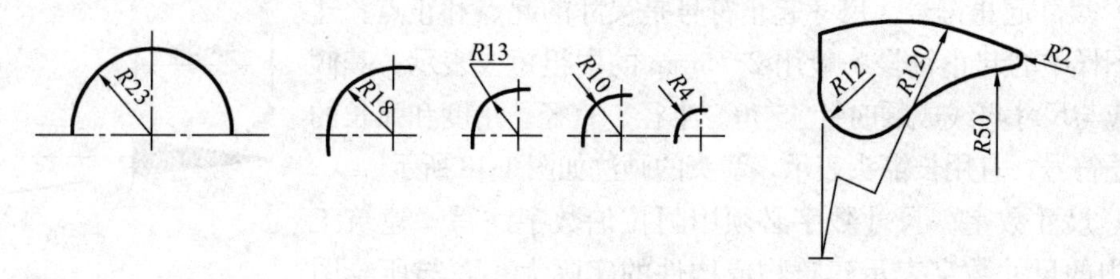

图 1-18　半径的尺寸标注

球体的尺寸标注应在其直径和半径前加注字母“S”，如图 1-19 所示。

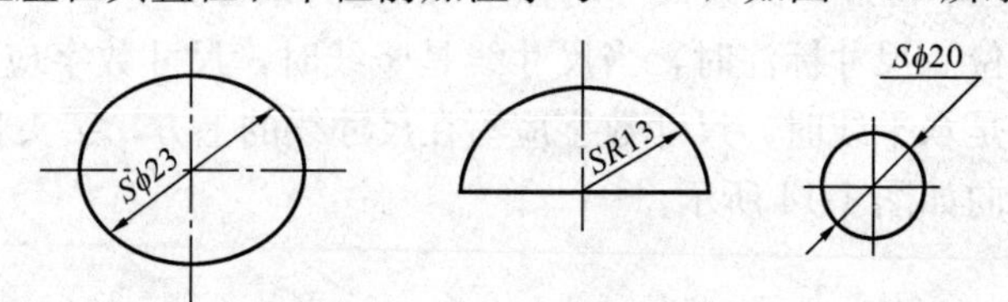

图 1-19　球体的尺寸标注

1.1.5.3　其他尺寸标注

其他的尺寸标注见表 1-7。

表 1-7　尺寸标注示例

项　目	标　注　示　例	说　　明
角度、弧度与弦长的尺寸标注法	75°20′　5°　6°09′56″　60°　(a)　120　130　(b)　(c)	角度的尺寸线是以角顶为圆心的圆弧，角度数字水平书写在尺寸线之外，如图 (a) 所示 标注弧长或弦长时，尺寸界线应垂直于该圆弧的弦。弦长的尺寸线平行于该弦，弧长的尺寸线是该弧的同心圆，尺寸数字上方应加注符号“⌒”，如图 (b) (c) 所示

续表

项　目	标　注　示　例	说　　明
坡度的标注法	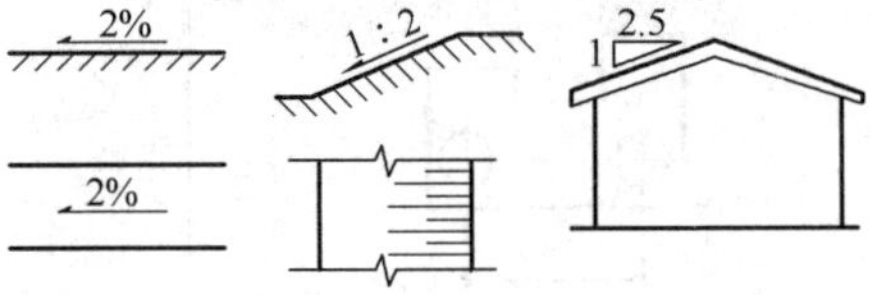	在坡度数字下，应加注坡度符号“←”。坡度符号为单箭头，箭头应指向下坡方向，标注形式如示例所示
等长尺寸简化标注法	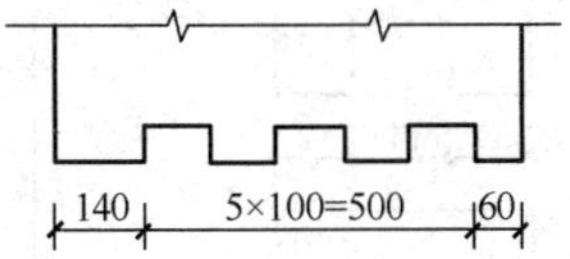	连续排列的等长尺寸，可用“个数×等长＝总长”的形式标注
薄板厚度标注法	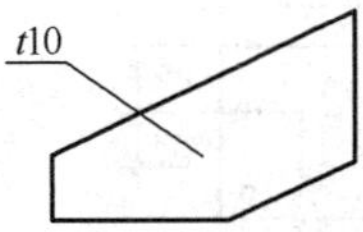	在厚度数字前加注符号“*t*”
杆件尺寸标注法	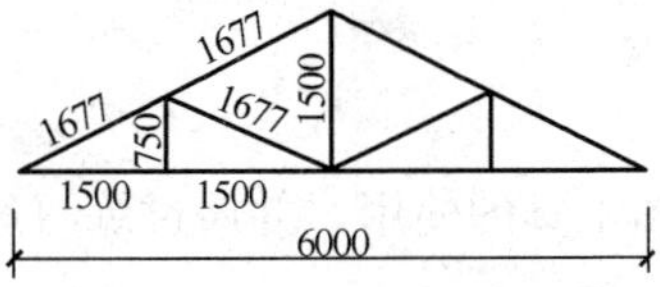	杆件的长度，在单线图上，可直接标注，尺寸沿杆件的一侧注写
非圆曲线的尺寸标注法	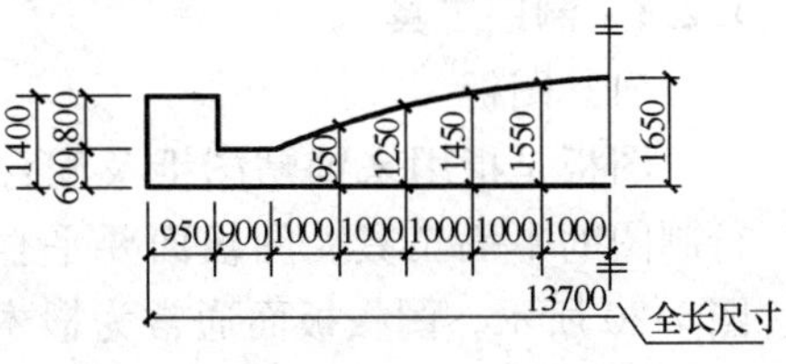	曲线部分用坐标形式标注尺寸
相同要素的尺寸标注法	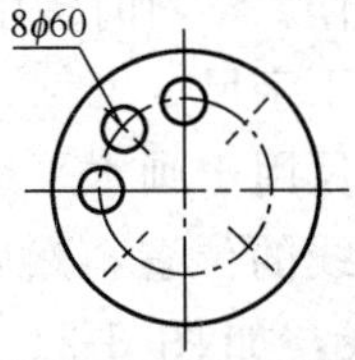	标注其中一个要素的尺寸，并在尺寸数字前注明个数

在进行尺寸标注时，经常出现一些错误的标注方法，见表1-8，标注时应注意。

表1-8　尺寸标注的常见错误

说　明	正　确	错　误
不能用尺寸界线作尺寸线	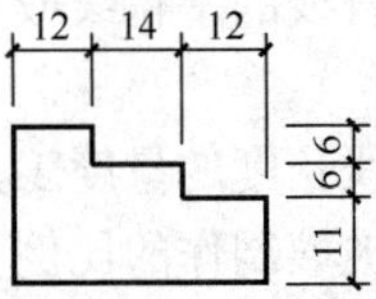	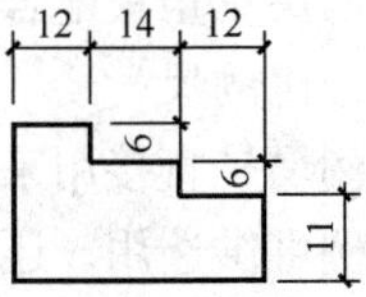

续表

说　明	正　确	错　误
轮廓线、中心线不能用作尺寸线	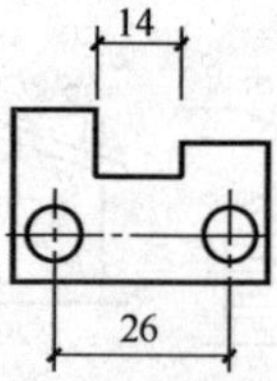	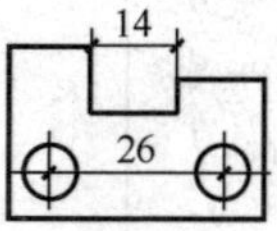
应将大尺寸标注在外侧，小尺寸标在内侧	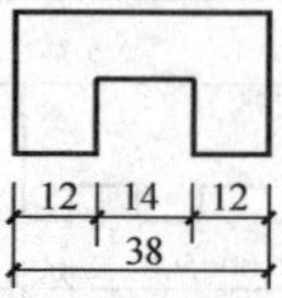	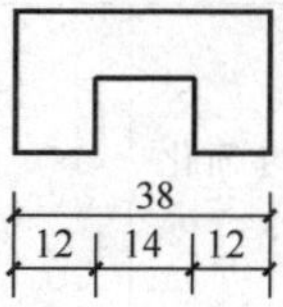
尺寸线为水平线，尺寸数字应在尺寸线上方中部，尺寸线为竖线，尺寸数字应在尺寸线左侧	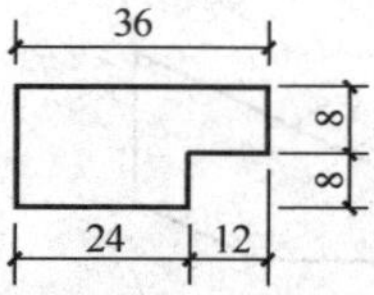	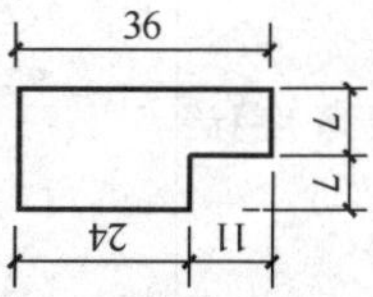

1.2　常用制图工具及仪器

学习建筑制图，必须正确掌握制图工具的使用，并通过练习逐步熟练起来，这样才能保证绘图质量，提高绘图速度。

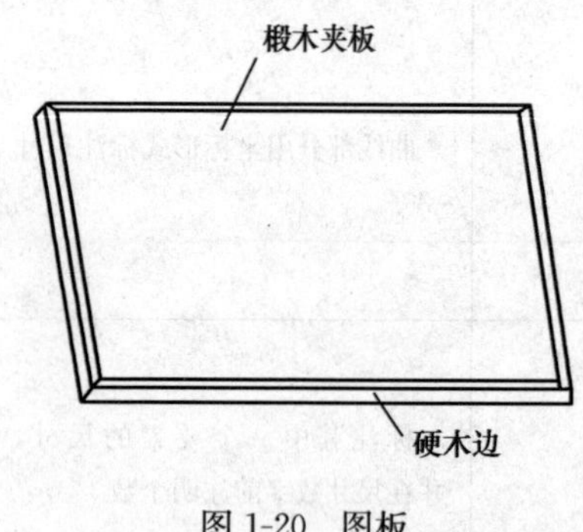

图 1-20　图板

1.2.1　制图工具

（1）图板

图板是指用来铺贴图纸及配合丁字尺、三角板等进行制图的平面工具。图板面要平整、相邻边要平直，如图 1-20 所示。图板板面通常为椴木夹板，边框为水曲柳等硬木制作。学习时多用 1 号或 2 号图板。

（2）丁字尺

丁字尺用于画水平线，其尺头沿图板左边上下移动到所需画线的位置，然后左手压紧尺身，右手执笔自左向右画线，如图 1-21（a）所示。错误的用法如图 1-21（b)所示。

（3）三角板

三角板可配合丁字尺画竖线，但应自下而上的画，以使眼睛能够看到完整的画线过程，如图 1-22（a）所示；也可配合画与水平线成 30°、45°、75°及 15°的斜线，如图 1-22（b）所示；用两块三角板配合，也可画任意直线的平行线或垂直线，如图 1-22（c）所示。

（4）比例尺

比例尺是直接用来放大或缩小图线长度的量度工具。制图时多用三棱比例尺，尺面上有六种比例可供选用。还有一种是有机玻璃制作的比例直尺。比例尺如图 1-23 所示。

（5）曲线板

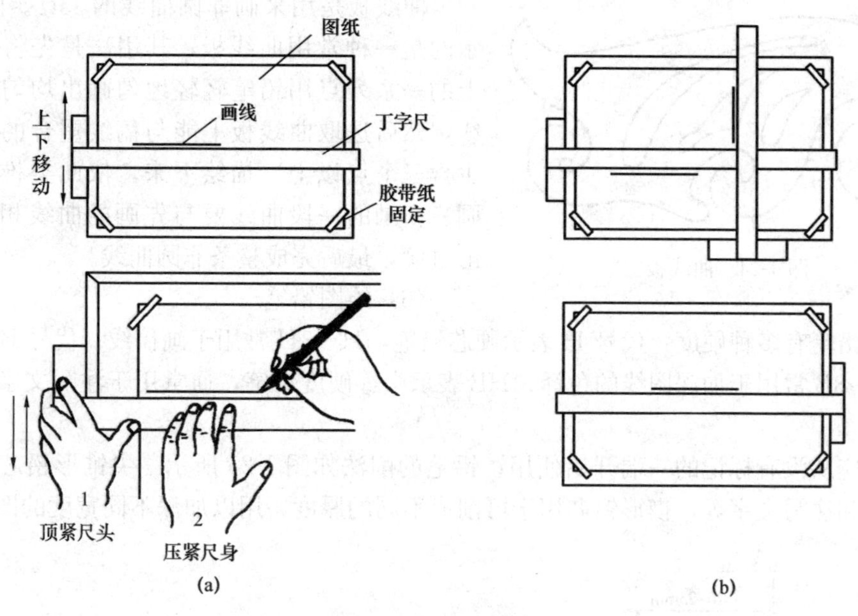

图 1-21　丁字尺的用法

（a）正确；（b）错误

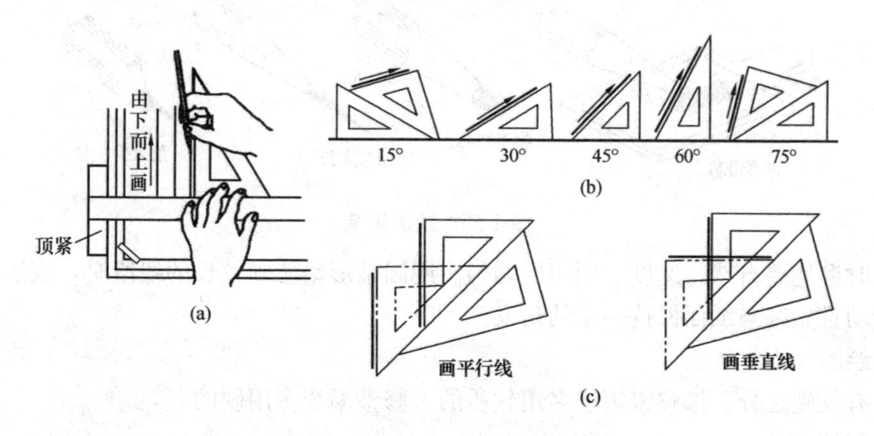

图 1-22　三角板的用法

（a）画竖直线；（b）画各种角度斜线；（c）画任意直线的平行线、垂直线

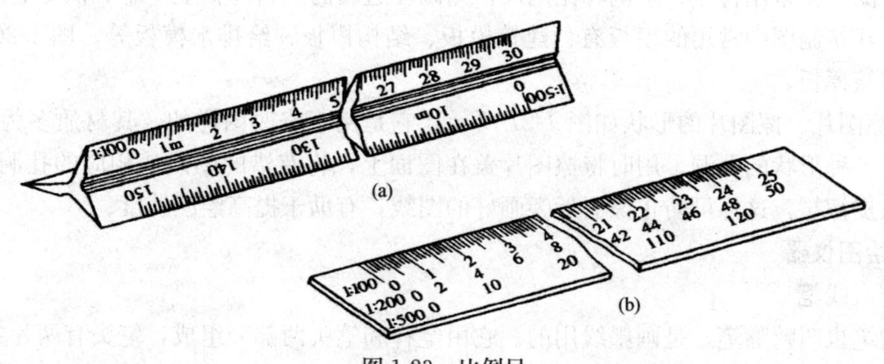

图 1-23　比例尺

（a）三棱比例尺；（b）比例直尺

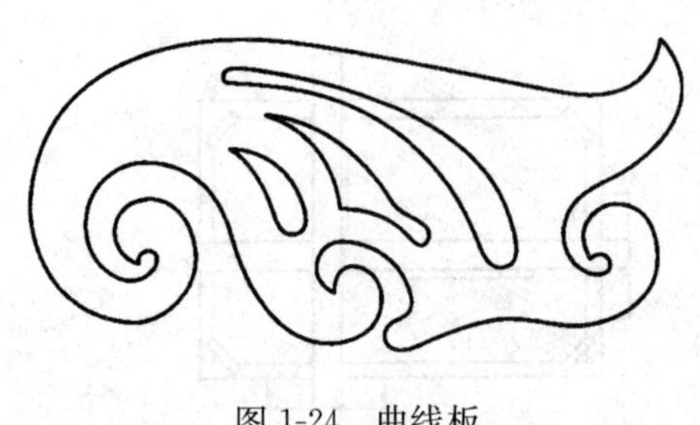

图 1-24　曲线板

曲线板是用来画非圆曲线的工具。图 1-24 所示的是一种常用曲线板，其用法是先将非圆曲线上的一系列点用铅笔轻轻地勾画出均匀圆滑的稿线，然后选取曲线板上能与稿线重合的一段（至少含三个点以上）描绘下来，依此类推，顺序描画。新画的一段曲线要与先画的曲线相搭接，光滑过渡，最后完成整条非圆曲线。

（6）绘图铅笔

绘图铅笔有多种硬度：代号 H 表示硬芯铅笔，H～3H 常用于画稿线；代号 B 表示软芯铅笔，B～3B 常用于加深图线的色泽；HB 表示中等硬度铅笔，通常用于注写文字和加深图线等。

铅笔应从没有标记的一端开始使用，铅笔的削法如图 1-25 所示。尖锥形铅芯用于画稿线、细线和注写文字等，楔形铅芯用于可削成不同的厚度，用以加深不同宽度的图线。

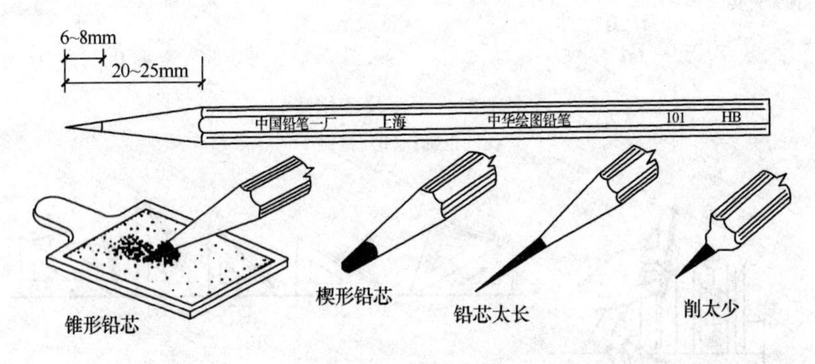

图 1-25　绘图铅笔

画线时握笔要自然，速度、用力要均匀。用圆锥形铅芯画较长的线段时，应边画边在手中缓慢转动且始终与纸面保持一定的角度。

（7）绘图橡皮

橡皮有软硬之分。修整铅笔线多用软质的，修整墨线多用硬的。

（8）其他工具

1）制图模板。制图模板是人们为了在手工制图条件下提高制图的质量和速度，把建筑工程专业图上的常用符号、图例和比例尺，刻画在透明的塑料薄板上，制成供专业人员使用的尺子。建筑制图中常用的模板有：建筑模板、结构模板、给排水模板等。图 1-26 是一种常见的建筑模板。

2）擦图片。擦图片的形状如图 1-27 所示，它是用于修改图样的。其材质多为不锈钢，上面打有各种形状的孔洞。用时将擦图片盖在图面上，将有错的图线从相应的孔洞中露出，然后用橡皮擦拭，这样可防止擦去近旁画好的图线，有助于提高绘图速度。

1.2.2　绘图仪器

（1）直线笔

直线笔也叫鸭嘴笔，是画墨线用的。它由笔杆和笔头两部分组成，笔头有两片尖端呈椭圆形有弹性的薄钢叶片，其上有可以调节两叶片间距的螺丝，注墨后转动调节螺丝可画出不同粗细的墨线。使用时笔尖外侧应干净无墨迹，以免洇开；注墨量要适中，过多易漏墨，过

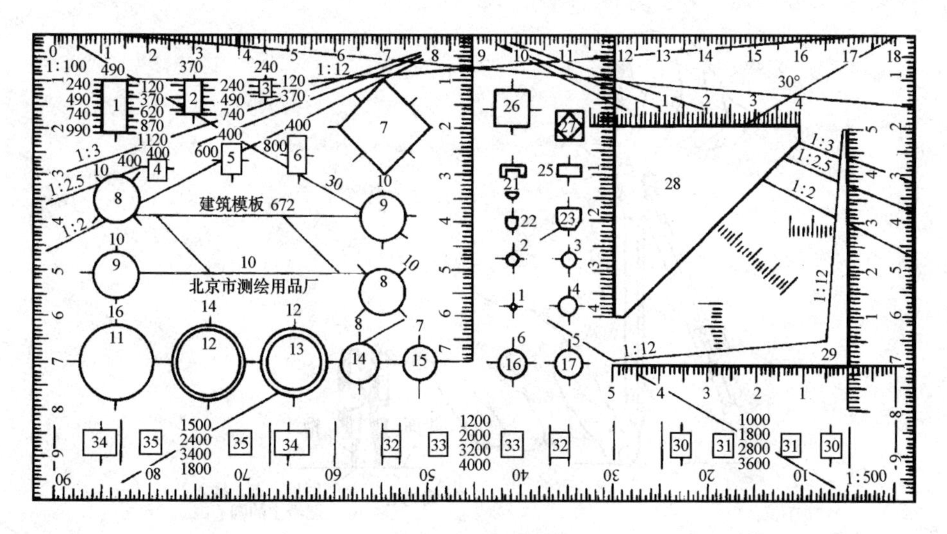

图 1-26　建筑模板

少则使线条中断或干湿不均匀。

用直线笔画图时，要使用正确的方法，如图 1-28 所示笔尖两叶片正中要对准所画稿线，笔杆不能前俯后仰，宜向右略倾斜 15°左右。运笔的速度要均匀，同时还要注意墨线的交接处要准确、到位、光滑。

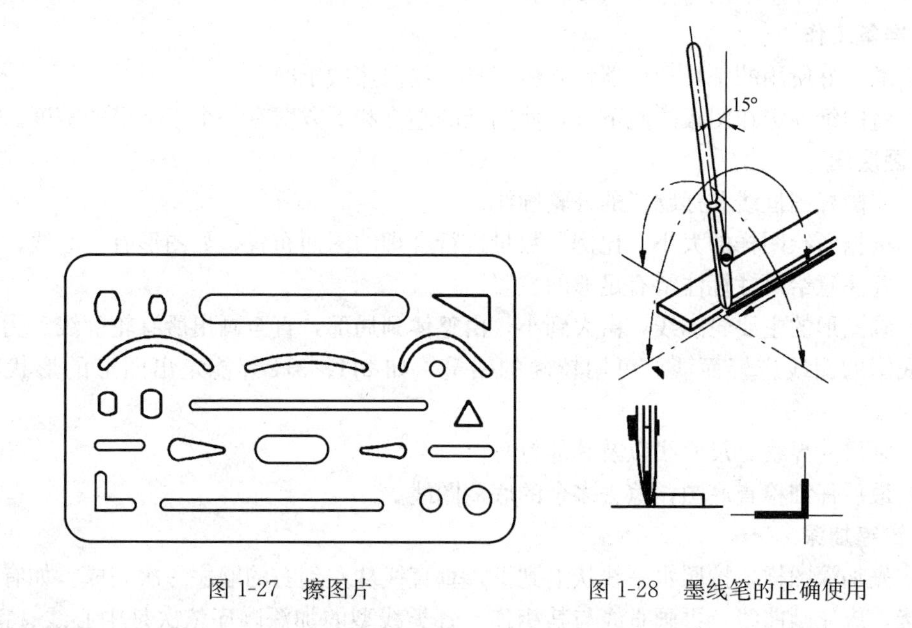

图 1-27　擦图片　　　　图 1-28　墨线笔的正确使用

（2）圆规

圆规是用来画铅笔线、墨线圆及圆弧的仪器。

画圆时，首先将圆规两脚分开，并使其大小等于所画圆的半径，右手拿圆规，用左手食指配合将钢针放到圆心上，再使铅笔心接触纸面，用右手的食指和拇指转动圆规端杆，按顺时针方向旋转画圆。旋转时应使圆规略向运动方向倾斜，并应一次画完，切勿往复旋转，以免使圆心孔眼扩大而影响图线质量。画较大半径的圆时，应使圆规的钢针和铅笔心插腿垂直于纸面，需要时还可接上延伸杆，如图 1-29 所示。

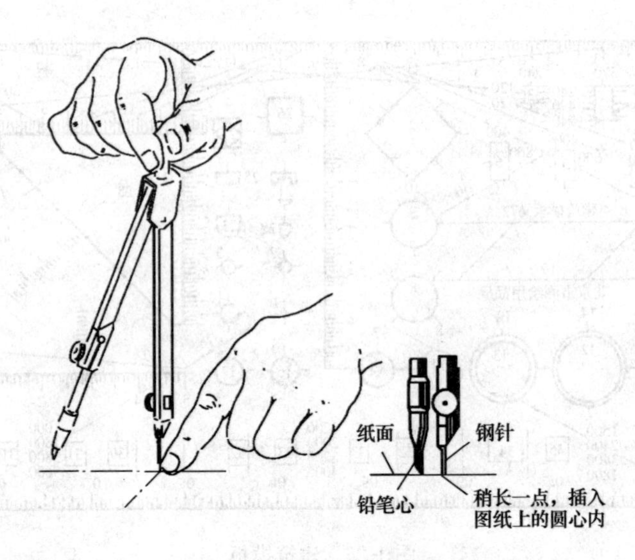

图 1-29　圆规的正确使用

1.3　图样的绘制方法

为了充分保证绘图质量，提高绘图速度，除正确使用绘图工具与仪器，严格遵守国家制图标准外，还应注意绘图的方法与步骤。

1.3.1　准备工作

(1) 准备好所用的工具和仪器，并将工具、仪器擦拭干净。

(2) 将图纸固定在图板的左下方，使图纸的左方和下方留有一个丁字尺的宽度。

1.3.2　画底图

(1) 先画好图框线和标题栏的外轮廓线。

(2) 根据所绘图样的大小、比例、数量进行合理的图面布置，如图形有中心线，应先画中心线，并注意给尺寸标注留有足够的位置。

(3) 画图形的主要轮廓线，由大到小，由整体到局部，直至画出所有轮廓线。为了方便修改，底图的图线应轻而淡，可用较硬的铅笔，如 2H、3H 等能定出图形的形状和大小即可。

(4) 画尺寸界线、尺寸线以及其他符号。

(5) 最后仔细检查底图，擦去多余的底稿图线。

1.3.3　铅笔加深

(1) 先加深图样，按照水平线从上到下，垂直线从左到右的顺序一次完成。如有曲线与直线连接，应先画曲线，再画直线与其相连。各类线型的加深顺序依次是中心线、粗实线、虚线、细实线。

(2) 加深尺寸界线、尺寸线、画尺寸起止符号，写尺寸数字。

(3) 写图名、比例及文字说明。

(4) 画标题栏，并填写标题栏内的文字。

(5) 加深图框线。

用较软的铅笔加深，如 B、2B 等，文字说明用 HB 铅笔。

图样加深完后，应达到图面干净、线型分明、图线匀称、布图合理的要求。

1.3.4 描图

描图就是用描图笔将图样描绘在描图纸上，作为底图。描图的步骤与铅笔加深的步骤基本相同，如描图中出现错误时，应等墨线干了以后，用刀片刮去需要修改的部分，当修整后必须在原处画线时，应将修整的部位用光滑坚实的东西压实、磨平，重新画线。

1.4 计算机制图及辅助设计的应用

1.4.1 计算机绘图软件简介

（1）绘图软件

我国目前计算机绘图软件的应用以 AUTOCAD 最多，其功能强大，可完成建筑、机械、电子等行业的各种绘图工作。

（2）辅助设计软件

这种软件可自动处理各种设计数据，之后形成绘图数据，完成绘图工作，如建筑及结构设计软件等。此类软件与专业结合紧密，目前建筑设计软件有天正建筑、ABD 等，结构设计软件有天正结构、PK & PM 等多种版本，这些软件还能进行工程量的计算汇总等工作。

（3）其他绘图软件

计算机的图形图像处理的能力是很强的，近年来建筑效果图、装饰效果图、广告设计等也广泛应用其来完成。这方面的应用软件有 3DMAX 和图像处理软件 PHOTOSHOP，前者制作建筑模型，然后形成建筑效果图或建筑动画；后者用于做图像的后期处理，使效果图更真实、更完美。

1.4.2 计算机制图及辅助设计的特点

计算机制图及辅助设计在我国各行各业已经广泛应用。计算机绘图有出图精度高、速度快、修改方便等优点，而且还有相应专业软件的支持，可完成方案优化、结构计算、经济指标分析等诸多设计工作，并不断向智能化方向发展。

1.4.3 计算机制图及辅助设计过程

（1）输入数据

当设计一栋建筑时，首先输入楼层层高、底层标高、各房间开间及进深的尺寸、墙体厚度、门窗尺寸及位置，以及各种构配件尺寸及位置。输入过程全部为人机对话方式，每输入一步计算机就完成一步，如不合适可立即修改，称为所见即所得。

（2）建立模型

输入数据后计算机自动计算并完成建筑模型。

（3）生成图样

在模型生成的基础上，给计算机输入命令和数据，使其形成各种施工图样。

（4）细部处理及标注

对已完成的各种图样进一步完善，如标注尺寸文字、插入图框等工作。

（5）校对及打印出图

计算机绘制完成后进行检查和校验工作，然后经打印机打印出正图。

上岗工作要点

1. 绘制图样时，遵循基本制图标准，熟练使用制图工具。
2. 了解计算机制图及辅助设计的应用。

思 考 题

1-1　建筑工程图的图纸幅面代号有哪些？图纸的长短边有怎样的比例关系？

1-2　粗实线一般用于画什么？

1-3　文字的字高应为多少？若书写更大的字，其高度应按怎样的比值增加？

1-4　尺寸的组成包括哪些？

1-5　尺寸标准的常见错误有哪些？

1-6　常用的制图工具及仪器包括哪些？

1-7　常用的绘图软件有哪些？

第 2 章　投影的基本知识

重　点　提　示

1. 熟悉投影的基本概念和分类。
2. 掌握正投影的基本特性。
3. 了解三面投影图的规律与画法。

2.1　投影的概念及分类

2.1.1　投影的概念

物体在光线的照射下，会在地面或墙面上产生影子，这种影子只能反映物体的简单轮廓，不能反映其真实大小和具体形状。工程制图利用了自然界的这种现象，将其进行了科学地抽象和概括：假想所有物体都是透明体，光线能够穿透物体，这样得到的影子将反映物体的具体形状，这就是投影。如图 2-1 所示。

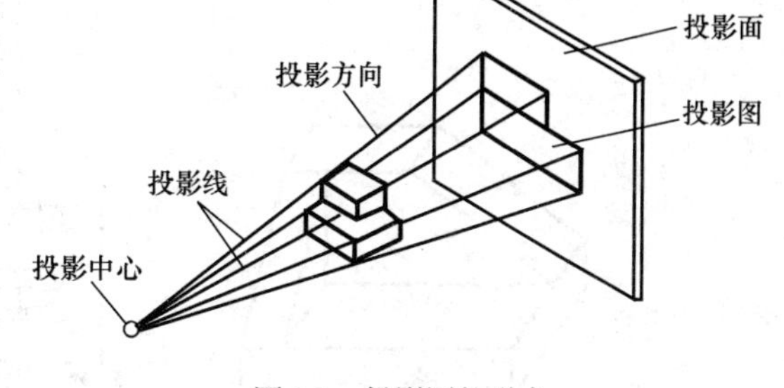

图 2-1　投影图的形成

产生投影必须具备以下条件：

（1）光线——把发出光线的光源称为投影中心，光线称为投影线。

（2）形体——只表示物体的形状和大小，而不反映物体的物理性质。

（3）投影方向、投影面——光线的射向称为投影方向，落影的平面称为投影面。

2.1.2　投影的分类

根据光源所产生的投影线不同，将投影分为两种：中心投影和平行投影。

2.1.2.1　中心投影

由点光源产生放射状的光线，使形体产生的投影，叫做中心投影。用这种方法得到的投影直观性较强，符合视觉习惯，但作图较难。如图 2-2 所示的透视图即为中心投影。

图 2-2　中心投影

2.1.2.2　平行投影

当点光源向无限远处移动时，光线与光线之间的夹角逐渐变小，直至为 0°，这时光线与光线互相平行，使形体产生的投影，叫做平行投影。平行投影又分为正投影和斜投影。

（1）正投影

正投影是投影线与投影面垂直的投影。正投影具有作图简单、度量方便的特点，被工程制图广泛应用，其缺点是直观性较差，投影图的识读较难，如图 2-3 所示。标高投影是带有数字的正投影图，在测量工程和建筑工程中常用标高投影表示高低起伏不平的地面。作图时，将不同高程的等高线投影在水平投影面上，并标注其高程值，相邻等高线的高程差相同，如图 2-4 所示。

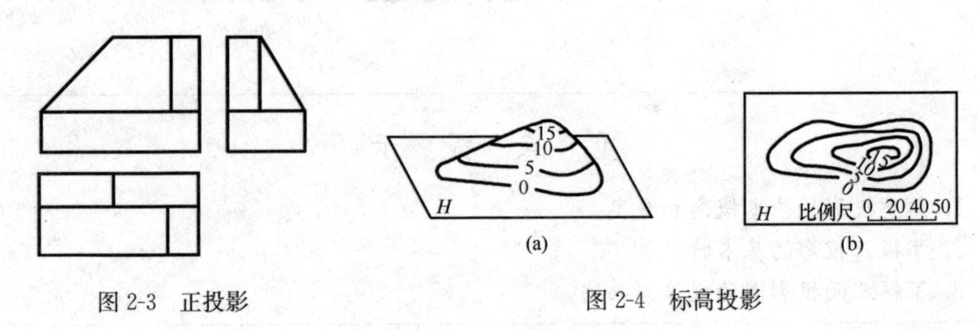

图 2-3 正投影

图 2-4 标高投影

(2) 斜投影

斜投影是投影线与投影面倾斜的投影，如图 2-5 所示。这种投影直观性较好，但视觉效果没有中心投影图逼真。在设备施工图中，表达管线的空间走向和空间连接的图样通常用斜投影，如图 2-6 所示的采暖系统轴测图。

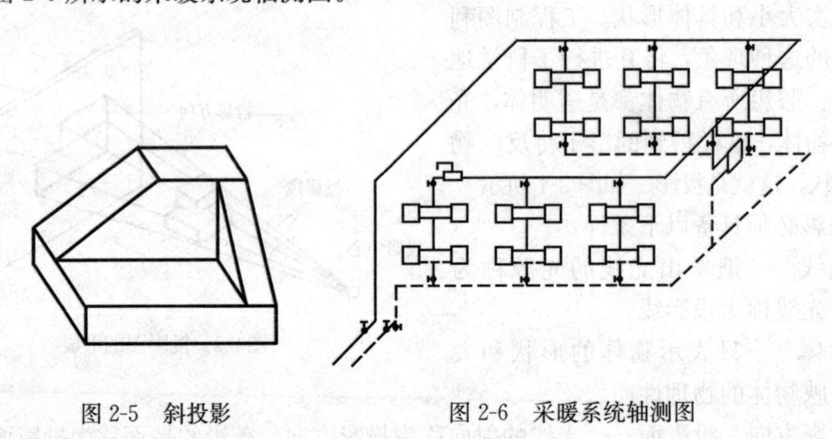

图 2-5 斜投影

图 2-6 采暖系统轴测图

2.2 正投影的基本特性

正投影具有作图简便、度量性好、能反映实形等优点，所以在工程中得到广泛的应用。

2.2.1 积聚性

直线或平面与投影面垂直时，其投影积聚成点或直线，如图 2-7 所示。这种性质称为正投影的积聚性。

2.2.2 显实性

直线或平面与投影面平行时，其投影反映直线或平面的实形，如图 2-8 所示。直线 AB 平行于投影面 H，它在平面 H 上的投影反映直线 AB 的实长，即 $AB=ab$。平面 $ABCD$ 平行于投影面 H，其在 H 面上的投影反映平面 $ABCD$ 的真实形状和实际大小，即 $\square ABCD \cong \square abcd$。这种性质称为正投影的显实性。

2.2.3 类似性

直线或平面与投影面倾斜时，直线的投影还是直线，但短于原直线的实长；平面的投影

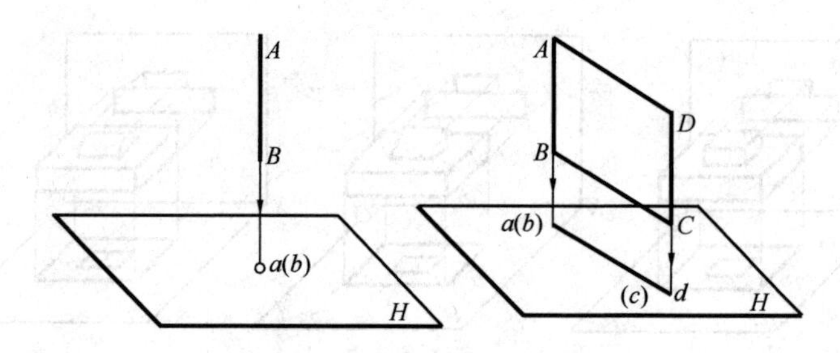

图 2-7　投影的积聚性

还是平面，但形状和大小都发生变化。如图 2-9 所示，当直线 AB 或平面 $ABCD$ 不平行于投影面时，其投影 $ab<AB$；平面 $ABCD$ 的投影 $abcd$ 还是平面，但 $abcd$ 不仅比平面 $ABCD$ 小，而且形状也发生了变化。这种性质称为正投影的类似性。

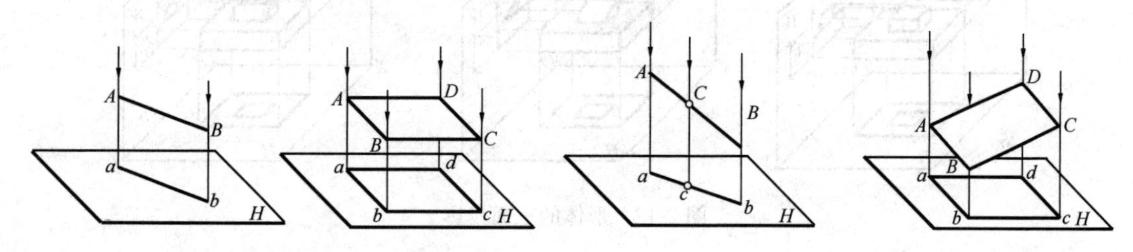

图 2-8　投影的显实性　　　　图 2-9　投影的类似性

2.3　三面投影图

2.3.1　三面投影图的形成

如果将一形体放置于水平面之上，从上向下作投影，得到的投影图称作水平投影图。水平面称作水平投影面，用字母 H 表示。水平投影反映形体的长度和宽度，如图 2-10 所示。形体的水平投影不能将形体的所有尺度（长、宽、高）全部反映出来，而且不同形体的投影图可能是相同的（图 2-10），可见形体的水平投影不能唯一地确定形体的形状。

如在与水平投影面垂直，位于观察者正对面再设置一投影面，形体从前向后投影，得到的正投影图称作正面投影。投影面称作正立投影面，用字母 V 表示。形体的正面投影反映了形体的长度和高度，如图 2-11 所示。

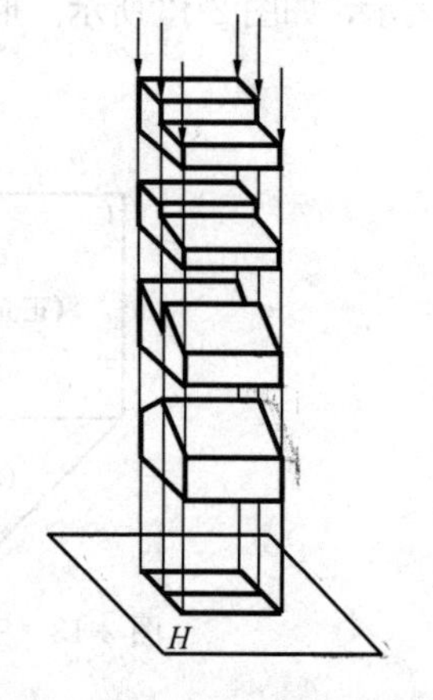

图 2-10　形体的水平投影

水平投影面与正立投影面构成两面投影体系，它们的交线称投影轴，用 OX 表示。形体的两面投影能将形体的长度、宽度和高度全部反映出来，但是却不能唯一地反映形体的形状，如图 2-11 中四棱柱、三棱柱和半圆柱是三个不同的形体，其两面投影却完全相同。

为了能完全区分形体的形状，在水平投影面和正立投影面的右侧再增加一个投影面，形体从左向右作正投影，得到的投影图称作侧面投影。新增加的投影面称为侧立投影面，用字母 W 表示。侧面投影反映形体的宽度和高度，如图 2-12 所示。形体的三面投影不仅能确定形体的三个尺度，而且能唯一地确定形体的形状，如图 2-12 所示，可将四棱柱、三棱柱和

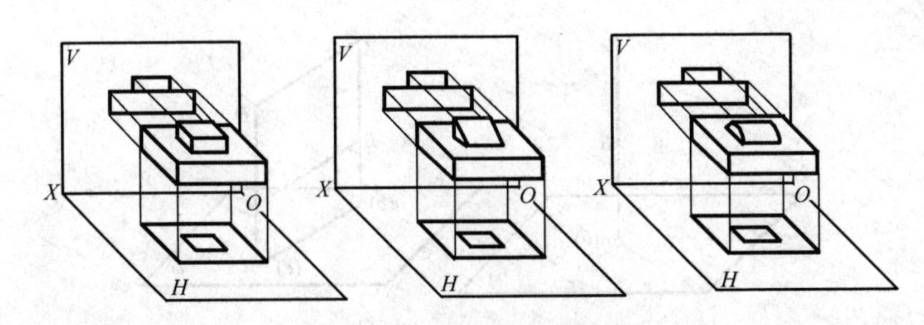

图 2-11　形体的两面投影

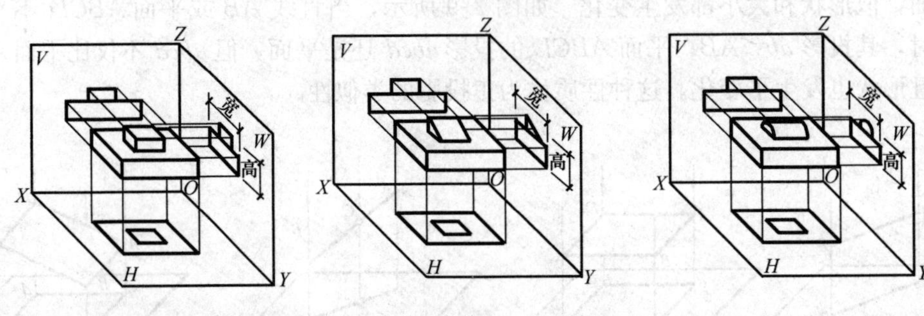

图 2-12　形体的三面投影

半圆柱区别开来。

因此，作形体投影图时，应建立三面投影体系，即水平投影面（H）、正立投影面（V）和侧立投影面（W）。它们互相垂直相交，交线称作投影轴，水平投影面和正立投影面的交线用 OX 轴表示，水平投影面和侧立投影面的交线用 OY 轴表示，正立投影面与侧立投影面的交线用 OZ 轴表示，如图 2-13 所示。形体在三面投影体系中的投影称作三面投影图，如图 2-14 所示。

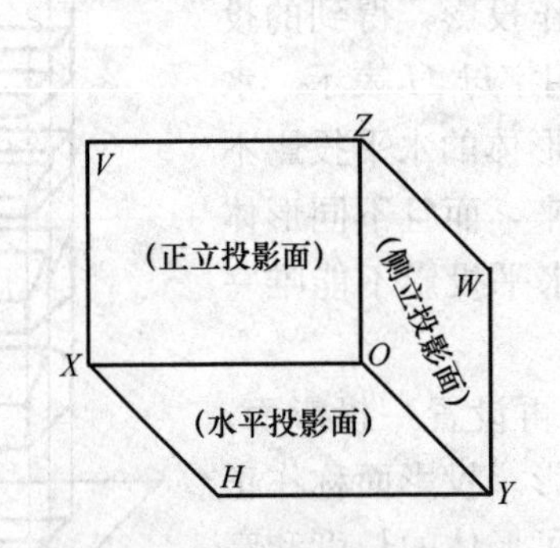

图 2-13　三面投影体系的建立

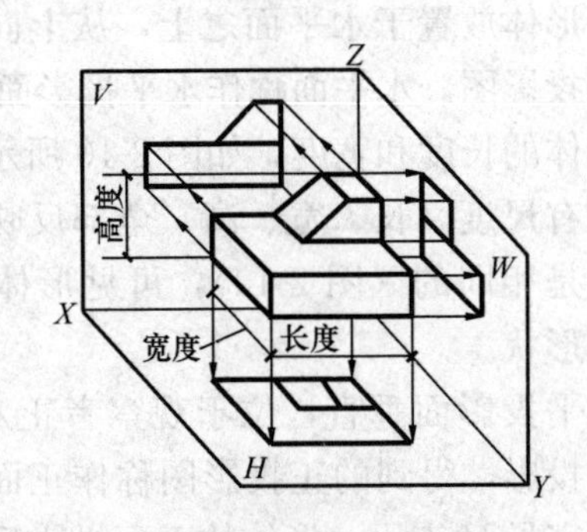

图 2-14　三面投影图的形成

2.3.2　三面投影体系的展开

三个投影面分别位于三个互相垂直的平面上，为了作图方便，将水平投影面绕 OX 轴向下旋转 90°，与正立投影面在一个平面内；将侧立投影面绕 OZ 轴向后旋转 90°，使其与正立投影面也在一个平面内。这样，三个投影面被摊开在一个平面内的方法，叫做三面投影图的展开，如图 2-15 所示。

2.3.3　三面投影图的规律

显然，由于作形体投影图时形体的位置不变，展开后，同时反映形体长度的水平投影和正面投影左右对齐——长对正，同时反映形体高度的正面图和侧面图上下对齐——高平齐，同时反映形体宽度的水平投影和侧面投影前后对齐——宽相等，如图 2-16 所示。

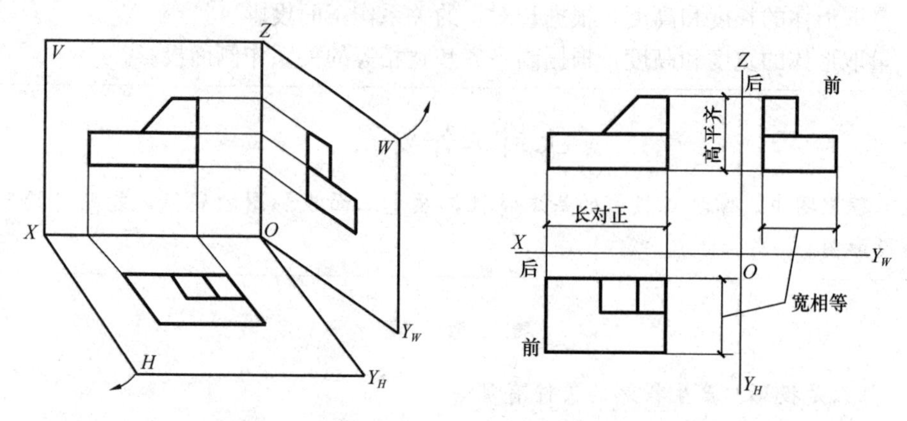

图 2-15　三面投影体系的展开　　　　图 2-16　三面投影图的规律

“长对正、高平齐、宽相等”是形体三面投影图的规律，无论是整个物体还是物体的局部投影都应符合这条规律。

2.3.4　三面投影图的方位

形体在三面投影体系中的位置确定后，相对于观察者，它的空间就有上、下、左、右、前、后六个方位，如图 2-17 所示。水平面上的投影反映形体的前、后、左、右关系，正面投影反映形体的上、下、左、右关系，侧面投影反映形体的上、下、前、后关系。

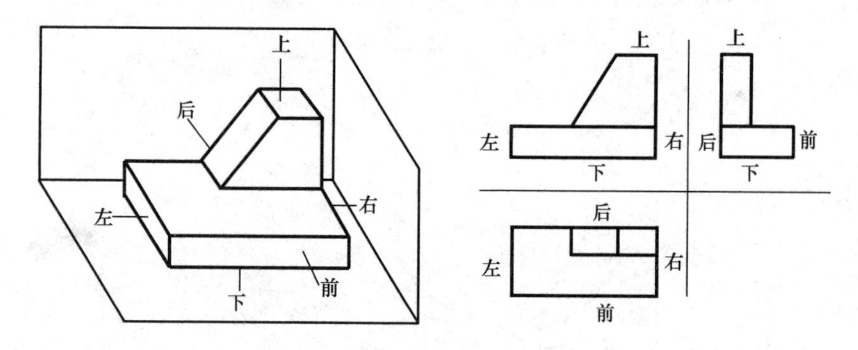

图 2-17　三面投影图的方位关系

2.3.5　三面投影图的画法

作形体投影图时，先画投影轴（互相垂直的两条线），水平投影面在下方，正立投影面在水平投影面的正上方，侧立投影面在正立投影面的正右方，如图 2-18 所示。

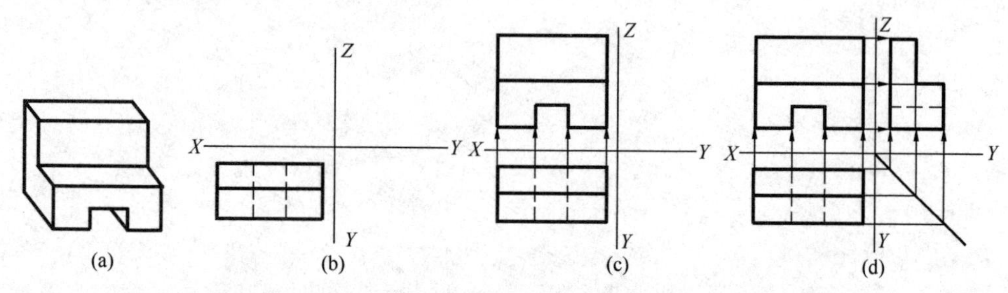

图 2-18　作形体的三面投影

（a）立体图；（b）作水平投影；（c）作正面投影；（d）作侧面投影并加深

（1）量取形体的长度和宽度，在水平投影面上作水平投影。

（2）量取形体的长度和高度，根据长对正的关系作正面投影。

（3）量取形体的宽度和高度，根据高平齐和宽相等的关系作侧面投影。

上岗工作要点

在工程制图中，掌握正投影的基本特性，熟悉三面投影图的规律，能熟练绘制形体的三面投影图。

思 考 题

2-1 什么是投影？产生投影的条件有哪些？

2-2 投影可以分为哪几类？

2-3 正投影有哪些基本特性？

2-4 三面投影图是怎样形成的？

2-5 三面投影图有哪些规律？

2-6 绘制三面投影图的方法有哪些？

第3章　点、直线、平面的投影

> **重　点　提　示**
>
> 掌握点、直线、平面的正投影规律和基本作图方法。

3.1　点的投影

3.1.1　点的三面投影

点在任何投影面上的投影仍是点。如图 3-1 所示，A 点的三面投影立体图及其展开图。制图中规定，空间点用大写拉丁字母（如 A、B、C……）表示；投影点用同名小写字母表示。为使各投影点号之间有区别：H 面记作 a、b、c……；V 面记作 a'、b'、c'……；W 面记作 a''、b''、c''……。点的投影用小圆圈画出（直径小于 1mm），点号写在投影的近旁，并标在所属的投影面区域中。

图 3-1 为空间点 A 在三投影体系中的投影，即过 A 点向 H、V、W 面作垂线（称为投影连系线），所交之点 a、a'、a''就是空间点 A 在三个投影面上的投影。从图中看出，由投影线 Aa、Aa'构成的平面 P（$Aa'a_Xa$）与 OX 轴相交于 a_X，因 $P\perp V$、$P\perp H$，即 P、V、H 三面互相垂直。由立体几何知识可知，此三平面两两交线互相垂直，即 $a'a_X\perp OX$，$aa_X\perp OX$，$a'a_X\perp aa_X$，故 P 为矩形。当 H 面旋转至与 V 面重合时，a_X 不动，且 $aa_X\perp OX$ 的关系不变，所以 a'、a_X、a 三点共线，即 $a'a\perp OX$。

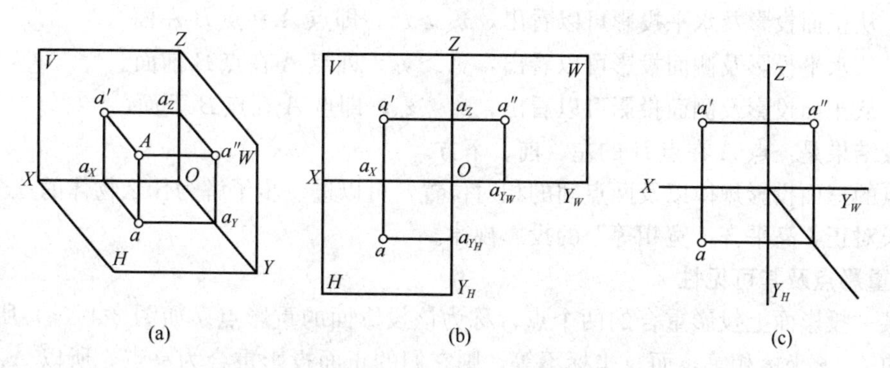

图 3-1　点的三面投影图

（a）直观图；（b）展开图；（c）投影图

同理，可得到 $a'a''\perp OZ$，$aa_{Y_H}\perp OY_H$、$a''a_{Y_W}\perp OY_W$。从图中还可看出：

（1）$a'a_X=a_ZO=a''a_{Y_W}=Aa$，反映 A 点到 H 面的距离；

（2）$aa_X=a_{Y_H}O=a_{Y_W}O=a''a_Z=Aa'$，反映 A 点到 V 面的距离；

（3）$a'a_Z=a_XO=aa_{Y_H}=Aa''$，反映 A 点到 W 面的距离。

综上所述，点的三面投影具有以下规律：

(1) 点的任意两面投影的连线垂直于相应的投影轴。

(2) 点的投影到投影轴的距离，反映点到相应投影面的距离。

以上规律是“长对正、高平齐、宽相等”的理论所在。根据以上规律，只要已知点的任意两投影，即可求其第三投影。

3.1.2 点的坐标

如果把三面投影体系看作直角坐标系，则 *H* 投影面、*V* 投影面、*W* 投影面称为坐标面，投影轴 *OX*、*OY*、*OZ* 称为直角坐标轴。如图 3-2 所示，此时：

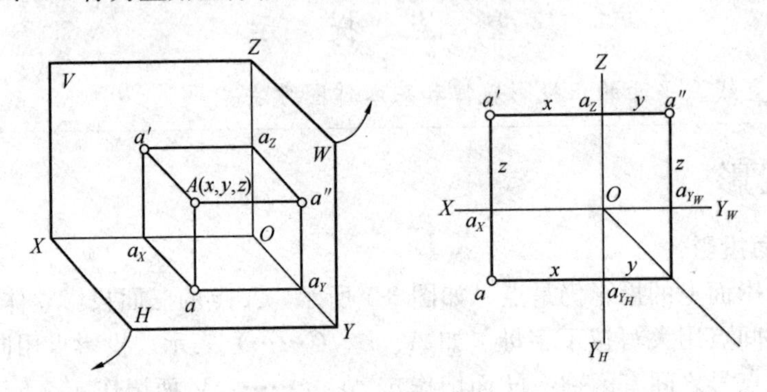

图 3-2 点的坐标

A 点到 *W* 面的距离为 x 坐标，*A* 点到 *V* 面的距离为 y 坐标，*A* 点到 *H* 面的距离为 z 坐标。空间点 *A* 用坐标表示，可写成 $A\ (x,\ y,\ z)$。

3.1.3 两点间的相对位置

两点间的相对位置是指上下、前后、左右的位置关系。*V* 面投影反映出物体的上下、左右关系；*H* 面投影反映出物体的左右、前后关系；*W* 面投影反映出物体的前后、上下关系。由此可见，空间两个点的相对位置，在它们的三面投影中完全可以反映出来。

如图 3-3 所示，将 *A*、*B* 两点的投影进行比较，即可分析两点的相对位置。

(1) 从正面投影及水平投影可以看出，$x_A > x_B$，即点 *A* 在点 *B* 左面。

(2) 从水平投影及侧面投影可以看出，$y_A > y_B$，即点 *A* 在点 *B* 前面。

(3) 从正面投影及侧面投影可以看出，$z_A < z_B$，即点 *A* 在点 *B* 下面。

比较结果是：点 *A* 在点 *B* 的左、前、下方。

从点的三面投影规律以及两点间的相对位置，可以进一步了解为什么物体的三个投影会保持“长对正，高平齐，宽相等”的投影规律。

3.1.4 重影点及其可见性

在某一投影面上投影重合的两个点，称为该投影面的重影点。如图 3-4 (a) 所示，*A*、*B* 两点的 x、z 坐标相等，而 y 坐标不等，则它们的正面投影重合为一点，所以 *A*、*B* 两个点就是 *V* 面的重影点。同理，*C*、*D* 两点的水平投影重合为一点，所以 *C*、*D* 两个点就是 *H* 面的重影点。

在投影图中往往需要判断并标明重影点的可见性。如 *A*、*B* 两点向 *V* 面投射时，由于点 *A* 的 y 坐标大于点 *B* 的 y 坐标，即点 *A* 在点 *B* 的前方，所以，点 *A* 的 *V* 面投影 a' 可见，点 *B* 的 *V* 面投影 b' 不可见。通常在不可见的投影标记上加括号表示。如图 3-4 (b) 所示，*A*、*B* 两点的 *V* 面投影为 $a'\ (b')$。同理，图 3-4 (a) 中的 *C*、*D* 两点是 *H* 面的重影点，其 *H* 面的投影为 $c\ (d)$，如图 3-4 (b) 所示。由于点 *C* 的 z 坐标大于点 *D* 的 z 坐标，即点 *C*

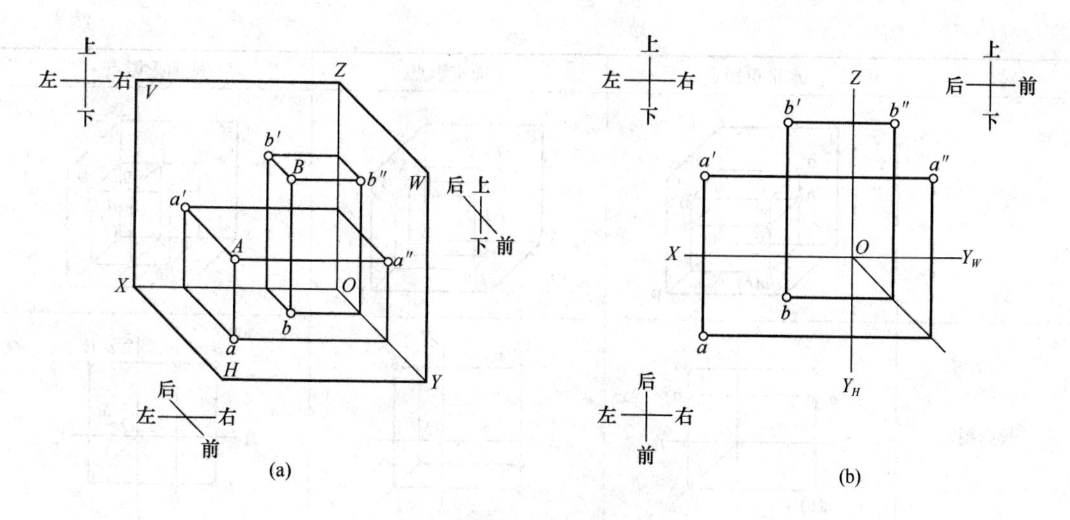

图 3-3 两点的相对位置

(a) 立体图；(b) 投影图

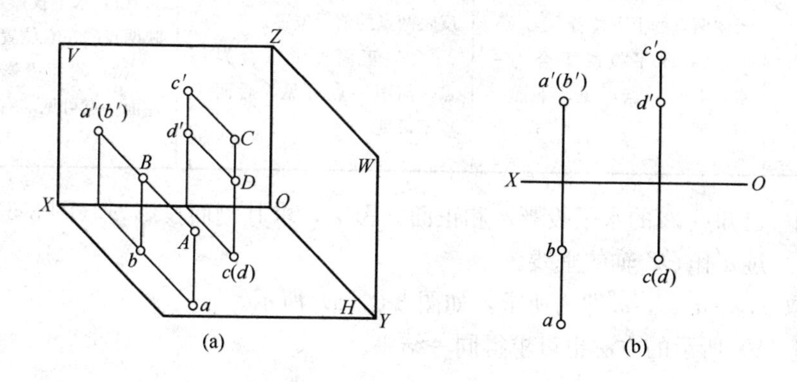

图 3-4 重影点及其可见性

(a) 立体图；(b) 投影图

在点 D 的上方，故点 C 的 H 面投影 c 可见，点 D 的 H 面投影 d 不可见，其 H 面投影为c（d）。

由此可见，当空间两点有两对坐标对应相等时，则此两点一定为某一投影面的重影点；而重影点的可见性是由不相等的那个坐标决定的：坐标大的投影为可见，坐标小的投影为不可见。重影点在立体表面的应用见表 3-1。

表 3-1 重 影 点

名 称	水平重影点	正面重影点	侧面重影点
物体表面上的点	A B	B C	B D

续表

名　称	水平重影点	正面重影点	侧面重影点
立体图			
投影图			
投影特性	（1）正面投影和侧面投影反映两点的上下位置 （2）水平投影重合为一点，上面一点可见，下面一点不可见	（1）水平投影和侧面投影反映两点的前后位置 （2）正面投影重合为一点，前面一点可见，后面一点不可见	（1）水平投影和正面投影反映两点的左右位置 （2）侧面投影重合为一点，左面一点可见，右面一点不可见

【例 3-1】 已知点 A 的水平投影 a 和正面投影 a'，求其侧面投影 a''（图 3-5）。

【解】（1）过 a' 作 OZ 轴的垂线。

（2）量取 $aa_X = a''a_Z$，a''即为所求，如图 3-6（a）所示。

用图 3-6（b）所示的方法也可求得同一结果。

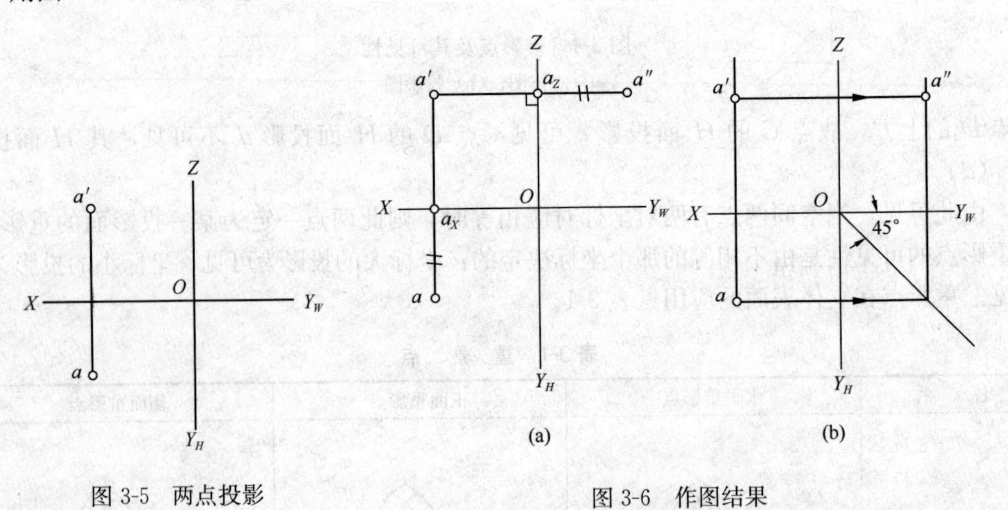

图 3-5　两点投影

图 3-6　作图结果

（a）方法一；（b）方法二

【例 3-2】 求点 C 与点 D 的正面投影，说明它们的相对位置，并判别其可见性（图 3-7）。

【解】

从图 3-7 可知，点 C 与点 D 的 X 坐标与 Z 坐标均相等，因此，这两点位于对 V 面的同一投射线上，它们是正面重影点，如图 3-8（a）所示。点 D 距 V 面近，所以点 D 不可见。

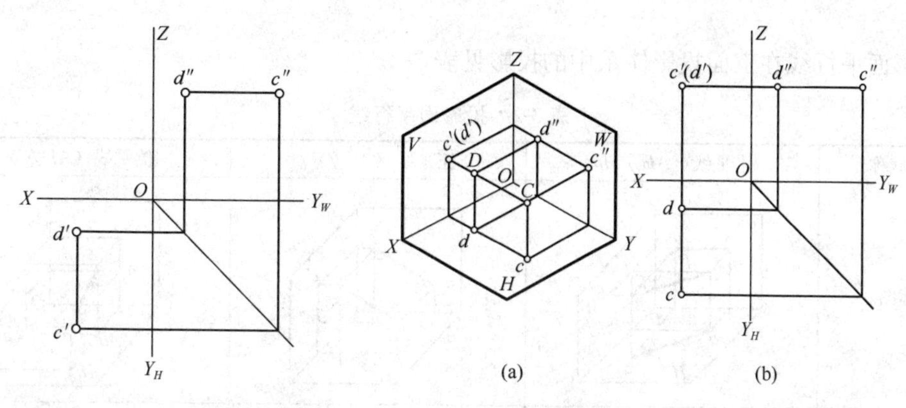

图 3-7　重影点的投影和可见性

图 3-8　作图

（a）重影点；（b）作图结果

3.2　直线的投影

直线是点沿着某一方向运动的轨迹。当已知直线的两个端点的投影，连接两端点的投影即得直线的投影。直线按其与投影面的相对位置不同，可以分为一般位置的直线和特殊位置的直线，特殊位置的直线又分为投影面平行线和投影面垂直线。

3.2.1　一般位置直线的投影

与三投影面都倾斜的直线称为一般位置的直线。一般位置直线的投影如图 3-9 所示。

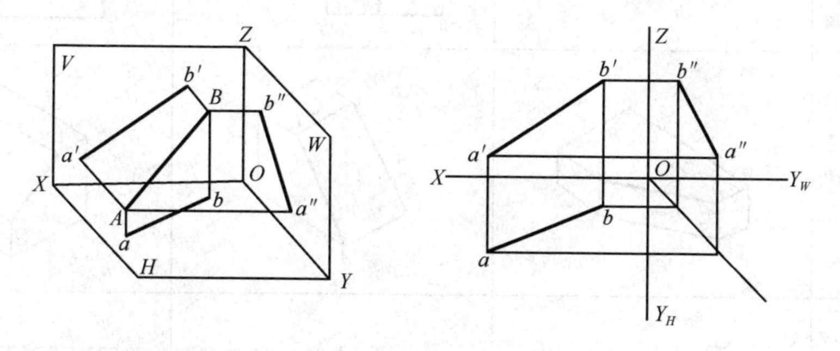

图 3-9　一般位置直线的投影

从图 3-9 可以得出一般位置直线的投影特点：

（1）一般位置直线的三个投影均倾斜于投影轴，但与投影轴的夹角不反映直线与投影面的倾角。

（2）一般位置直线的三个投影均不反映实长。

3.2.2　特殊位置直线的投影

3.2.2.1　投影面平行线

平行于一个投影面而倾斜于另两个投影面的直线称为投影面平行线。

投影面平行线又可分为：

（1）水平线——平行于水平投影面而倾斜于正立投影面和侧立投影面的直线。

（2）正平线——平行于正立投影面而倾斜于水平投影面和侧立投影面的直线。

（3）侧平线——平行于侧立投影面而倾斜于水平投影面和正立投影面的直线。

直线与水平面的倾角用 α 表示，与正立投影面的倾角用 β 表示，与侧立投影面的倾角用 γ 表示。

投影面平行线在三面投影体系中的投影见表 3-2。

表 3-2　投影面平行线

名　　称	水平线（$AB/\!/H$）	正平线（$AC/\!/V$）	侧平线（$AD/\!/W$）
立体图	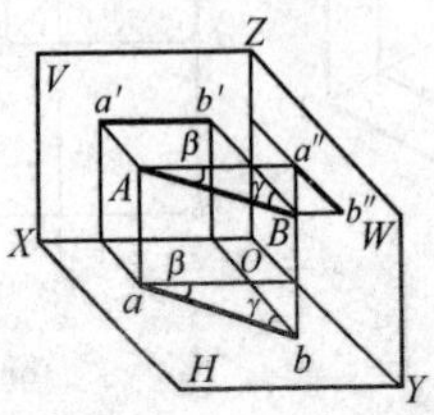	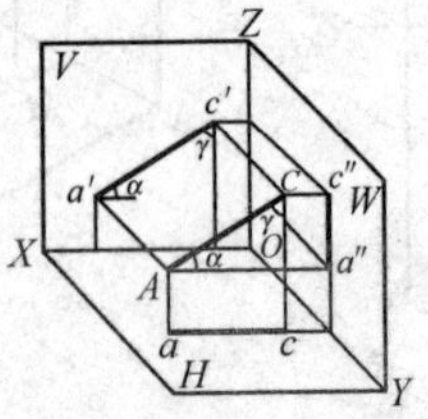	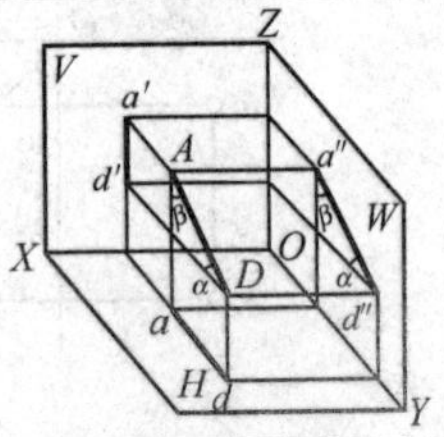
投影图	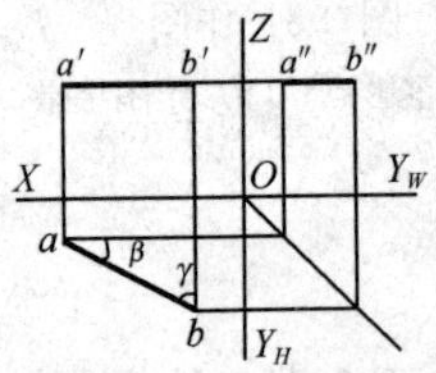	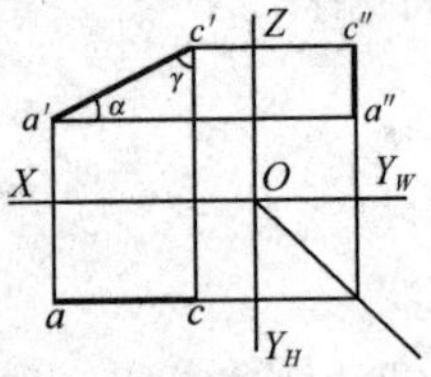	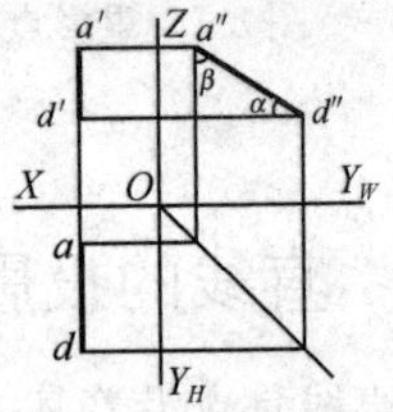
在形体投影图中的位置	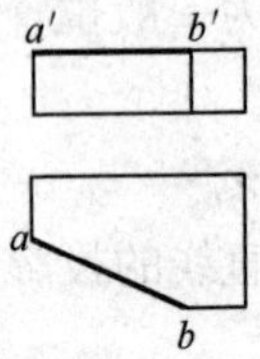	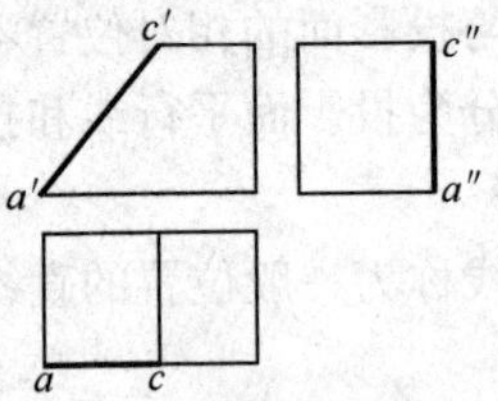	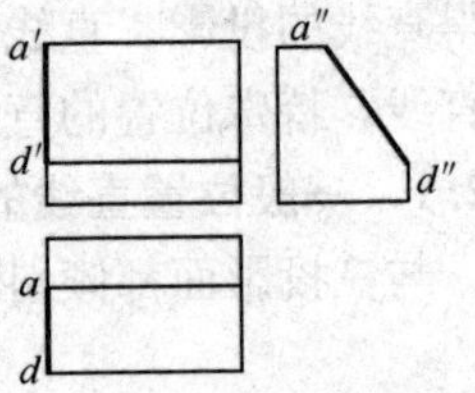
在形体立体图中的位置	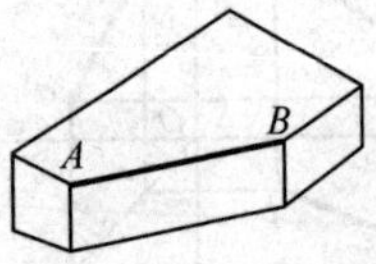	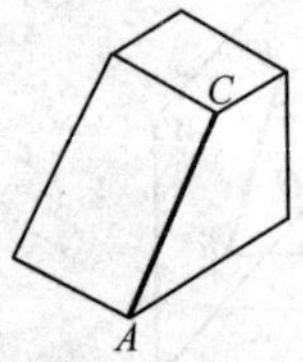	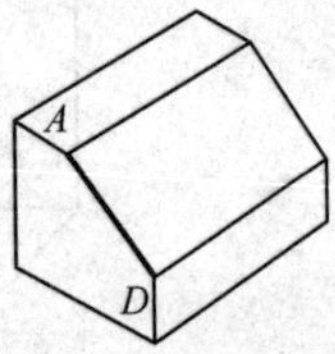
投影规律	（1）ab 与投影轴倾斜，$ab=AB$：反映倾角 β、γ 的实形 （2）$a'b'/\!/OX$、$a''b''/\!/OY_W$	（1）$a'c'$ 与投影轴倾斜，$a'c'=AC$：反映倾角 α、γ 的实形 （2）$ac/\!/OX$、$a''c''/\!/OZ$	（1）$a''d''$ 与投影轴倾斜，$a''d''=AD$：反映倾角 α、β 的实形 （2）$ad/\!/OY_H$、$a'd'/\!/OZ$

分析表 3-2，可以得出投影面平行线的投影特性：

（1）投影面平行线在其平行的投影面上的投影反映实长，与投影轴的夹角反映直线与另两个投影面的倾角。

（2）另两个投影分别平行于相应的投影轴，但不反映实长。

3.2.2.2　投影面垂直线

垂直于一个投影面而平行于另两个投影面的直线称为投影面垂直线。

投影面垂直线也可分为：

(1) 铅垂线：垂直于水平投影面而平行于正立投影面和侧立投影面的直线。

(2) 正垂线：垂直于正立投影面而平行于水平投影面和侧立投影面的直线。

(3) 侧垂线：垂直于侧立投影面而平行于水平投影面和正立投影面的直线。

投影面垂直线在三面投影体系中的投影见表 3-3。

表 3-3 投影面垂直线

名称	铅垂线（$AB \perp H$）	正垂线（$AC \perp V$）	侧垂线（$AD \perp W$）
立体图	Z V a′ A a″ W b′ O b″ X B a(b) H Y	Z V a′(c′) c″ C W A O a″ X c a H Y	Z V a′ d′ a″(d″) W A D X O a d H Y
投影图	a′ Z a″ b′ b″ X O Y_W a(b) Y_H	a′(c′) Z c″ a″ X O Y_W c a Y_H	a′ d′ Z a″(d″) X O Y_W a d Y_H
在形体投影图中的位置	a′ a″ b′ b″ a(b)	a′(c′) c″ a″ c a	a′ d′ a″(d″) a d
在形体立体图中的位置	A B	C A	D A
投影规律	(1) ab 积聚为一点 (2) $a'b' \perp OX$；$a''b'' \perp OY_W$ (3) $a'b'=a''b''=AB$	(1) $a'c'$积聚为一点 (2) $ac \perp OX$；$a''c'' \perp OZ$ (3) $ac=a''c''=AC$	(1) $a''d''$积聚为一点 (2) $ad \perp OY_H$；$a'd' \perp OZ$ (3) $ad=a'd'=AD$

分析表 3-3，可以得出投影面垂直线的投影特性：

(1) 投影面垂直线在垂直的投影面上的投影积聚成为一个点。

(2) 在另外两个投影面上的投影分别垂直于相应的投影轴，并反映实长。

分析这三种位置的直线可以看出：一般位置的直线，三面投影都倾斜于投影轴，而投影面平行线只有一个投影倾斜于投影轴，投影面垂直线没有倾斜于投影轴的投影。

3.2.3 直线上的点

3.2.3.1 直线上点的投影

直线的投影是直线上所有点投影的集合，如图 3-10 所示，直线 AB 上有一点 C，过点 C 作投影线 Cc 垂直于 H 面，与 H 面的交点必在 AB 的水平投影 ab 上，同理，点 C 的正面投影 c' 和侧面投影 c'' 也在直线 AB 的正面投影和侧面投影上。因此，直线上点的投影必在直线的同面投影上。反之，如果一个点的三面投影在一直线的同面投影上，则该点必为直线上的点。

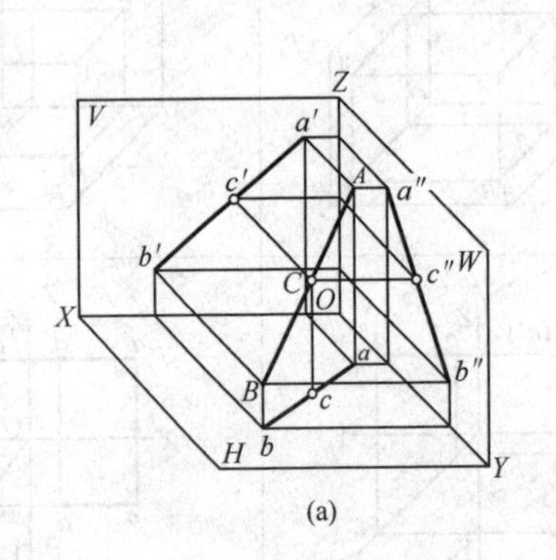

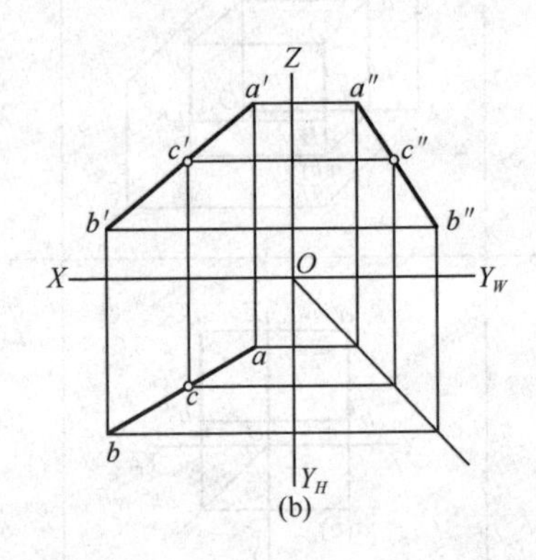

图 3-10 直线上点的投影

(a) 直观图；(b) 投影图

对于一般位置直线，判别点是否在直线上，可由它们的任意两个投影决定，如图 3-11 (a) 所示，点 C 的水平投影 c 和正面投影 c'，分别在直线的同面投影 ab、$a'b'$ 上，且 cc' 垂直于 OX 轴，因此，点 C 在直线 AB 上。点 D 的水平投影在直线 EF 的水平投影 ef 上，但正面投影不在直线 EF 的正面投影 $e'f'$ 上，因此点 D 不在直线 EF 上。

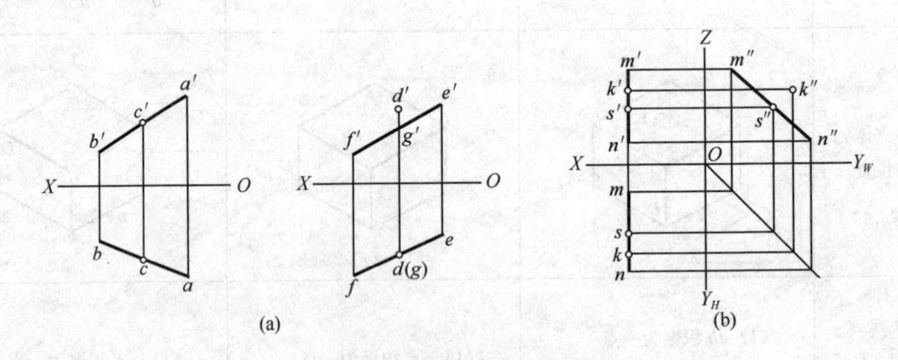

图 3-11 判别点是否在直线上

(a) 一般位置直线；(b) 侧平线

对于投影面平行线，判断点是否在直线上，还应根据直线在所平行的投影面上的投影，判别点是否在直线上。如图 3-11 (b) 所示，点 S 的三面投影 s、s'、s''，分别在侧平线 MN 的三面投影上，且符合点的投影规律，因此点 S 在直线 MN 上。而 K 点的水平投影和正面投影虽然在直线 MN 的同面投影上，但其侧面投影不在 MN 的侧面投影上，说明 K 点不在直线 MN 上。

3.2.3.2　直线上点的定比性

直线上一点把直线分成两段，这两段线段的长度之比等于它们相应的投影之比，这种比例关系称为定比关系。如图 3-12 所示，点 C 为直线 AB 上一点，因投影线互相平行，则 $AC:CB=ac:cb=a'c':c'b'=a''c'':c''b''$。

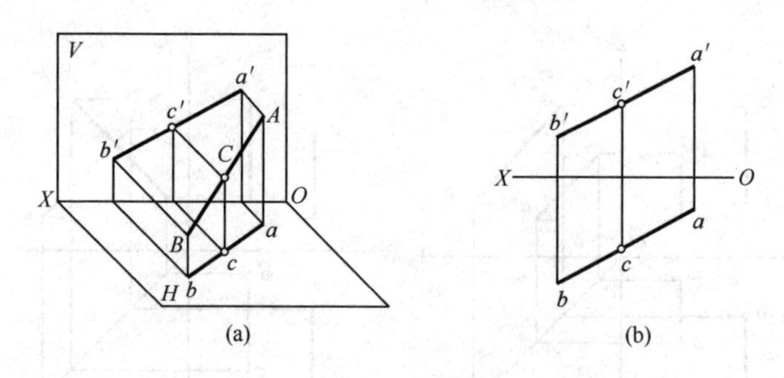

图 3-12　直线上点分割线段成定比

(a) 直观图；(b) 投影图

3.2.4　两直线的相对位置

空间两直线的相对位置分为平行、相交和交叉三种情况。前两种属于同平面内的两直线，后一种为异面两直线。

3.2.4.1　两直线平行

由平行投影的基本性质可知：若空间两直线互相平行，则其同面投影必平行，且两平行线段长度之比等于其同面投影长度之比。

如图 3-13 (a) 所示，两直线 $AB /\!/ CD$，则 $ab /\!/ cd$，$a'b' /\!/ c'd'$，同样 $a''b'' /\!/ c''d''$。且 $AB:CD=ab:cd=a'b':c'd'=a''b'':c''d''$。

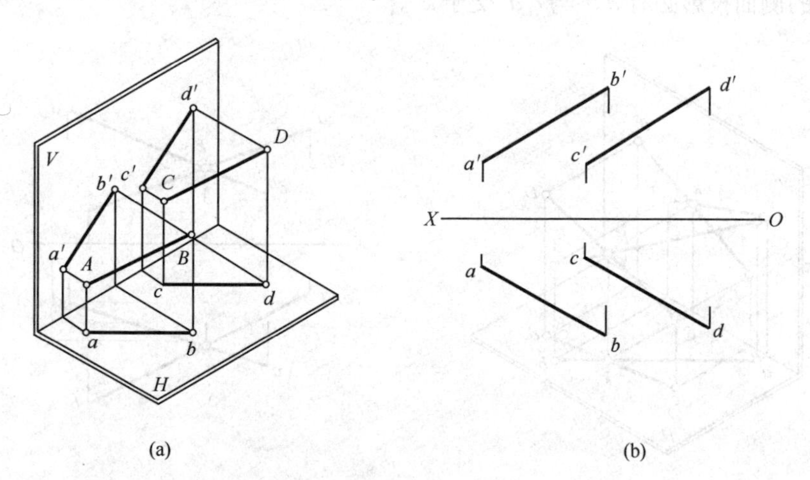

图 3-13　两直线平行

(a) 直观图；(b) 投影图

反之，若两直线的同面投影分别平行且成定比，则该两直线在空间必平行。

由图 (3-13) (a) 可见：$ab /\!/ cd$，则平面 $abBA /\!/$ 平面 $cdDC$；又 $a'b' /\!/ c'd'$，则平面 $a'b'BA /\!/$ 平面 $c'd'DC$，平面 $abBA$ 与平面 $a'b'BA$ 相交于 AB；平面 $cdDC$ 与平面 $c'd'DC$ 相交于 CD，故它们的交线 $AB /\!/ CD$。

一般情况下，根据直线的任意两个同面投影是否平行即可确定该两直线在空间是否平行。但当两直线同时平行于某一投影面时，通常还需根据两直线在所平行的投影面上的投影是否平行来确定，或根据定比性来判定。如图 3-14（a）所示两直线平行，如图 3-14（b）所示两直线不平行。

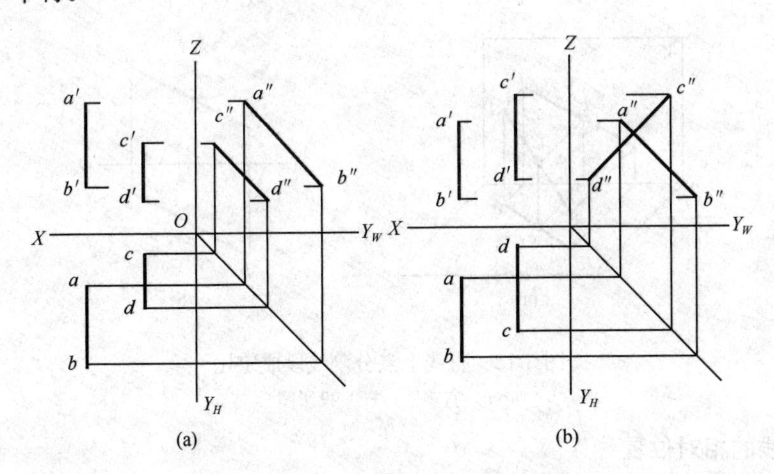

图 3-14　判断两直线是否平行

（a）两直线平行；（b）两直线不平行

3.2.4.2　两直线相交

若空间两直线相交，则其同面投影必相交，且各投影的交点必符合点的投影规律。

如图 3-15（a）所示，直线 AB 与 CD 相交于点 K，K 是 AB 与 CD 的共有点。当将它们分别向 H 面及 V 面作投影时，其水平投影 ab 与 cd 交于 k，正面投影 $a'b'$ 与 $c'd'$ 交于 k'。同理，它们的侧面投影必有 $a''b''$ 与 $c''d''$ 交于 k''。

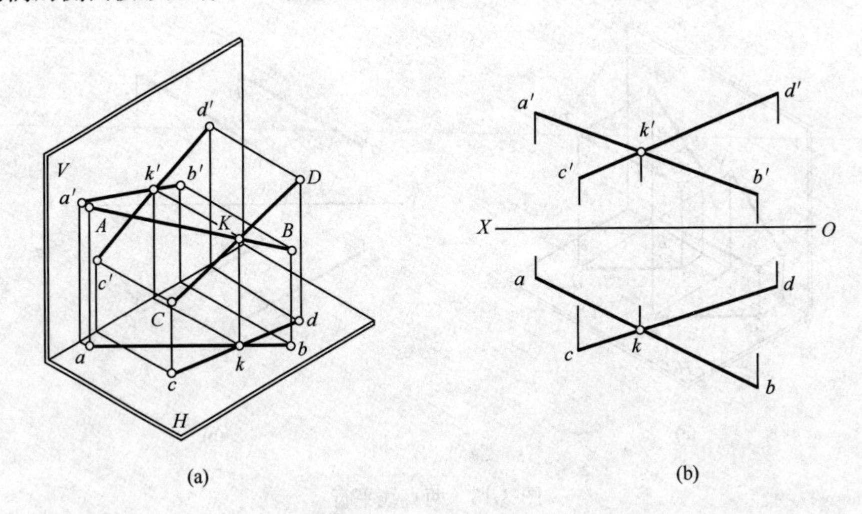

图 3-15　两直线相交

（a）投影图；（b）平面图

反之，若两直线的各同面投影相交，且各投影的交点符合点的投影规律，则该两直线在空间一定相交，如图 3-15（b）所示。

3.2.4.3 两直线交叉

两交叉直线是既不平行又不相交的异面两直线，因而其投影不具备两直线平行或相交的投影特性。图 3-16 中，虽然 AB、CD 两直线的水平投影及侧面投影均平行，但它们的正面投影不平行，所以 AB、CD 为交叉两直线。

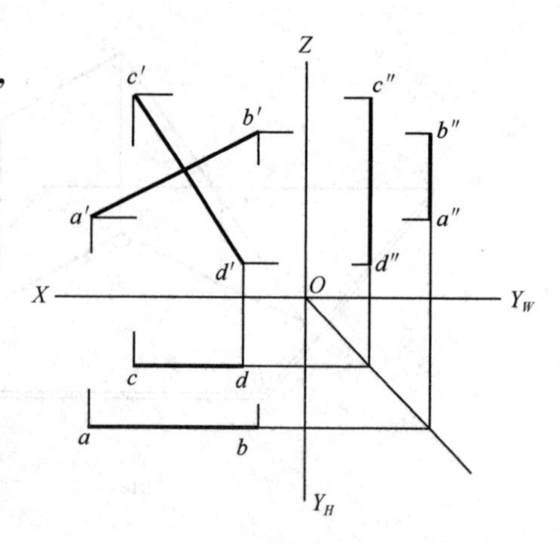

图 3-16　两直线交叉

交叉两直线的投影可能相交，但各投影交点的连线并不垂直于相应的投影轴。图 3-17 中，虽然 AB、CD 二直线的水平投影与正面投影都相交，但投影交点的连线并不垂直于 OX 轴，不符合点的投影规律，所以 AB、CD 为交叉两直线。

当交叉两直线的投影相交时，其交点是交叉两直线的重影点的投影。利用投影可判别两重影点的相对位置。

图 3-17 中，直线 AB 与 CD 的水平投影的交点 1（2）是直线 AB 上的点Ⅱ与直线 CD 上的点Ⅰ在 H 面的重影。从正面投影中可看出点Ⅰ高于点Ⅱ，点Ⅱ不可见，其水平投影用（2）表示。同样 $a'b'$ 与 $c'd'$ 的交点 3′（4′）是直线 AB 上点Ⅲ与直线 CD 上点Ⅳ在 V 面的重影。从水平投影中可看出点Ⅲ在点Ⅳ之前，点Ⅳ不可见，其正面投影用（4′）表示。

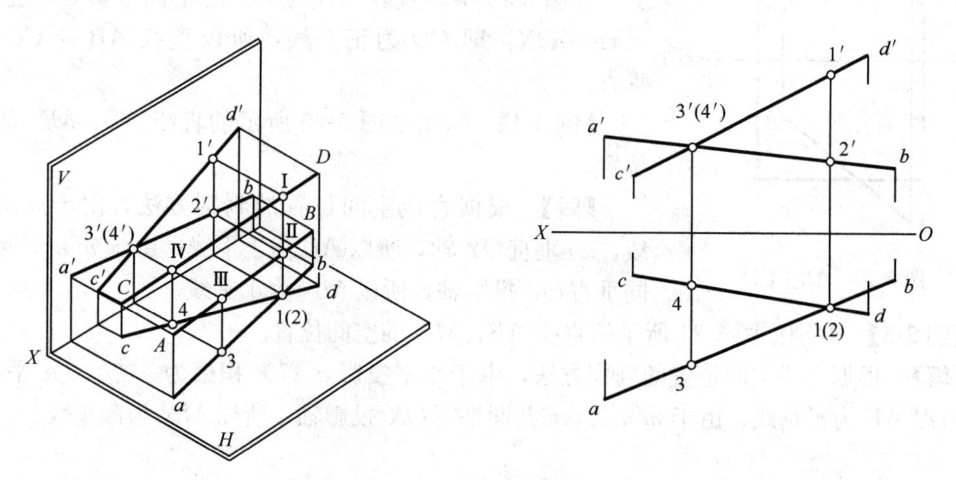

图 3-17　两交叉直线重影点

3.2.4.4 一边平行投影面的直角投影

相交两直线夹角的投影一般不反映实形，只有当它们同时平行于某一投影面时，在该投影面的投影反映两直线间的真实夹角。空间垂直两直线的投影除具备这一性质外，互相垂直的两直线在投影图中依然反映垂直的还有以下情况：

空间垂直的两直线，其中有一条直线平行于某一投影面时，则两直线在该投影面的投影仍互相垂直。

【例 3-3】 已知$\angle BAC$是直角，$AB /\!/ H$ 面，证明 $ab \perp ac$，如图 3-18（a）所示。

【证明】 因为 $AB /\!/ H$ 面，$Aa \perp H$ 面，故 $AB \perp Aa$；又因 $AB \perp AC$，所以 AB 垂直于由

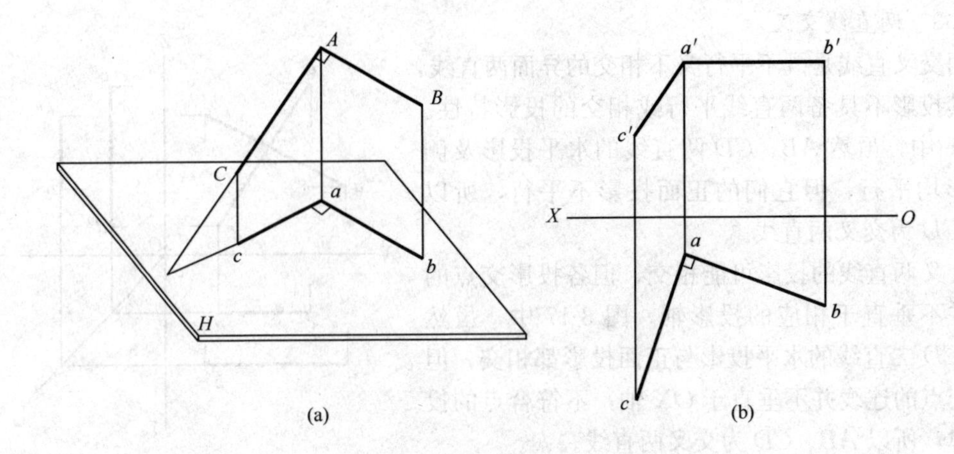

图 3-18　直角投影定理

（a）投影图；（b）平面图

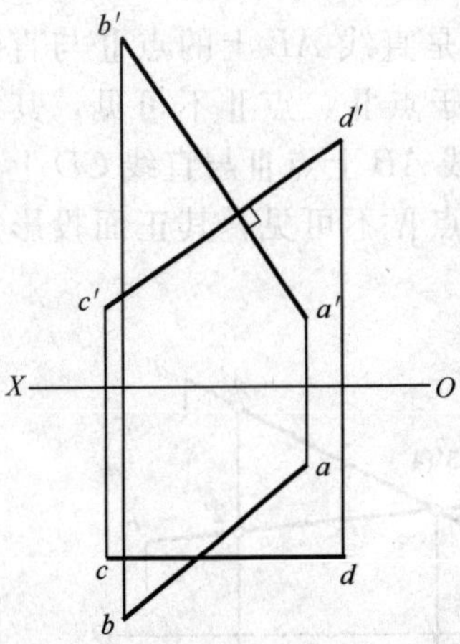

一对相交直线 AC、Aa 所确定的平面 $AacC$。因 $ab /\!/ AB$，则 $ab \perp$ 平面 $AacC$，所以 $ab \perp ac$，即 $\angle bac = 90°$。

反之，若两直线在某一投影面的投影互相垂直，且有一条直线平行于该投影面，则空间两直线必定互相垂直（可参照图 3-18 证之）。

如图 3-19 中，直线 AB 与 CD 的正面投影 $a'b' \perp c'd'$，又 $cd /\!/ OX$，即 CD 为正平线，所以直线 AB 与 CD 空间垂直。

图 3-19　$AB \perp CD$

【例 3-4】 判别如图 3-20 所示的直线 AB、MN 的空间位置。

【解】 根据直线空间位置的判别方法，由于 $a'b'$ 为斜线，ab 垂直 OY 轴，所以 AB 为正平线；由于 $m'n'$、$m''n''$ 共同垂直 OZ 投影轴，所以 MN 为水平线。

【例 3-5】 判别如图 3-21 所示的直线 AB、MN 的空间位置。

【解】 根据直线空间位置的判别方法，由于水平投影 a（b）积聚为一点，$a'b'$ 平行 OZ 轴，所以 AB 为铅垂线；由于 $m'n'$、mn 共同平行 OX 投影轴，所以 MN 为侧垂线。

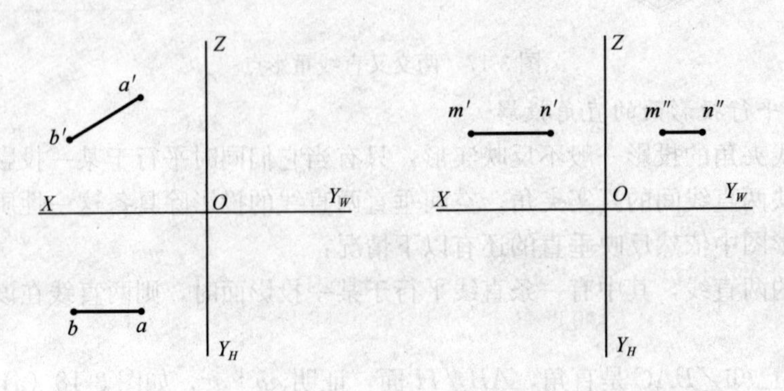

图 3-20　直线的两面投影

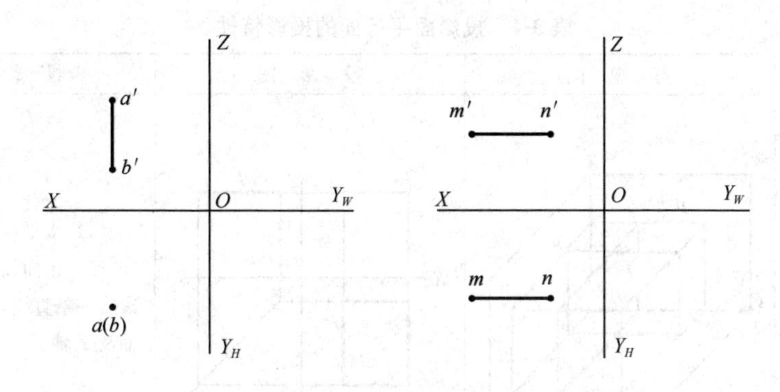

图 3-21　直线的两面投影

3.3　平面的投影

平面是直线沿某一方向运动的轨迹。平面可以用平面图形来表示，如圆形、正方形、长方形等。要做出平面的投影，只要做出构成平面图形轮廓的若干点与线的投影，然后连成平面图形即得。平面与投影面之间按相对位置的不同可分为：一般位置平面、投影面平行面和投影面垂直面，后两种统称为特殊位置平面。

3.3.1　一般位置平面的投影

与三个投影面均倾斜的平面称为一般位置平面，亦称倾斜面。如图 3-22 所示为一般位置平面的投影，从中可以看出，它的任何一个投影，既不反映平面的实形，也无积聚性。因此，一般位置平面的各个投影，为原平面图形的类似形。

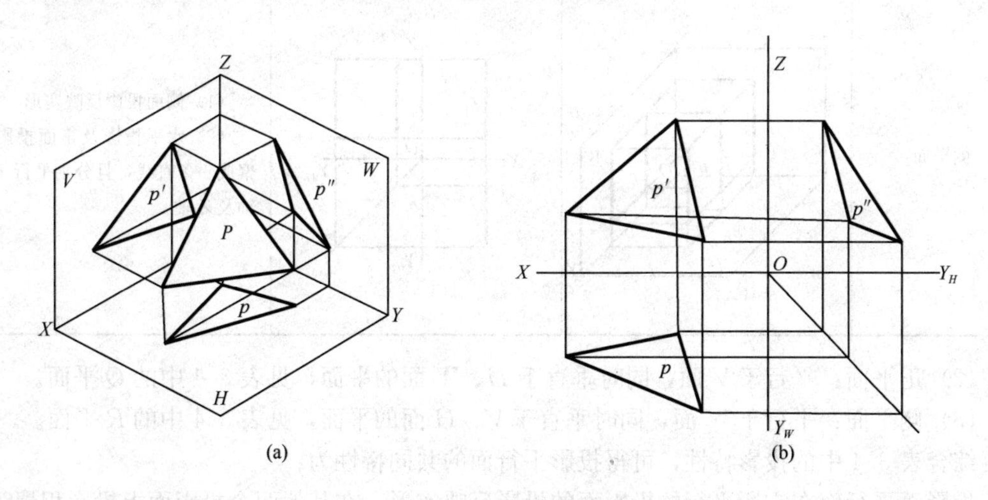

图 3-22　一般位置平面的投影

(a) 直观图；(b) 投影图

3.3.2　特殊位置平面的投影

3.3.2.1　投影面平行面

平行于某一投影面，因而垂直于另两个投影面的平面，称为投影面平行面。投影面平行面有三种状况：

(1) 水平面：与 H 面平行，同时垂直于 V、W 面的平面，见表 3-4 中的 P 平面。

表 3-4　投影面平行面的投影特性

名　称	直 观 图	投 影 图	投 影 特 性
水平面			(1) 水平投影反映实形 (2) 正面投影及侧面投影积聚成一条直线，且分别平行于 X 轴及 Y 轴
正平面			(1) 正面投影反映实形 (2) 水平投影及侧面投影积聚成一条直线，且分别平行于 X 轴及 Y 轴
侧平面			(1) 侧面投影反映实形 (2) 水平投影及正面投影积聚成一条直线，且分别平行于 Y 轴及 Z 轴

(2) 正平面：平行于 V 面，同时垂直于 H、W 面的平面，见表 3-4 中的 Q 平面。

(3) 侧平面：平行于 W 面，同时垂直于 V、H 面的平面，见表 3-4 中的 R 平面。

综合表 3-4 中的投影特性，可得投影平行面的共同特性为：

投影面平行面在它所平行的投影面的投影反映实形，在其他两个投影面上投影积聚为直线，且与相应的投影轴平行。

3.3.2.2　投影面垂直面

垂直于一个投影面，同时倾斜于其他投影面的平面称为投影面垂直面。投影面垂直面也有三种状况：

(1) 铅垂面：垂直于 H 面，倾斜于 V、W 面的平面，见表 3-5 中的 P 平面。

(2) 正垂面：垂直于 V 面，倾斜于 H、W 面的平面，见表 3-5 中的 Q 平面。

(3) 侧垂面：垂直于 W 面，倾斜于 H、V 面的平面，见表 3-5 中的 R 平面。

表 3-5　投影面垂直面的投影特性

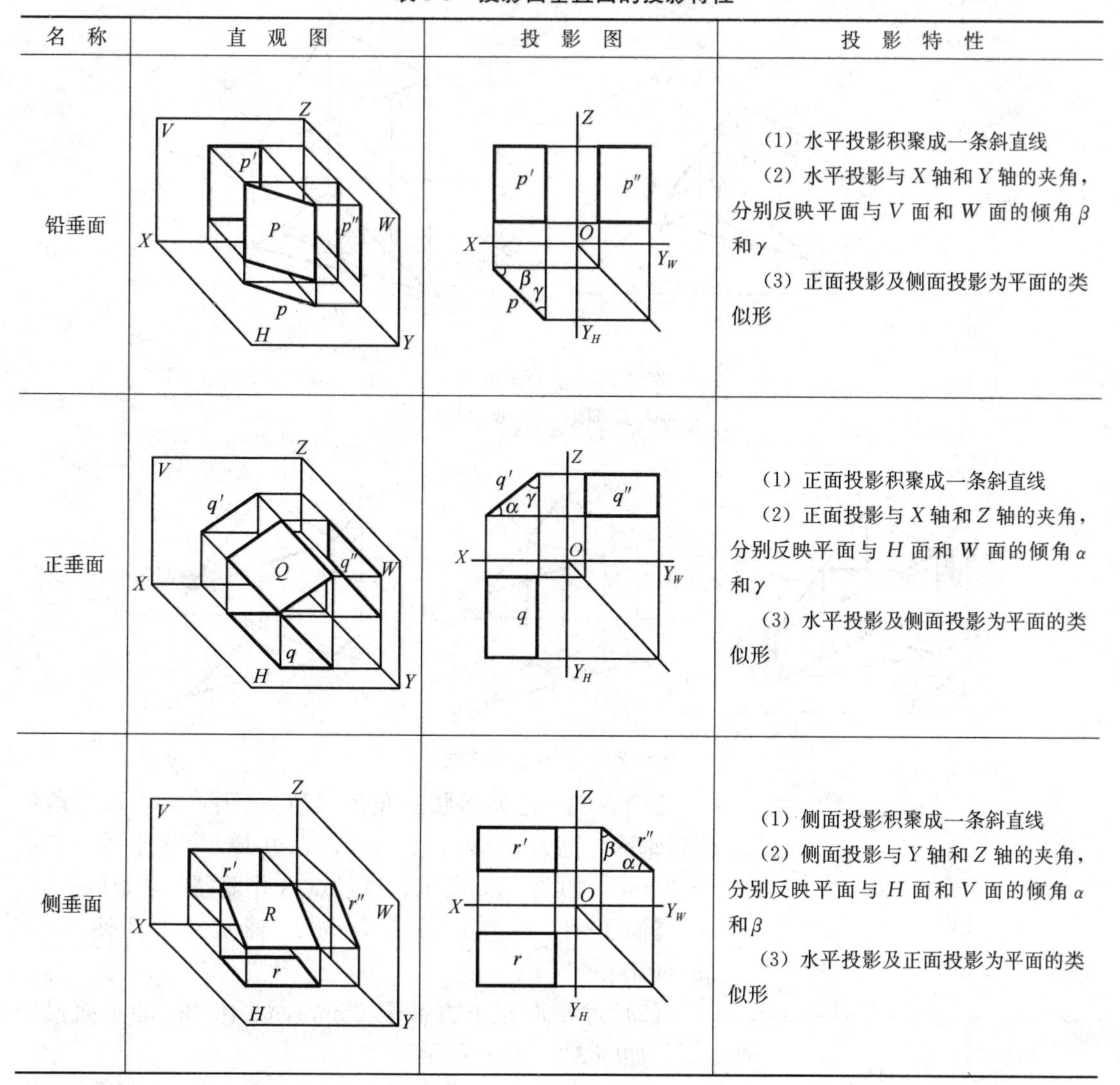

名　称	直　观　图	投　影　图	投　影　特　性
铅垂面			（1）水平投影积聚成一条斜直线 （2）水平投影与 X 轴和 Y 轴的夹角，分别反映平面与 V 面和 W 面的倾角 β 和 γ （3）正面投影及侧面投影为平面的类似形
正垂面			（1）正面投影积聚成一条斜直线 （2）正面投影与 X 轴和 Z 轴的夹角，分别反映平面与 H 面和 W 面的倾角 α 和 γ （3）水平投影及侧面投影为平面的类似形
侧垂面			（1）侧面投影积聚成一条斜直线 （2）侧面投影与 Y 轴和 Z 轴的夹角，分别反映平面与 H 面和 V 面的倾角 α 和 β （3）水平投影及正面投影为平面的类似形

综合表 3-5 中的投影特性，可得投影面垂直面的共同特性为：

投影面垂直面在它所垂直的投影面上的投影积聚为一斜直线，它与相应投影轴的夹角，反映该平面对其他两个投影面的倾角；在另两个投影面上的投影反映该平面的类似形，且小于实形。

3.3.3　平面上的点和直线

3.3.3.1　平面上的点

点在平面上的判定条件是，如果点在平面内的一条直线上，则点在平面上。如图 3-23 所示，点 F 在直线 DE 上，而 DE 在△ABC 上，因此，点 F 在△ABC 上。

3.3.3.2　平面上的直线

直线在平面上的判定条件是，如果一直线通过平面上的两个点，或通过平面上的一个点，但平行于平面上的一直线，则直线在平面上。在图 3-24 中，直线 DE 通过平面 ABC 上的点 D 和点 E；直线 BG 通过平面上一点 B 并平行于 AC 边。因此，DE 和 BG 都在平面 ABC 上。

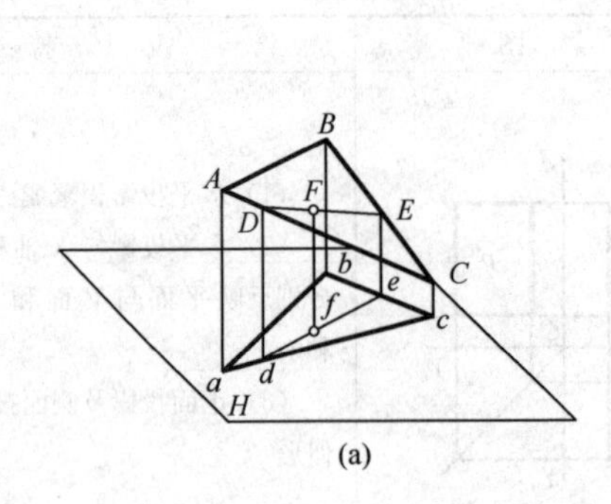

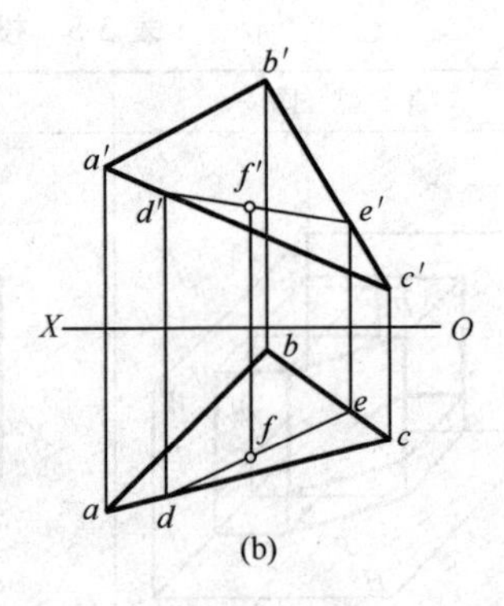

图 3-23　平面上的点

(a) 直观图；(b) 投影图

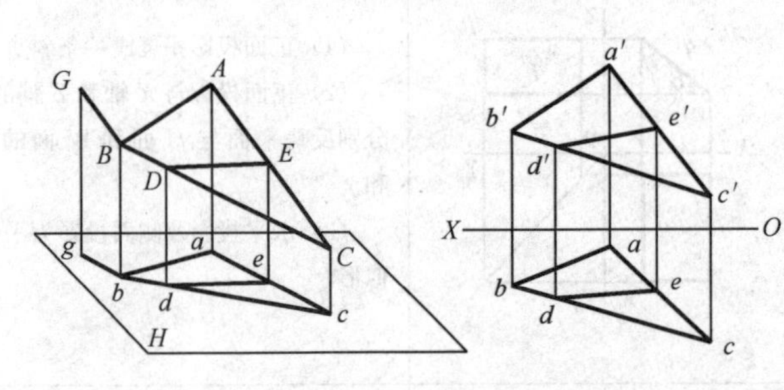

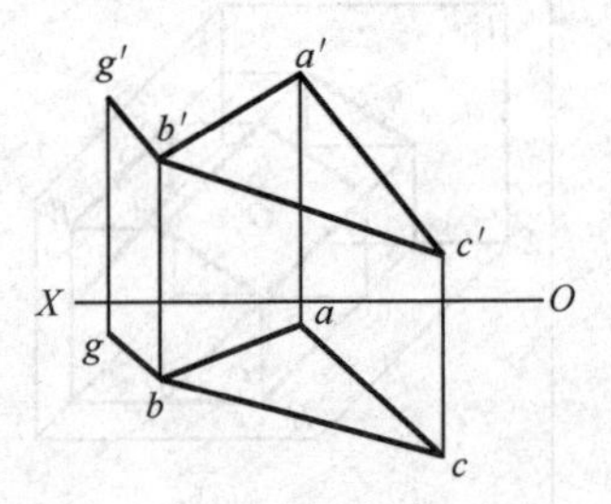

图 3-24　平面上的直线

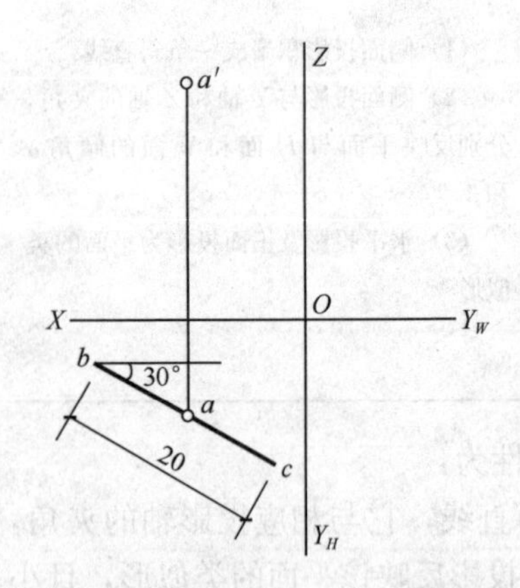

图 3-25　作等腰三角形的投影

【例 3-6】　已知等腰三角形 ABC 的顶点 A，该三角形为铅垂面，高为 25mm，$\beta=30°$，底边 BC 为水平线，长等于 20mm，如图 3-25 所示，试过点 A 作等腰三角形的投影。

【解】　(1) 过 a 作 bc，与 x 轴成 30°且使 $ba=ac=10$mm。

(2) 过 a' 向正下方截取 25mm，并作 BC 的正面投影 $b'c'$，如图 3-26 (a) 所示。

(3) 根据水平投影及正面投影，完成侧面投影，如图 3-26 (b) 所示。

【例 3-7】　根据直观图在三投影图上标出 P、Q、R、S 平面的投影，并完成表 3-6 中的填空，如图 3-27 所示。

表 3-6　相对位置表

平面名称	与投影面的相对位置	平面名称	与投影面的相对位置
P		R	
Q		S	

【解】　从直观图中看出 P 平面是与三投影面均倾斜的一般位置平面，故 P 的投影位置应如图 3-27 (b) 所示的 p、p'、p''线框；Q 是一个与 W 面垂直的三角形平面，是侧垂面，其 q''应为一条斜直线，图 3-27 (b) 中 q、q'、q''即为其投影位置；R 是梯形且为侧平面，故在 W 面上反映其实形，故 W 面上的梯形线框即为 r''，而 R 的其他投影均为积聚投影，如图中的 r、r'；S 是个五边形，从图中看出它是正平面，故在 V 面上反映它的实形 s'，其他面

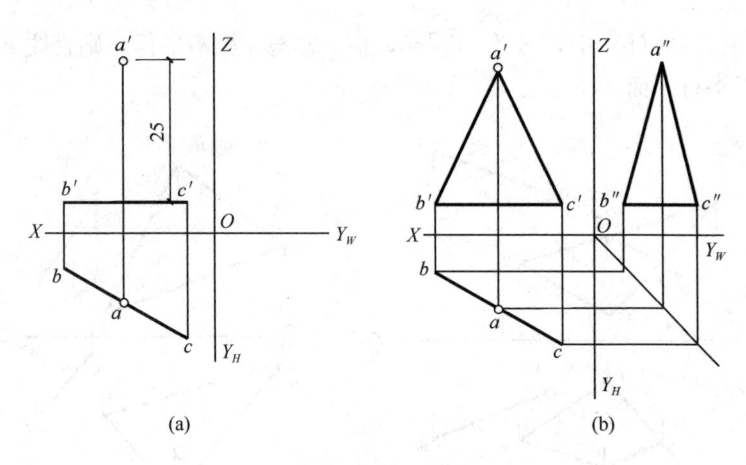

图 3-26　作图结果

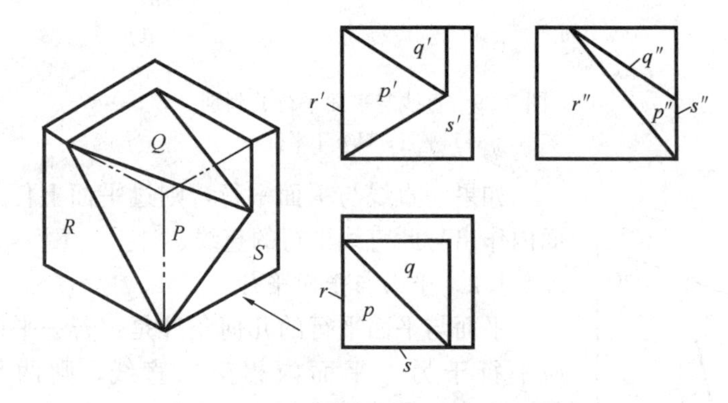

图 3-27　形体中平面的空间位置
（a）直观图；（b）投影图

上的投影都为积聚投影，且平行于相应的投影轴，如 s、s''。平面 P、Q、R 及 S 的具体位置见表 3-7。

表 3-7　相对位置表

平面名称	与投影面的相对位置	平面名称	与投影面的相对位置
P	一般位置平面	R	侧平面
Q	侧垂面	S	正平面

3.4　直线与平面、两平面的相对位置

3.4.1　直线与平面平行、两平面平行

3.4.1.1　直线与平面平行

直线与平面平行的几何条件是：若一直线与平面上的一直线平行，则该直线与平面平行。

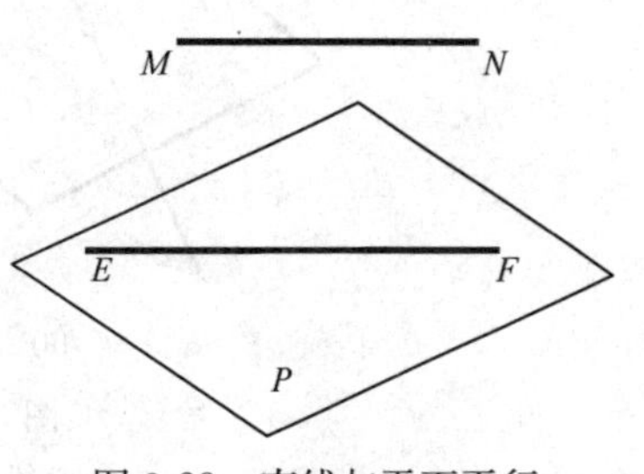

图 3-28　直线与平面平行

图 3-28 中，直线 MN 平行于平面 P 内的一条直线 EF，则直线 MN 与 P 平面平行。

图 3-29（a）中，由于 $mn \parallel ef$，$m'n' \parallel e'f'$，所以 MN 平行 EF。又直线 EF 属于平面 ABC，则直线 MN 平

行平面ABC。图 3-29（b）中，虽然$ef // ab$，但$e'f'$与$a'b'$不平行，则直线EF不平行AB，因此直线EF不平行平面ABC。

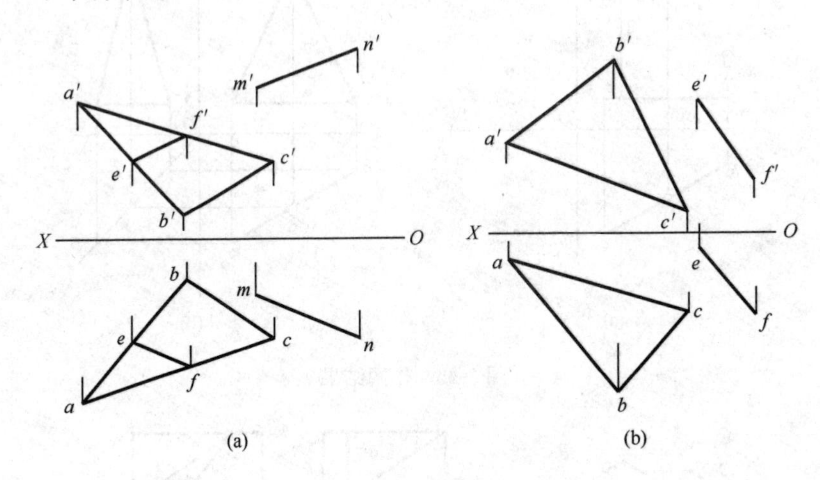

图 3-29　直线与平面平行的判别

（a）平行；（b）不平行

如果一直线与平面平行，则过平面上任意一点，可在平面内作出与此直线平行的直线。

3.4.1.2　平面与平面平行

平面与平面平行的几何条件是：若一平面内相交直线对应平行于另一平面内相交二直线，则两平面相互平行。图 3-30中，P平面内相交二直线AB与AC对应平行于Q平面内相交二直线DE与DF，即$AB // DE$，$AC // DF$，则平面P与平面Q平行。

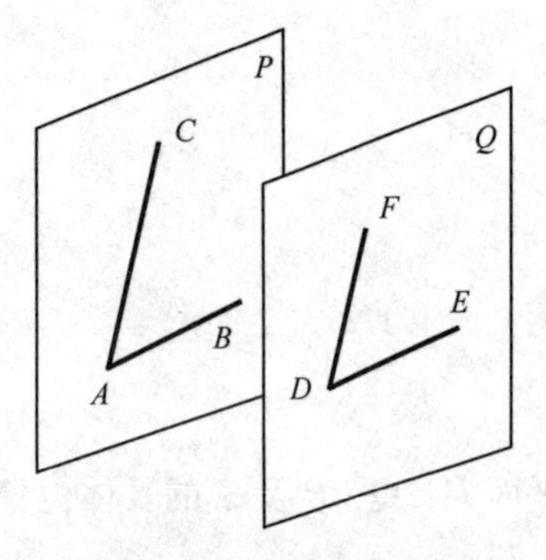

图 3-30　平面与平面平行

3.4.2　直线与平面相交、两平面相交

直线与平面不平行则必定相交。直线与平面的交点是直线与平面的共有点，如图 3-31（a）所示。两平面不平行必定相交，其交线是两平面的共有直线，交线上的点是两平面的共有点，如图 3-31（b）所示。

3.4.2.1　直线与平面相交

（1）直线与特殊位置平面相交

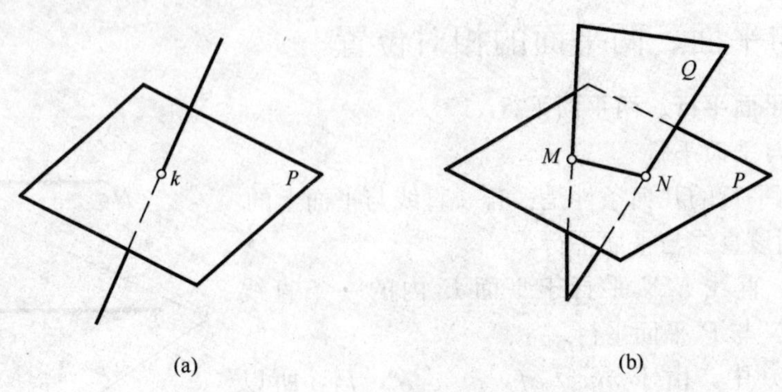

图 3-31　直线与平面相交、两平面相交

（a）直线与平面的共有点；（b）平面与平面的共有直线

直线与特殊位置平面相交，可利用特殊位置平面的积聚性投影求交点。图 3-32 中直线 EF 与铅垂面 $ABCD$ 相交于点 G。G 是平面上的点，其水平投影必定在 a（d）b（c）上。同时，点 G 又是直线上的点，其水平投影必定在 ef 上，因此 ef 与 a（d）b（c）的交点 g 即为点 G 的水平投影。过 g 作竖直投影连线交 $e'f'$ 于 g'，g' 即为点 G 的正面投影。

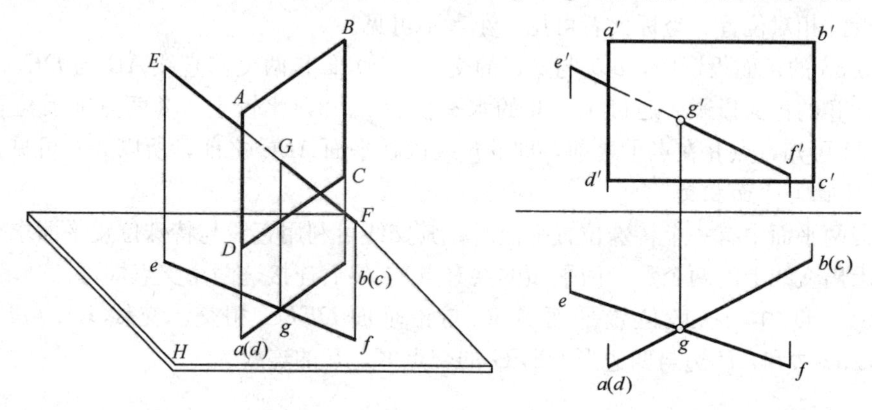

图 3-32　直线与投影面垂直面相交

在直线与平面相交的作图中，还必须判别直线投影的可见性。判别投影可见性的方法有以下两种：

①运用交错两直线上重影点的投影可见性来判别。

②如果平面是特殊位置平面，可以从平面的积聚性投影中直接判别。

如图 3-32 所示，$ABCD$ 是铅垂面，其水平投影积聚成一直线。从直线和平面的水平投影中可以看出，FG 在 $ABCD$ 平面之前，其正面投影可见；EG 在 $ABCD$ 平面之后，则 $e'g'$ 有一段被平面遮挡，用虚线表示。

（2）投影面垂直线与一般位置平面相交

投影面垂直线与一般位置平面相交，可根据直线的积聚性投影，先求出交点的一个投影，然后利用平面内取点的方法求出交点的另一个投影。

图 3-33 中直线 DE 为铅垂线，其水平投影积聚成一点。直线与平面的交点 F 的水平投影 f

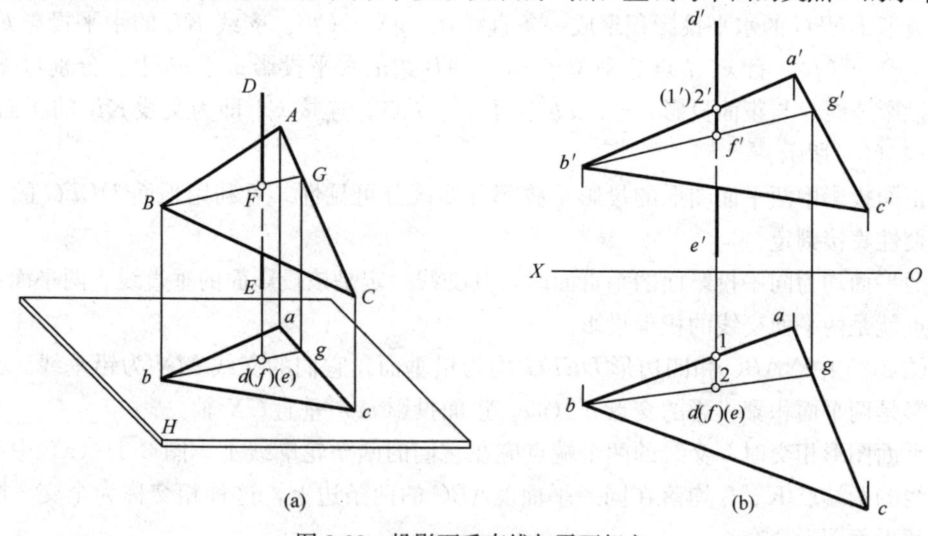

图 3-33　投影面垂直线与平面相交

(a) 投影图；(b) 平面图

重合在直线的积聚投影上。求交点 F 的正面投影时，先在水平投影中连接 bf 并延长交 ac 于 g，过 g 作竖直投影连线交 $a'c'$ 于 g'，连接 $b'g'$ 交 $d'e'$ 于 f'，f' 即为交点 F 点的正面投影。

正面投影的可见性是采用重影点判别的。利用重影点判别可见性的方法是：在需判断可见性的投影图中，找出一对交错直线对该投影面重影点的投影，然后作出它们的另一投影，以比较两点的相对位置。坐标大者可见，小者不可见。

在图 3-33 的正面投影中，$a'b'$ 与 $d'e'$ 的交点（$1'$）$2'$ 是两交错直线 AB 与 DE 对 V 面的重影点Ⅰ、Ⅱ的正面投影。通过Ⅰ、Ⅱ的水平投影 1、2，比较Ⅰ、Ⅱ两点前后位置。由水平投影 1、2 可知，点Ⅱ在点Ⅰ之前，即ⅡF 线段在平面 ABC 之前，所以 $2'f'$ 可见。

3.4.2.2 平面与平面相交

当相交两平面中有一个特殊位置平面时，其交线可利用直线与特殊位置平面求交点的方法，分别求出交线上的两个点（两平面的共有点），然后连接这两个交点即可。

图 3-34（a）中，一般位置平面 ABC 与铅垂面 $DEFG$ 相交，交线 KL 可以看作是 $\triangle ABC$ 的 AC 边和 AB 边与四边形 $DEFG$ 的交点 K、L 的连线。

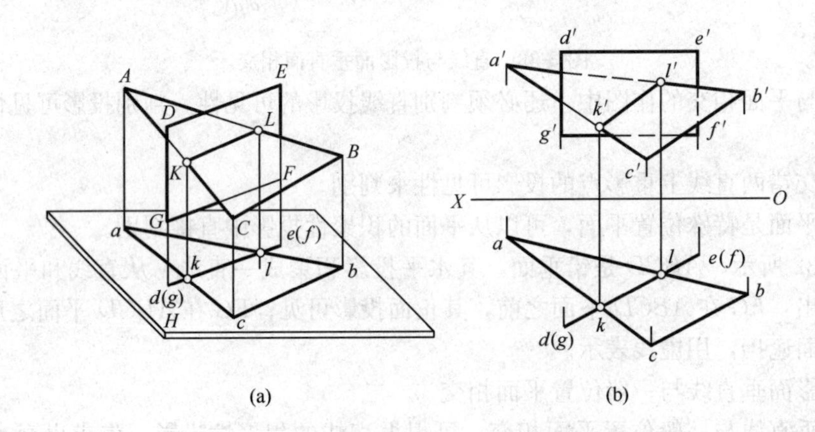

图 3-34　一般位置平面与铅垂面相交

（a）投影图；（b）平面图

四边形 $DEFG$ 的水平投影积聚成一条直线 d（g）e（f）。交线 KL 的水平投影 kl 应重合于 d（g）e（f），且 k、l 点分别位于 AC、AB 边的水平投影 ac、ab 上。分别过 k、l 点作竖直投影连线，与正面投影 $a'c'$、$a'b'$ 交于 k'、l' 点，连接 $k'l'$ 即为交线 KL 的正面投影，如图 3-34（b）所示。

在正面投影中两平面图形的投影重叠部分要区分可见性。可利用平面 $DEFG$ 的水平投影的积聚性直接判定。

当两平面均为同一投影面的垂直面时，其交线一定是该投影面的垂直线。两平面积聚投影的交点就是两平面交线的积聚投影。

在图 3-35 中 $\triangle ABC$ 和四边形 $DEFG$ 均为铅垂面，它们的交线 MN 为铅垂线。交线的水平投影是两平面积聚投影的交点 m（n）。正面投影 $m'n'$ 垂直 OX 轴。

两平面图形相交时，交线的两个端点应在它们的两条轮廓线上。图 3-36（a）中两平面图形交线的两端点 K、L 均落在同一平面 $\triangle ABC$ 的两条边上，这种相交称为全交。图 3-34 所示为两平面图形全交。

图 3-36（b）中两平面图形交线的两端点 K、L 分别落在平面 Q 的一条边和 $\triangle DEF$ 的

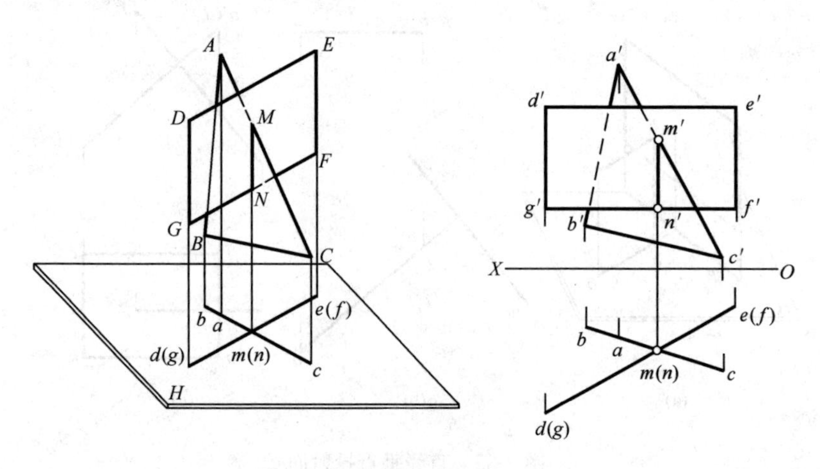

图 3-35　两投影面垂直面相交

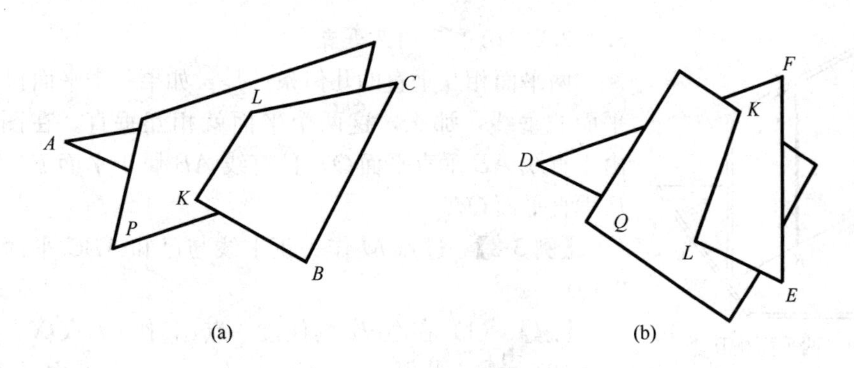

图 3-36　两平面相交的形式

(a) 两平面全交；(b) 两平面互交

一条边 DE 上，这种相交称为互交。图 3-35 所示为两平面图形互交。

3.4.3　直线与平面垂直、两平面相互垂直

3.4.3.1　直线与平面垂直

直线与平面垂直的几何条件是：若一直线垂直于一平面内的两条相交直线，不管该直线是否通过这两条相交直线的交点，则这条直线一定与该平面垂直。

如图 3-37 所示，直线 $AB \perp P$ 面上相交两直线 L、M（或 L_1、M_1），所以 $AB \perp P$ 面。

反之，若一直线垂直于一平面，则这条直线一定与该平面内所有的直线垂直。

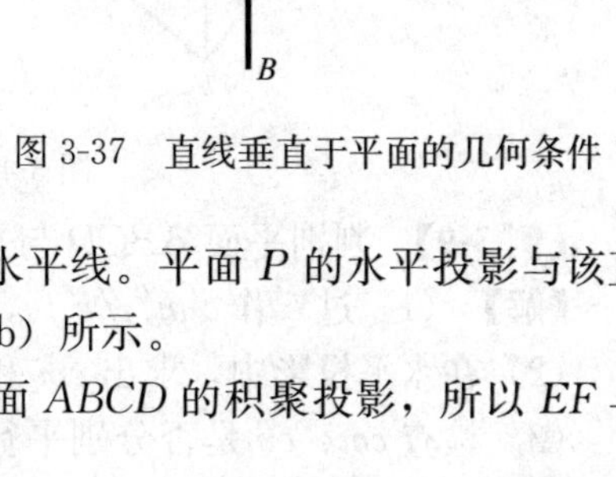

图 3-37　直线垂直于平面的几何条件

若直线垂直于某一投影面的垂直面时，该直线必然是一条这个投影面的平行线。如图 3-38（a）中，平面 P 是铅垂面，直线 AB 垂直于平面 P，则 AB 一定是水平线。平面 P 的水平投影与该直线 AB 的水平投影必相互垂直，有 $ab \perp P^H$，如图 3-38（b）所示。

图 3-38（c）中，正平线 EF 的正面投影 $e'f' \perp$ 正垂面 $ABCD$ 的积聚投影，所以 EF 与正垂面 $ABCD$ 垂直。

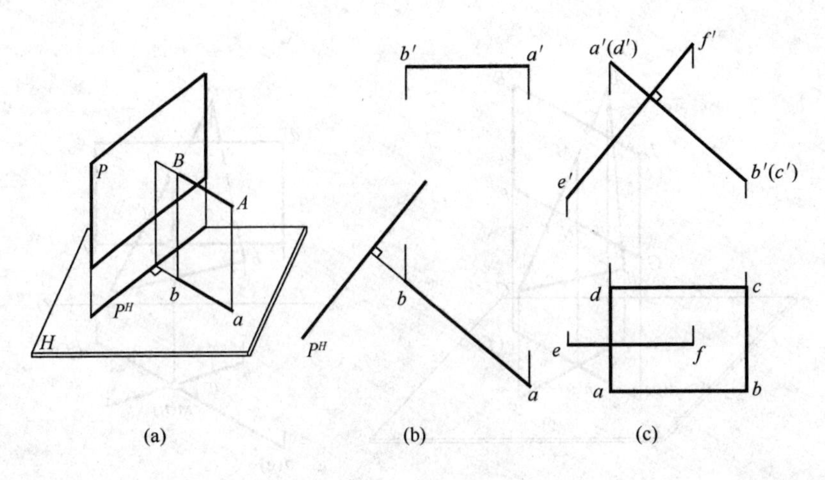

图 3-38　直线垂直投射面

（a）投影图；（b）、（c）平面图

3.4.3.2　两平面相互垂直

两平面相互垂直的几何条件是：如果一个平面包含另一个平面的垂线，那么，这两个平面就相互垂直。在图 3-39 中，由于直线 AB 垂直平面 Q，且直线 AB 属于平面 P，所以平面 P 垂直平面 Q。

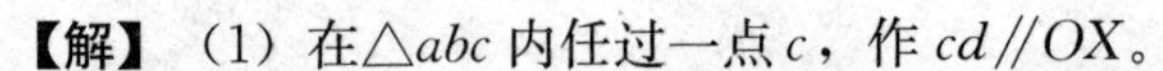

图 3-39　两平面相互垂直的几何条件

【例 3-8】 过点 M 作一正平线与已知 ABC 平面平行（图 3-40）。

【解】 （1）在△abc 内任过一点 c，作 $cd /\!/ OX$。

（2）由 cd 求得 $c'd'$，CD（cd，$c'd'$）为平面 ABC 内的正平线。

（3）过 m' 作 $m'n' /\!/ c'd'$、过 m 作 $mn /\!/ cd$，则 MN（mn、$m'n'$）即为所求。

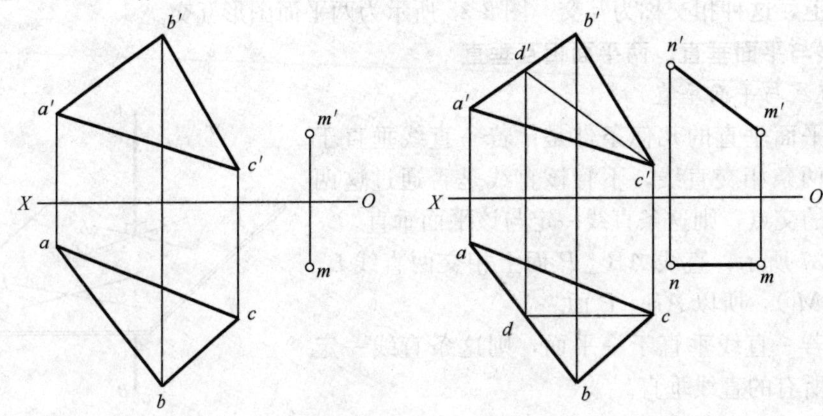

图 3-40　过点做直线与已知平面平行

【例 3-9】 判别平面 $ABCD$ 与平面 DEF 是否平行（图 3-41）。

【解】 （1）过 c' 作 $c'm' /\!/ e'f'$，再过 c' 作 $c'n' /\!/ e'g'$。

（2）在水平投影中，求出 cm 和 cn。

（3）检查 cm、cn 是否分别平行于 ef、eg。虽然 $cn /\!/ eg$，但 cm 不平行 ef，所以平面 $ABCD$ 与平面 DEF 不平行。

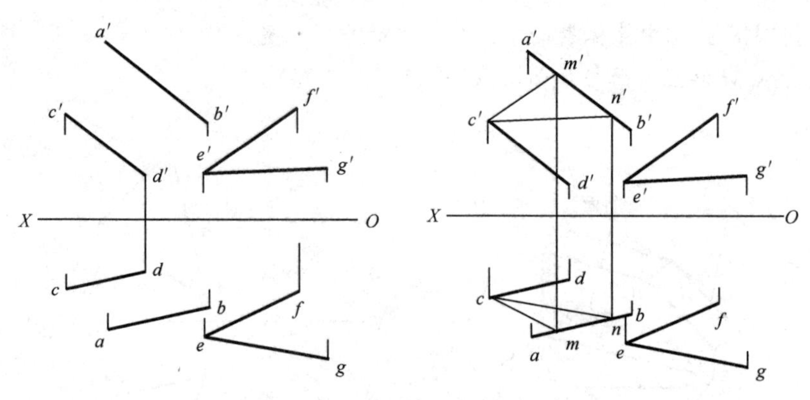

图 3-41 判别两平面是否平行

上岗工作要点

1. 掌握点的投影规律，熟练绘制点的投影。
2. 掌握直线的投影规律，熟练绘制直线的投影。
3. 掌握平面的投影规律，熟练绘制平面的投影。
4. 了解直线与平面、两平面的相对位置的条件与投影规律

思 考 题

3-1 点的三面投影有什么规律?

3-2 什么是重影点?

3-3 投影面平行线包括哪些?

3-4 投影面垂直线的投影特性是什么?

3-5 点在平面上的判定条件是什么?

3-6 平面与平面平行的几何条件是什么?

习 题

3-1 已知点的两面投影，求第三投影（图 3-42）。

3-2 已知正垂线 AB 长 30mm，点 A 的坐标是（25，0，30），求作直线 AB 的三面投影（图 3-43）。

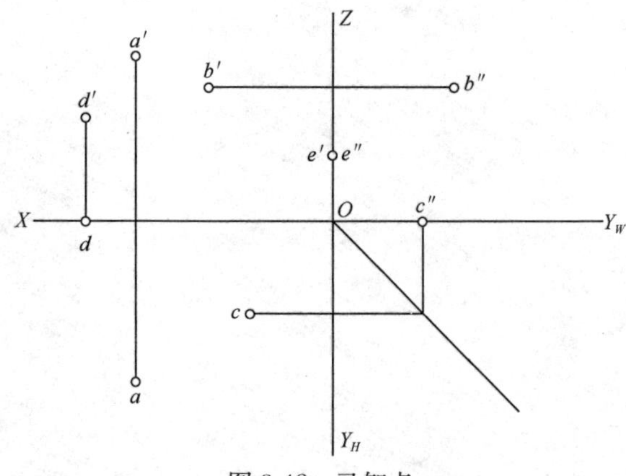

图 3-42 已知点

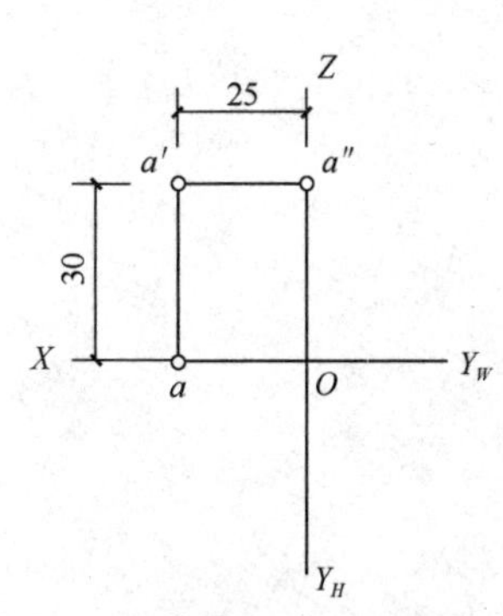

图 3-43 作正垂线的三面投影

3-3　试判别图 3-44 中立体表面Ⅰ、Ⅱ、Ⅲ的空间位置。

3-4　试过点 M 作一平面与平面 ABC 平行（图 3-45）。

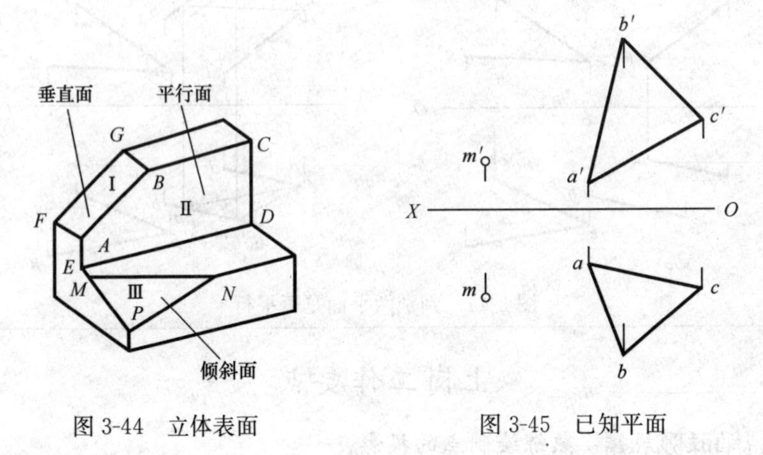

图 3-44　立体表面　　　　图 3-45　已知平面

第 4 章　立体的投影

重 点 提 示

1. 掌握基本几何体的投影作图和识图方法。
2. 熟悉切割体与相贯体的作图方法。
3. 掌握组合体的尺寸标注、识读方法以及识读步骤。

4.1　基本几何体的投影

工程上的形体，不管它的构造多么复杂，都可以看作是由若干基本几何体按一定的方式组合而成的。这些简单的立体称为基本几何体，常见的基本几何体有平面体和曲面体两大类。

4.1.1　平面体的投影

表面由平面所围成的立体称为平面立体。在建筑工程中，建筑物以及组成建筑物的构配件大多是平面立体，如梁、板、柱等。平面立体的形状有多种多样，最常见的有棱柱和棱锥。

4.1.1.1　棱柱的投影

棱柱的表面由棱面和上下两个底面组成。底面通常为多边形，相邻两棱面的交线为棱线，且棱线互相平行。按棱线的数目可分为三棱柱、四棱柱等。棱线垂直于底面的棱柱称为直棱柱，棱线倾斜于底面的棱柱称为斜棱柱。

图 4-1　为直三棱柱的直观图和投影图。

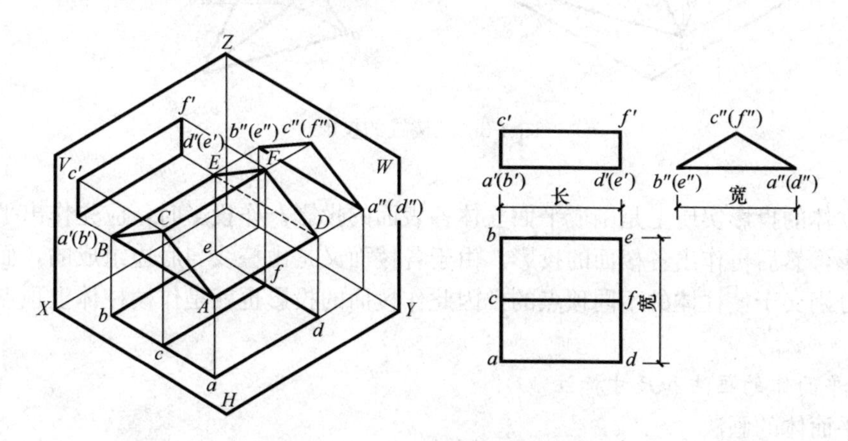

图 4-1　直三棱柱的投影

图 4-2 为斜三棱柱的直观图和投影图。斜三棱柱的上下两个底面为互相平行的水平面，三个棱面均为一般位置面，三条棱线为正平线，与上下底面倾斜。

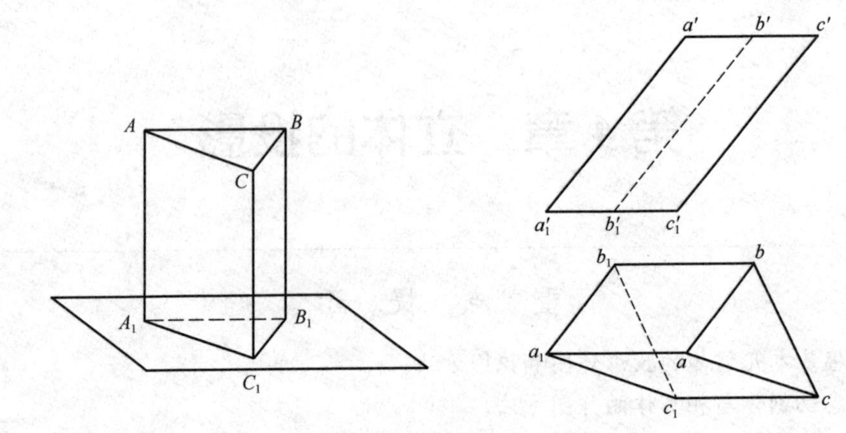

图 4-2　斜三棱柱的投影

4.1.1.2　棱锥的投影

棱锥只有一个底面，且所有棱线交于一点，此点称为锥顶点。按棱锥棱线的条数多少可分为三棱锥、四棱锥等。

图 4-3 为三棱锥的直观图和投影图。三棱锥的底面为水平面，三个棱面为一般位置平面。

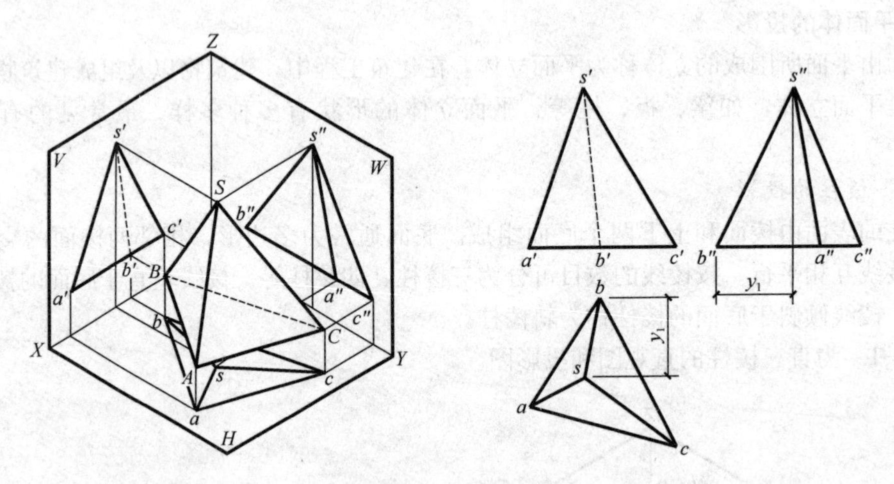

图 4-3　三棱锥的投影

平面立体的投影实质上是围成平面立体各表面的投影。作投影时，应先作出平面立体的底面的投影，然后再作出各棱面的投影。由于各棱面又是由棱线与底边组成的，而这些棱线和底边是分别交于棱柱体的不同顶点的，因此作棱面的投影也就是作棱柱体上顶点对应的连线的投影。

4.1.1.3　平面体的画法和尺寸标注

（1）平面体的画法

画平面体投影图时应先画水平投影（或反映实形的投影），再按投影关系，作另两个投影，如图 4-4 和图 4-5 所示。

（2）平面体的尺寸标注

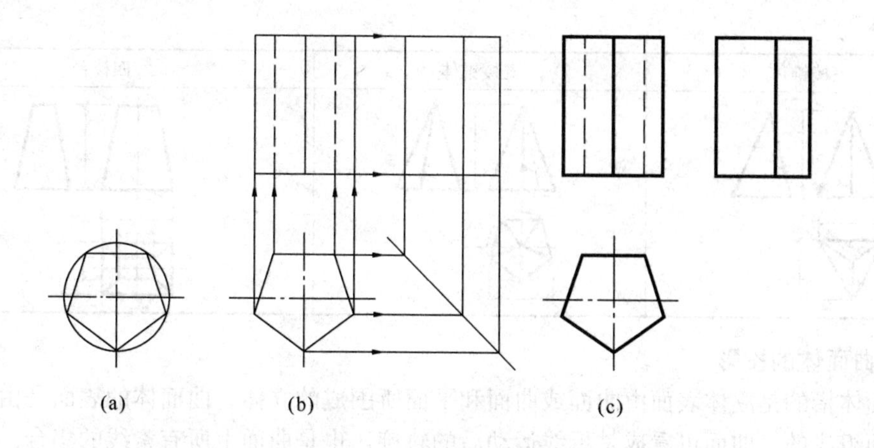

图 4-4　棱柱投影图的画法

（a）画轴线、中心线及水平投影；（b）按投影关系画其他两个投影；
（c）检查底图，描深图线

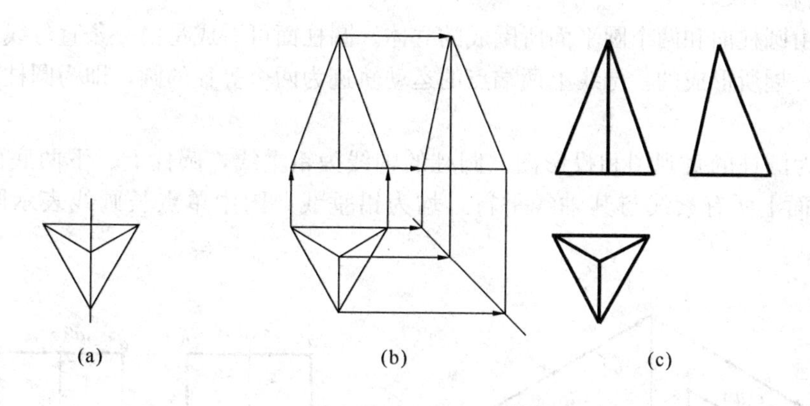

图 4-5　棱锥投影图的画法

（a）画轴线及水平投影；（b）按投影关系画其他两个投影；
（c）检查底图，描深图线

平面体只要注出它的长、宽和高的尺寸就可以确定它的大小。尺寸一般注在反映实形的投影上，尽可能集中标注在两个投影的下方和右方，必要时才注在上方和左方。一个尺寸只需标注一次，尽量避免重复。正多边形（如正五边形，正六边形）的大小可标注其外接圆的直径尺寸。平面体的尺寸标注见表 4-1。

表 4-1　平面体的尺寸标注

四棱柱体	三棱柱体	四棱柱体

续表

三棱锥体	五棱锥体	四棱台

4.1.2 曲面体的投影

曲面体指的是立体表面由曲面或曲面和平面所围成的立体。曲面体的表面是由曲面或曲面和平面组成的，曲面可看成是母线运动后的轨迹，也是曲面上所有素线的集合。曲面体的投影实质上是曲面立体表面上曲面轮廓素线或曲面轮廓素线和平面的投影。工程中常见的曲面体是回转体，如圆柱、圆锥、球和环等。

4.1.2.1 圆柱的投影

圆柱是由圆柱面和两个圆平面所围成的立体。圆柱面可看成是由一条直母线绕与其平行的轴线旋转一周所形成的，母线上两端点的运动轨迹为两个等径的圆，即为圆柱上下两底面圆的圆周。

图 4-6 为圆柱的直观图和投影图。圆柱的轴线为铅垂线，圆柱上、下两底面圆均为水平面，圆柱面上所有素线与其轴线平行，均为铅垂线。图中单点长画线表示圆柱轴线的投影。

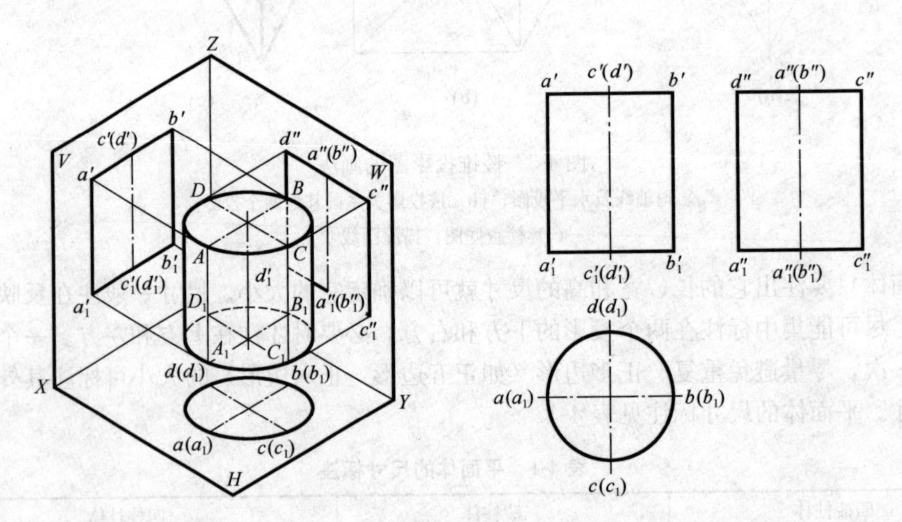

图 4-6 圆柱的投影

4.1.2.2 圆锥的投影

圆锥是由圆锥面和一个底面圆围成的立体。圆锥面可看成是一条直母线绕与其相交的轴线旋转所形成的曲面。母线与轴线相交点即为圆锥面顶点，母线另一端运动轨迹为圆锥底面圆的圆周。

图 4-7 为圆锥的直观图和投影图。圆锥的轴线铅垂放置，则圆锥的底面为水平面，圆锥面上所有素线与水平面的倾角均相等。

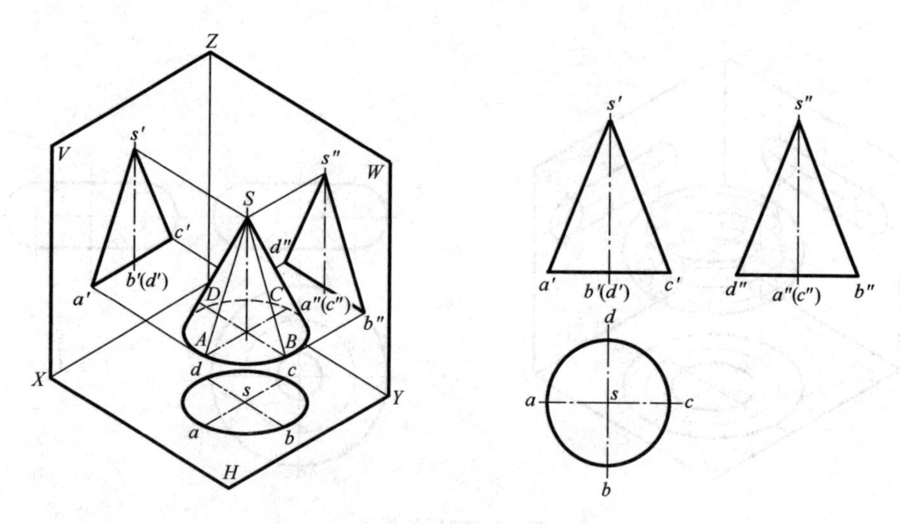

图 4-7 圆锥的投影

4.1.2.3 圆球的投影

圆球是由圆球面围成的立体。圆球面可看成是母线圆绕其直径旋转所形成的曲面。

图 4-8 为圆球的直观图和投影图。圆球的三个投影均为等径的圆，是圆球在三个投影方向上球面转向轮廓线的投影。

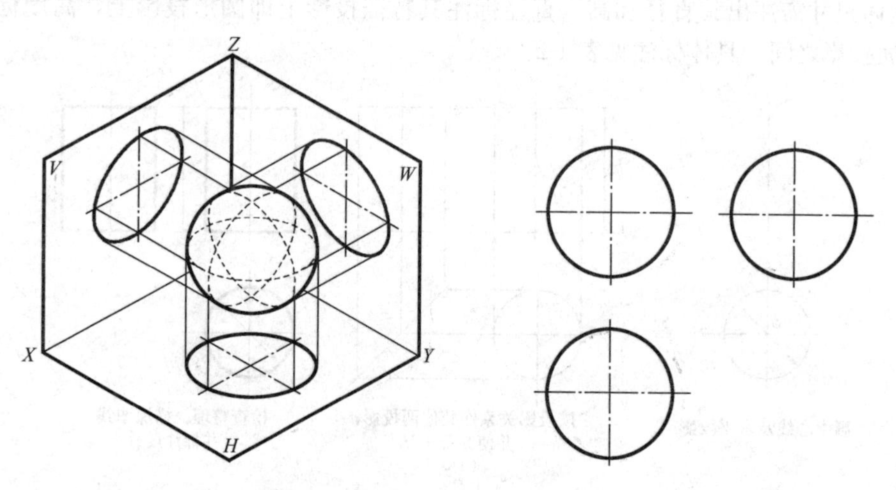

图 4-8 圆球的投影

4.1.2.4 圆环的投影

圆环是由圆环面围成的。圆环面可看成是母线圆绕圆外且与圆平面共面的轴线旋转所形成的曲面。

图 4-9 所示为圆环的直观图和投影图。圆环的轴线为铅垂线，母线圆上外半圆弧绕轴线旋转形成外环面，内半圆弧绕轴线旋转形成内环面。母线的上半圆弧、下半圆弧旋转形成上半环面、下半环面。

4.1.2.5 曲面体的画法和尺寸标注

(1) 曲面体的画法

从圆柱、圆锥、圆台和球体的投影可以看出，曲面体的投影都是其轮廓线的投影，而这些轮廓在投影图中体现的是圆或特殊素线的投影。对特殊素线的投影（如圆柱、圆锥）是最

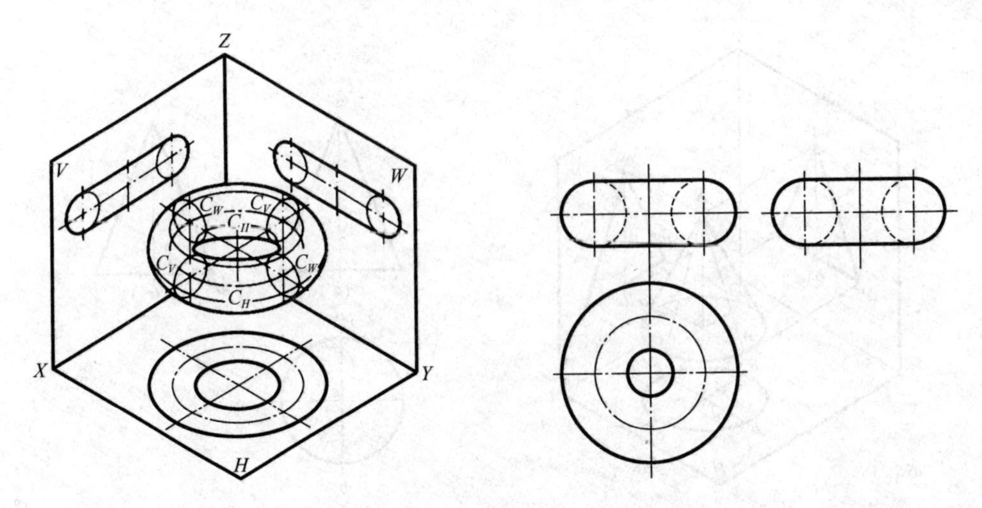

图 4-9　圆环的投影

前、最后、最左、最右四条特殊素线的投影，球体的三个投影是平行于三个投影面的三个最大圆周的投影。另外这些曲面体都是回转体，都有轴线，作图时应先做出轴线的投影和圆的实形投影，作图方法如图 4-10 所示。

(2) 曲面体的尺寸标注

曲面体尺寸需注出其直径和高。直径标注其特征投影上即圆形投影上，高度标注在 V 面和 W 面投影之间，具体标注见表 4-2。

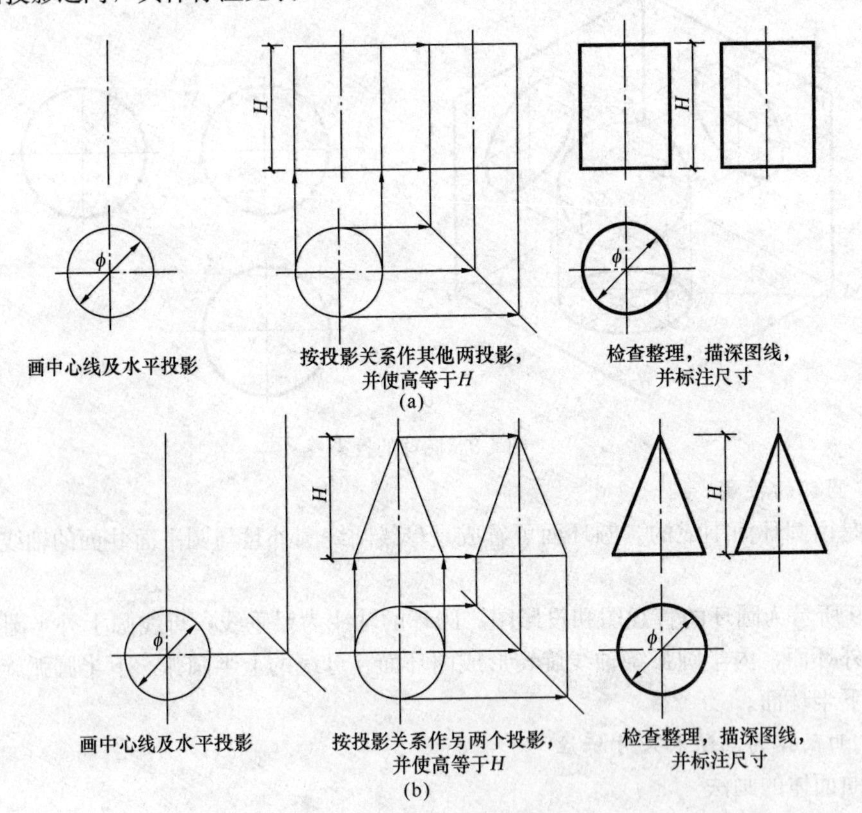

图 4-10　曲面体投影的画法

(a) 圆柱体的投影；(b) 圆锥体的投影

表 4-2　曲面体的尺寸标注

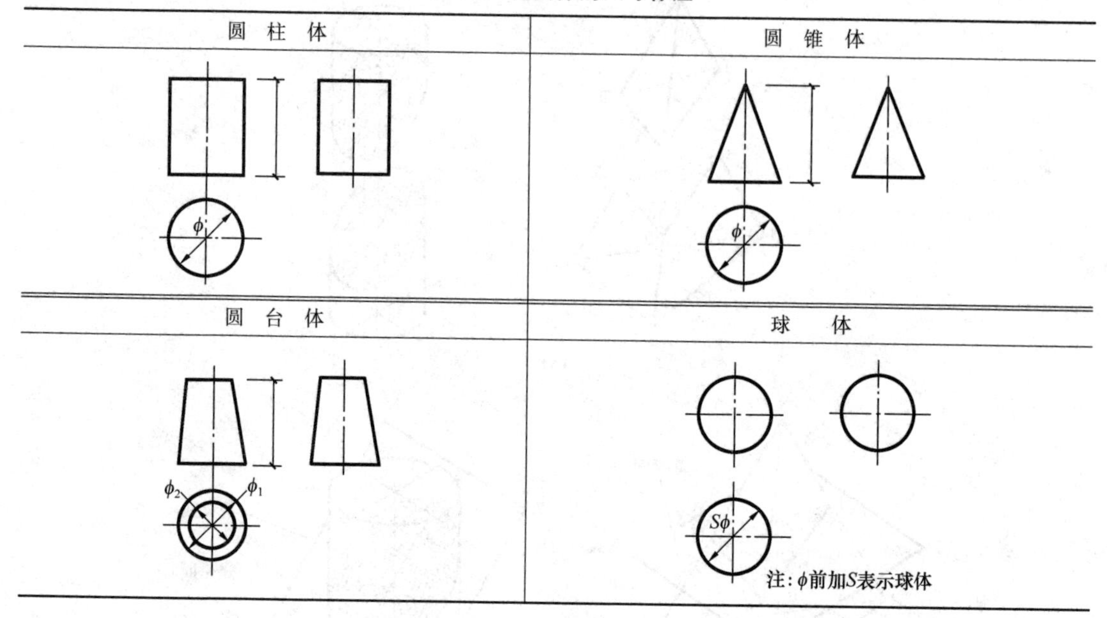

4.2　切割体

被平面截切后的立体称为切割体，所用的平面称为截平面，截平面与立体表面的交线称为截交线，如图 4-11 所示。立体截交线的形状取决于立体表面的性质和截平面与立体间的相对位置。

4.2.1　平面体的截交线

平面体的截交线是由直线段组成的平面多边形。多边形的顶点为平面立体上棱线（或底边）与截平面的交点，各条边是平面立体上参与相交的各棱面（或底面）与截平面的交线。求解平面与平面立体的截交线问题，实质上是求平面与平面立体上各表面的交线或求平面与平面立体上各棱线交点的集合问题。

4.2.2　曲面体的截交线

曲面体截交线一般情况下为平面曲线。当截平面与直线曲面交于直素线，或与曲面体的平面部分相交时，截交线可为直线。

4.2.2.1　圆柱的截交线

根据截平面与圆柱的相对位置不同，圆柱上的截交线有圆、椭圆、矩形三种。

当截平面平行于圆柱的轴线时，截交线一般为两条平行的直线；当截平面垂直于圆柱的轴线时，截交线为圆；当截平面倾斜于圆柱的轴线时，截交线为椭圆，此椭圆的短轴等于圆柱的直径，长轴随着截平面与轴线的角度变化而变化。

4.2.2.2　圆锥的截交线

圆锥体表面上截交线的形状取决于截平面与圆锥的相对位置，截交线的形状有五种。

当截平面垂直于圆锥的轴线时，截交线为圆；当截平面倾斜于圆锥的轴线且与所有的素线均相交时，截交线为椭圆；当截平面只平行于圆锥面上的一条素线时，截交线为抛物线；当截平面平行于圆锥面上的两条素线时，截交线为双曲线；当截平面通过圆锥的顶点时，截交线为直线，一般为两条相交直线。

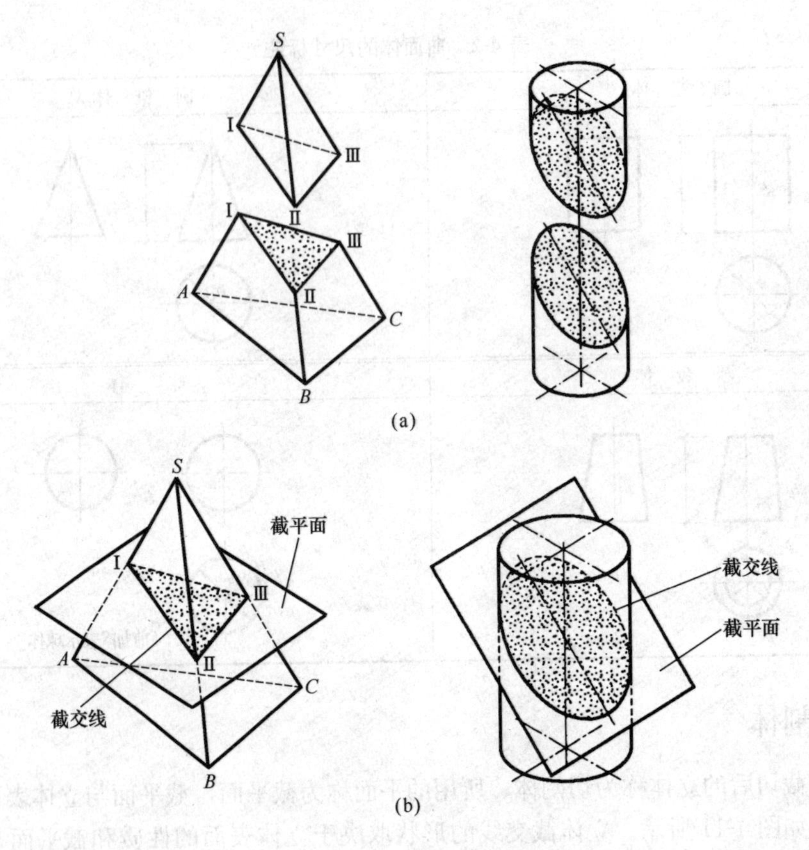

图 4-11　平面截切立体

(a) 切割体；(b) 截交线与截平面

4.2.2.3　球的截交线

平面截切圆球的截交线只有一种，其交线的形状为圆，如图 4-12 (a) 所示。交线圆的半径取决于截平面到球心距离，交线圆的投影取决于截平面的相对位置。当截平面与某投影面倾斜，则交线圆在该投影面的投影为椭圆，投影椭圆的长轴等于交线圆的直径，如图 4-12 (b)所示；当截平面与某投影面垂直，则交线圆在该投影面的投影为直线段，直线段的长度等于交线圆的直径；当截平面与某投影面平行，则交线圆在该投影面的投影反映实形，如图 4-12 (c) 所示。

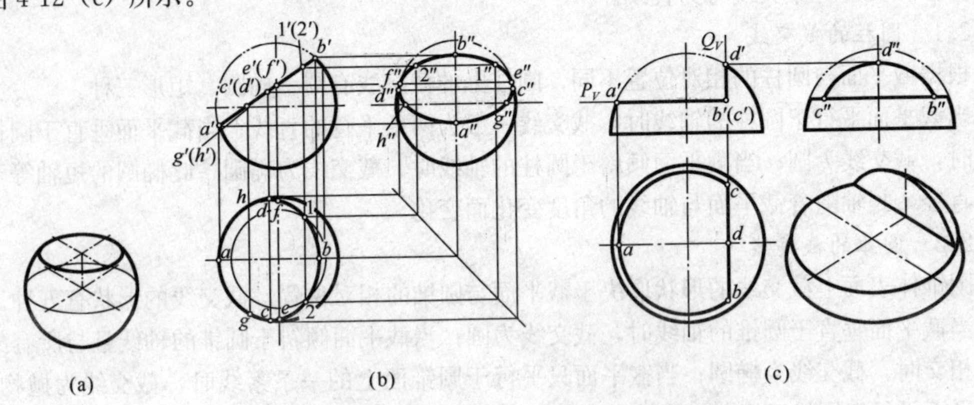

图 4-12　球切割体

(a) 交线圆；(b) 截平面与投影面倾斜；(c) 截平面与投影面垂直或平行

【例 4-1】 求作被截切四棱柱的三面投影及断面的实形（图 4-13）。

【解】（1）作五个顶点Ⅰ、Ⅱ、Ⅲ、Ⅳ、Ⅴ的投影［图 4-14（a）］。

Ⅰ、Ⅱ是 P 平面与上底面 $ABCD$ 相交得出的一条正垂线，它的正面投影 $1'2'$ 重合为一点。由 $1'2'$ 可以作出水平投影 12 和侧面投影 $1''2''$。

Ⅲ、Ⅳ、Ⅴ三点分别是截平面与四棱柱上 C、D、A 三条棱的交点，它们的正面投影为 $3'$、$4'$、$5'$。它们的水平投影 3、4、5 与 c、d、a 重合；它们的侧面投影 $3''$、$4''$、$5''$ 分别在各棱线的侧面投影上。

（2）依次连接截交线的五个顶点的同面投影，并区分可见性，即得截交线的各投影。

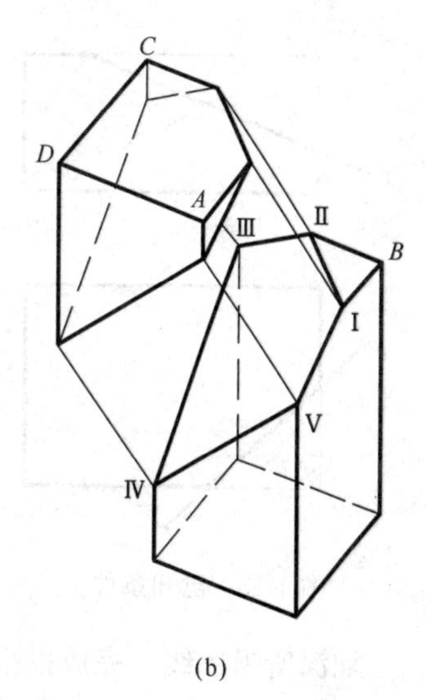

(a) (b)

图 4-13 已知四棱柱

(a) 已知条件；(b) 立体图

（3）处理立体投影。

这里应该特别注意的是，四棱柱被截后，侧面投影中 $a''1$ 和 $a''5$、$c''2$ 和 $c''3$ 这四条线段因立体被截而应除去；侧棱投影 $d''4$ 也因被截而不存在，棱 B 的侧面投影应画成虚线。

（4）求截面实形。

用投影变换的方法把断面换成新投影面的平行面，即可得到断面实形。建立 H_1 投影面使其平行于 P 面，作截交线在 H_1 投影面上的投影 1_1—2_1—3_1—4_1—5_1，即得到截断面的实形。在图中没有画出新旧投影轴，而是以截断面的投影 $1'4'$ 作为基准线进行作图的。例如，新投影的中心线平行于 $1'4'$，直线 $4'4_1 \perp 1'4'$，4_1 在中心线上；$1_12_1 \perp 1'4'$，且 $1_12_1 = 12$；

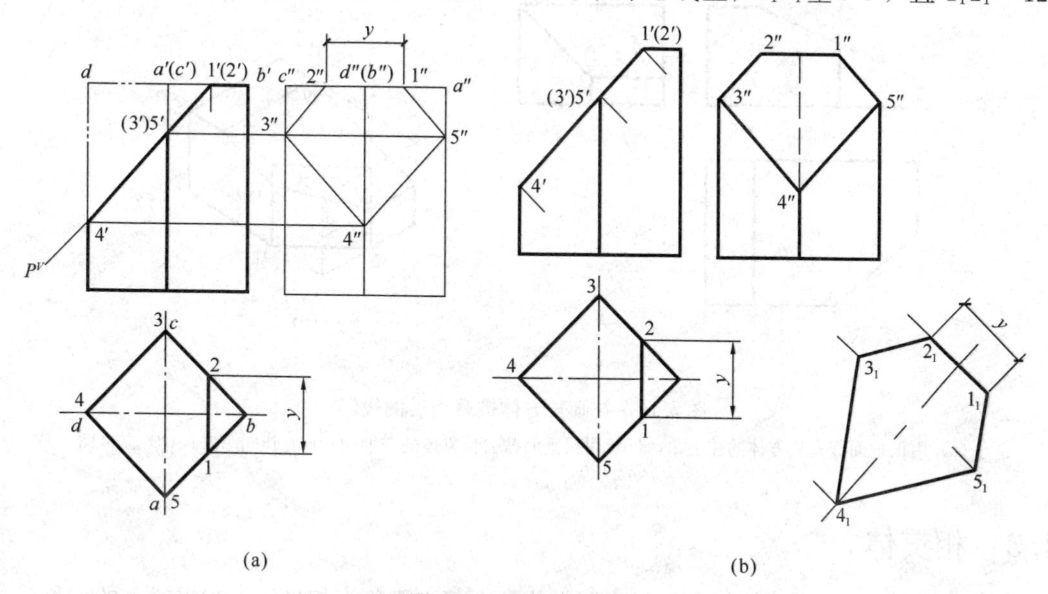

(a) (b)

图 4-14 四棱柱的截切

(a) 作图过程；(b) 作图结果及断面实形

同理，$3_1 5_1 \perp 1'4'$，且 $3_1 5_1=35$，如图 4-14（b）所示。

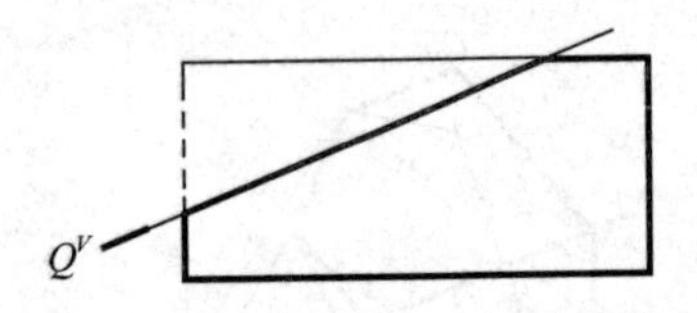

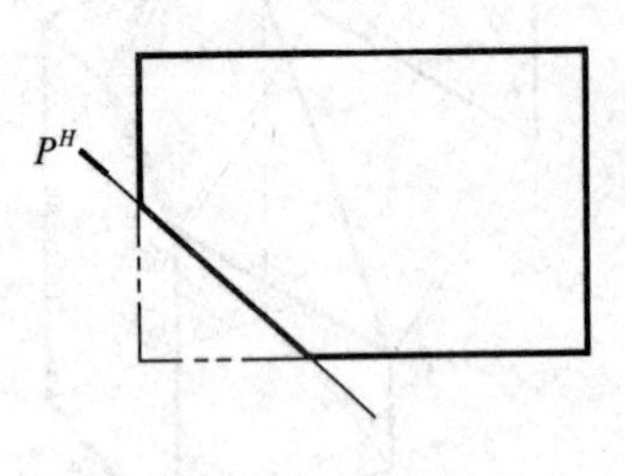

图 4-15　已知条件

【例 4-2】 已知长方体被正垂面 Q 和铅垂面 P 截切（图 4-15），补全该截切体的正面投影和水平投影，并作出其侧面投影。

【解】（1）作正垂面 Q 截切长方体后的投影［图 4-16（a）］。

正垂面 Q 与长方体的四个面相交，其截交线是矩形ⅠⅡⅢⅣ［图 4-16（d）］，正面投影积聚为一条直线（已知），作出水平投影 1234 和侧面投影 $1''2''3''4''$。

（2）作铅垂面 P 截切立体的投影［图 4-16（b）］。

铅垂面 P 与截切体的截交线是四边形ⅤⅥⅦⅧ，其水平投影积聚为一直线（已知），根据水平投影 5、6、7、8 作出四边形的正面投影和侧面投影。

加深所需图线，完成投影图［图 4-16（c）］。

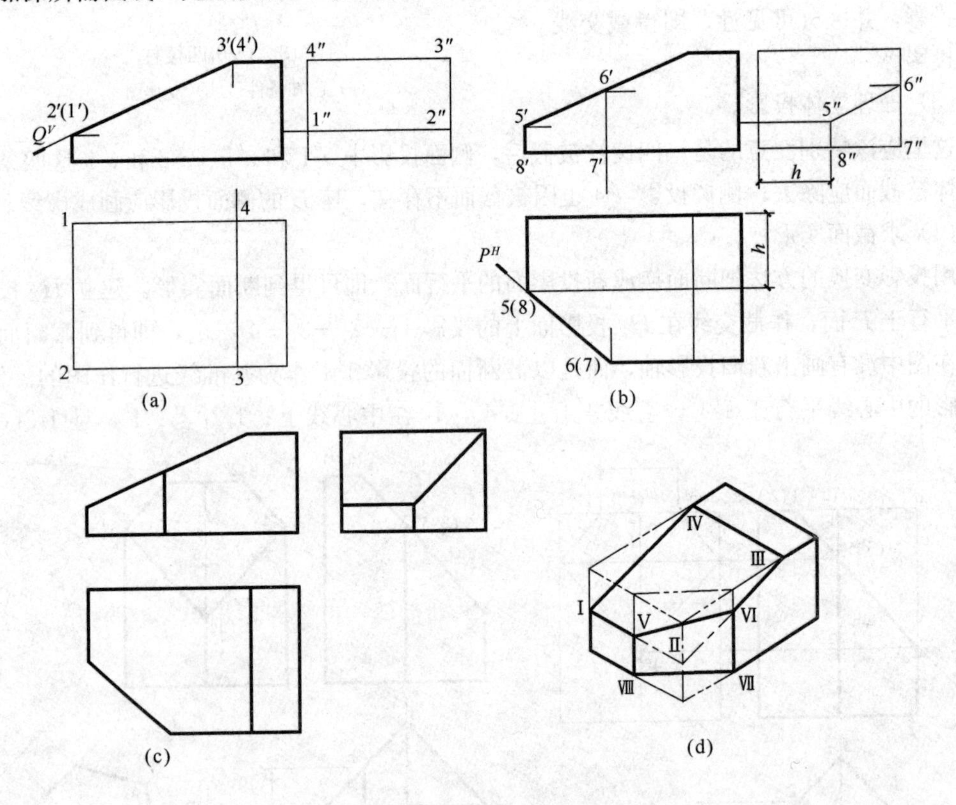

图 4-16　补画长方体被截切后的投影

（a）用正垂面截去长方体的左上角；（b）用铅垂面截去长方体的左前角；（c）作图结果；（d）立体图

4.3　相贯体

两立体相交又称两立体相贯，相交两立体的表面交线称为相贯线。相贯线上的点称为相贯点。两立体相贯线的形状取决于参与相交的两立体表面形状，以及两立体之间的相对位置。

相贯线可分为两平面立体相交［图 4-17（a）］、平面立体与曲面立体相交［图 4-17（b）］、两曲面立体相交［图 4-17（c）］三种情况。

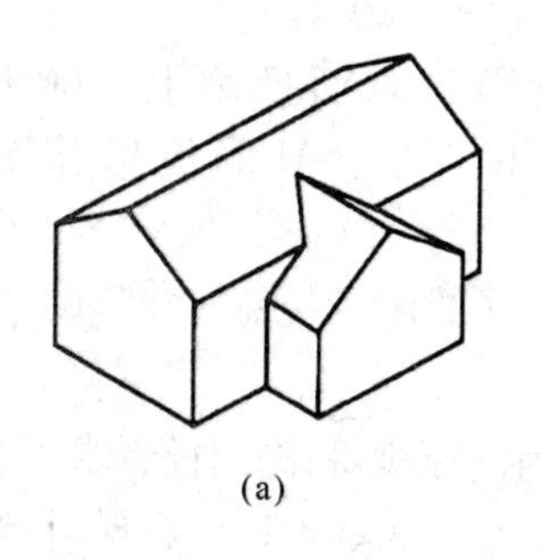
(a)

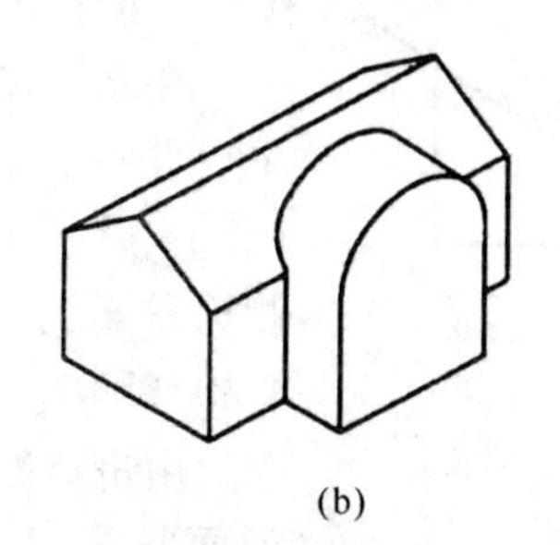
(b)

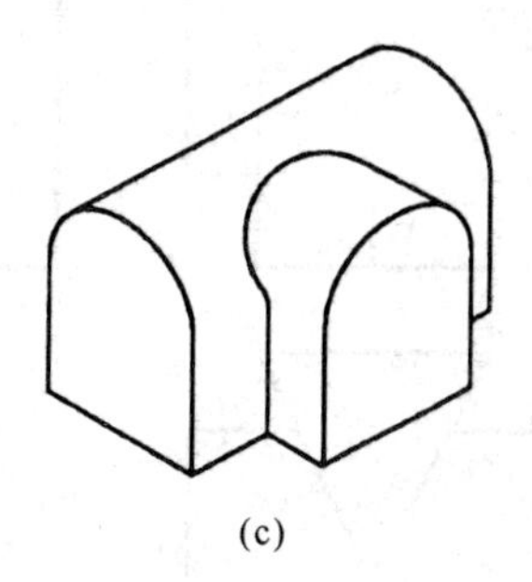
(c)

图 4-17　相贯线的三种类型

（a）两平面立体相交；（b）平面立体与曲面立体相交；（c）两曲面立体相交

一般情况下相贯线总是闭合的，特殊情况下可能不闭合。当一个立体全部贯穿到另一立体时，在立体表面形成两条相贯线，这种相贯形式称为全贯，如图 4-18（a）所示；当两个立体各有一部分棱线参与相贯时，在立体表面只形成一条相贯线，这种相贯形式称为互贯，如图 4-18（b）所示。

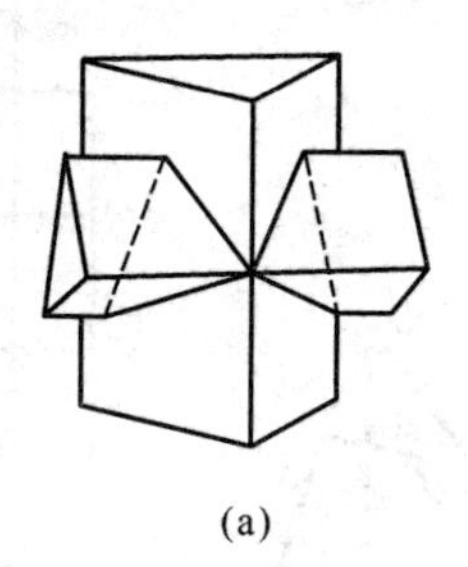
(a)

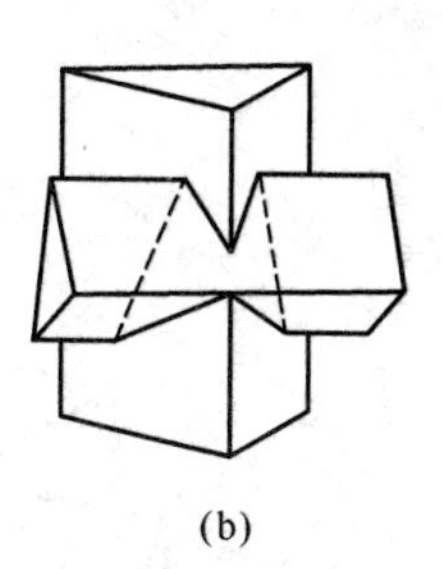
(b)

图 4-18　相贯线的两种形式

（a）全贯；（b）互贯

4.3.1　两平面体相交

相贯线通常为由直线段组成的空间闭合折线，当两个立体有公共表面时，其相贯线为非闭合的空间折线。每段折线是两平面立体表面的交线，折点是一平面立体上参与相交的棱线（或底边）与另一平面立体上参与相交的棱面（或底面）的交点。

两平面体相贯线投影作图方法与平面立体截交线投影作图方法相同。

4.3.2　平面体与曲面体相交

平面体与曲面体的相贯线，一般情况下是由若干段平面曲线组成的，特殊情况下包含直线段。每段平面曲线或直线均是平面体的棱面与曲面体的截交线，相邻平面曲线的连接点是平面体棱线与曲面体的交点。因此，关于平面体与曲面体相贯线的求解问题可归结为曲面体截交线的求解问题。

4.3.3　两曲面体相交

两个曲面立体相交，由于相交两立体的形状和相对位置不同，相贯线的表现形式也有所不同。其相贯线一般情况下是封闭光滑的空间曲线，特殊情况下可能为平面曲线或直线段。

两立体相交可能是它们的外表面，也可能是内表面。

当相交两圆柱轴线的相对位置变动时，其相贯线的形状也发生变化。

外切于同一球面的圆柱与圆柱、圆柱与圆锥相交，其相贯线为平面曲线——椭圆。

当两个具有公共轴线的回转体相交，或回转体轴线通过球心时，其相贯线为圆。

两个轴线相互平行的圆柱相交，或两个共顶点的圆锥相交时，其相贯线为直线段。

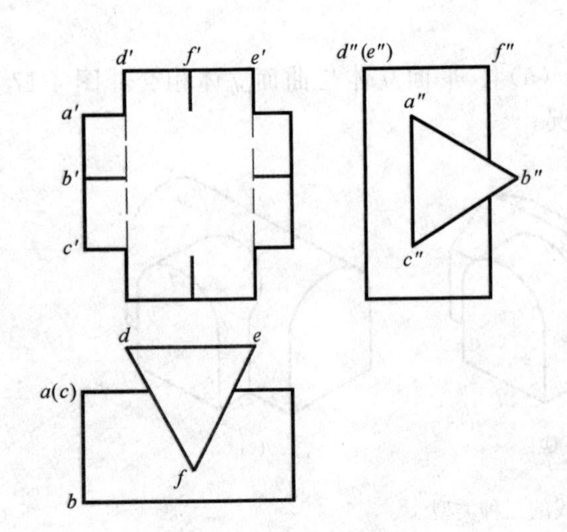

图 4-19 两个三棱柱相交

【例 4-3】 已知两三棱柱相交，求作相贯线（图 4-19）。

【解】 (1) 作六个折点Ⅰ、Ⅱ、Ⅲ、Ⅳ、Ⅴ、Ⅵ的投影［图 4-20 (a)］。

在水平投影和侧面投影上，确定折点Ⅰ、Ⅱ、Ⅲ、Ⅳ、Ⅴ、Ⅵ的投影［图 4-20 (a)］。水平投影为 1 (6)、2 (5)、3 (4)，侧面投影为 1″ (3″)、2″、5″、6″ (4″)［图 4-20 (b)］。

由折点的水平投影和侧面投影求出它们的正面投影 1′、2′、3′、4′、5′、6′［图 4-20 (b)］。

(2) 根据连线规则，连接六个顶点的正面投影并判别可见性（其中 1′6′、3′4′两段线是不可见的，应画成虚线）。

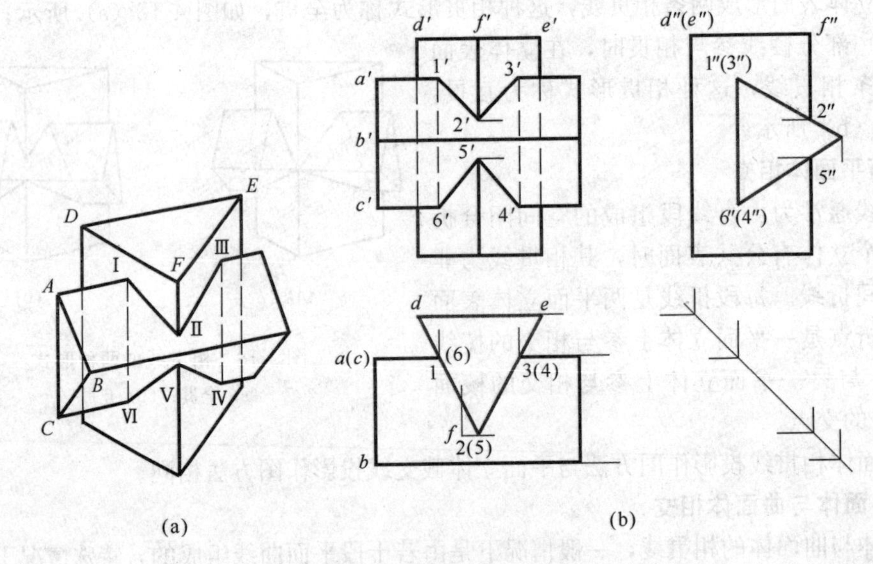

图 4-20 两三棱柱相交

(a) 立体图；(b) 作图过程及结果

【例 4-4】 已知图 4-21 所示的四坡顶屋面的平面形状及坡面的倾角 α，求屋面交线。

【解】 (1) 延长屋檐线的水平投影，使其成三个重叠的矩形 1-2-3-4、5-6-7-8、5-9-3-10，如图 4-22 (a) 所示。

(2) 画出斜脊线和天沟线的水平投影。分别过矩形各顶点作 45°方向分角线，交于 a、b、c、d、e、f，如图 4-22 (b) 所示，凸角处是斜脊线，凹角处是天沟。

(3) 画出各屋脊线的水平投影，即连接 a、b、c、d、e、f，并擦除无墙角处的 45°线，因为这些部位实际无墙角，不存在屋面交线，如图 4-22 (c) 所示。

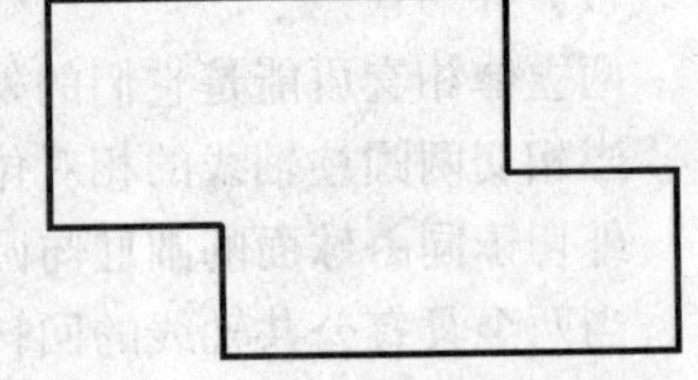

图 4-21 四坡顶屋面平面图

(4) 根据屋顶坡面倾角 α 和投影作图规律，作出屋面的

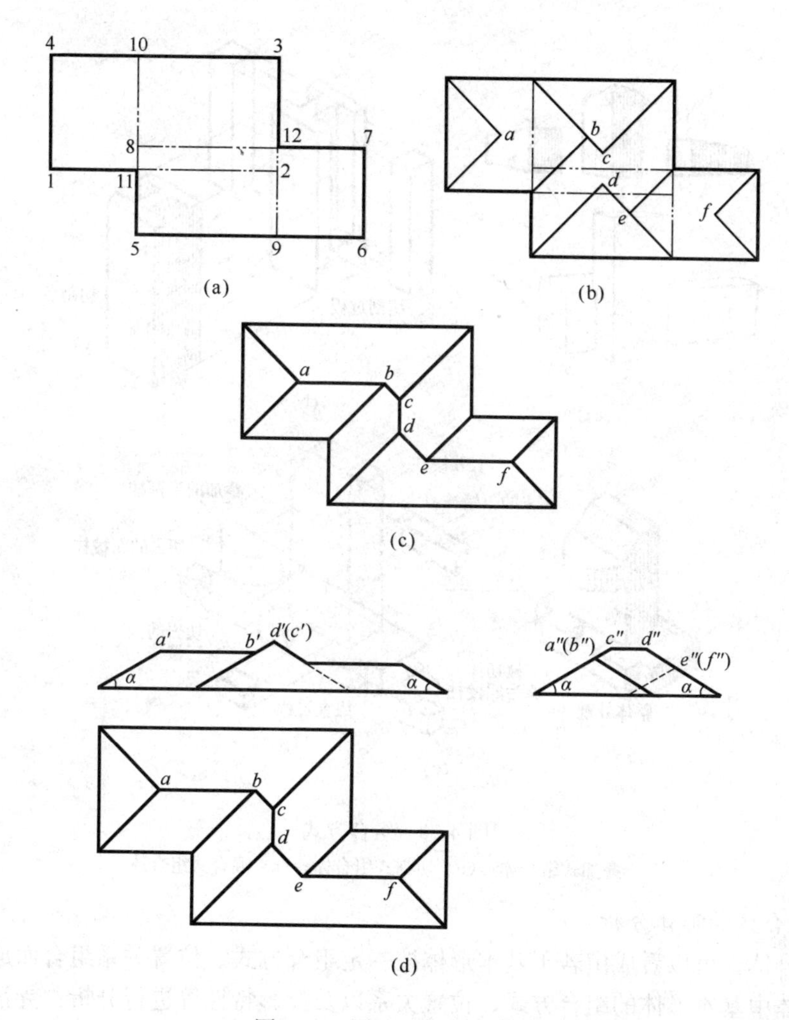

图 4-22　同坡屋面交线作图

（a）延长水平投影；（b）画出斜脊线和天沟线的水平投影；
（c）画出屋脊线的水平投影；（d）作出正面投影和侧面投影

正面投影和侧面投影，如图 4-22（d）所示。

4.4　组合体

4.4.1　组合方式及形体分析

4.4.1.1　组合体的组合方式

由基本形体组合而成的形体称为组合体。组合体从空间形态上看，要比前面所学的基本形体复杂。但是，经过观察也能发现它们的组成规律，它们一般由三种组合方式组合而成：

（1）叠加式

把组合体看成由若干个基本形体叠加而成，如图 4-23（a）所示。

（2）切割式

组合体是由一个基本形体，经过若干次切割而成的，如图 4-23（b）所示。

（3）混合式

把组合体看成既有叠加又有切割所组成，如图 4-23（c）所示。

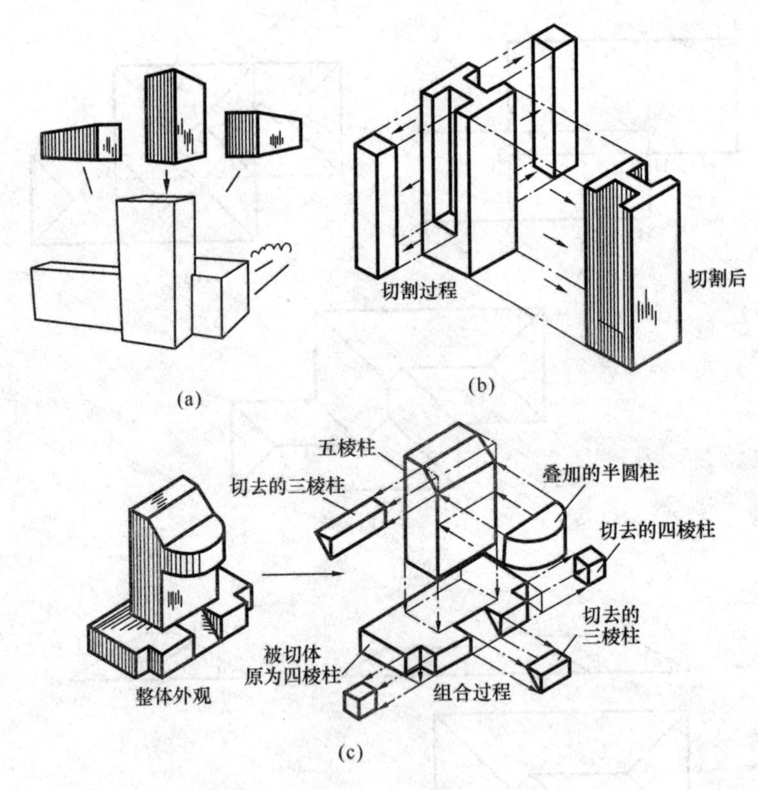

图 4-23　组合方式

(a) 叠加式组合体；(b) 切割式组合体；(c) 混合式组合体

4.4.1.2　组合体的形体分析

一个组合体，可以看成由若干基本形体按一定组合方式、位置关系组合而成。形体分析是指对组合体中基本形体的组合方式、位置关系以及投影特性等进行分析，弄清各部分的形状特征及投影表达的分析过程。

如图 4-24 所示为房屋的模型，从形体分析的角度看，它是叠加式的组合体：屋顶是三棱柱，屋身和烟囱是长方体，而烟囱一侧小屋则是由带斜面的长方体构成。位置关系中烟囱、小屋均位于大屋形体的左侧，它们的底面都位于同一水平面上。由图 4-24 (b) 可见其选定的正面方向，所以在正立面投影上反映该形体的主要特征和位置关系，侧立面投影反映形体左侧及屋顶三棱柱的特征，而水平投影则反映各组成部分前后左右的位置关系，如图 4-24 (c) 所示。

值得注意的是，有些组合体在形体分析中位置关系为相切或平齐时，其分界处是不应画线的，如图 4-25 所示，否则与真实的表面情况不符。

4.4.2　组合体的尺寸标注

4.4.2.1　组合体尺寸的组成

组合体尺寸由三部分组成：定形尺寸、定位尺寸和总体尺寸。

(1) 定形尺寸

用于确定组合体中各基本形体自身大小的尺寸称为定形尺寸。通常由长、宽、高三项尺寸来反映。

(2) 定位尺寸

用于确定组合体中各基本形之间相互位置的尺寸称为定位尺寸。定位尺寸在标注之前需

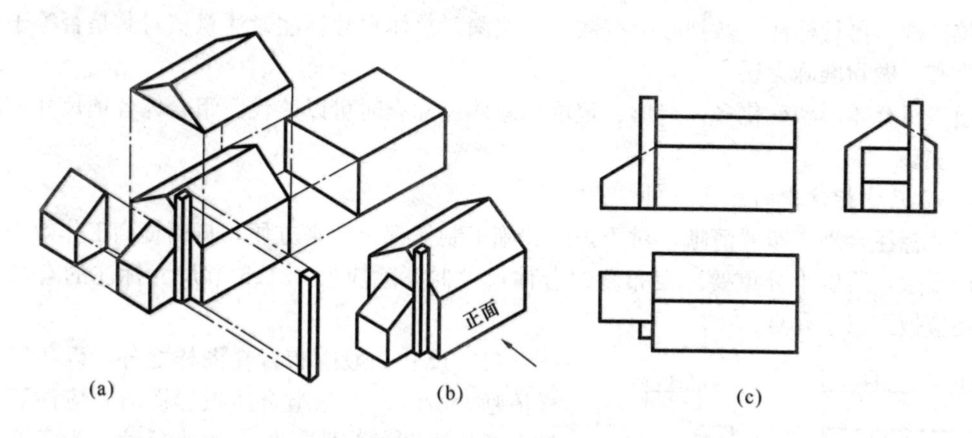

图 4-24　房屋的形体分析及三面正投影图

(a) 形体分析；(b) 直观图；(c) 房屋的三面正投影图

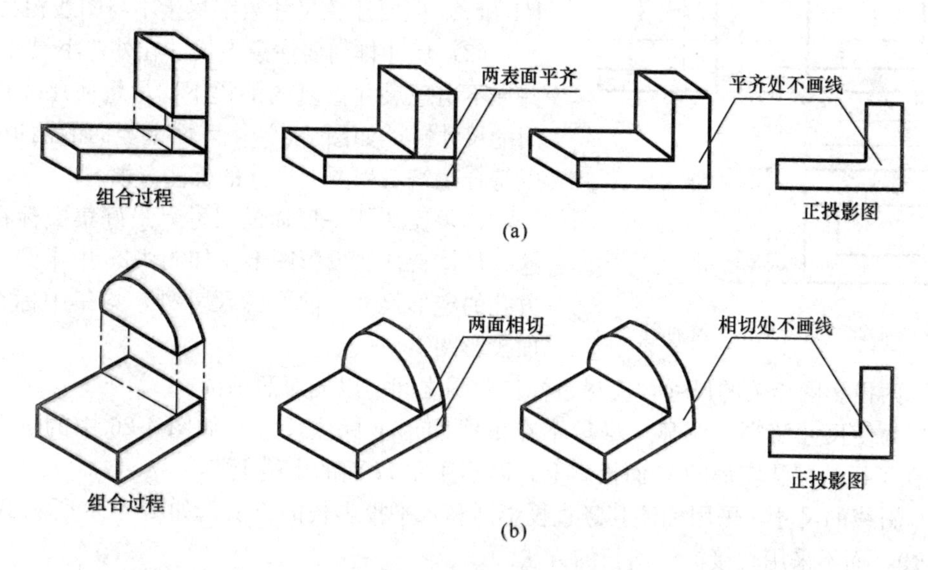

图 4-25　形体表面的平齐与相切

(a) 表面平齐；(b) 表面相切

要确定定位基准。定位基准指的是某一方向定位尺寸的起止位置。对于由平面体组成的组合体，通常选择形体上某一明显位置的平面或形体的中心线作为基准位置。通常选择平面体的左（或右）侧面作为长度方向的基准；选择前（或后）侧面作为宽度方向的基准；选择上（或下）底面作为高度方向的基准。对于土建类形体，一般选择下底面作为高度方向的基准；若形体有对称性，可选择其对称中心线作为某方向的基准。

对于有回转轴的曲面体的定位尺寸，通常选择其回转轴（即中心线）作为定位基准，不能以转向轮廓线作为定位基准。

(3) 总体尺寸

确定组合体总长、总宽、总高的外包尺寸称为总体尺寸。

4.4.2.2　组合体尺寸的标注

组合体尺寸标注之前也需进行形体分析，弄清反映在投影图上的有哪些基本形体，然后注意这些基本形体的尺寸标注要求，做到简洁合理。各基本形体之间的定位尺寸一定要先选好定位基准，再行标注，做到心中有数，无遗漏。总体尺寸标注时注意核对其是否等于各分尺寸之和，做到准确无误。

由于组合体形状变化多，定形、定位和总体尺寸有时可以兼代。组合体各项尺寸一般只标注一次。

4.4.2.3　尺寸标注中的注意事项

尺寸标注合理、布置清晰，对于识图和施工制作都会带来方便，从而提高工作效率，避免错误发生，所以十分重要。在布置组合体尺寸时，除应遵 1.1.5 节尺寸标注的有关规定外，还应做到以下几点：

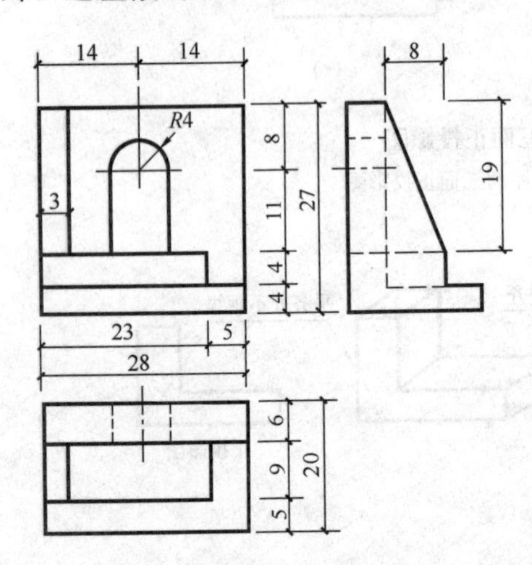

图 4-26　组合体的尺寸标注

(1) 尺寸一般应布置在图样之外，以免影响图样清晰。所以，在画组合体投影图时，应注意适当拉大两投影图的间距。但有些小尺寸，为了避免引出的距离过远，也可标注在图内，如图 4-26 中的 *R*4 和 3，但要注意尺寸数字尽量不与图线相交。

(2) 尺寸排列要注意大尺寸在外，小尺寸在内，并在不出现尺寸重复的前提下，尽量使尺寸构成封闭的尺寸链，如图 4-26 中 *V* 面上竖向的两道尺寸，以符合建筑工程图上尺寸的标注习惯。

(3) 反映某一形体的尺寸，最好集中标在反映这一形体特征的投影图上。如图 4-26 中半圆孔及长方孔的定形尺寸，除孔深尺寸外，均集中标在了 *V* 面投影图上。

(4) 两投影图相关的尺寸，应尽量标在两图之间，以便对照识读。

(5) 为使尺寸清晰、明显，尽量不在虚线图形上标注尺寸。如图 4-26 中的圆孔半径 *R*4，注在了反映圆孔实形的 *V* 面投影上，而不注在 *H* 面的虚线上。

(6) 斜线的尺寸，采用标注其竖直投影高和水平投影长的方法，如图 4-26 所示 *W* 面上的 8 和 19，而不采用直接标注斜长的方法。

4.4.3　组合体的识读

4.4.3.1　组合体识读的方法

识读组合体投影图的方法有形体分析法、线面分析法等。

(1) 形体分析法

与绘制组合体投影的形体分析一样，此时分析投影图上所反映的组合体的组合方式，各基本形体的相互位置及投影特性，然后想象出组合体空间形状的分析方法，即为形体分析法。

一般来说，一组投影图中总有某一投影反映形体的特征要多些。例如正立面投影通常用于反映形体的主要特征，所以，从正立面投影（或其他有特征投影）开始，结合另两个投影进行形体分析，就能较快地想象出形体的空间形状。如图 4-27 所示的投影图，特征比较明显的是 *V* 面投影，结合观察 *W*、*H* 面投影可知，该形体是由下部两个长方体上叠加一个中间偏后位置的长方体（后表面与下部两长方体的后表面平齐），然后再在其上叠加一个宽度与中间长方体相等的半圆柱体组合而成。在 *W* 面投影上主要反映了半圆柱、中间长方体与下部长方体之间的前后位置关系，在 *H* 面投影上主要反映下部两个长方体之间的位置关系。

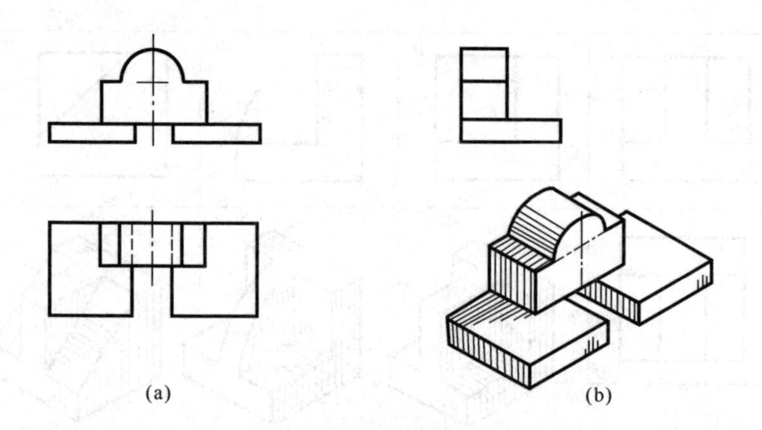

图 4-27　形体分析法

(a) 投影图；(b) 直观图

综合起来就很容易地想象出该组合体的空间形状。

(2) 线面分析法

线面分析法是由直线、平面的投影特性，分析投影图中线和线框的空间意义，从而想象其空间形状，想出整体的分析方法。

观察图 4-28 (a)，并注意各图的特征轮廓，可知该形体为切割体。因为 V、H 面投影有凹形，且 V、W 面投影中有虚线，那么 V、H 面投影中的凹形线框代表什么意义呢？经“高平齐”、“宽相等”对应 W 面投影，可得一斜直线，如图 4-28 (b) 所示。根据投影面垂直面的投影特性可知该凹形线框代表一个垂直于 W 面的凹字形平面（即侧垂面）。结合 V、W 面的虚线投影可知，该形体为顶面有侧垂面的四棱柱在后方中间切去一个小四棱柱后得到的组合体，如图 4-28 (b) 中的直观图。

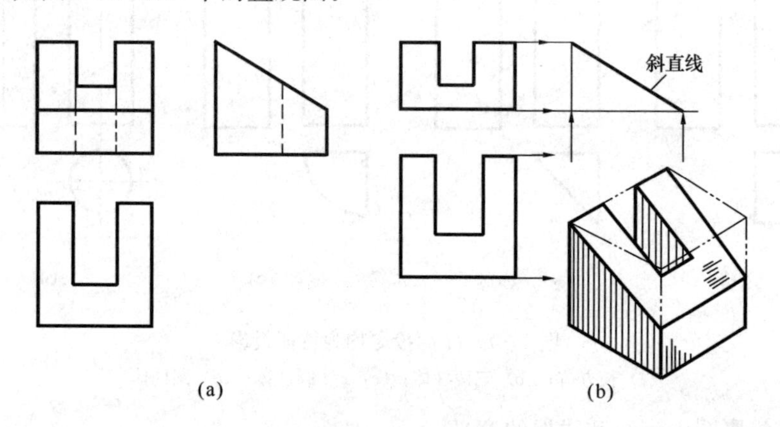

图 4-28　线、面分析法

(a) 投影图；(b) 线面分析过程

4.4.3.2　组合体识读的要点

识读投影图除注意运用以上方法外，还需明确以下几点，以提高识读速度及准确性。

(1) 联系各个投影想象

要把已知条件所给的投影一并联系起来识读，不能只注意其中一部分。如图 4-29 (a) 所示，若只把视线注意在 V、H 上，则至少可得图 4-29 (b) ～ (c) 三种答案。由于答案

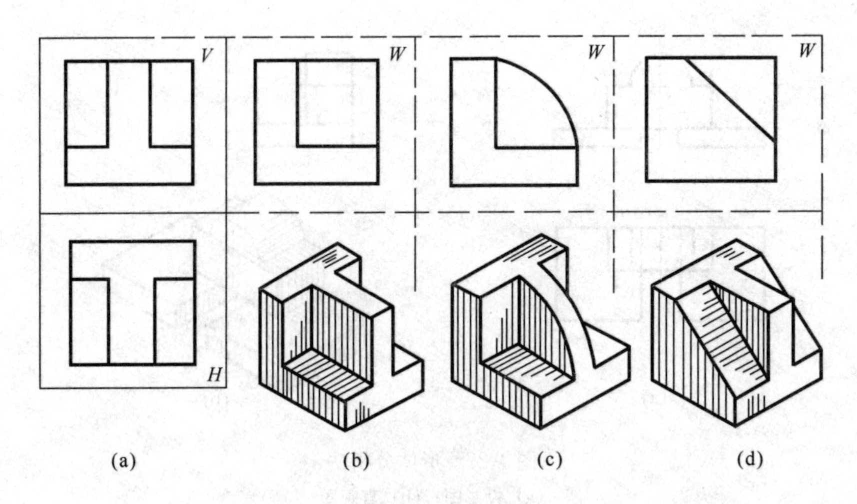

图 4-29　把已知投影联系起来看

(a) 只注意 V、H；(b) 答案 1；(c) 答案 2；(d) 答案 3

没有唯一性，显然不能用于施工制作。只有把 V、H 面投影和图 4-29（b）、(c)、(d）中任何一个作为形投影联系起来识读，才能有唯一确定的答案。

(2) 注意找出特征投影

如图 4-30 所示的 H 面投影，均为各自形体的特征投影（或称特征轮廓）。能使一形体区别于其他形体的投影，称为该形体的特征投影。找出特征投影，有助于想象组合体空间形状。

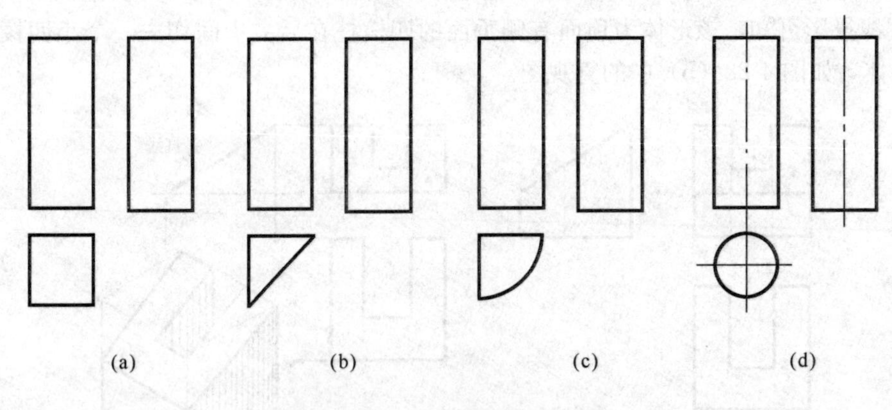

图 4-30　H 面投影均为特征投影

(a) 长方体；(b) 三棱柱体；(c) 1/4 圆柱体；(d) 圆柱体

(3) 明确投影图中直线和线框的意义

在投影图中，每条线、每个线框都有它的具体意义。如一条直线表示一条棱线、还是一个平面？一个线框表示一个曲面、还是平面？这些问题在识读过程中是必须弄清的，是识图的主要内容之一，必须予以足够的重视。

1) 投影图中直线的意义。

由图 4-31（a）可知，该形体为一个三棱锥体，在 V 面三角形投影的两腰线中，左面一条表示锥体的左侧棱线，而右面一条则表示锥体的右侧面（或表示右前及右后侧棱）。图 4-31（b)的 V 面投影也为三角形，但对照 H 面的圆形投影可知，该形体为圆锥体，V 面三角形投影的两条腰线，表示的是圆锥曲面左右转向素线的投影，它既不是棱线也不是平面。

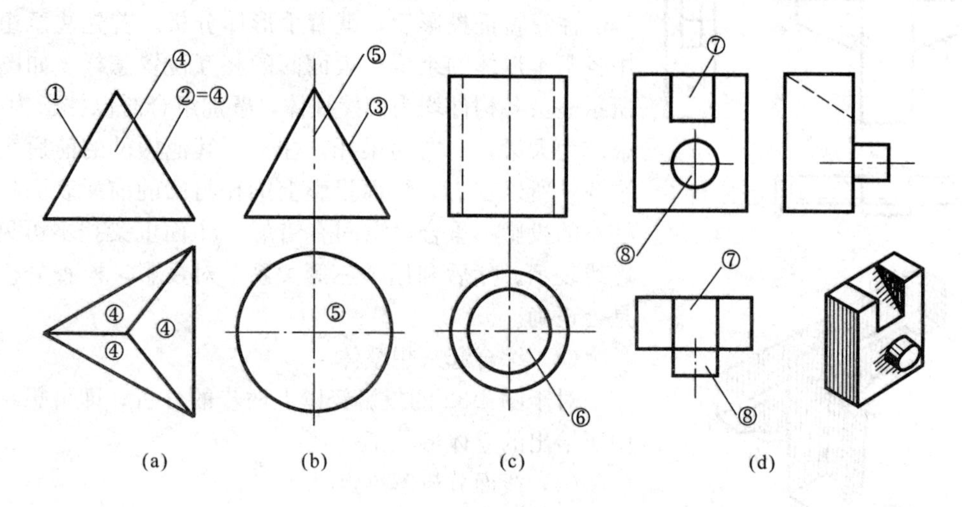

图 4-31　投影中线和线框的意义

（a）三棱锥体；（b）圆锥体；（c）圆筒体；（d）带有槽口并叠加圆柱的形体

由上述可知，投影图中的一条直线，一般有三种意义：

①可表示形体上一条棱线的投影［图 4-31（a）中的①］；

②可表示形体上一个平面的积聚投影［图 4-31（a）中的②］；

③可表示曲面体上转向素线的投影，但在其他投影中，应有一个具有曲线图形的投影［图 4-31（b）中的③］。

2）投影图中线框的意义。

图 4-31（a）、（b）中 V 面投影的线框均为等大三角形，可前者表示平面（前侧面及后侧面），而后者则表示圆锥曲面；再对应 H 面投影可知，投影有曲线的，则其对应的 V 面投影线框肯定是圆锥曲面，反之其对应的一般是平面。

再观察图 4-31（c）的两面投影，H 面的内圆表示圆柱上有圆孔的投影，圆孔在 V 面上不可见，故用虚线表示；图 4-31（d）表示有斜槽和正前方叠加有圆柱的组合体投影图，它们在 V、H 面上的投影均用线框来表示。

由上述可知，投影图中的一个线框，一般也有三种意义：

①可表示形体上一个平面的投影［图 4-31（a）中的④］。

②可表示形体上一个曲面的投影，但其他投影图应有一曲线形的投影与之对应［图 4-31 (b)中的⑤］。

③可表示形体上孔、洞、槽或叠加体的投影［图 4-31（c）中的⑥和图 4-31（d）中的⑦、⑧］。

然而，一条直线，一个线框在投影图中的具体意义，还需联系具体投影图及其投影特性分析才能确定。

4.4.3.3　组合体识读的步骤

（1）认识投影抓特征

大致浏览已知条件有几个投影图，并注意找出特征投影。如图 4-32 所示柱头的投影有三个：V 面投影反映了柱头构造的主要特征，上部为梁、下部为柱，梁下的梯形部分为梁

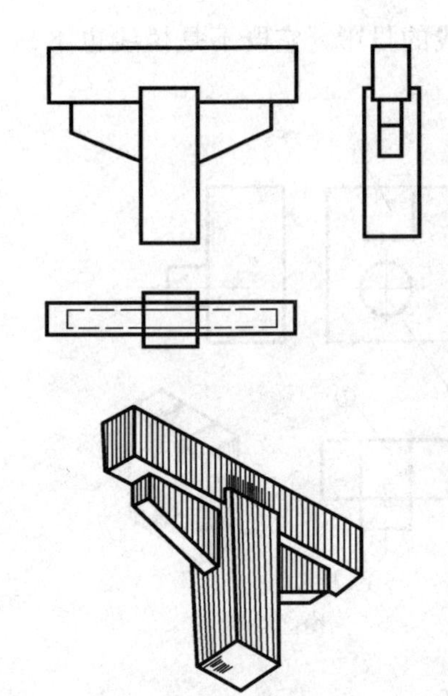

图 4-32　柱头的投影

托，H、V 投影反映了这些构件间的位置关系。

（2）形体分析对投影

注意特征投影后，就着手形体分析。首先注意组合体中各基本形体的组成、表面间的相互位置怎样。如图 4-32 所示柱头各构件均为四棱柱体，叠加组合时以柱子为中心，上部为大梁，左右为梁托，柱子与其他构件的前后表面不平齐，所以在 H、V 面投影上梁托与梁的前后表面投影与柱身的投影不重合，空间有错落，H 面上梁托不可见，用虚线表示。然后利用“三等关系”对投影，检查分析结果是否正确。

（3）综合起来想整体

对于图 4-32 的投影经以上两步的分析，即可想象出图中所给出的立体形状了。

（4）线面分析解难点

形体的投影图比较复杂、较难理解时，就需进行线面分析。

即用线面分析法对难理解的线和线框，根据其投影特性进行分析，同时根据本节提出的线和线框的意义进行判断和选择，然后想出形体细部或整体的形状。

【例 4-5】 已知图 4-33 的组合体，画出它的三面正投影图。

【解】（1）形体分析：该组合类似于一座建筑物，左、中、右三个长方体作为墙身，中间的屋顶为三棱柱，左右屋顶为斜四棱锥体，前方雨篷为 1/4 圆柱体的若干基本形体叠加而成。

（2）选择摆放位置及正立投影方向：摆放位置如图 4-33所示，其中长箭头为正立投影方向，因为该方向显示了中间房屋的雨篷位置及其屋顶的三角形特征，同时也反映了左右房屋的高低情况及其屋顶的特征（也为三角形），故该方向反映的特征最多。

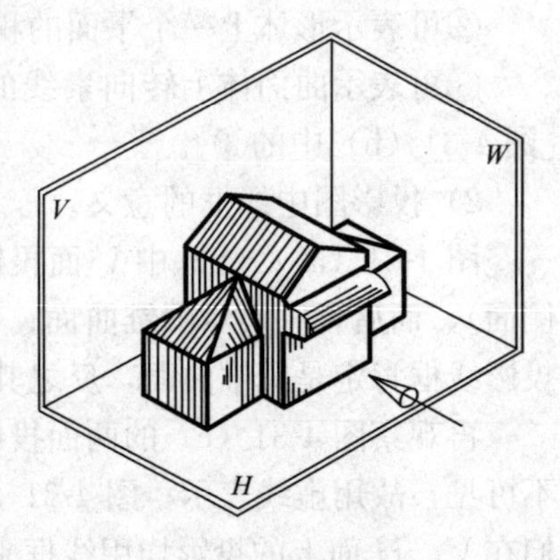

图 4-33　组合体

（3）作投影图：

1）按形体分析和叠加顺序画图。先画三组墙身的长方体投影。从 H 面开始画，再画 V、W 面投影。

2）叠加屋顶的三面投影，从反映实形较多的 V 面投影开始，然后画 H 和 W 面投影。

3）画雨篷形体的三面投影，先从 W 面投影开始，因为此投影上反映 1/4 圆柱的圆弧特征。

4）加深加粗图线，完成作图，如图 4-34（a）、（b）、（c）所示。

【例 4-6】 读图 4-35 所示组合体的尺寸。

【解】（1）形体分析：该组合体是由底板、立板和肋板组合而成的形体，在立板上挖切出一个长圆孔，在底板上挖切出一个圆孔。

（2）定形尺寸：底板的长、宽、高分别为 60、40、10；立板的长、宽、高分别为 60、

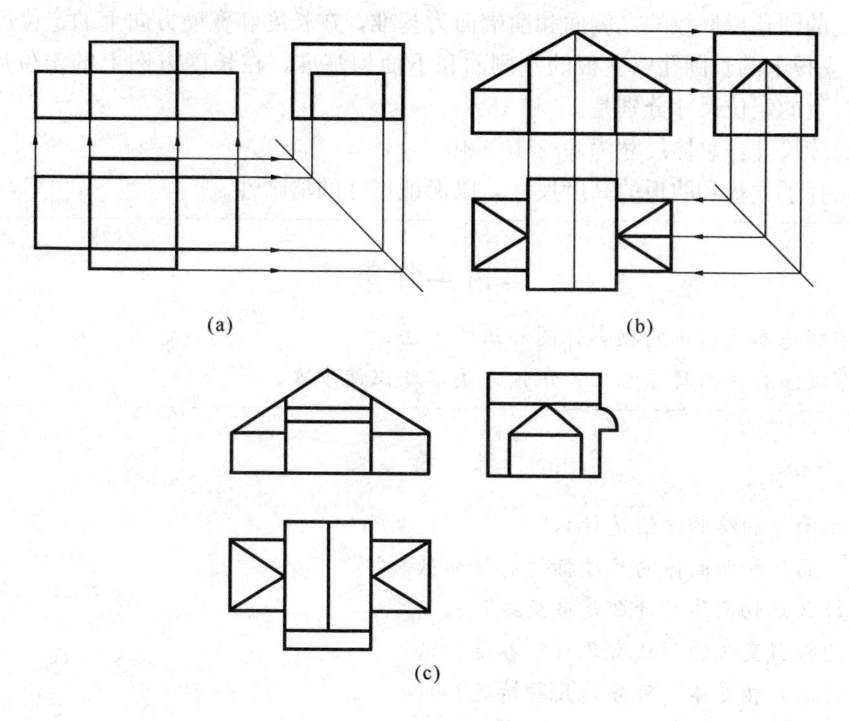

图 4-34　画组合体投影图

(a) 画墙身；(b) 画屋顶；(c) 画雨篷并完成全图

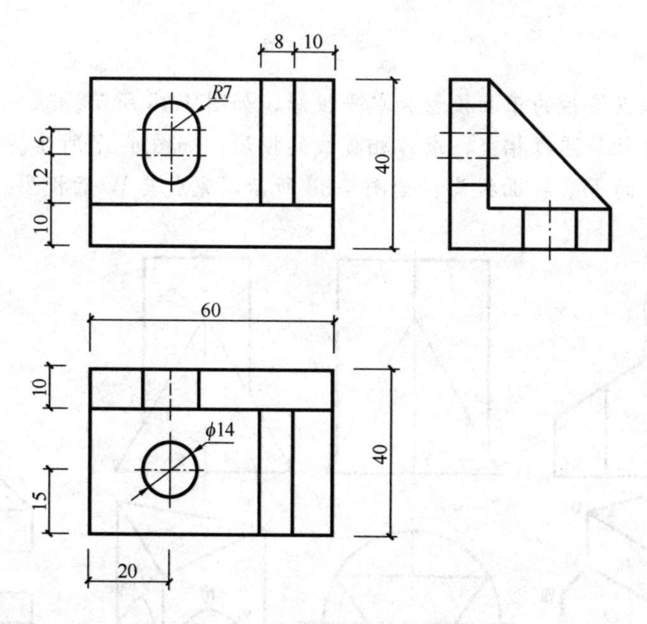

图 4-35　组合体的尺寸标注

10、30；肋板的高、宽、厚分别为 30、30、8；底板上的圆孔直径为 14，孔深为 10；立板上的长孔孔长 20，上、下为两个半圆，半圆的半径为 7。

(3) 定位尺寸：立板在底板的上面，其左、右和后面与底板对齐，所以在长度、高度、宽度方向的定位尺寸都可以省略；肋板在底板上面，其后面与主板的前面相靠，所以其高度、宽度方向的定位尺寸可以省略，在长度方向上，以底板的右端面为基准，定位尺寸是

10。底板上的圆孔以底板的左侧面和前端面为基准，在长度和宽度方向上的定位尺寸分别是20和15。立板上的长圆孔以立板的左侧面和下面为基准，在长度方向上的定位尺寸是20；在高度方向上的定位尺寸分别是12和18。

（4）总体尺寸：总体尺寸为60×40×40。

（5）去掉了立板和肋板的高度尺寸，以保证尺寸的清晰性。

上岗工作要点

1. 掌握基本几何体的投影作图和识图方法。
2. 掌握组合体的尺寸标注、识读方法以及识读步骤。

思考题

4-1 平面体的绘制方法是什么？

4-2 平面体和曲面体的尺寸标注有什么区别？

4-3 什么是切割体？什么是截交线？

4-4 圆锥截交线的形状有几种？各是什么？

4-5 什么是相贯体？可分为几种情况？

4-6 组合体的组合方式有几种？

4-7 组合体的识读步骤是什么？

习题

4-1 完成切口五棱柱的正面投影和水平投影，如图4-36所示。

4-2 已知三棱柱与圆锥相交，求作相贯线的投影，如图4-37所示。

4-3 已知形体的H、V面投影，如图4-38所示，完成其W面投影。

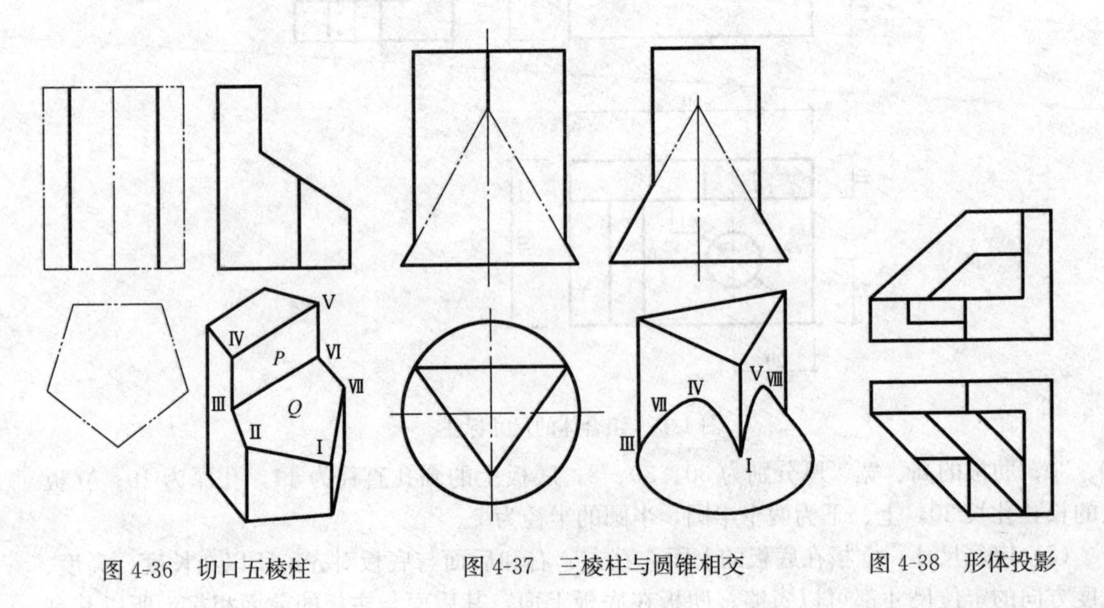

图4-36 切口五棱柱　　图4-37 三棱柱与圆锥相交　　图4-38 形体投影

第5章 轴测投影

重 点 提 示

1. 掌握平面体轴测投影的画法。
2. 掌握曲面体轴测投影的画法。

5.1 轴测投影的基本知识

5.1.1 轴测投影的形成

轴测投影（简称轴测图）是将形体以及确定形体空间位置的直角坐标轴一起向某一投影面进行平行投影，所得到的能够反映形体三个侧面形状的立体图。形成轴测投影的那个投影面称为轴测投影面，通常用 P 作代号，如图 5-1 所示。图中 O_1X_1、O_1Y_1、O_1Z_1 是空间直角坐标轴 OX、OY、OZ 的轴测投影，称为轴测轴。在 P 面上，相邻轴测轴之间的夹角，称为轴间角。

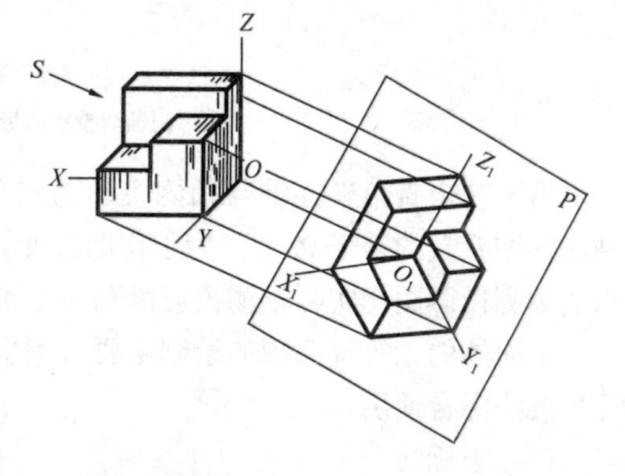

图 5-1 轴测投影的形成

5.1.2 轴测投影的分类

轴测投影根据投影线与轴测投影面的夹角不同分为两类：

（1）正轴测投影

平行投影的方向垂直于轴测投影面，且空间直角坐标轴 OX、OY、OZ 均倾斜于轴测投影面时所形成的轴测投影，简称正轴测。

（2）斜轴测投影

平行投影的方向倾斜于轴测投影面，而空间直角坐标轴中有两根坐标轴平行于轴测投影面时所形成的轴测投影，简称斜轴测。

5.1.3 轴测投影的特性

轴测投影属于平行投影，所以轴测投影具有平行投影中的所有特性。

由于空间形体的直角坐标轴可与投影面 P 倾斜，其投影都比原来长度短，它们的投影与原来长度的比值，称为轴向变形系数，分别用 p、q、r 表示，即：

$$p = O_1X_1/OX, q = O_1Y_1/OY, r = O_1Z_1/OZ$$

归纳总结，轴测投影具有以下特性：

（1）直线的轴测投影仍然是直线。

（2）空间互相平行的直线段，其轴测投影仍然互相平行，所以与坐标轴平行的线段，其轴测投影也平行于相应的轴测轴。

（3）只有与轴平行的线段，才与轴测轴发生相同的变形，其长度才按轴向变形系数 p、

q、r 来确定和测量。

5.2 平面体轴测投影的画法

5.2.1 正等轴测图的画法

当确定形体空间位置的三个坐标轴与轴测投影面的倾角相等，投射线与轴测投影面垂直时，所得到的轴测投影称为正等轴测投影，简称正等测（图 5-2）。

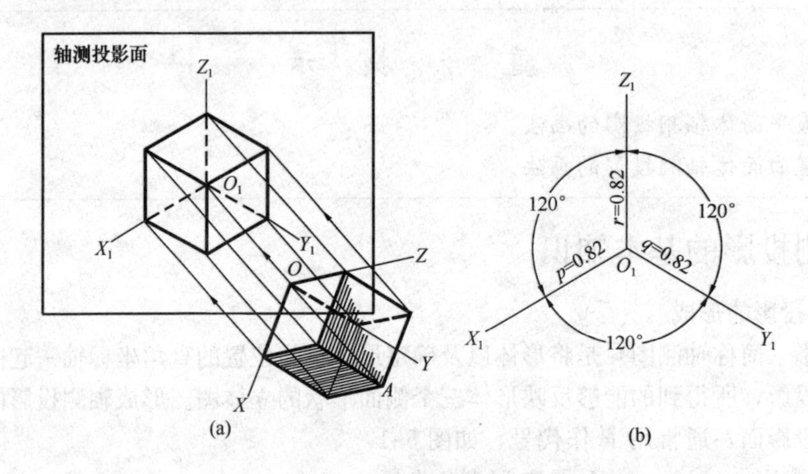

图 5-2 正等测轴测投影

（a）正等测轴测投影的形成；（b）轴间角和轴向伸缩系数

由于三个直角坐标轴与轴测投影面夹角相等，所以三个轴间角相等，均为 120°，三个轴向伸缩系数约等于 0.82。为了作图方便，取 $p=q=r=1$，称为简化系数。用简化系数作出的轴测投影图比实际轴测投影沿轴向分别放大了 1.22 倍。

平面体的正等轴测图的绘制主要采用坐标法、切割法、叠加法和特征面法等，有些也将几种方法混合使用。

（1）坐标法

坐标法的绘图步骤如下：

1）读懂正投影图，并确定原点和坐标轴的位置。

2）选择轴测图种类，画出轴测轴。

3）作出各顶点的轴测投影。

（2）切割法

当形体是由基本体切割而成时，可先画出基本体的轴测图，然后再逐步切割而形成切割类形体的轴测图。

（3）叠加法

当形体是由几个基本体叠加而成时，可逐一画出各个基本体的轴测图，然后再按基本体之间的相对位置将各部分叠加而形成叠加类形体的轴测图。

（4）特征面法

这是一种适用于柱体的轴测图绘制方法。当形体的某一端面较为复杂且能够反映形体的形状特征时，可先画出该面的正等测图，然后再“扩展”成立体，这种方法被称为特征面法。

5.2.2 斜轴测图的画法

当投影线互相平行且倾斜于轴测投影面时，得到的投影称为斜轴测投影，其图形简称斜轴测图。斜轴测投影又可分为正面斜轴测和水平斜轴测两种。

（1）正面斜轴测

当形体的 OX 轴和 OZ 轴决定的坐标面平行于轴测投影面，而投影线倾斜于轴测投影面时，得到的轴测投影称为正面斜轴测投影。如图 5-3（a）所示，由于 OX 轴与 OZ 轴平行于轴测投影面，所以 $p=r=1$，$\angle X_1O_1Z_1=90°$，而$\angle X_1O_1Y_1$ 与$\angle Y_1O_1Z_1$ 常取 135°，$q=0.5$，这样得到的投影图，形体的正立面不发生变形，只有宽度变为原宽度一半，这样的轴测图也称为正面斜二测。

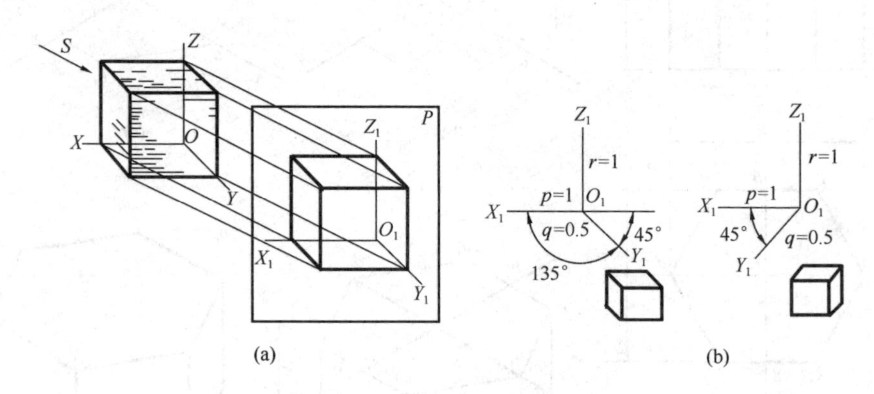

图 5-3　正面斜轴测投影的形成

（a）形成；（b）轴测轴、轴间角和轴向变形系数

工程图中，表达管线空间分布时，常将正面斜轴测图中的 q 取 1，即 $p=q=r=1$，叫做斜等测图。

（2）水平斜轴测图

如图 5-4（a）所示，当形体的 OX 轴和 OY 轴所确定的坐标面（水平面）平行于轴测投影面，而投影线与轴测投影面倾斜一定角度时，所得到的轴测投影称为水平斜轴测。由于

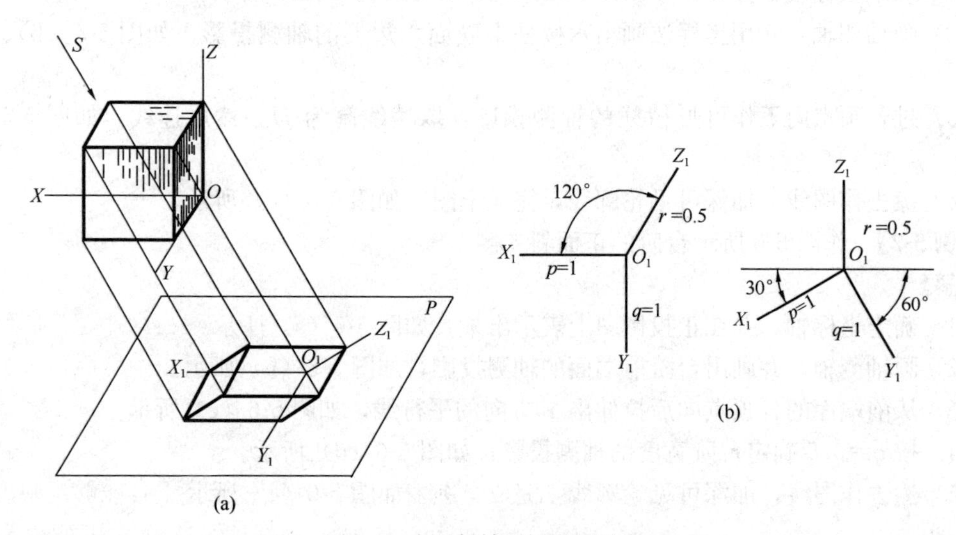

图 5-4　水平斜轴测投影的形成

（a）形成；（b）轴测轴、轴间角和轴向变形系数

OX 轴与 OY 轴平行于轴测投影面，所以 $p=q=1$，$\angle X_1O_1Y_1=90°$，而$\angle Z_1O_1X_1$ 取 120°，$r=0.5$，画图时，习惯把 O_1Z_1 画成铅直方向，则 O_1X_1 和 O_1Y_1 分别与水平线成 30°和 60°。当 $p=q=1$，而 $r=0.5$ 的轴测图也称为水平斜二测。水平斜二测常用于画建筑物的鸟瞰图。在水平斜轴测中，将 r 取为 1 时，即 $p=q=r=1$，叫做水平斜等测。

【例 5-1】 作六棱柱的正等轴测图（图 5-5）。

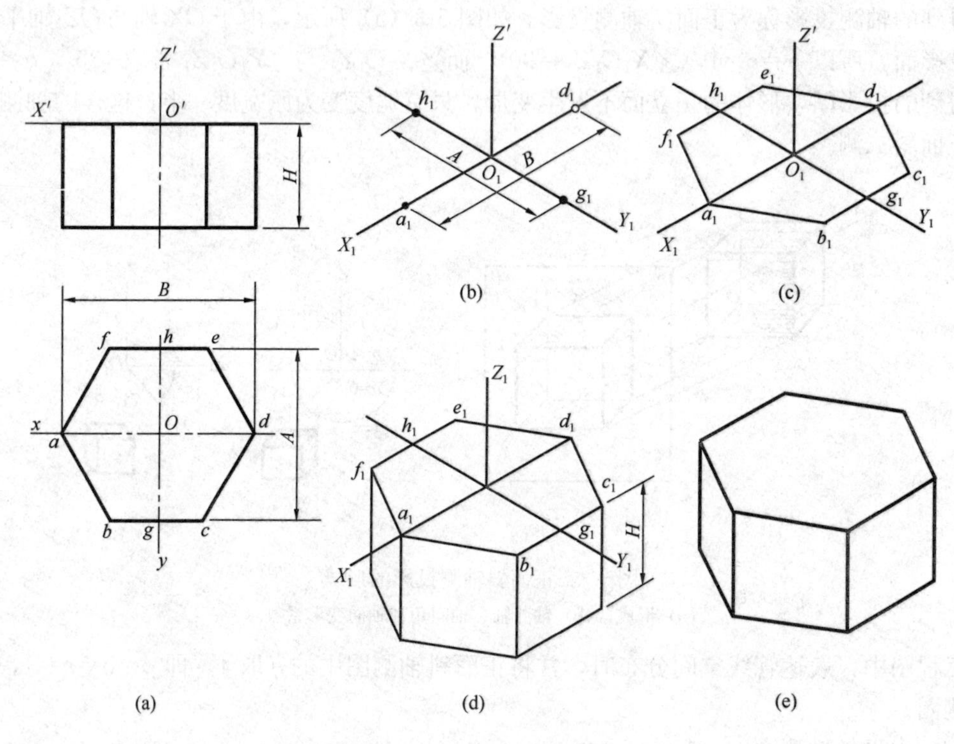

图 5-5 六棱柱的正等轴测

【解】

（1）确定坐标轴，并在正投影图上表示出来，如图 5-5（a）所示。

（2）画轴测轴，并用坐标法画出六棱柱上底面六边形的轴测投影，如图 5-5（b）、（c）所示。

（3）过各顶点向下作可见棱线的轴测投影，取棱线高为 H，然后连线，如图 5-5（d）所示。

（4）擦去作图线，加深可见轮廓线，完成全图，如图 5-5（e）所示。

【例 5-2】 作图 5-6 所示台阶的正面斜二测。

【解】

（1）确定坐标轴，并在正投影图上表示出来，如图 5-6（a）所示。

（2）画轴测轴，并画出台阶前端面的轴测投影，如图 5-6（b）所示。

（3）从前端面的各顶点向后拉伸出 Y 方向的平行线，如图 5-6（c）所示。

（4）按 $q=0.5$ 确定台阶宽度的轴测投影，如图 5-6（d）所示。

（5）擦去作图线，加深可见轮廓线，完成全图，如图 5-6（e）所示。

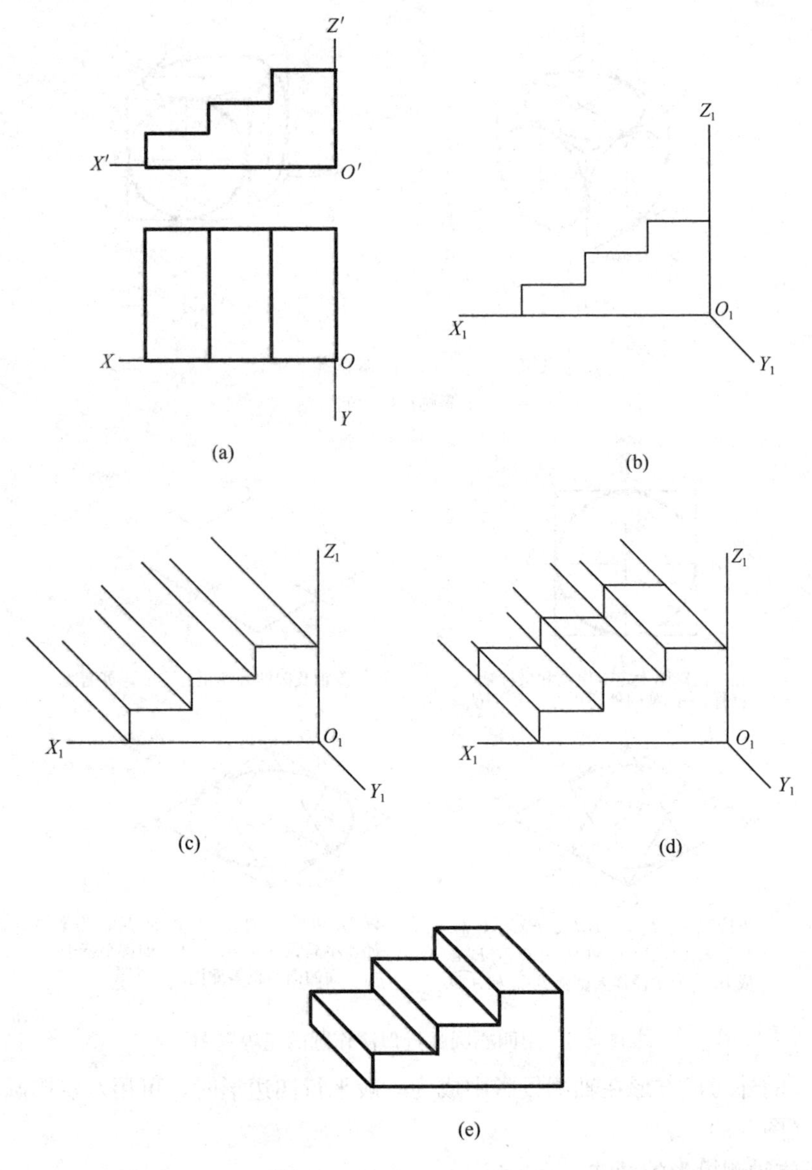

图 5-6　台阶的正面斜二测

5.3　曲面体轴测投影的画法

5.3.1　圆的轴测图画法

在正投影中，当圆所在的平面平行于投影面时，其投影仍是圆。当圆所在的平面倾斜于投影面时，它的投影就变成了椭圆。在轴测投影中，除斜轴测投影有一个面不发生变形外，一般情况下正方形的轴测投影都成了平行四边形，平面上圆的轴测投影也都变成了椭圆（图 5-7）。

当圆的轴测投影是一个椭圆时，其作图方法通常是作出圆的外切正方形作为辅助图形，先作圆的外切正方形的轴测图，再用四心圆弧近似法作椭圆或用八点椭圆法作椭圆。

（1）当圆的外切正方形在轴测投影中成为菱形时，可用四心圆弧近似法作出椭圆的正等测图（图 5-8）。

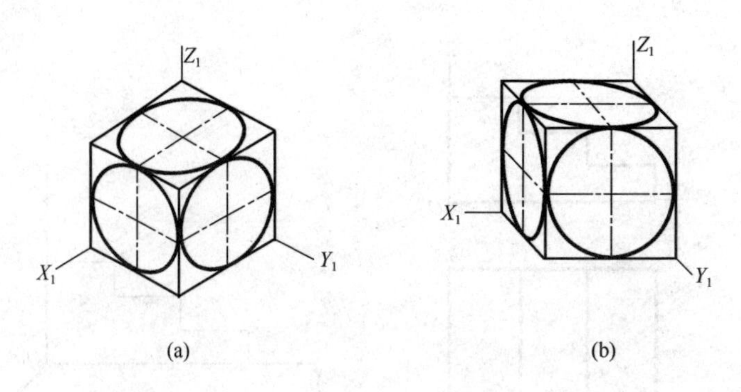

图 5-7　三个方向圆的轴测图

（a）正等测；（b）斜二测

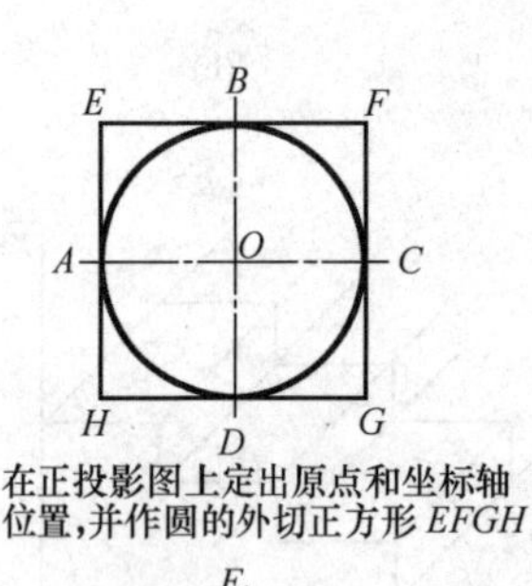

在正投影图上定出原点和坐标轴位置，并作圆的外切正方形 $EFGH$

画轴测轴及圆的外切正方形的正等测图

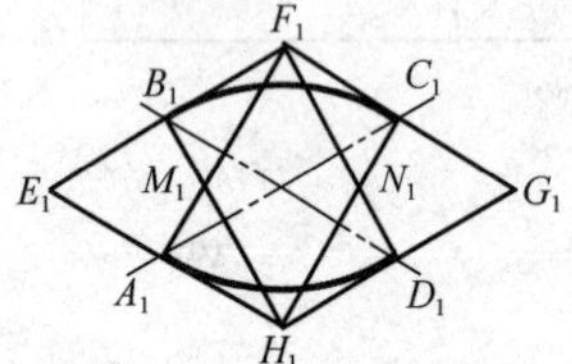

连接 F_1A_1、F_1D_1、H_1B_1、H_1C_1，分别交于 M_1、N_1，以 F_1 和 H_1 为圆心，F_1A_1 或 H_1C_1 为半径作大圆弧 $\widehat{B_1C_1}$ 和 $\widehat{A_1D_1}$

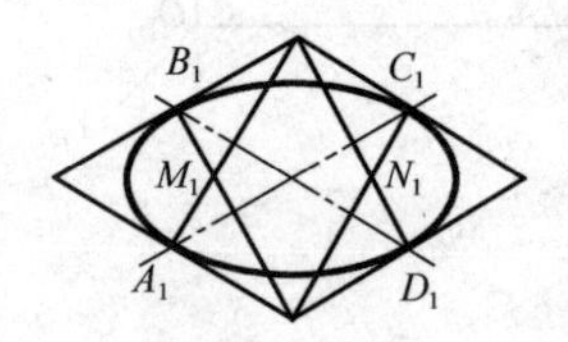

以 M_1 和 N_1 为圆心，M_1A_1 或 N_1C_1 为半径作小圆弧 $\widehat{A_1B_1}$ 和 $\widehat{C_1D_1}$，即得平行于水平面的圆的正等测图

图 5-8　用四心圆弧近似法作圆的正等测图

（2）当圆的外切正方形在轴测投影中成为一般平行四边形时，可用八点椭圆法作出椭圆的斜二测图（图 5-9）。

5.3.2　曲面体轴测投影的画法

学过平面上圆的轴测图画法，就可以作简单曲面体的轴测图。

【例 5-3】　画圆台的正等轴测图，如图 5-10 所示。

【解】

（1）在正投影图中确定坐标系：为简化作图，可取右底面的圆心为轴测轴的原点，如图 5-10（a）所示。

（2）画左、右底面的椭圆，可用四心扁圆法画出，也可将左（右）底椭圆中的各圆弧连接点和各圆心沿 OX 轴向右（左）移动 h，求得另一底椭圆的相应点，画出，如图 5-10（b）所示。

（3）画左右椭圆的公切线，擦去不可见部分，加深，完成正等轴测图，如图 5-10（d）所示。

【例 5-4】　作图 5-11 所示形体的正面斜二测。

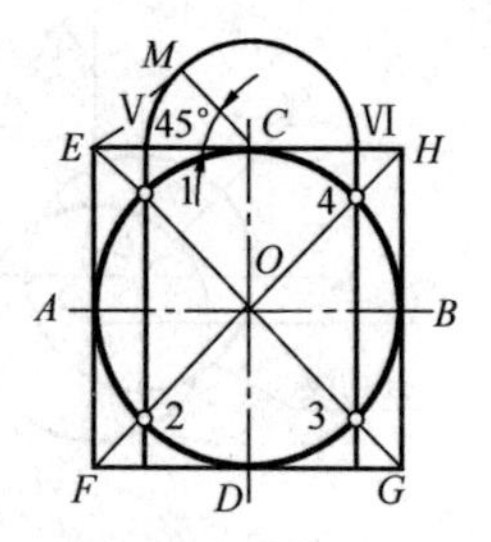

作圆的外切正方形 $EFGH$，并连接对角线 EG、FH 交圆周于 1、2、3、4 点

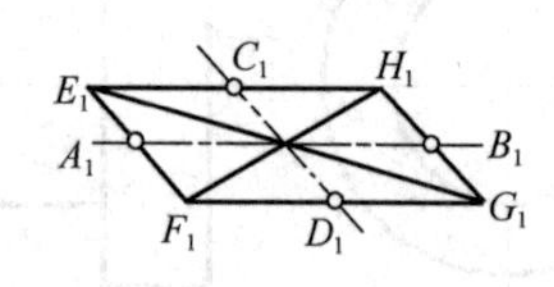

作圆外切正方形的斜二测图，切点 A_1、B_1、C_1、D_1 即为椭圆上的四个点

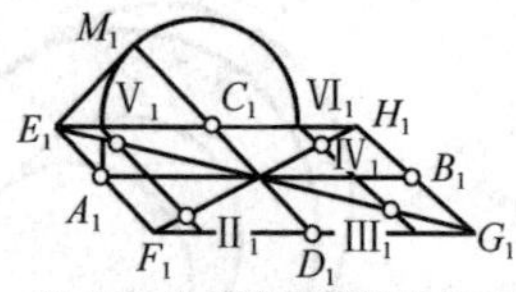

以 E_1C_1 为斜边作等腰直角三角形，以 C_1 为圆心，腰长 C_1M_1 为半径作弧，交 E_1H_1 于 V_1、VI_1，过 V_1VI_1 作 C_1D_1 的平行线与对角线交 I_1、II_1、III_1、IV_1 四点

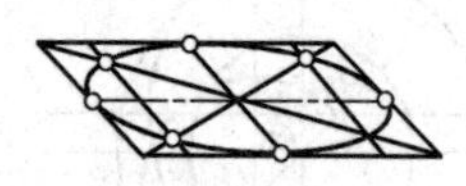

依次用曲线板连接 A_1、I_1、C_1、IV_1、B_1、III_1、D_1、II_1、A_1 各点，即得平行于水平面的圆的斜二测图

图 5-9　用八点椭圆法作圆的斜二测图

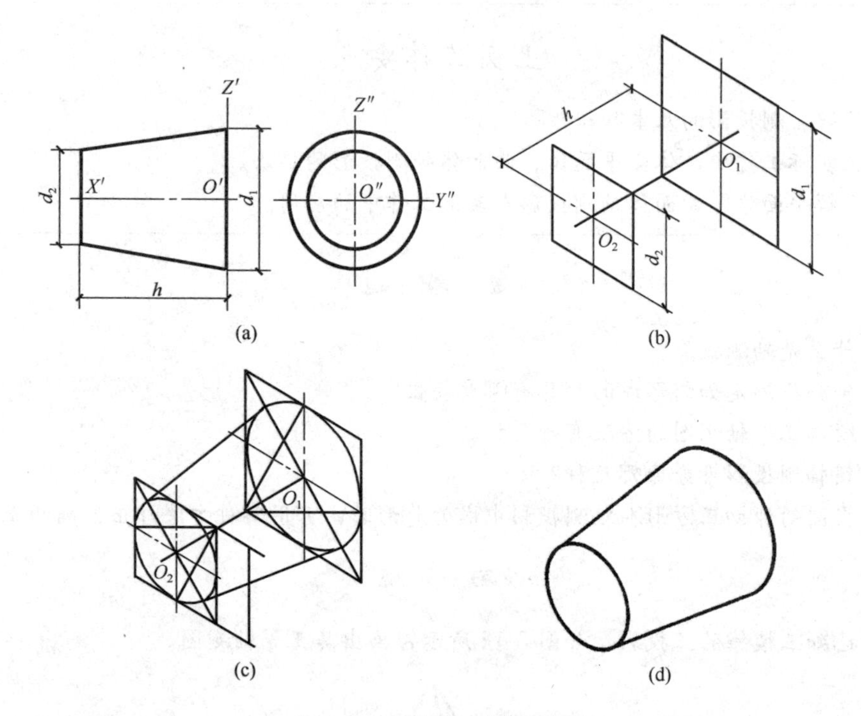

图 5-10　圆台的正等轴测图

【解】

(1) 确定坐标轴，并在正投影图上表示出来，如图 5-11 (a) 所示。

(2) 作小圆柱的轴测投影，如图 5-11 (b) 所示。

(3) 作大圆柱的轴测投影，如图 5-11 (c) 所示。

(4) 擦去作图线，加深可见轮廓线，完成全图，如图 5-11 (d) 所示。

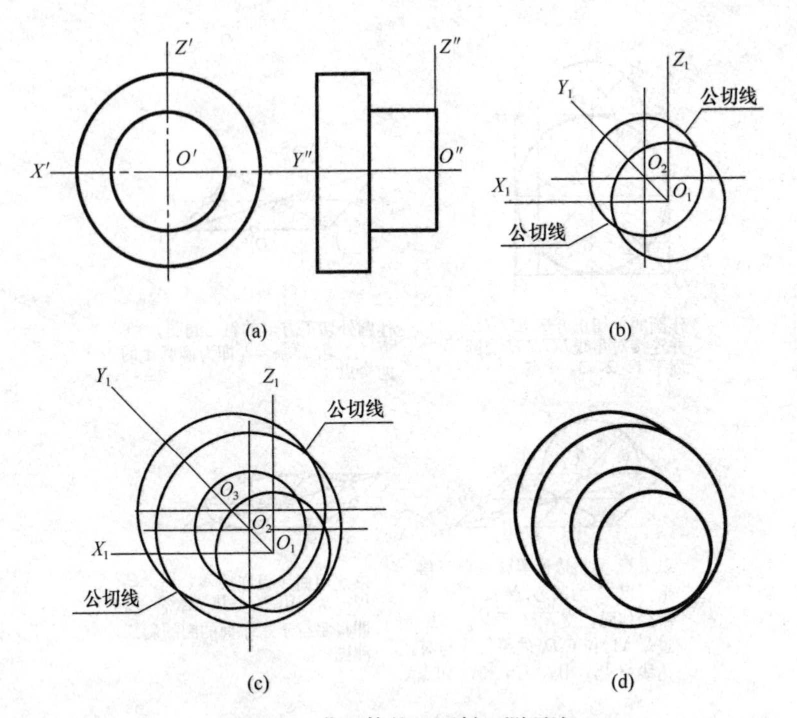

图 5-11　曲面体的正面斜二测画法

上岗工作要点

1. 了解轴测投影的基本知识。
2. 在实际工作中，体会平面体、曲面体轴测投影的画法。
3. 了解平面体、曲面体轴测投影在实际工作中的应用。

思　考　题

5-1　什么是轴测投影?

5-2　轴测投影是如何形成的?具有哪些特性?

5-3　绘制正等轴测图的方法有哪几种?

5-4　斜轴测投影可分为哪几种?

5-5　当圆的外切正方形在轴测投影中成为菱形时，可用哪种方法作出椭圆的正等测图?

习　　题

5-1　已知三棱锥的正投影，如图 5-12 所示，画出其正等轴测图。

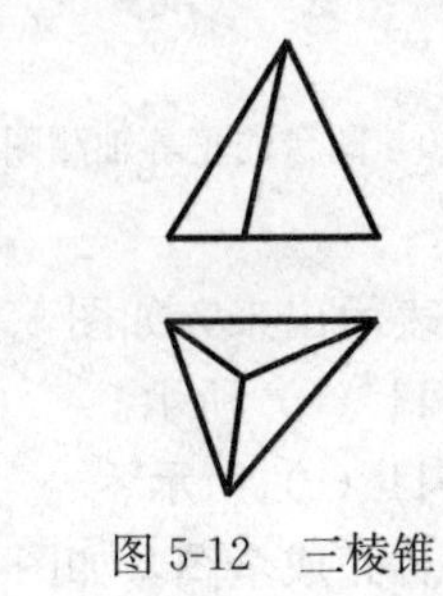

图 5-12　三棱锥

5-2　作花格砖的斜二测轴测图，如图 5-13 所示。

5-3　画出如图 5-14 所示的带切槽圆柱的正等测。

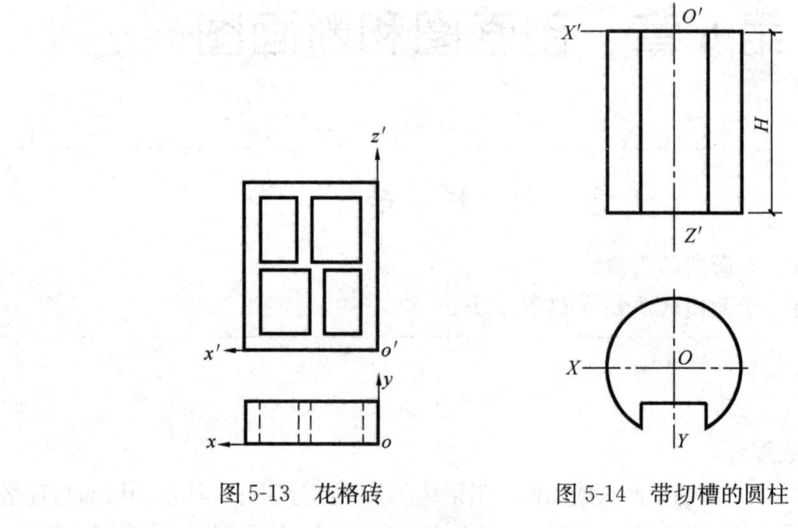

图 5-13　花格砖　　　　图 5-14　带切槽的圆柱

第6章　剖面图和断面图

重　点　提　示

1. 熟悉剖面图、断面图的形成。
2. 掌握剖面图、断面图的画法和识图方法。

6.1　剖面图

6.1.1　剖面图的形成

假想用一个（或几个）剖切平面（或曲面）沿形体的某一部分切开，移走剖切面与观察者之间的部分，将剩余部分向投影面投影，所得到的视图称为剖面图，简称剖面，如图6-1所示。

图6-1所示物体为一杯形基础。现假想用一个剖切面 P（正平面）剖切后，移走剖切平面与观察者之间的那部分基础，将剩余的部分基础重新向投影面进行投影，所得投影图称为剖面图，简称剖面，如图6-1（b）所示的1—1剖面。由于将形体假想切开，形体内部结构显露出来。在剖面图上，原来不可见的线变成了可见线，而原外轮廓可见的线有部分变成不可见了，此时的不可见线不必画出。

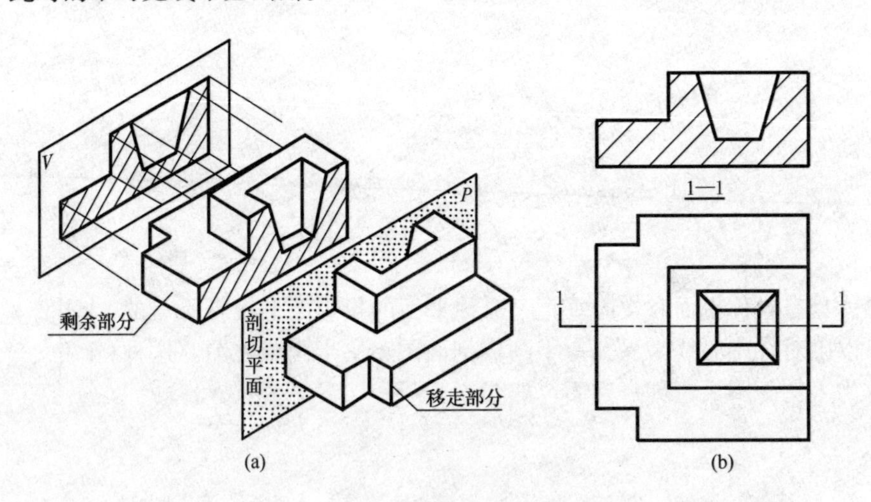

图6-1　剖面图的形成
（a）剖面图的形成；（b）剖面图

一般情况下剖切面应平行某一投影面，并通过内部结构的主要轴线或对称中心线。必要时也可以用投影面垂直面作剖切面。

6.1.2　剖面图的种类

6.1.2.1　全剖面图

用剖切面完全剖开形体的剖面图称为全剖面图，简称全剖面，如图6-2所示。

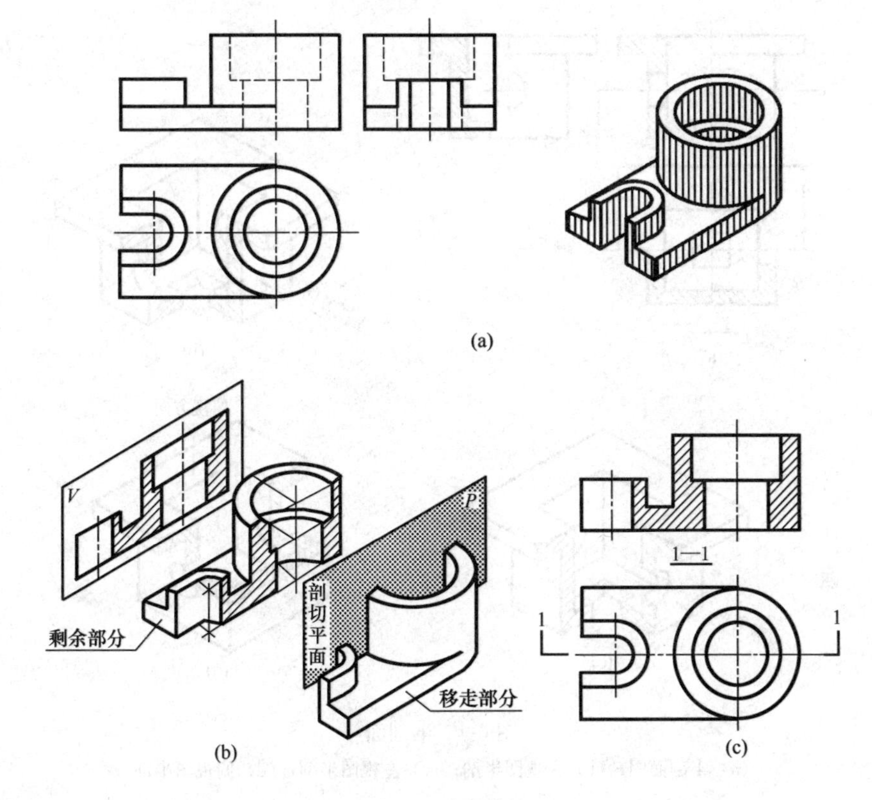

图 6-2　全剖面

(a) 形体三视图及立体图；(b) 全剖面图的形成；(c) 画全剖面图

(1) 适用范围。当形体的外形比较简单，内形较复杂，而图形又不对称时，或外形简单的回转体形体，为了便于标注尺寸也常采用全剖面图，如图 6-3 所示。

(2) 剖面图的标注。如图 6-2、图 6-3 所示，由于都是采用单一剖切面通过形体的对称面剖切，且剖面图按投影关系配置，故可省略标注。

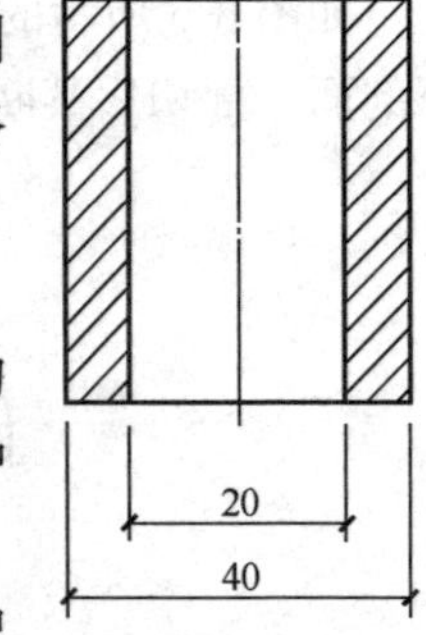

图 6-3　全剖面

6.1.2.2　半剖面图

当形体具有对称平面时，向垂直于对称平面的投影面上投影所得的图形，可以以对称中心线为界，一半画成剖面图，一半画成视图，这种剖面图称为半剖面图，简称半剖面，如图 6-4 所示。

画半剖面图时，当视图与剖面图左右配置时，规定把剖面图画在中心线的右边。当视图与剖面图上下配置时，规定把剖面图画在中心线的下边。

注意：不能在中心线的位置上画上粗实线。

(1) 适用范围。半剖面图的特点是用剖面图和视图各一半来表达形体的内形和外形，所以当形体的内外形都需要表达，且图形又对称时，常采用半剖面图，如图 6-4 所示的主视图和左视图。形体的形状接近于对称，且不对称部分已有图形表达清楚时，也可采用半剖面图，如图 6-4 所示的俯视图。

(2) 标注。如图 6-4 所示，在左视图上的半剖面图，因剖切面与形体的对称面要重合，

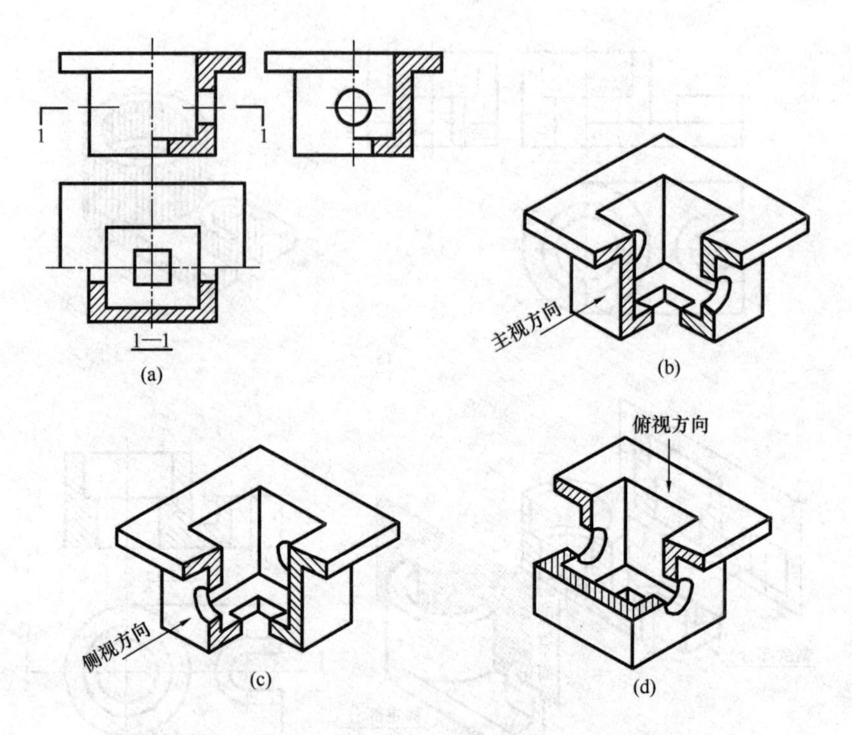

图 6-4　半剖面

(a) 半剖面图；(b) 主视图半剖；(c) 左视图半剖；(d) 俯视图半剖

且按投影关系配置，故可省略标注。对俯视图来说，因剖切面未通过主要对称面，需要标注。

6.1.2.3　局部剖面图

用剖切面局部剖开形体所得的剖面图称为局部剖面图，简称局部剖面。

如图 6-5 所示的结构，若采用全剖面不仅不需要，而且画图也麻烦，这种情况宜采用局部剖面。剖切后其断裂处用波浪线分界以示剖切的范围。

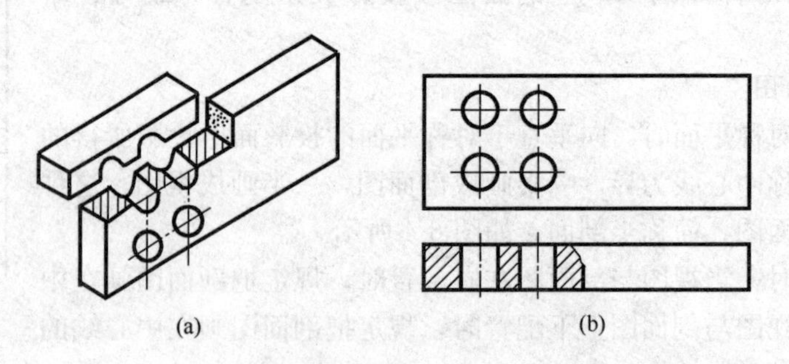

图 6-5　局部剖面

(a) 局部剖面图的形成；(b) 局部剖面图

建筑物的墙面、楼面及其内部构造层次较多，可用分层局部剖面来反映各层所用的材料和构造，分层剖切的剖面图，应按层次以波浪线将各层隔开，波浪线不应与任何图线重合，如图 6-6 所示。

(1) 适用范围。局部剖面是一种比较灵活的表示方法，适用范围较广，怎样剖切以及剖切范围多大，需要根据具体情况而定。

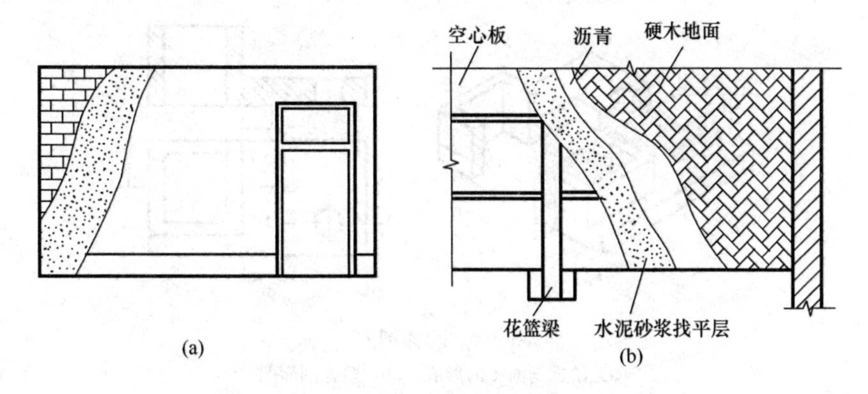

图 6-6　分层剖切的局部剖面

(a) 墙面；(b) 楼面

(2) 标注。局部剖面图一般来讲，剖切位置比较明显，故可省略标注。

注意：

①表示断裂处的波浪线不应和图样上的其他图线重合，如图 6-5、图 6-6 所示。

②如遇孔、槽等空腔，波浪线不能穿空而过，也不能超出视图的轮廓线，如图 6-7 所示。

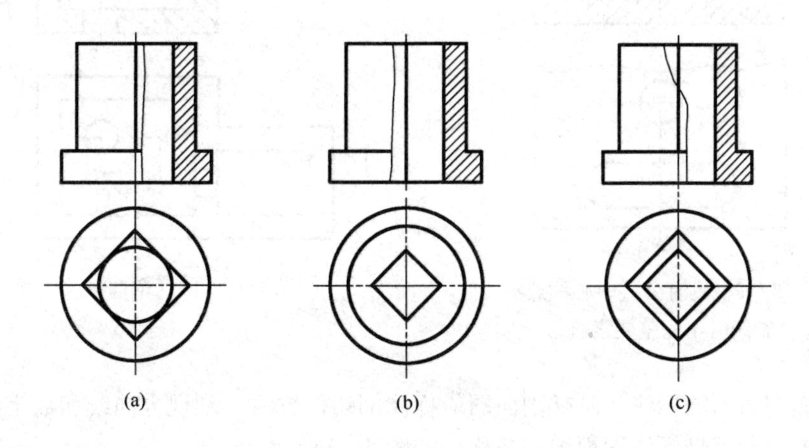

图 6-7　局部剖面（棱线与中心线重合）

(a) 对称中心线与外轮廓线重合时的局部剖面图；(b) 对称中心线与内轮廓线重合时的局部剖面图；(c) 对称中心线同时和内外轮廓线重合时的局部剖面图

6.1.2.4　阶梯剖面图

有些形体内部层次较多，其轴线又不在同一平面上，要把这些结构形状都表达出来，需要用几个相互平行的剖切面相切。

这种用几个相互平行的剖切面把形体剖切开所得到的剖面图称为阶梯剖面图，简称阶梯剖面，如图 6-8 所示。

读图时注意：

①剖切面的转折处不应与图上轮廓线重合，且不要在两个剖切面转折处画上粗实线投影，如图 6-8 (b) 所示。

②在剖切面图形内不应出现不完整的要素，仅当两个要素在图形上具有公共对称中心线

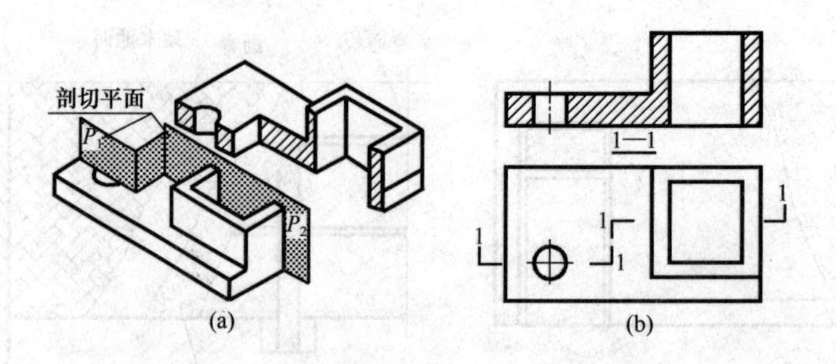

图 6-8　阶梯剖面

(a) 阶梯剖面图的形成；(b) 阶梯剖面图

或轴线时，才允许以对称中心线或轴线为界线各画一半，如图 6-9 所示。

(1) 阶梯剖面图的适用范围。当形体上的孔、槽、空腔等内部结构不在同一平面内而呈多层次时，应采用阶梯剖面图，如图 6-10 所示。

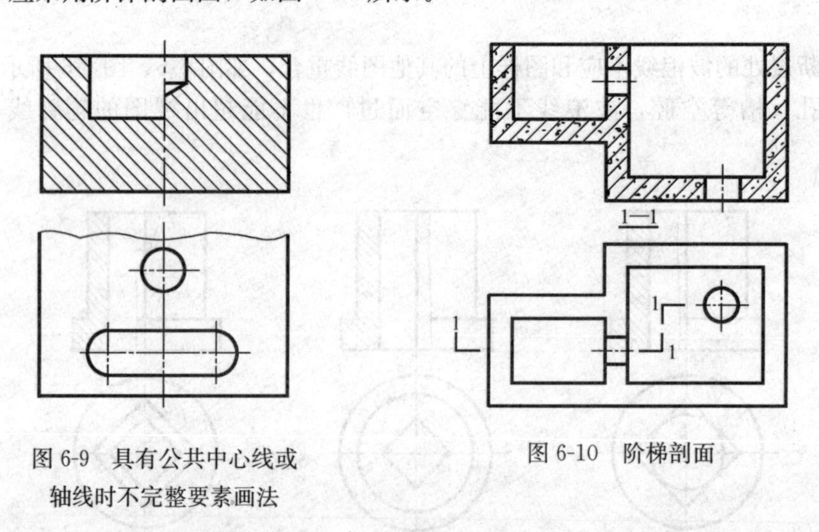

图 6-9　具有公共中心线或轴线时不完整要素画法

图 6-10　阶梯剖面

(2) 阶梯剖面图的标注。阶梯剖面图应标注剖切位置线、剖视方向线和数字编号，并在剖面图下方用相同字母标注剖视图的名称，如图 6-10 所示。

6.1.2.5　*旋转剖面图*

用相交的两剖切面剖切形体所得到的剖面图称为旋转剖面图，简称旋转剖面，如图6-11所示。

(1) 旋转剖面图的适用范围。当形体的内部结构需要用两个相交的剖切面剖切，才能将其完全表达清楚，且这个形体又有回转轴线时，应采用旋转剖面图，如图 6-11 所示。

(2) 旋转剖面图的标注。旋转剖面图应标注剖切位置线、剖视方向线和数字编号，并在剖面图下方用相同数字标注剖视图的名称"1—1（展开）"。

注意：画旋转剖面图时应注意剖切后的可见部分仍按原有位置投射，如图 6-11 所示的小孔。在旋转剖面中，虽然两个剖切平面在转折处是相交的，但规定不能画出其交线。

6.1.2.6　*复合剖面图*

当形体内部结构比较复杂，不能单一用上述剖切方法表示形体时，需要将几种剖切方法结合起来使用。一般情况是把某一种剖视与旋转剖视结合，这种剖面图称为复合剖面图，简

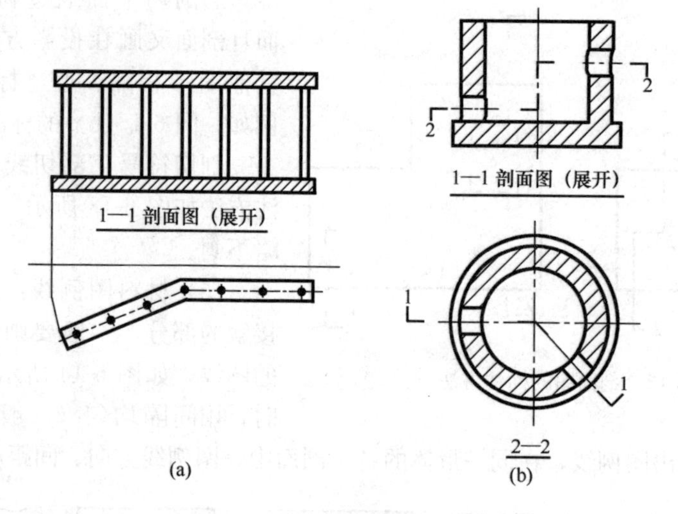

图 6-11　旋转剖面

称复合剖面，如图 6-12 所示。

画复合剖面图时，应标注剖切位置线、剖视方向线和数字编号，并在剖面图的下方用相同数字标注剖面图的名称。

6.1.3　剖面图的画法

（1）确定剖切位置

剖切的位置和方向应根据需要来确定。例如图 6-1 中，为了在主视图上作剖面，剖切平面应平行正立投影且通过物体的内部形状（有对称平面时应通过对称平面）进行剖切。

（2）画剖面

剖面图位置确定后，就可假想把物体剖开，画出剖面图。由于剖切是假想的，画其他方向的视图或剖面图仍是完整的。

应当注意，画剖面时，除了要画出物体被剖切平面切到的图形外，还要画出被保留的后半部分的投影，如图 6-1 所示的 1—1 剖面。

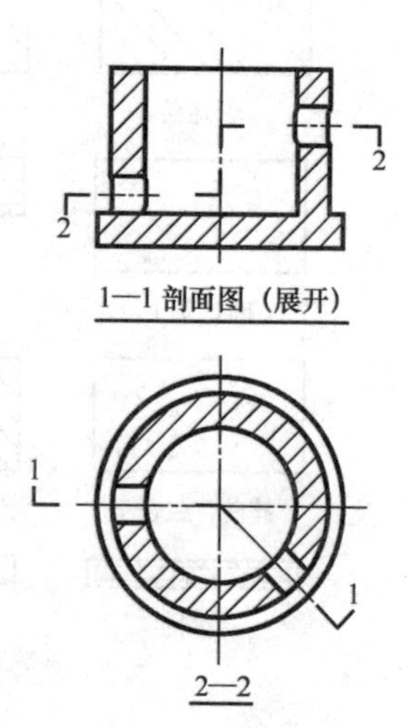

图 6-12　复合剖面

6.1.4　剖面图的标注

剖面的内容与剖切平面的剖切位置和投影方向有关。因此在图中必须用剖切符号指明剖切位置和投影方向。为了便于读图，还要对每个剖切符号进行编号，并在剖面图下方标注相应的名称。具体标注方法如下。

（1）剖切位置在图中用剖切线位置表示：剖切位置线用两段粗实线绘制，其长度为 6～10mm。在图中不得与其他图线相交，如图 6-1（b）所示的“━”。

（2）投影方向在图中用剖视方向线表示：剖视方向线应垂直画在剖切位置线的两端，其长度应短于剖切位置线，宜为 4～6mm，并且用粗实线绘制，如图 6-1（b）所示的“┃”。

（3）剖切符号的编号，要用阿拉伯数字按顺序从左至右，由下至上连续编排，并写在剖视方向线的端部，编号数字一律水平书写，如图 6-1（b）所示“1”。

（4）剖面的名称要用与剖切符号相同的编号命名，且符号下面加上一粗实线，命名书写在剖面图的正下方，如图 6-1（b）中的“1—1”。

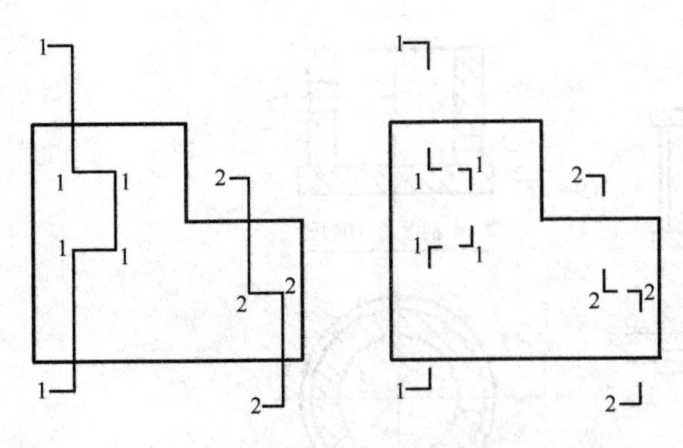

图 6-13 剖面图的标注方法

当剖切平面通过物体的对称平面，而且剖面又画在投影方向上，中间没有其他图形相隔，上述标注可完全省略，例如，图 6-1（b）的标注便可省略。

剖切符号、剖切线和数字的组合标注方法如图 6-13 所示，剖切线也可以省略不画。

（5）材料图例线：剖切平面与形体接触的部分，一般要画出表示材料类型的图线，如图 6-14 所示。在不指明材料时，用间隔均匀（一般为 2～6mm）的 45°方向细斜线画出图例线，在同一形体的各个剖面中，图例线方向、间距应一致。

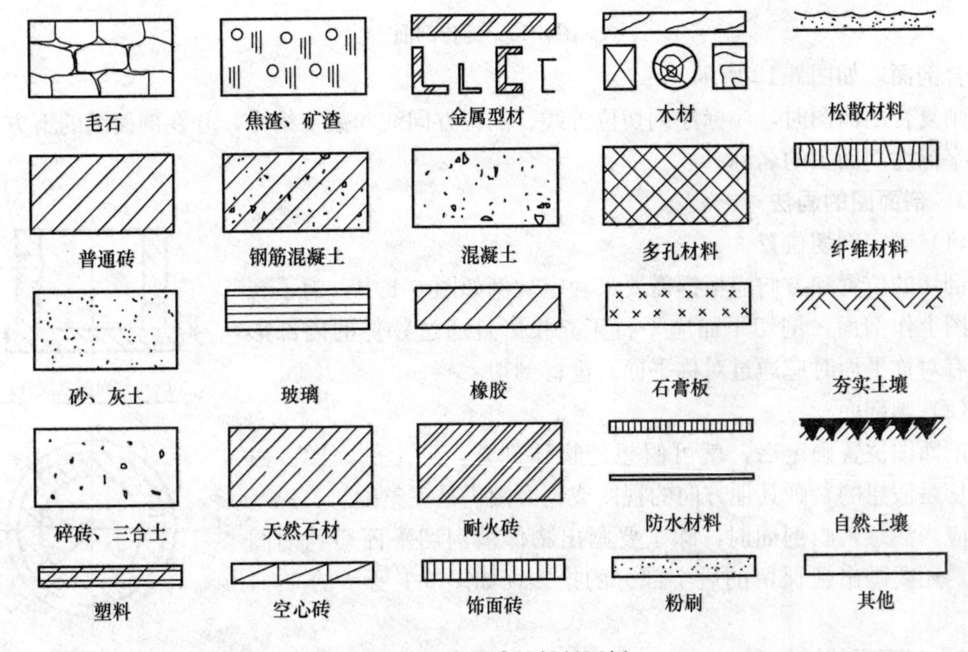

图 6-14 常用建筑材料图例

6.2 断面图

6.2.1 断面图的形成

在前面讲过的剖面图中，假想用剖切面将形体切开，剖切面与形体接触的部分，称为截面或断面，截面或断面的投影称为截面图或断面图，如图 6-15（c）所示。

断面图与剖面图既有区别又有联系，区别在于断面图是一个平面的实形，相当于画法几何中的截断面实形，而剖面图是剖切后剩下的那部分立体的投影。它们的联系在于剖面图中包含了断面图，断面图存在于剖面图之中。

断面或截面主要用于表达形体某一部位的断面形状。把断（截）面同视图结合起来表示某一形体时，可使绘图大为简化。

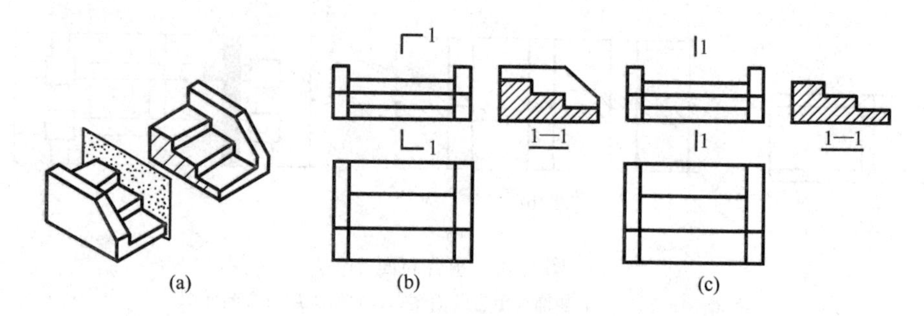

图 6-15　断面图的形成

(a) 立体图；(b) 剖面图；(c) 断面图

6.2.2　断面图的种类和画法

根据断面在绘制时所配置的位置不同，断面分为以下两种。

(1) 移出断面图

画在视图外的断面图形称为移出断面图，移出断面的轮廓线用粗实线绘制，配置在剖切线的延长线或其他适当位置，如图 6-16 所示。

断面图只画出剖切后的断面形状，但当剖面通过轴上的圆孔或圆坑的轴线时，为了清楚完整地表示这些结构，仍按剖面图绘制，如图 6-17 所示。

由两个或多个相交剖切面剖切得出的移出断面图，中间一般断开，如图 6-18 所示。

(2) 重合断面图。画在视图内的断面图形称为重合断面图，轮廓线用细实线绘制。当视图中轮廓线与重合断面的图形重叠时，视图中的轮廓线仍应连续画出，不可中断，如图 6-19所示。

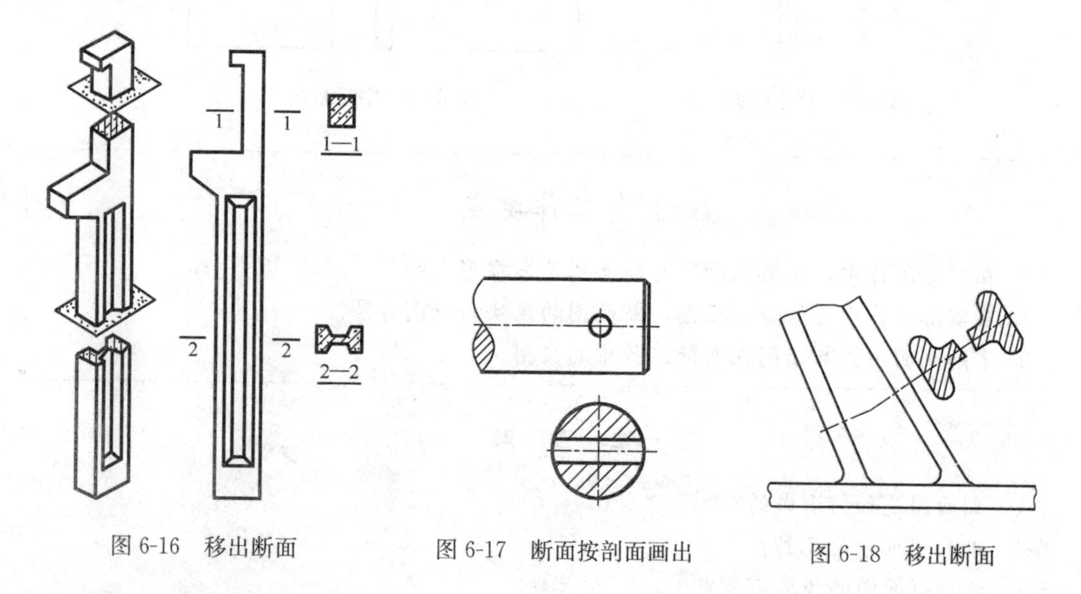

图 6-16　移出断面　　图 6-17　断面按剖面画出　　图 6-18　移出断面

6.2.3　断面图的标注

在建筑制图中，一般只对画在视图外的断面图进行标注，断面图的剖切符号只画剖切位置线，且画为粗实线，长度为 6～10mm。断面编号采用阿拉伯数字按顺序连续编排，并注写在剖切位置线一侧，编号所在的一侧表示该断面的投射方向。在断面图的下方，书写与该图对应的剖切符号的编号作为图名，并在图名下方画一等长的粗实线，如图 6-16 所示。画

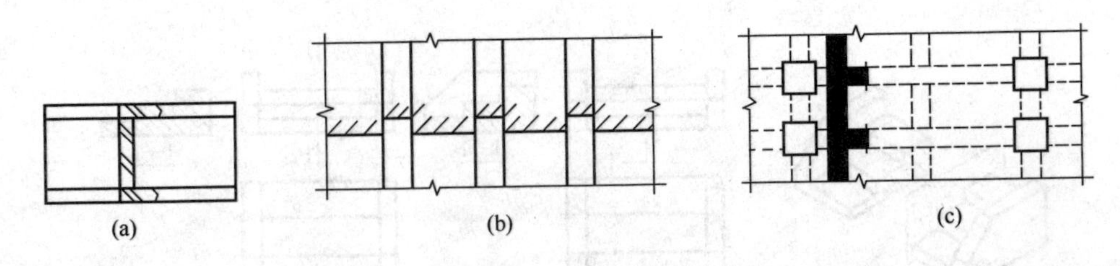

图 6-19　重合断面

（a）槽钢；（b）墙上装饰线重合断面图；（c）楼板层重合断面图

在视图内的断面图不必标注。

（1）不画在剖切线延长线上的移出断面图，其图形又不对称时，必须标注剖切线、剖切符号、数字，并在断面图下方用相同数字标注断面图的名称。

（2）画在剖切线、剖切符号延长线上的移出断面图，当其图形不对称时，只需标注剖切符号、数字，不对称的重合断面也按同样方法标注。

（3）画在剖切线上的重合断面图，或画在剖切线延长线上的移出断面图，其图形对称时可以不加标注，如图 6-20 所示。

配置在视图断开处的对称移出断面图，也可以不加标注，如图 6-21 所示。

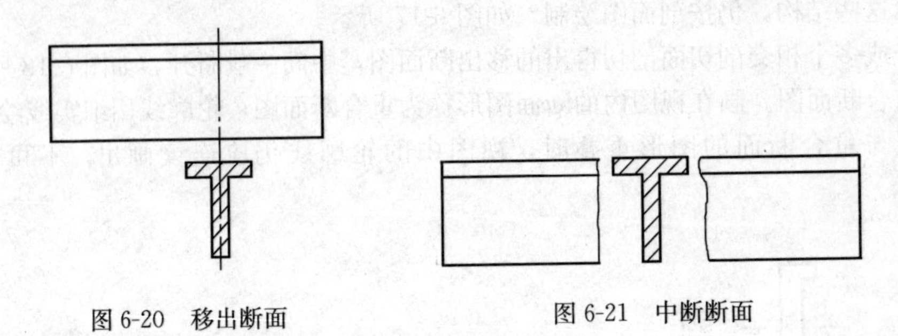

图 6-20　移出断面　　　　图 6-21　中断断面

上岗工作要点

1. 在实际工作中，了解剖面图与断面图是怎样形成的。
2. 在实际工作中，体会剖面图、断面图的画法与识图方法。
3. 了解剖面图、断面图在实际工作中的应用。

思　考　题

6-1　剖面图是如何形成的？

6-2　剖面图可分为几种？

6-3　绘制剖面图的步骤有哪些？

6-4　断面图是如何形成的？

6-5　断面图的绘制方法是什么？

6-6　如何标注断面图？

第二篇　房屋建筑施工图的识读

第7章　房屋建筑施工图概述

<table><tr><td>

重　点　提　示

1. 熟悉房屋建筑施工图的组成与特点。
2. 掌握房屋建筑施工图的有关规定。

</td></tr></table>

7.1　房屋建筑施工图的组成与特点

7.1.1　房屋建筑施工图的组成

房屋建筑工程是由建筑工程、设备工程、装饰工程等多种专业施工队伍协调配合，按房屋建筑工程图的设计要求及相应专业工种施工，并按验收规范的要求，在规定的期限及费用范围内完成的工程。

一套房屋建筑工程图，通常由以下图纸组成：

（1）建筑施工图（简称建施图）

其中有首页、总平面图、建筑平面图、建筑立面图、建筑剖面图和建筑详图。建施图反映了房屋的外形、内部布置、建筑构造及详细做法等内容。

（2）结构施工图（简称结施图）

其中有基础、上部结构平面布置图，以及组成房屋骨架的各构件的构件详图。结施图主要反映房屋建筑各承重构件（如基础、承重墙、柱、梁、板、楼梯等）的布置、形状、大小、材料、构造及其相互关系。

（3）设备施工图（简称设施图）

其中有给水排水施工图（简称水施），供暖通风施工图（简称暖通施）等反映设备内容、布局、安装及制作要求的图样。主要有设备的平面布置图、系统轴测图和详图。

（4）装饰施工图（简称装施图）

其中有房屋外观装饰立面图及详图，室内装饰平面图、顶棚平面图、室内墙（柱）面立面图、装饰构造详图等。装施图是用来反映建筑物内外装饰的位置、造型、尺寸及装饰构造、材料及色彩要求等的施工图样。

各专业工种的施工图纸，按图样内容的主从关系系统编排。总体图在前、局部图在后，布置图在前、构件图在后，先施工的在前、后施工的在后，以便前后对照，清晰地识读。

7.1.2　房屋建筑施工图的特点

（1）施工图各图样主要根据正投影原理绘制。按正投影法绘制的图样都应符合正投影的投影规律。

1）六面及多面投影。通常我们可以应用三面投影或更少的投影图来反映简单工程物体的详细情况，但复杂的工程物体要通过什么来反映呢？我们可以在原 V、H、W 三个投影面相对并平行的位置上设立 V_1、H_1 和 W_1 三个新投影面，这六个投影面就组成了六面投影体系，将要表达的工程物体放在该投影体系中，如图 7-1（a）所示，然后用正投影方法分别向各面投影，便得到物体六个面的投影，从而将物体各个侧面的情况反映清楚。

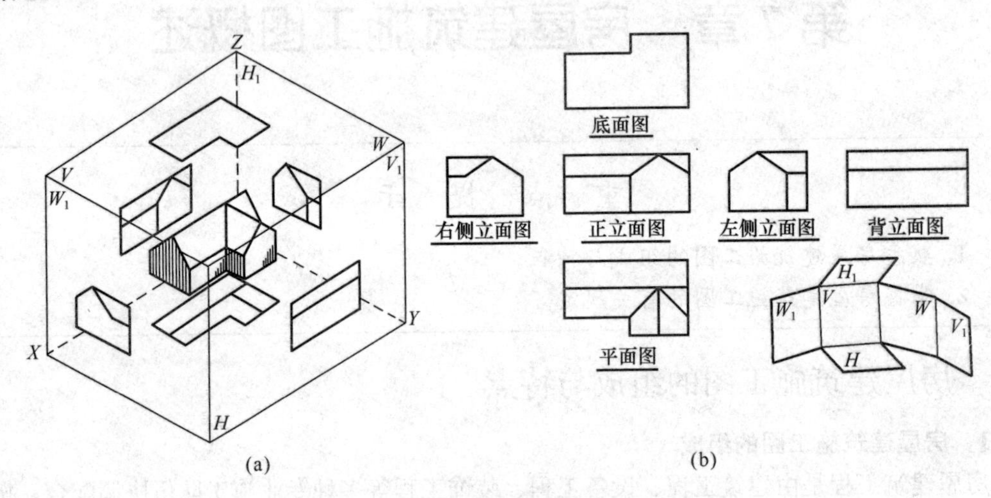

图 7-1　六面投影体及物体正投影

（a）六面投影体系；（b）六面投影的展开及布图

把六个投影面展开到和 V 面共面以后，就得到物体的六面投影图，如图 7-1（b）所示。在建筑工程图中习惯将 V、W 及 V_1、W_1 面上的投影称为立面图，其中把主要用于反映物体特征的 V 面投影叫做正立面图，其余按形成投影时的投影方向，分别叫做左侧立面图（即 W 投影）、右侧立面图（W_1 投影）和背立面图（V_1 投影）。在 H 面上的投影叫做平面图，在 H_1 面上的投影叫做底面图。

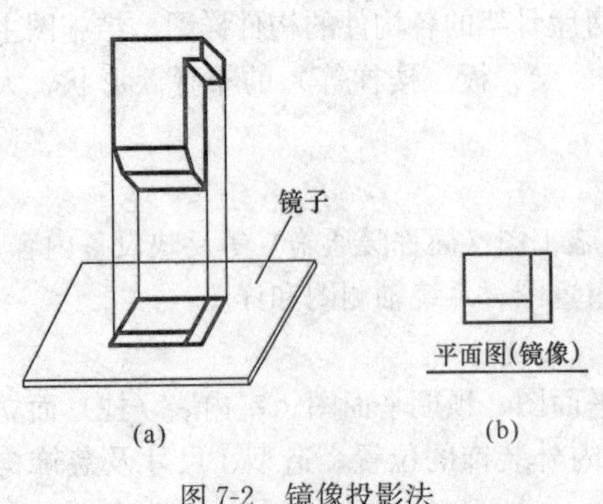

图 7-2　镜像投影法

（a）形成镜像；（b）投影图（正投影）

不论各图样是否画在同一张图纸上，都要在各图样的下方注写相应的图名，并画上图名线（粗实线），如图 7-1（b）所示。

六面投影图也符合“长对正、高平齐、宽相等”的投影关系。有时根据表达的需要，只画其中几个投影，称为多面投影。

2）镜像投影法。镜像投影法，就是在作正投影时，把镜子中的影像投射到投影面上所得到的正投影图。镜像投影图在其图后要加注“镜像”二字，如图 7-2 所示，主要用于装饰装修施工图中的吊顶平面图的投影表达。

（2）房屋建筑工程图要根据工程形体大小，采用不同的比例来绘制。

如建施图中的平、立、剖面图常用较小的比例绘制，而建筑详图由于构造复杂，采用较大比例绘制。施工图采用的比例见表 7-1。

表 7-1 施工图采用的比例

图　　名	常用比例	必要时可增加的比例
总平面图	1∶500，1∶1000，1∶2000	1∶2500，1∶5000，1∶10000
总图专业的断面图	1∶100，1∶200，1∶1000，1∶2000	1∶500，1∶5000
平面图、剖面图、立面图	1∶50，1∶100，1∶200	1∶150，1∶300
次要平面图	1∶300，1∶400	1∶500
详图	1∶1，1∶2，1∶5，1∶10，1∶20，1∶25，1∶50	1∶3，1∶4，1∶30，1∶40

（3）由于房屋建筑工程的构配件和材料规格种类繁多，为作图简便起见，国标规定了一系列的图例、符号和代号，用以表示建筑构配件、建筑材料和设备等。

（4）房屋建筑工程图中的尺寸，除标高和总平面图以米为单位外，一般施工图必须以毫米为单位。在尺寸数字后面，不必标注尺寸单位。

7.2 房屋建筑施工图的有关规定

7.2.1 图线

建筑工程图样中的图线执行《房屋建筑制图统一标准》（GB/T50001—2001）中的有关图线的规定。

7.2.2 标高

标高是标注建筑物各部位或地势高度的符号。

7.2.2.1 标高的分类

（1）绝对标高。以我国青岛附近黄海的平均海平面为基准的标高。在施工图中，一般标注在总平面图内。

（2）相对标高。在建筑工程施工图中，以建筑物首层室内主要地面为基准的标高。

（3）建筑标高。建筑装修完成后各部位表面的标高，如在首层平面图地面上标注的±0.000、二层平面图上标注的3.000等都是建筑标高。

（4）结构标高。建筑结构构件表面的标高。一般标注在结构施工图中。

7.2.2.2 标高的表示法

标高符号是高度为3mm的等腰直角三角形，如图7-3所示。施工图中，标高以“m”为单位，小数点后保留三位小数（总平面图中保留两位小数）。标注时，基准点的标高注写±0.000，比基准点高的标高前不写“+”号，比基准点低的标高前应加“－”号，如－0.450，表示该处比基准点低了0.45m。

7.2.3 定位轴线

在施工图中，确定承重构件相互位置的基准线，称为定位轴线。建筑需要在水平和竖直两个方向进行定位，用于平面定位的称为平面定位轴线，用于竖向定位的称为竖向定位轴线。定位轴线在砖混结构和其他结构中标定的方法不同。

7.2.3.1 平面定位轴线

（1）平面定位轴线的画法及编号

根据《房屋建筑制图统一标准》的规定，定位轴线应用细点画线绘制，编号注写在定位轴线端部的圆内。圆应用细实线绘制，直径为8～10mm，圆内注明编号。在建筑平面图中，定位轴线的编号应标注在图样的下方与左侧。横向编号应用阿拉伯数字从左向右顺序编写；竖向编号应用大写拉丁字母从下向上顺序编写，其中 *I*、*O*、*Z* 三个字母不得用于定位轴线

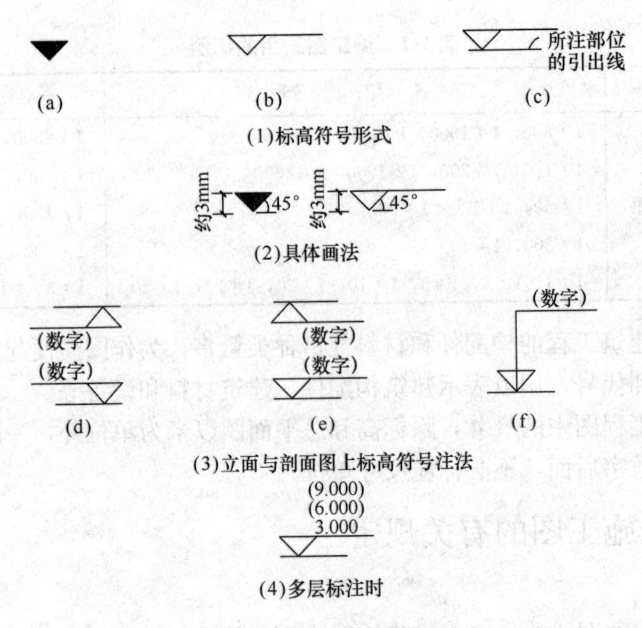

图 7-3　标高符号

（a）总平面图上的室外标高符号；（b）平面图上的楼地面标高符号；（c）立面图、剖面图各部位的标高符号；（d）左边标注时；（e）右边标注时；（f）特殊情况时

的编号，以免与数字 1、0、2 混淆。定位轴线的编写方法如图 7-4 所示。

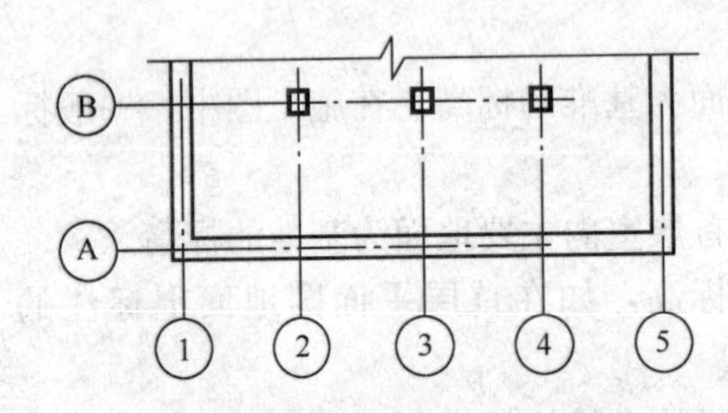

图 7-4　定位轴线的编号与顺序

在较复杂的平面图中，定位轴线也可采用分区编号，如图 7-5 所示，编号的注写形式应为“分区号-该分区编号”。分区号采用阿拉伯数字或大写拉丁字母表示。

在施工图中，两道承重墙中如有隔墙，隔墙的定位轴线应为附加轴线，附加轴线的编号方法采用分数的形式，如图 7-6 所示，分母表示前一根定位轴线的编号，分子表示附加轴线的编号。

如在起始轴①轴线或Ⓐ轴线前有附加轴线，则在分母中应在 1 或 A 前加注 0，如图 7-7 所示。

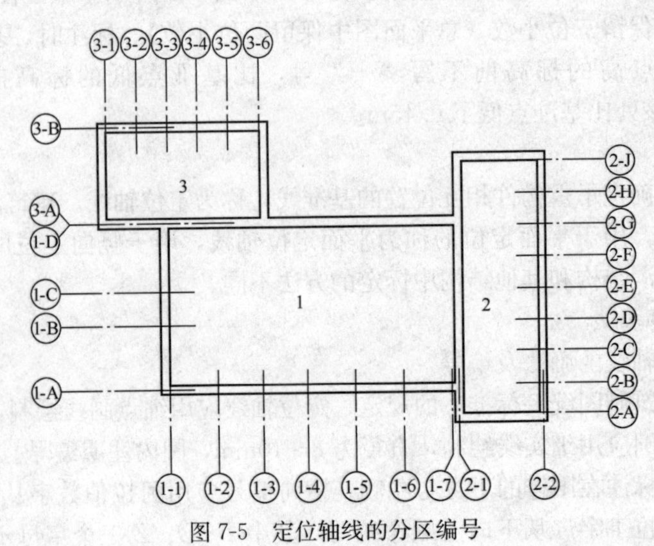

图 7-5　定位轴线的分区编号

1/2 表示2号轴线之后附加的第一根轴线

3/C 表示C号轴线之后附加的第三根轴线

图 7-6　附加轴线的标注

1/01 表示1号轴线之前附加的第一根轴线

3/0A 表示A号轴线之前附加的第三根轴线

图 7-7　起始轴线前附加轴线的标注

如一个详图适用于几根轴线时，应同时注明各有关轴线的编号，如图 7-8 所示。

图 7-8　详图的轴线编号

圆形剖面图中定位轴线的编号，其径向轴线宜用阿拉伯数字表示，从左下角开始，按逆时针顺序编写；其圆周轴线宜用大写拉丁字母表示，从外向内顺序编写。如图 7-9 所示。

折线形平面图中定位轴线的编号可按图 7-10 所示的形式编写。

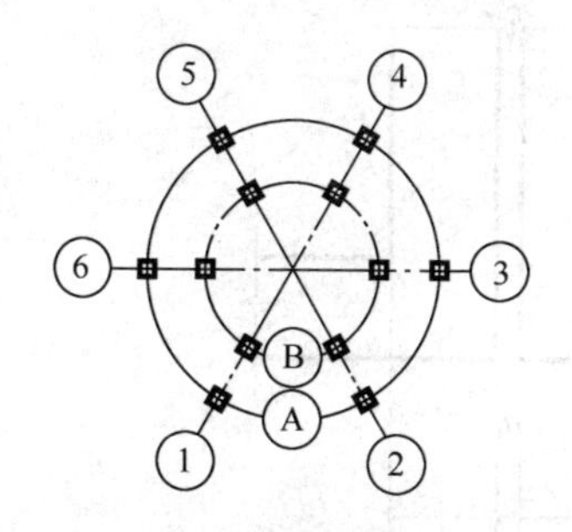

图 7-9　圆形平面定位轴线的编号

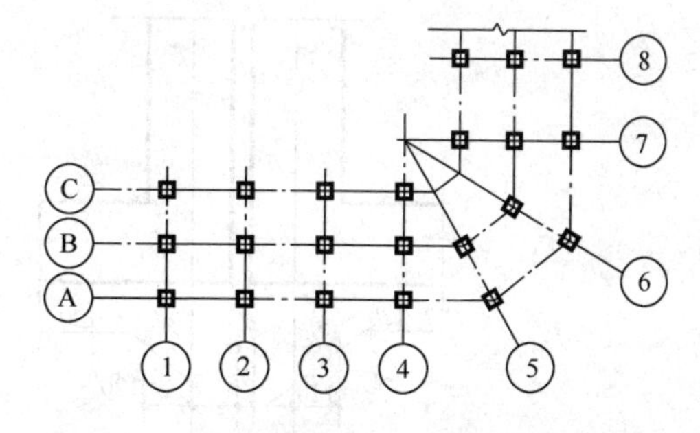

图 7-10　折线形平面定位轴线的编号

（2）平面定位轴线的标定

1）砖混结构平面定位轴线的标定。

①承重外墙定位轴线的标定。

底层墙体与顶层墙体厚度相同时，定位轴线距离墙内缘 120mm；当底层墙体与顶层墙体厚度不同时，定位轴线距离顶层墙体内缘 120mm。如图 7-11 所示。

②承重内墙定位轴线的标定。

承重内墙定位轴线与顶层内墙中线重合，如果承重内墙上下厚度不同，下面较厚，上面对称变薄，定位轴线与上下墙体中线重合；如果上下墙体不是对称形时，则定位轴线与顶层墙体中线重合。如图 7-12 所示。

③非承重墙定位轴线的标定。

由于非承重墙体不承重，因此，其定位轴线的标定可按承重墙定位轴线的方法标定，还可以使墙身内缘与平面定位轴线重合。

④变形缝处定位轴线的标定。

在建筑变形缝两侧如为双墙时，定位轴线分别设在距顶层墙体内缘 120mm 处；如两侧墙体均为非承重墙，定位轴线分别与顶层墙体内缘重合，如图 7-13 所示。如带有连系尺寸，标定方法如图 7-14 所示。

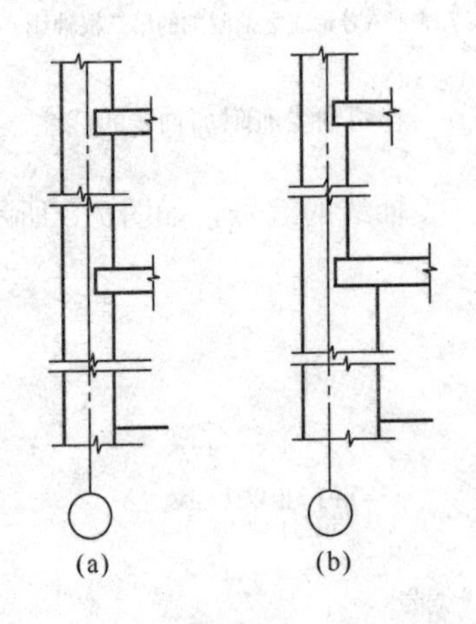

图 7-11　承重外墙定位轴线的标定

(a) 底层墙体与顶层墙体厚度相同；

(b) 底层墙体与顶层墙体厚度不同

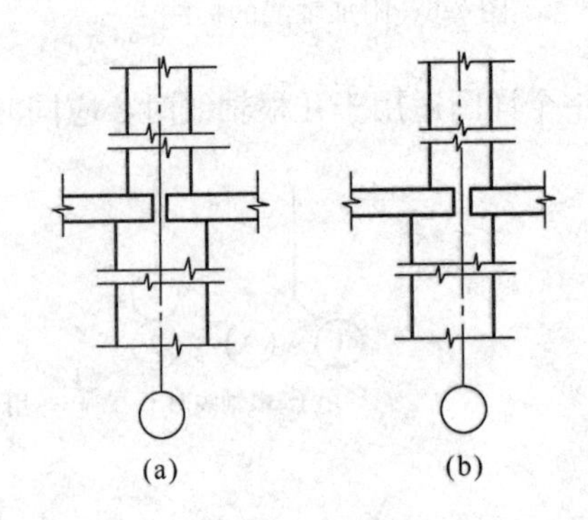

图 7-12　承重内墙定位轴线的标定

(a) 定位轴线中分底层墙身；

(b) 定位轴线偏分底层墙身

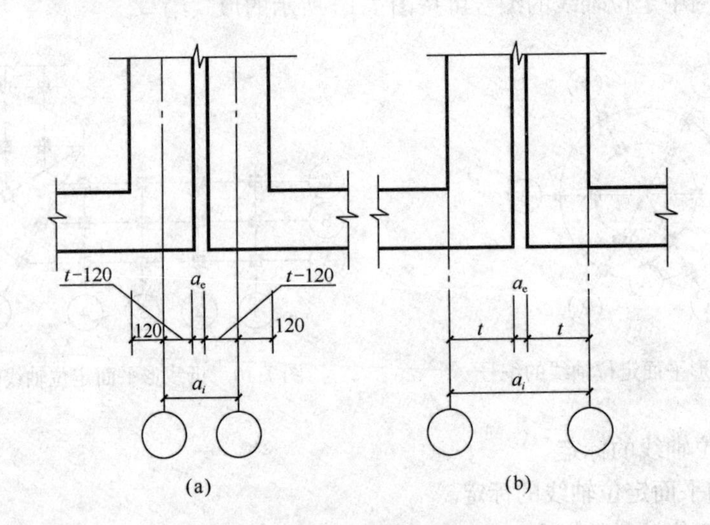

图 7-13　变形缝处的定位轴线的标定

(a) 按外承重墙处理；(b) 按非承重墙处理

2）框架结构定位轴线的标定。

在框架结构的建筑中，承重柱子分为边柱和中柱。中柱定位轴线的标定与柱子中线重合，边柱的定位轴线一般与顶层柱截面中心重合或距柱外缘 250mm 处，如图 7-15 所示。

7.2.3.2　竖向定位轴线的标定

建筑竖向定位轴线应与楼（地）面面层上表面重合，屋面竖向定位轴线应为屋面结构层上表面与距墙内缘 120mm 处的外墙定位轴线的相交处，如图 7-16 所示。

7.2.4　索引符号与详图符号

在图样中，如某一局部另绘有详图，应以索引符号索引。详图的位置和编号应以详图符号表示，见表 7-2。

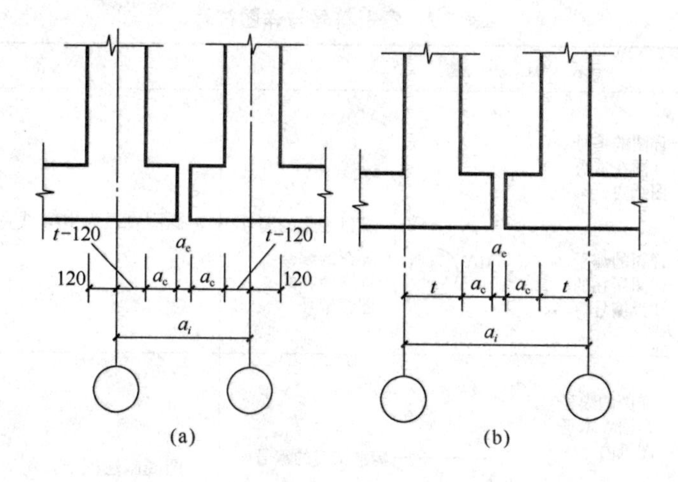

图 7-14　变形缝处带连系尺寸的定位轴线的标定

(a) 按外承重墙处理；(b) 按非承重墙处理

a_c——连系尺寸

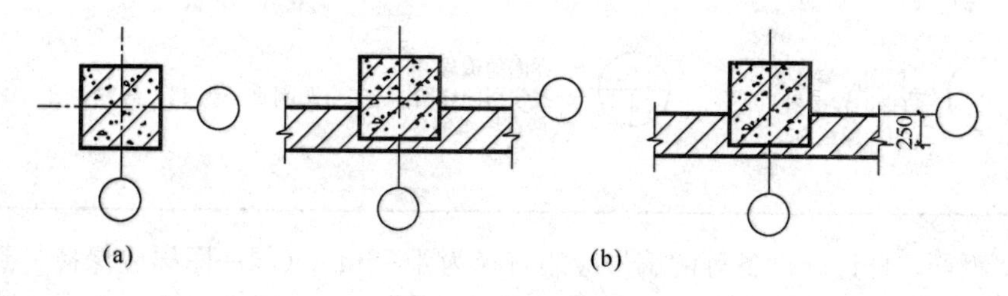

图 7-15　框架结构柱定位轴线的标定

(a) 中柱；(b) 边柱

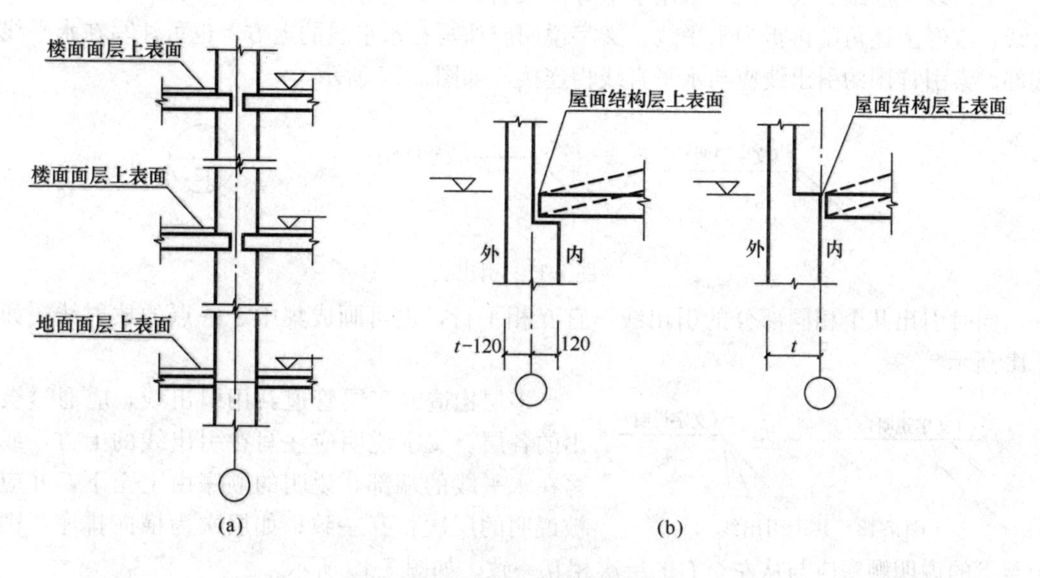

图 7-16　竖向定位轴线的标注

(a) 砖墙楼地面的竖向定位；(b) 屋面竖向定位

表 7-2　索引符号与详图符号

名称	表示方法	备注
索引符号	5 / — 一详图的编号 一详图在本页图纸内 5 / 2 一详图的编号 一详图所在的图纸编号 J103 5 / 3 一标准图集的编号 一详图的编号 一详图所在的图纸编号	圆圈直径为 10，线宽为 0.25d
剖面索引符号	5 / — 一详图的编号 一详图在本页图纸内 5 / 2 一详图的编号 一详图所在的图纸编号 J103 5 / 3 一标准图集的编号 一详图的编号 一详图所在的图纸编号	圆圈画法同上，粗短线代表剖切位置，引出线所在的一侧为剖视方向
详图符号	5 一详图的编号（详图在被索引的图纸内） 5 / 4 一详图的编号 一被索引的详图所在图纸编号	圆圈直径为 14，线宽为 d

零件、钢筋、杆件、设备等的编号应用直径为 4～6mm（同一图样应保持一致）的细实线圆绘制，其编号应用阿拉伯数字按顺序编写。

7.2.5　引出线

引出线应以细实线绘制，采用水平方向的直线，或与水平方向成 30°、45°、60°、90°的直线，或经上述角度再折为水平线。文字说明应注写在水平线的上方，也可注写在水平线的端部。索引详图的引出线应与水平直线相连接。如图 7-17 所示。

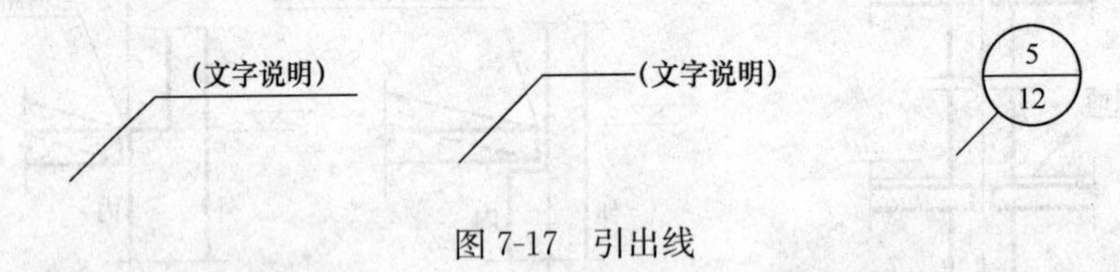

图 7-17　引出线

同时引出几个相同部分的引出线，宜互相平行，也可画成集中于一点的放射线，如图 7-18 所示。

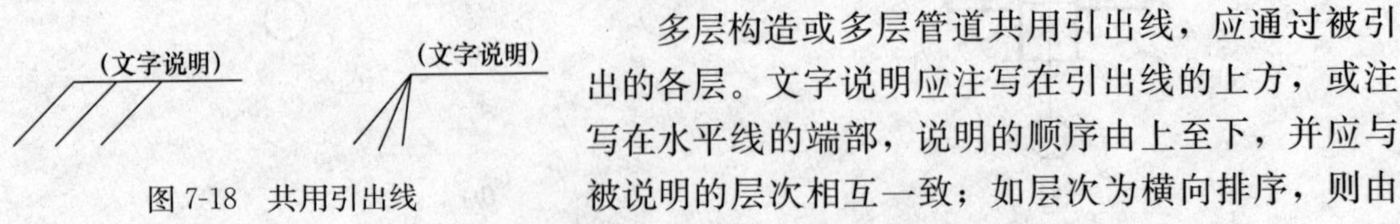

图 7-18　共用引出线

多层构造或多层管道共用引出线，应通过被引出的各层。文字说明应注写在引出线的上方，或注写在水平线的端部，说明的顺序由上至下，并应与被说明的层次相互一致；如层次为横向排序，则由上至下的说明顺序应与从左至右的层次相互一致。如图 7-19 所示。

7.2.6　指北针

如图 7-20 所示，指北针的圆的直径为 24mm，细实线绘制，指针头部应注写“北”或

"N"。当图样较大时，指北针可放大，放大后的指北针，尾部宽度为圆直径的 1/8。

图 7-19　多层构造引出线

图 7-20　指北针

上岗工作要点

1. 在实际工作中，对房屋建筑施工图有大致地了解。
2. 熟练掌握房屋建筑施工图的规定。

思　考　题

7-1　一套房屋建筑工程图，通常由哪些图纸组成？

7-2　房屋建筑施工图有哪些特点？

7-3　建筑工程图样中的图线执行什么标准？

7-4　标高可分为哪几类？

7-5　平面定位轴线的画法是什么？

7-6　同时引出几个相同部分的引出线与多层构造或多层管道共用引出线在画法上的区别是什么？

第8章　建筑施工图

重　点　提　示

熟练掌握首页和总平面图、建筑平面图、建筑立面图、建筑剖面图、建筑详图的形成、图示内容和识读方法。

8.1　首页和总平面图

8.1.1　首页

首页主要包括图纸目录、设计说明、工程做法和门窗表。下面我们结合某小区居民住宅楼建筑施工图加以说明。

（1）图纸目录

除图纸的封面外，图纸目录安排在一套图纸的最前面，说明本工程的图纸类别、图号编排、图纸名称和备注等。

（2）设计说明

主要说明工程的设计概况，工程做法中所采用的标准图集代号，以及在施工图中不易用图样而必须采用文字加以表达的内容。

（3）工程做法表

工程做法表是对建筑物各部位构造、做法、层次、选材、尺寸、施工要求等的详细说明，是现场施工和备料、施工监理、工程预决算的重要技术文件。

（4）门窗表

一栋房屋所使用的门窗，在设计时应将其列表，反映门窗的类型、编号、数量、尺寸、规格等相应内容。

8.1.2　总平面图

8.1.2.1　图示方法及用途

将新建工程四周一定范围内的新建、拟建、原有和拆除的建筑物、构筑物连同其周围的地形、地物状况用正投影的方法和相应的图例所画出的 H 面投影图，称为总平面图。主要是表示新建房屋的位置、朝向，与原有建筑物的关系，以及周围道路、绿化和给水、排水、供电条件等方面的情况。以其作为新建房屋施工定位、土方施工、设备管网平面布置，安排施工时进入现场的材料和构配件堆放场地以及运输道路布置等的依据。

总平面图的比例一般为1∶500、1∶1000、1∶1500等。

8.1.2.2　图示内容

（1）新建建筑的定位。

新建建筑的定位有三种方式：

1）利用新建建筑与原有建筑或道路中心线的距离确定新建建筑的位置。

2）利用施工坐标确定新建建筑的位置。

3）利用大地测量坐标确定新建建筑的位置。

（2）相邻建筑、拆除建筑的位置或范围。

（3）附近的地形、地物情况。

（4）道路的位置、走向以及与新建建筑的联系等。

（5）用指北针或风向频率玫瑰图指出建筑区域的朝向。

（6）绿化规划。

（7）补充图例。若图中采用了建筑制图规范中没有的图例时，则应在总平面图下方详细补充图例，并予以说明。

8.1.2.3 图例符号

常用的总平面图例见表8-1。

表8-1 总平面图例

序号	名称	图例	说明
1	新建的建筑物	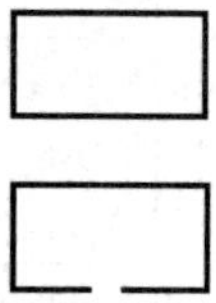	（1）上图为不画出入口图例、下图为画出入口图例 （2）需要时，可在图形内右上角以点数或数字（高层宜用数字）表示层数 （3）用粗实线表示
2	原有的建筑物	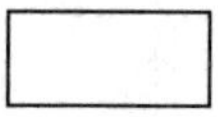	（1）应注明拟利用者 （2）用细实线表示
3	计划扩建的预留地或建筑物		用中虚线表示
4	拆除的建筑物	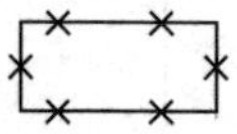	用细实线表示
5	新建的地下建筑物或构筑物		用粗虚线表示
6	建筑物下面的通道	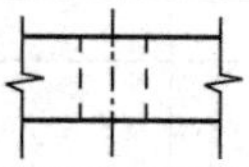	
7	围墙及大门	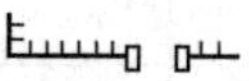 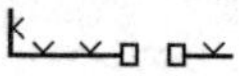	上图为砖石、混凝土或金属材料的围墙 下图为镀锌钢丝网、篱笆等围墙 如仅表示围墙时不画大门
8	挡土墙		被挡的土在“突出”的一侧
9	坐标	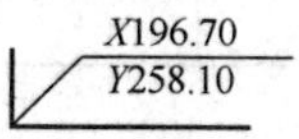 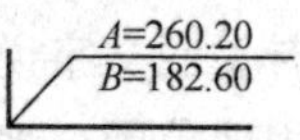 *X*196.70 *Y*258.10 *A*=260.20 *B*=182.60	上图表示测量坐标 下图表示施工坐标

续表

序号	名　　称	图　　例	说　　明
10	方格网交叉点标高	-0.50 | 77.85 78.35	“78.35”为原地面标高 “77.85”为设计标高 “－0.50”为施工高度 “－”表示挖方（“＋”表示填方）
11	填方区、挖方区、未整平区及零点线	+ −	“＋”表示填方区 “－”表示挖方区 中间为未整平区 点画线为零点线
12	护　坡		短划画在坡上一侧
13	室内标高	±0.00=56.70	
14	室外标高	▼150.00	
15	原有道路		
16	计划扩建的道路		
17	桥　梁		（1）上图为公路桥 下图为铁路桥 （2）用于旱桥时应注明
18	针叶乔木、灌木		
19	阔叶乔木、灌木		
20	草地、花坛		

8.1.2.4　建筑总平面图的识读

（1）看图标、图例、比例和有关的文字说明，对图纸进行概括的了解。

（2）看图名了解工程性质、用地范围、地形及周边情况。

（3）看新建建筑物的层数、室内外标高，根据坐标了解道路、管线、绿化等情况。

（4）根据指北针和风向频率玫瑰图判断建筑物的朝向及当地常年风向和风速。

8.2 建筑平面图

8.2.1 建筑平面图的形成与作用

假想用一水平剖切平面从建筑窗台上一点剖切建筑，移去上面的部分，向下所作的正投影图，称为建筑平面图，简称平面图。

建筑平面图反映建筑物的平面形状和大小、内部布置、墙（柱）的位置、厚度和材料、门窗的位置和类型以及交通等情况，可作为建筑施工定位、放线、砌墙、安装门窗、室内装修、编制预算的依据。

8.2.2 建筑平面图的图示方法

一般房屋有几层，就应有几个平面图。沿房屋底层门窗洞口剖切所得到的平面图称为底层平面图。沿二层门窗洞口剖切所得到的平面图称为二层平面图。用同样的方法可得到三层、四层……平面图。若中间各层完全相同，可画一个标准层平面图。最高一层的平面图称为顶层平面图。一般房屋有底层平面图、标准层平面图、顶层平面图即可，在平面图下方应注明相应的图名及采用的比例。如平面图自由对称时，也可将两层平面合绘在一个图上，左边绘出一层的一半，右边绘出另一层的一半，中间用细点画线分开，点画线的上下方画出对称符号，并在图的下方左右两边分别注写图名。

因平面图是剖面图，因此应按剖面图的图示方法绘制，即被剖切平面剖切到的墙、柱等轮廓用粗实线表示，未被剖切到的部分（如室外台阶、散水、楼梯）以及尺寸线等用细实线表示，门的开启线用中粗实线表示。在图中，如需表示高窗、洞口、通气孔、槽、地沟等不可见部分，则应以虚线表示。

建筑平面图常用的比例是1∶50、1∶100或1∶200，其中1∶100使用最多。在建筑施工图中，比例小于1∶50的平面图、剖面图可不画出抹灰层，但宜画出楼地面、屋面的面层线；比例大于1∶50的平面图、剖面图应画出楼地面、屋面的面层线，并宜画出材料图例；比例等于1∶50的平面图、剖面图宜画出楼地面、屋面的面层线，抹灰层的面层线应根据需要而定；比例为1∶100～1∶200的平面图、剖面图可画简化的材料图例（如砌体墙涂红、钢筋混凝土涂黑等），但宜画出楼地面、屋面的面层线。

建筑平面图的方向宜与总平面图的方向一致，平面图的长边宜与横式幅面图纸的长边一致。在同一张图纸上绘制多于一层的平面图时，各层平面图宜按层数由低向高的顺序从左至右或从下至上布置。

8.2.3 建筑平面图的图示内容

（1）表示出所有轴线及其编号，以及墙、柱、墩的位置、尺寸。

（2）表示出所有房间的名称及其门窗的位置、编号与大小。

（3）注出室内外的有关尺寸及室内楼地面的标高。

（4）表示电梯、楼梯的位置及楼梯上下行方向及主要尺寸。

（5）表示阳台、雨篷、台阶、斜坡、烟道、通风道、管井、消防梯、雨水管、散水、排水沟、花池等位置及尺寸。

（6）画出室内设备，如卫生器具、水池、工作台、隔断及重要设备的位置、形状。

（7）表示地下室、地坑、地沟、墙上预留洞、高窗等位置尺寸。

(8) 在底层平面图上还应画出剖面图的剖切符号、编号，在左下方或右下方画出指北针。

(9) 标注有关部位的详图索引符号。

(10) 综合反映其他工种（如水、暖、电、煤气等）对土建工程的要求，各工种要求的水池、地沟、配电箱、消火栓、预埋件、墙或楼板上的预留洞等在平面图中需标明其位置和尺寸。

(11) 屋顶平面图上一般应表示出女儿墙、檐沟、屋面坡度、分水线与雨水口、变形缝、楼梯间、水箱间、天窗、上人孔、消防梯及其他构筑物索引符号等。

8.2.4 建筑平面图的图例符号

建筑平面图是用各种图线和图例符号表示，国标中规定了常用的图例符号，见表 8-2。

表 8-2 建筑施工图常用图例

序号	名 称	图 例	说 明
1	楼 梯	上 下 上 下	(1) 上图为底层楼梯平面，中间为中间层楼梯平面，下图为顶层楼梯平面； (2) 楼梯及栏杆扶手的形式和梯段踏步应按实际情况绘制
2	坡 道	下 下 下	上图为长坡道，下两图为门口坡道
3	平面高差	××	适用于高差小于 100mm 的两个地面或楼面相接处
4	检查孔		左图为可见检查孔，右图为不可见检查孔
5	孔 洞		阴影部分可以涂色代替
6	坑 槽		
7	墙预留洞	宽×高或ϕ 底(顶或中心)标高	(1) 以洞中心或洞边定位； (2) 宜以涂色区别墙体和留洞位置
8	墙预留槽	宽×高×深或ϕ 底(顶或中心)标高	

续表

序号	名　　称	图　　例	说　　明
9	烟　　道	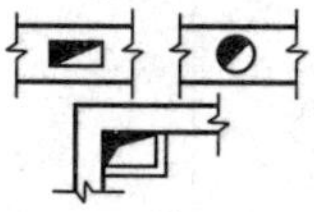	（1）阴影部分可以涂色代替； （2）烟道与墙体同一材料，其相接处墙身线应断开
10	通风道	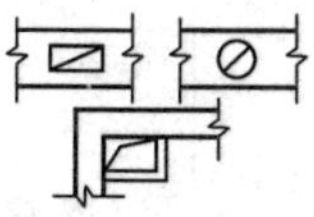	
11	空门洞	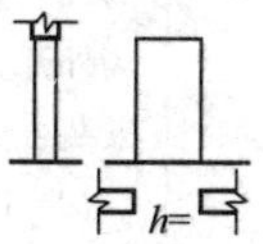	*h* 为门洞高度
12	单扇门（包括平开或单面弹簧）	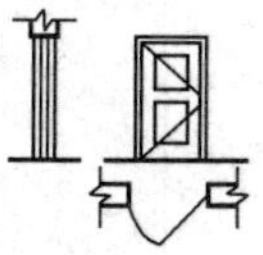	（1）门的名称代号用 M； （2）图例中剖面图左为外、右为内，平面图下为外、上为内； （3）立面图上开启方向线交角的一侧为安装合页的一侧，实线为外开，虚线为内开； （4）平面图上门线应 90°或 45°开启，开启弧线应绘出； （5）立面图上的开启线在一般设计图中可不表示，在详图及室内设计图中应表示； （6）立面形式应按实际情况绘出
13	双扇门（包括平开或单面弹簧）	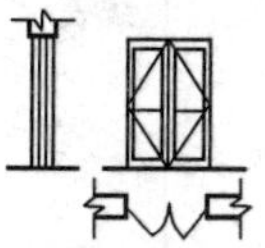	
14	对开折叠门	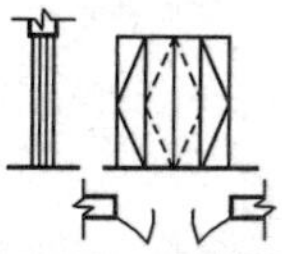	
15	墙外单扇推拉门	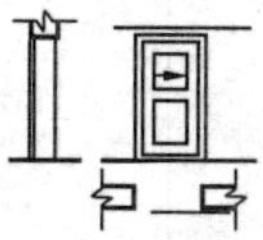	
16	墙外双扇推拉门	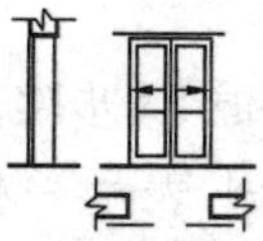	
17	单扇双面弹簧门	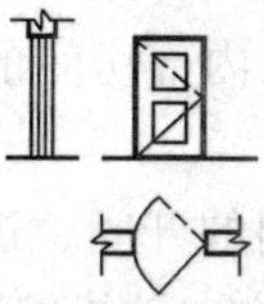	
18	双扇双面弹簧门	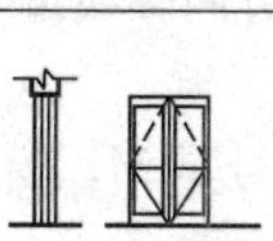	

续表

序号	名　　称	图　　例	说　　明
19	单层固定窗		(1) 窗的名称代号用C表示； (2) 立面图中的斜线表示窗的开启方向，实线为外开，虚线为内开；开启方向线交角的一侧为安装合页的一侧，一般设计图中可不表示； (3) 图例中剖面图左为外、右为内，平面图下为外、上为内； (4) 平面图和剖面图上的虚线仅说明开关方式，在设计图中不需表示； (5) 窗的立面形式应按实际情况绘出； (6) 小比例绘图时平、剖面的窗线可用单粗实线表示
20	单层外开平开窗		
21	双层内外开平开窗		
22	推拉窗		
23	单层外开上悬窗		
24	单层中悬窗		
25	高　窗	h=	h 为窗的高度

8.2.5　建筑平面图的识读示例

下面以图8-1为例说明建筑平面图图示内容和识读步骤。

(1) 了解图名、比例及文字说明，如图8-1表示一楼房的首层平面图，绘图比例为1∶100。

(2) 了解平面图的总长、总宽的尺寸，以及内部房间的功能关系，布置方式等，如图8-1表示房屋的总长为19400，总宽为8900。

(3) 了解纵横定位轴线及其编号；主要房间的开间、进深尺寸；墙（或柱）的平面布置，如图8-1水平方向轴线编号为①～⑪，竖直方向轴线编号为Ⓐ～Ⓓ。

(4) 了解平面各部分的尺寸。

(5) 了解门窗的布置、数量及型号。门的代号是M，窗的代号是C。在代号后面写上编号，同一编号表示同一类型的门窗。如M1、C1。

(6) 了解房屋室内设备配备等情况。

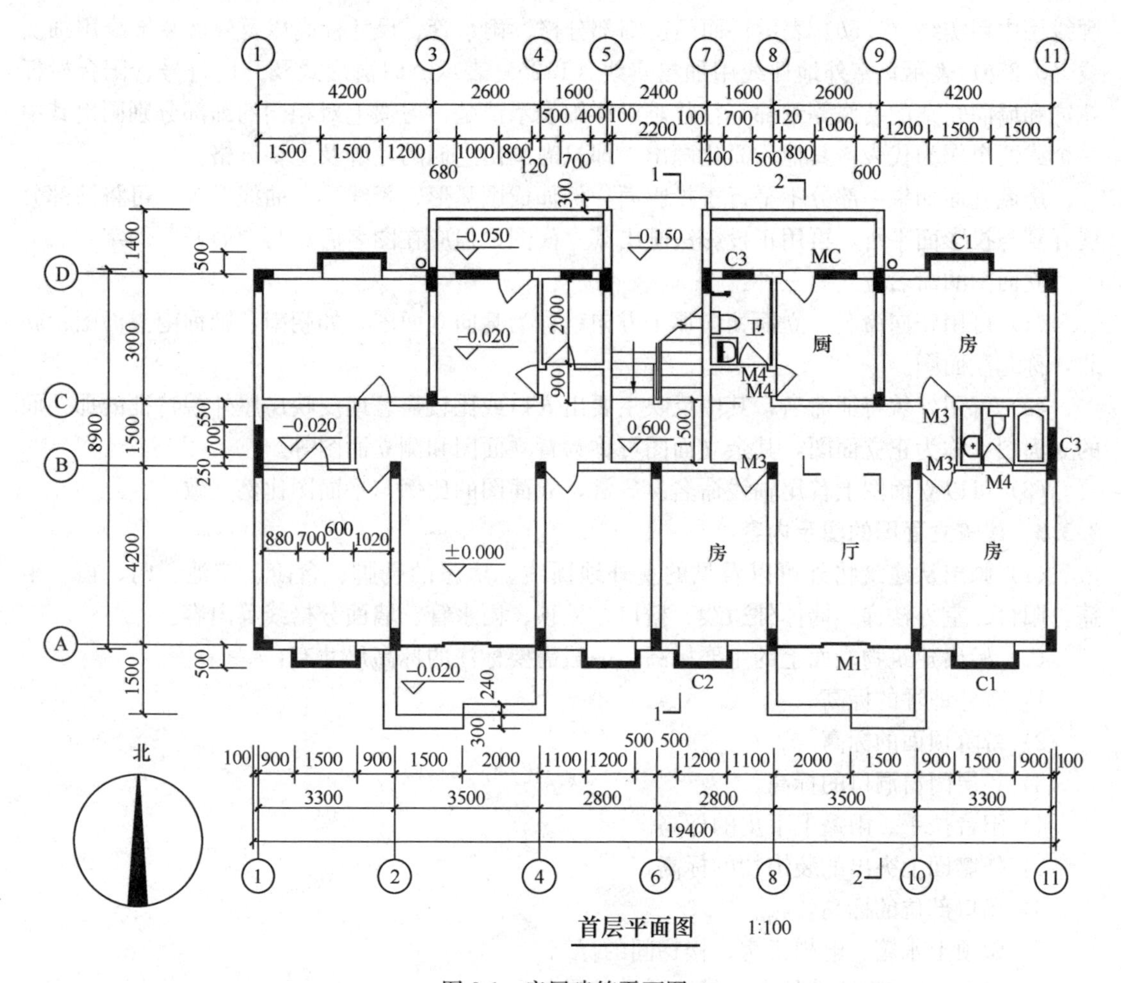

图 8-1　房屋建筑平面图

(7) 了解房屋外部的设施，如散水、雨水管、台阶等的位置及尺寸。

(8) 了解房屋的朝向及剖面图的剖切位置、索引符号等，如图 8-1 中指北针尖端指向北方，有 1 和 2 两个剖切符号及编号。

(9) 注出室内外的有关尺寸及室内楼、地面的标高，如图 8-1 中首层的室内地面标高为±0.000，南阳台地面标高为－0.020。

(10) 表示电梯、楼梯位置及上下方向及主要尺寸，如图 8-1 的箭头表示上楼梯的方向。

8.3　建筑立面图

8.3.1　建筑立面图的形成与作用

在与建筑立面平行的铅直投影面上所做的正投影图称为建筑立面图，简称立面图。一幢建筑物美观与否、是否与周围环境协调，很大程度上取决于立面上的艺术处理，包括建筑造型与尺度、装饰材料的选用、色彩的选用等内容。在施工图中，立面图主要反映房屋各部位的高度、外貌和装修要求，是建筑外装修的主要依据。

8.3.2　建筑立面图的图示方法及其命名

为使建筑立面图主次分明、表达清晰，通常将建筑物外轮廓和有较大转折处的投影线用粗实线（*b*）表示；外墙上突出凹进的部位如壁柱、窗台、楣线、挑檐、阳台、门窗洞等轮廓线用中粗实线（0.5b）表示；而门窗细部分格、雨水管、尺寸标高以及外墙装饰线用细实线（0.25b）表示；室外地坪线用加粗实线（1.2b）表示。门窗形式及开启符号、阳台栏杆花饰和墙面复杂的装修等细部，往往难以详细表示清楚，习惯上对相同的细部分别画出其中一个或两个作为代表，其他均简化画出，即只需画出它们的轮廓及主要分格。

房屋立面如果一部分不平行于投影面，例如成圆弧形、折线形、曲线形等，可将该部分展开到与投影面平行，再用正投影法画出其立面图，但应在图名后注写"展开"两字。

立面图的命名方式有三种：

（1）可用朝向命名，立面朝向那个方向就称为某向立面图，如朝南，则称南立面图；朝北，称北立面图。

（2）可用外貌特征命名，其中反映主要出入口或比较显著地反映房屋外貌特征的那一面的立面图，称为正立面图，其余立面图可称为背立面图和侧立面图等。

（3）可以立面图上首尾轴线命名。通常，立面图的比例与平面图比例一致。

8.3.3 建筑立面图的图示内容

（1）画出从建筑物外可以看见的室外地面线、房屋的勒脚、台阶、花池、门、窗、雨篷、阳台、室外楼梯、墙体外边线、檐口、屋顶、雨水管、墙面分格线等内容。

（2）标出建筑物立面上的主要标高。一般需要标注的标高尺寸有：

1）室外地坪的标高。

2）台阶顶面的标高。

3）各层门窗洞口的标高。

4）阳台扶手、雨篷上下皮的标高。

5）外墙面上突出的装饰物的标高。

6）檐口部位的标高。

7）屋顶上水箱、电梯机房、楼梯间的标高。

（3）注出建筑物两端的定位轴线及其编号。

（4）注出需详图表示的索引符号。

（5）用文字说明外墙面装修的材料及其做法。

8.3.4 建筑立面图的识读示例

下面以图 8-2 为例，说明建筑立面图图示内容和识读步骤。

（1）了解图名及比例

从图名或轴线的编号可知，结合图 8-1 和图 8-2 知道，该图是表示房屋北向的立面图⑪-①立面图），比例 1∶100。

（2）了解立面图与平面图的对应关系

对照图 8-1 中房屋首层平面图上的指北针或定位轴线编号，可知北立面图的左端轴线编号为⑪，右端轴线编号为①，与建筑平面图（图 8-1）相对应。

（3）了解房屋的体形和外貌特征

该房屋为三层，立面造型对称布置，局部为斜坡屋顶。入口处有台阶、雨篷；其他位置门洞处设有阳台；墙面设有雨水管。

（4）了解房屋各部分的高度尺寸及标高数值

立面图上一般应在室内外地坪、阳台、檐口、门、窗、台阶等处标注标高，并宜沿高度方向注写某些部位的高度尺寸。从图中所注标高可知，房屋室外地坪比室内地面低 0.300m，

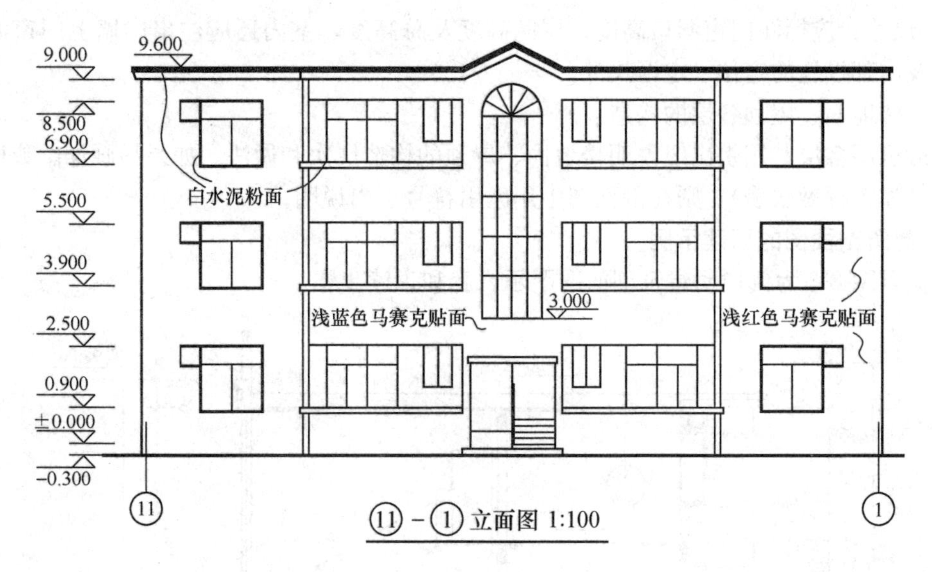

图 8-2　⑪-①立面图

屋顶标高 9.6m，由此可推算出房屋外墙的总高度为 9.9m。其他各主要部位的标高在图中均已注出。

（5）了解门窗的形式、位置及数量

该楼的窗户均为塑钢双扇推拉窗，并预留空调安装孔。阳台门为两扇。

（6）了解房屋外墙面的装修做法。从立面图文字说明可知，外墙面为浅蓝色马赛克贴面和浅红色马赛克贴面；屋顶所有檐边、阳台边、窗台线条均刷白水泥粉面。

8.4　建筑剖面图

8.4.1　建筑剖面图的形成与作用

假想用一个或一个以上的铅直平面剖切房屋，所得到的剖面图称为建筑剖面图，简称剖面图。建筑剖面图用以表达房屋的结构形式、分层情况、竖向墙身及门窗、楼地面层、屋顶檐口等的构造设置及相关尺寸和标高。

剖面图的数量及其位置应根据建筑自身的复杂程度而定，一般剖切位置选择房屋的主要部位或构造较为典型的地方如楼梯间等，并应通过门窗洞口。剖面图的图名符号应与底层平面图上的剖切符号相对应。

8.4.2　建筑剖面图的图示内容

（1）表示被剖切到的墙、柱、门窗洞口及其所属定位轴线。剖面图的比例应与平面图、立面图的比例一致，因此在 1∶100 的剖面图中一般也不画材料图例，而用粗实线表示被剖切到的墙、梁、板等轮廓线，被剖断的钢筋混凝土梁板等应涂黑表示。

（2）表示室内底层地面、各层楼面及楼层面、屋顶、门窗、楼梯、阳台、雨篷、防潮层、踢脚板、室外地面、散水、明沟及室内外装修等剖切到或能见到的内容。

（3）标出尺寸和标高。

在剖面图中要标注相应的标高及尺寸。

1）标高：应标注被剖切到的所有外墙门窗口的上下标高，室外地面标高，檐口、女儿墙顶以及各层楼地面的标高。

2）尺寸：应标注门窗洞口高度，层间高度及总高度，室内还应注出内墙上门窗洞口的高度以及内部设施的定位、定形尺寸。

（4）楼地面、屋顶各层的构造。

一般可用多层共用引出线说明楼地面、屋顶的构造层次和做法。如果另画详图或已有构造说明（如工程做法表），则在剖面图中用索引符号引出说明。

8.4.3 建筑剖面图的识读示例

下面以图 8-3 为例说明建筑剖面图图示内容和识读步骤。

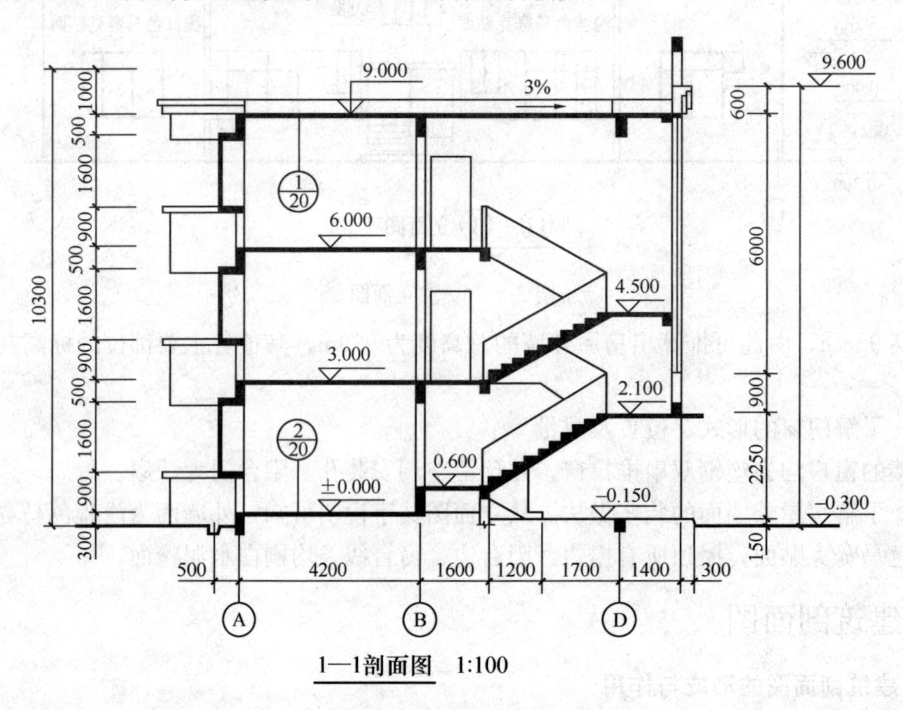

图 8-3 建筑剖面图

（1）了解图名及比例

从图名可知，结合图 8-1 和图 8-2 知道，该图是表示房屋 1—1 的剖面图，绘图比例1：100。

（2）表示墙、柱及其定位轴线。

（3）表示室内底层地面、地坑、地沟、各层楼面、顶棚、屋顶（包括檐口、女儿墙、隔热层或保温层、天窗、烟囱等）、门、窗、楼梯、阳台、雨篷、留洞、墙裙、踢脚扳、防潮层、室外地面、散水、排水沟及其他装修等剖切到或能见到的内容。

（4）标出各部位完成面的标高和高度方向的尺寸。

1）标高内容。室内外地面、各层楼面与楼梯平台、檐口或女儿墙顶面、高出屋面的烟囱顶面、楼梯间顶面、电梯间顶面等处的标高。

2）高度尺寸内容。

外部尺寸：门、窗洞口（包括洞口上部和窗台）高度，层间高度及总高度（室外地面至檐口或女儿墙顶）。有时，后两部分尺寸可不标注。

内部尺寸：地坑深度和隔断、搁板、平台、墙裙及室内门、窗等的高度。

注写标高及尺寸时，注意与立面图和平面图相一致。

（5）表示楼、地面各层构造。一般可用引出线说明。引出线指向所说明的部位，并按其构造的层次顺序，逐层加以文字说明。若另画有详图，或已有“构造说明一览表”时，在剖面图中可用索引符号引出说明（如果是后者，习惯上这时可不作任何标注）。

（6）表示需画详图之处的索引符号。

8.5 建筑详图

为了满足施工要求，对房屋的细部构造用较大的比例、详细地表达出来，这样的图称为建筑详图，有时也叫做大样图和配件详图。

8.5.1 墙身详图

墙身详图也叫墙身大样图。在多层房屋中，若各层的构造情况一样时，可只画墙脚、檐口和中间层（含门窗洞口）三个节点，按上下位置整体排列，由于门窗一般均有标准图集，为简化作图采用折断省略画法，因此门窗在洞口处出现双折断线。有时墙身详图不以整体形式布置，而把各个节点详图分别单独绘制，也称为墙身节点详图。墙身详图应按剖面图的画法绘制，被剖切到的结构墙体用粗实线（b）绘制，装饰层轮廓用细实线绘制（$0.25b$），在断面轮廓线内画出材料图例。

8.5.1.1 墙身详图的主要内容

（1）表明墙身的定位轴线编号，墙体的厚度、材料及其本身与轴线的关系。

（2）表明勒脚的做法。

（3）表明各层梁、板等构件的位置及其与墙体的联系，构件表面抹灰、装饰等内容。

（4）表明檐口部位的做法。檐口部位包括封檐构造（如女儿墙或挑檐），圈梁、过梁、屋顶泛水构造，屋面保温、防水做法和屋面板等结构构件。

（5）图中的详图索引符号等。

8.5.1.2 墙身详图的识读

如图 8-4 所示为某公寓南面外墙（所在定位轴线编号为 A）的节点详图。

8.5.2 楼梯详图

楼梯是建筑中构造比较复杂的部位，其详图一般包括楼梯平面图，楼梯剖面图和节点详图三部分内容。

8.5.2.1 楼梯平面图

楼梯平面图就是建筑平面图中在楼梯间部分的放大，一般用 1∶50 的比例绘制，通常只画底层、中间层和顶层三个平面图。

现以图 8-5 某小区住宅楼梯平面图，说明楼梯平面图的读图方法。

（1）在底层平面图中，剖切后的 45°折断线，应从休息平台的外边缘画起。该楼底层至二层的第一梯段为 10 级踏步，水平投影应为 9 格（水平投影的格数＝踏步数－1）。图中箭头指明了楼梯上、下的走向，旁边的数字表示踏步数，“上 18”是指由此向上 18 个踏步可以到达二层楼面；“下 3”则表示将由一层地面到出口处，需向下走 3 个踏步。

在楼梯底层平面图上，楼梯起步线至休息平台外边缘的距离，被标注成 9×250＝2250 的形式。在楼梯的底层平面图应标注出各地面的标高和楼梯剖面图的剖切符号等内容。

（2）楼梯中间层平面图：沿二、三层间的休息平台以下将梯段剖开，可得到图 8-5 所示的中间层楼梯平面图。从图中可以看出，中间层楼梯平面图中的 45°折断线，应画在梯段的中部。在画有折断线的一边，折断线的一侧（靠近走廊的一侧）表示的为从休息平台至上一

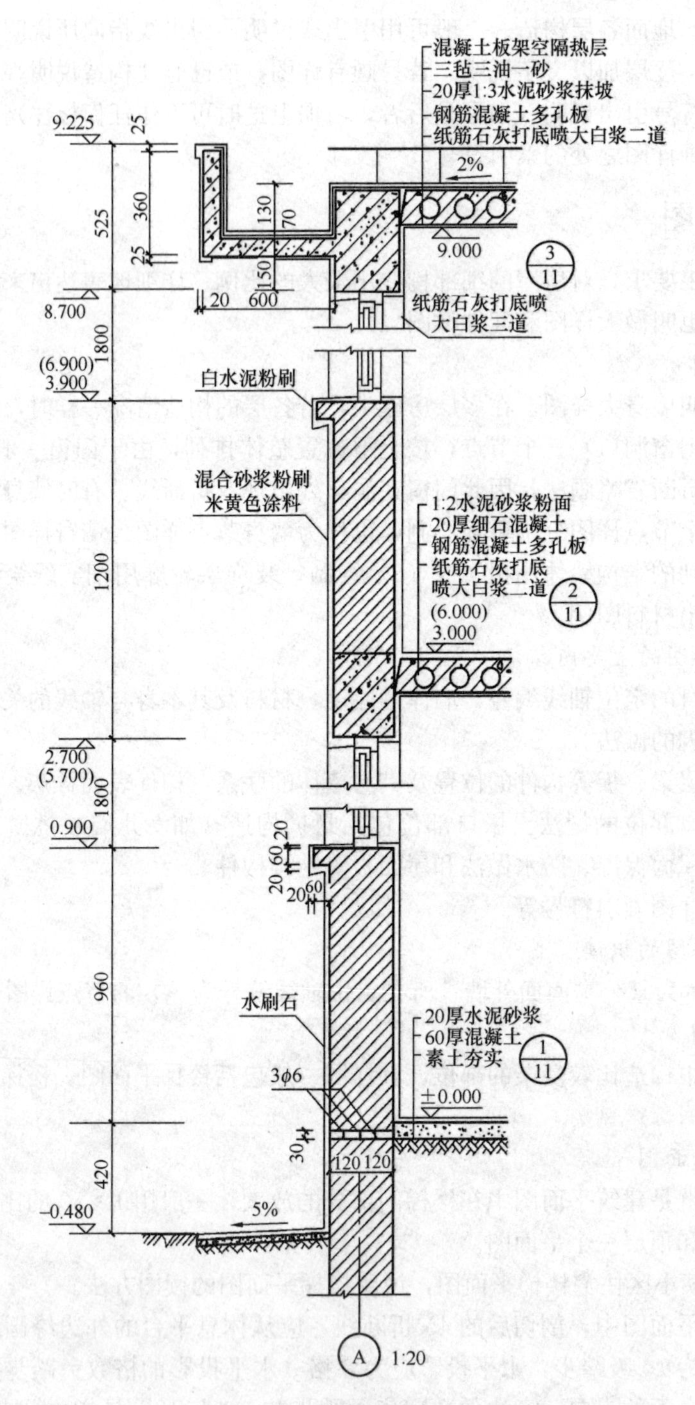

图 8-4　外墙身节点详图

层楼面的梯段，另一侧（靠近休息平台的一侧）则表示的是下一层的第一梯段上的可见踏步及休息平台。而在扶手的另一边，表示的是休息平台以上的第二梯段的踏步。在图中该段（指第二段）画有 7 个等分格，由此说明，该段有 8 个踏步（水平投影数+1=踏步数）。

(3) 楼梯顶层平面图：如图 8-5 所示，由于此时的剖切平面位于楼梯栏杆（栏板）以上，梯段未被切断，故在楼梯顶层平面图上不画折断线。图中表示的是下一层的两个梯段和

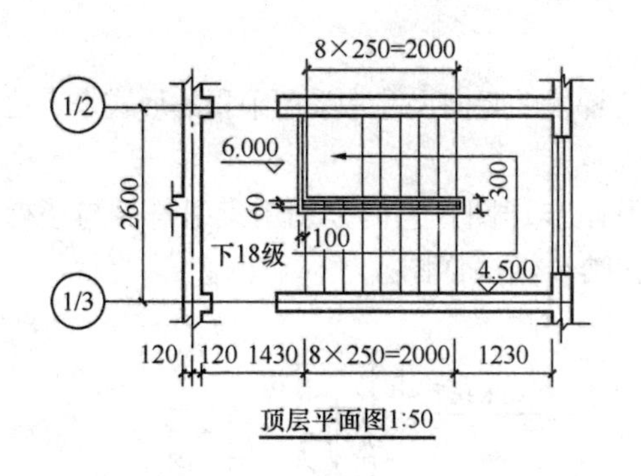

顶层平面图1:50

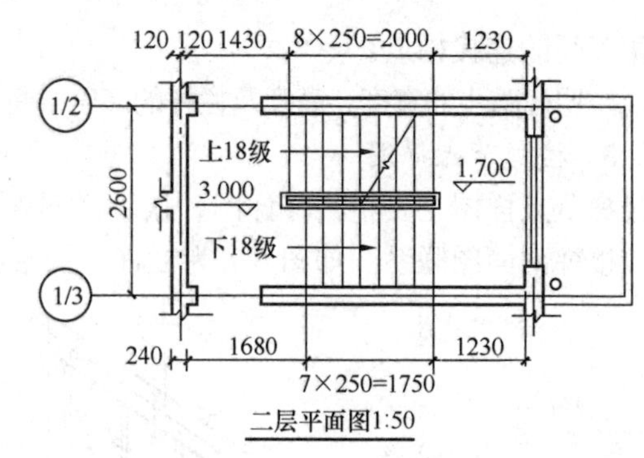

二层平面图1:50

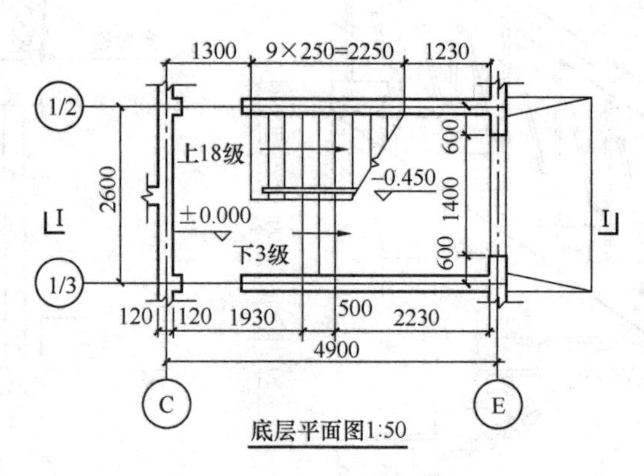

底层平面图1:50

图 8-5 楼梯平面图

休息平台，且箭头只指向下楼的方向。

8.5.2.2 楼梯剖面图

楼梯剖面图是用假想的铅垂剖切平面通过各层的一个梯段和门窗洞口将楼梯垂直剖开，向另一未剖切到的楼梯段方向投影所作的剖面图。楼梯剖面图主要表达楼梯踏步、平台的构造与连接，以及栏杆的形式及相关尺寸。比例一般为 1∶50、1∶30 或 1∶40，习惯上，如果各层楼梯都为等跑楼梯，中间各层楼梯构造又相同，则剖面图可只画出底层、顶层剖面，中间部分可用折断线省略。

在楼梯剖面图中应注明各层楼地面、平台、楼梯间窗洞的标高，每个梯段踢面的高度、踏步的数量以及栏杆的高度等。如图 8-6 所示的楼梯剖面图，识读时应从以下几个方面进行。

（1）了解楼梯的构造形式。从图中可以看出该楼梯为板式楼梯，并为双跑式。

（2）熟悉楼梯在竖向和进深方向的有关标高、尺寸和详图索引符号。

（3）了解楼梯段、平台、栏杆、扶

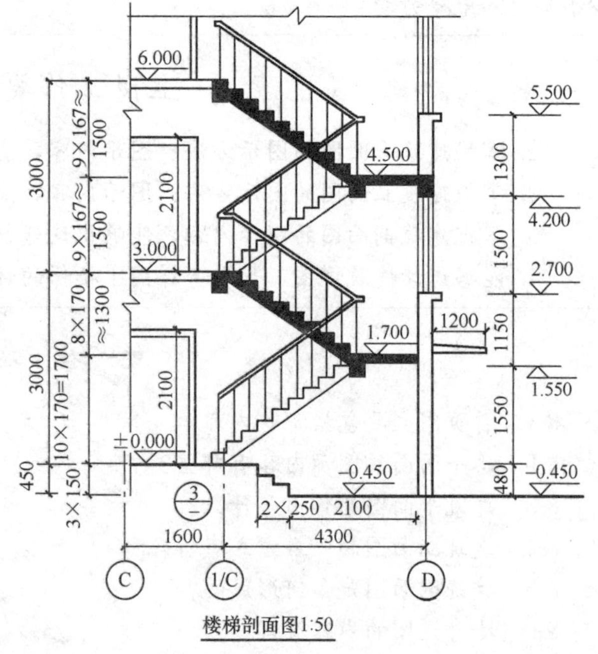

楼梯剖面图1:50

图 8-6 楼梯剖面图

手等相互间的连接构造。

(4) 明确踏步的宽度、高度及栏杆的高度。每个梯段的竖向尺寸常采用乘积的形式来表达。

8.5.2.3 楼梯节点详图

楼梯节点详图主要指栏杆详图、扶手详图以及踏步详图。它们分别用索引符号与楼梯平面图或楼梯剖面图联系。如图 8-7 为栏杆、扶手和踏步做法详图。

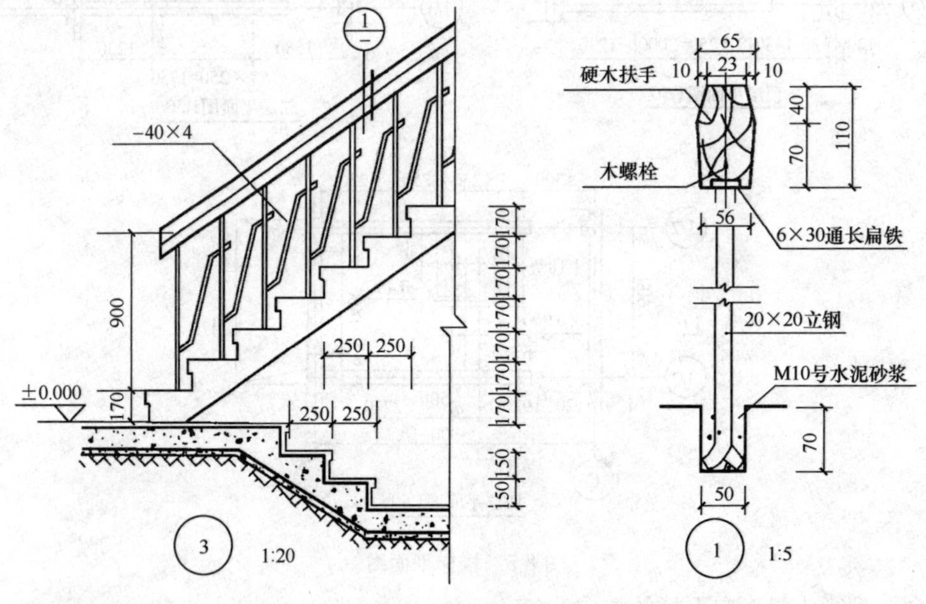

图 8-7 楼梯节点详图

8.5.3 其他详图

在建筑、结构设计中，对大量重复出现的构配件如门窗、台阶、面层做法等，通常采用标准设计，即由国家或地方编制的一般建筑常用的构件和配件详图，供设计人员选用，以减少不必要的重复劳动。

上岗工作要点

1. 掌握建筑平面图的图示方法、图示内容，能够识读建筑平面图。
2. 掌握建筑立面图的图示方法、图示内容，能够识读建筑立面图。
3. 掌握建筑剖面图的图示内容，能够识读建筑剖面图。
4. 能够识读建筑详图，如墙身详图、楼梯的详图以及其他详图等。

思考题

8-1 首页图主要包括哪些内容?

8-2 总平面图的图示内容有哪些?

8-3 建筑平面图的作用是什么?

8-4 建筑立面图的命名方式有哪几种?

8-5 建筑剖面图是如何形成的?

8-6 墙身详图的内容有哪些?

8-7 楼梯详图包括哪几部分?

第9章　装饰施工图

重　点　提　示

熟练掌握装饰平面图、装饰顶棚图、装饰立面图、装饰剖面图与详图的图示内容和识读方法。

9.1　装饰施工图概述

9.1.1　装饰施工图的组成

装饰施工图是用于表达建筑物室内室外装饰美化要求的施工图样。它是以透视效果图为主要依据，采用正投影等投影法反映建筑的装饰结构、装饰造型、饰面处理，以及反映家具、陈设、绿化等布置内容。图纸内容一般有平面布置图、顶棚平面图、装饰立面图、装饰剖面图和节点详图等。

9.1.2　装饰施工图的特点

装饰施工图与建筑施工图的图示方法、尺寸标注、图例代号等基本相同。因此，其制图与表达应遵守现行建筑制图标准的规定。装饰施工图是在建筑施工图的基础上，结合环境艺术设计的要求，更详细地表达了建筑空间的装饰做法及整体效果，它既反映了墙、地、顶棚三个界面的装饰结构、造型处理和装修做法，又图示了家具、织物、陈设、绿化等的布置。常用的装饰图例见表9-1。

表9-1　装饰施工图图例

图　例	名称	图　例	名称	图　例	名称
	单扇门	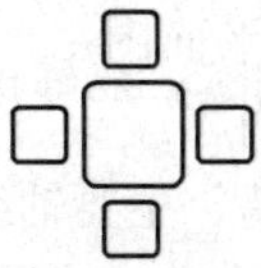	四人桌椅	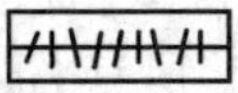	衣　柜
	双扇门		沙发		其他家具（写出名称）
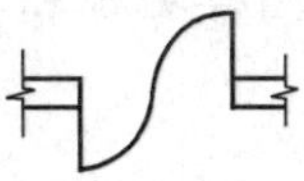	双扇内外开弹簧门		各类椅凳	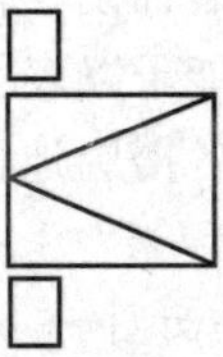	双人床及床头柜

续表

图　例	名称	图　例	名称	图　例	名称
	单人床及床头柜		盆　花		吊　灯
					消防喷淋器
	电视机		地　毯		烟感器
	帘　布		嵌　灯		浴　缸
			台灯或落地灯		洗面台
	钢　琴		吸顶灯		坐式大便器

9.2　装饰平面图

装饰平面图是装饰施工图的主要图样，其主要用于表示空间布局、空间关系、家具布置、人流动线，让客户了解平面构思意图。绘制时力求清晰地反映各空间与家具等的功能关系，图中符号、标注不能过分随意，尤其是图例应恰当、美观。

9.2.1　装饰平面图的形成

装饰平面图的形成与建筑平面图的形成方法相同，即假设一个水平剖切平面沿着略高于窗台的位置对建筑进行剖切，将上面部分挪走，按剖面图画法作剩余部分的水平投影图：用粗实线绘制被剖切的墙体、柱等建筑结构的轮廓；用细实线绘制在各房间内的家具、设备的平面形状，并用尺寸标注和文字说明的形式表达家具、设备的位置关系和各表面的饰面材料及工艺要求等内容。根据装饰平面图，可进行家具、设备购置单的编制工作；结合尺寸标注和文字说明，可制作材料计划和施工安排计划等。

9.2.2　装饰平面图的主要内容

建筑装饰装修平面图包括所有楼层的总平面图、平面布置图、平面尺寸图、地面装饰图、索引图等。所有平面图应共同包括以下内容：

（1）标明原有建筑平面图中柱网、承重墙、主要轴线和编号；标明装饰设计变更过后的所有室内外墙体、门窗、管井、电梯和各种扶梯、楼梯、平台和阳台等。房间的名称应注全，并标明楼梯的上下方向。

（2）标明固定的装饰造型、隔断、构件、家具、卫生洁具、照明灯具、花台、水池、陈设以及其他固定装饰配置和部品的位置。

（3）标注装饰设计新发生的门窗编号及开启方向，对家具的橱柜门或其他构件的开启方向和方式也应能予以表示。

（4）标注各楼层地面、主要楼梯平台的标高；标注索引符和编号、图样名称和制图比例。

9.2.2.1　总平面图

（1）总平面图应能全面反映各楼层平面的总体情况，包括家具布置、陈设及绿化布置、装饰配置和物品布置、地面装饰、设备布置等内容。

（2）在图样中可以对一些情况作出文字说明。

（3）标注索引符号和指北针。

9.2.2.2 平面布置图

（1）家具布置图。应标注所有可移动的家具和隔断的位置、布置方向、柜门或橱门开启方向，同时还应能确定家具上摆放物品的位置，如电话、电脑、台灯、各种电器等。标注定位尺寸和其他一些必要尺寸。

（2）卫生洁具布置图。此图在规模较小的装饰设计中可以与家具布置图合并。一般情况下应标明所有洁具、洗涤池、上下水立管、排污孔、地漏、地沟的位置，并注明排水方向、定位尺寸和其他必要尺寸。

（3）绿化布置图。此图在规模较小的装饰设计中可以与家具布置图合并，规模较大的装饰设计可按建设方需要，另请专业单位出图。一般情况下应确定盆景、绿化、草坪、假山、喷泉、踏步和道路的位置，注明绿化品种、定位尺寸和其他必要尺寸。

（4）电气设施布置图。一般情况下可省略，如需绘制，则应标明地面和墙面上的电源插座、通信和电视信号插孔、开关、固定的地灯和壁灯、暗藏灯具等的位置，并标注必要的材料和产品编号或型号、定位尺寸。

（5）防火布置图。应注明防火分区、消防通道、消防监控中心、防火门、消防前室、消防电梯、疏散楼梯、防火卷帘、消火栓、消防按钮、消防报警等的位置，标注必要的材料和设备编号或型号、定位尺寸和其他必要尺寸。

（6）如果楼层平面较大，可就一些房间和部位的平面布置单独绘制局部放大图，同样也应符合以上规定。

9.2.2.3 平面尺寸图

（1）标注装饰设计新发生的室内外墙体、室内外门窗洞和管井等的定位尺寸、墙体厚度、洞口宽度与高度尺寸、门窗编号及材料种类等并注明做法。

（2）标注装饰设计新发生的楼梯、自动扶梯、平台、台阶、坡道等的定位尺寸、设计标高及其他必要尺寸，并注明材料及其做法。

（3）标注固定隔断、固定家具、装饰造型、台面、栏杆等的定位尺寸和其他必要尺寸，标注材料及其做法。

此图在规模较小的装饰设计中可以与平面布置图合并。

9.2.2.4 地面装饰图

（1）标注地面装饰材料的种类、拼接图案、不同材料的分界线。

（2）标注地面装饰的定位尺寸、标准和异形材料的单位尺寸、施工做法。

（3）标注地面装饰嵌条、台阶和梯段防滑条的定位尺寸、材料种类及做法。

此图在规模较小的装饰设计中可以与平面布置图合并。

9.2.2.5 索引图

规模较大或设计复杂的装饰设计需单独绘制索引图。应注明所有的立面、剖面、局部大样和节点详图的索引符及编号，必要时可增加文字说明帮助索引。

9.2.3 装饰平面图的识读示例

下面以图 9-1 为例，说明装饰平面布置图的图示内容和识读步骤。

（1）先浏览平面布置图中各房间的功能布局、图样比例等，了解图中基本内容。从图中

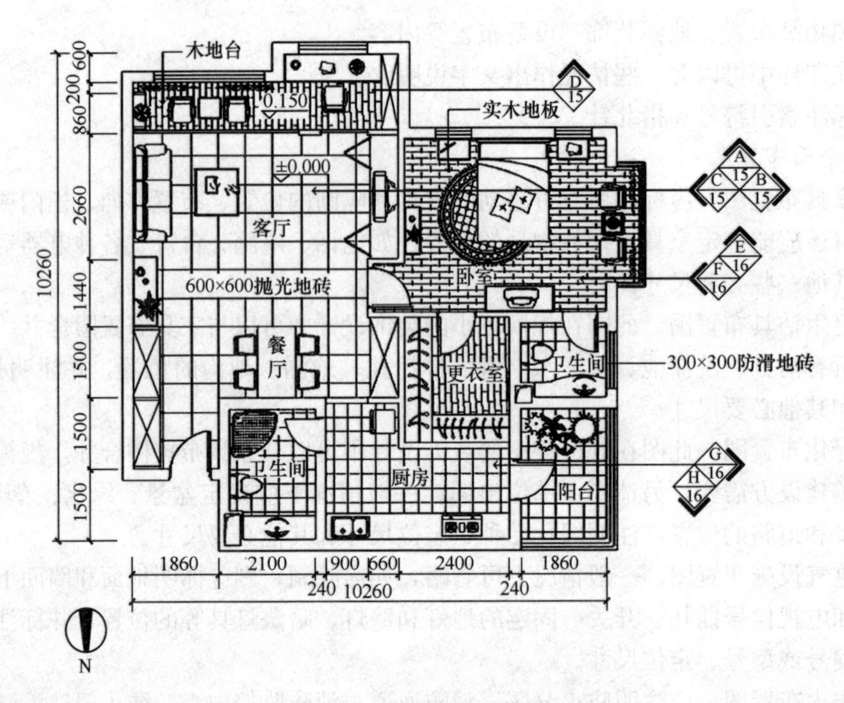

图 9-1　装饰平面布置图

看到该层室内房间布局主要有南侧客厅、卧室，北侧的餐厅、厨房及卫生间等功能区域。大门向内开启并与客厅相连，此图比例为 1∶50。

(2) 注意各功能区域的平面尺寸、地面标高、家具及陈设等的布局。

客厅是住宅布局中的主要空间，图 9-1 中客厅开间 5.76m、进深 5.76m，布置有影视柜、沙发等家具，与餐厅相连，客厅地面标高为±0.000，装饰物有花台、旱景小品等。空间流线清晰、布局合理。在平面布局图中，家具、绿化、陈设等应按比例绘制，一般选用细线表示。与客厅连通的空间是餐厅及过厅，由于空间贯通，所以进入客厅后视线开阔。

(3) 理解平面布置图中的内视符号。

为表示室内立面在平面图中的位置及名称，图 9-1 客厅中绘出了四面墙面的内视符号，即以该符号为站点分别以 A、B、C 等几个方向观看所指的墙面，并且以该字母命名所指墙面立面图的编号。内视符号通常画在平面布置图的房间地面上，有时也可画在平面布置图外（如图名的附近)，表示该平面布置图所反映的各房间室内立面图的名称，都按此符号进行编号。内视投影编号宜用拉丁字母或阿拉伯数字按顺时针方向注写在 8～12mm 的细实线方块内。

(4) 识读平面布置图中的详细尺寸。

平面布置图决定室内空间的功能及流线布局，是顶棚设计、墙面设计的基本依据和条件，平面布置图确定后再设计楼地面平面图。顶棚平面图、墙（柱）面装饰立面图等图样。

9.3　装饰顶棚图

9.3.1　装饰顶棚图的图示内容与要求

为了便于与平面布置图对应，天花平面图通常是采用“镜像”投影作图。天花的装修施工图除天花平面图外，还要画出天花的剖面详图（或称节点详图），并在天花平面图中注出剖面符号或详图索引符号。天花平面图的比例一般与平面布置图一致。顶棚（天花）平面图应包括所有楼层的顶棚总平面图、顶棚布置图等。所有顶棚平面图应共同包括以下内容：

（1）应与平面图一致，标明柱网和承重墙、主要轴线和编号、轴线间尺寸和总尺寸。

（2）标明装饰设计调整过后的所有室内外墙体、管井、电梯和自动扶梯、楼梯和疏散楼梯、雨篷和天窗等的位置，标注全名称。

（3）标注顶棚（天花）设计标高。

（4）标注索引符和编号、图样名称和制图比例。

9.3.1.1　顶棚（天花）总平面图

（1）规模较小的装饰设计可省略顶棚（天花）总平面图，如需要绘制，一般应能反映全部各楼层顶棚总体情况，包括顶棚造型、顶棚装饰灯具布置、消防设施及其他设备布置等内容。

（2）在图样中可以对一些情况作出文字说明。

9.3.1.2　顶棚（天花）造型布置图

应标明顶棚（天花）造型、天窗、构件、装饰垂挂物及其他装饰配置和物品的位置，注明定位尺寸、材料和做法。

（1）顶棚（天花）灯具及设施布置图。应标注所有明装和暗藏的灯具（包括火灾和事故照明）、发光顶棚（天花）、空调风口、喷头、探测器、扬声器、挡烟垂壁、防火卷帘、防火挑檐、疏散和指示标志牌等的位置，标明定位尺寸、材料、产品型号和编号及做法。

（2）如果楼层顶棚（天花）较大，可就一些房间和部位的顶棚（天花）布置单独绘制局部放大图，同样也应符合以上规定。

9.3.2　装饰顶棚图的识读示例

下面以图 9-2 为例，说明装饰顶棚图的图示内容和识读步骤。

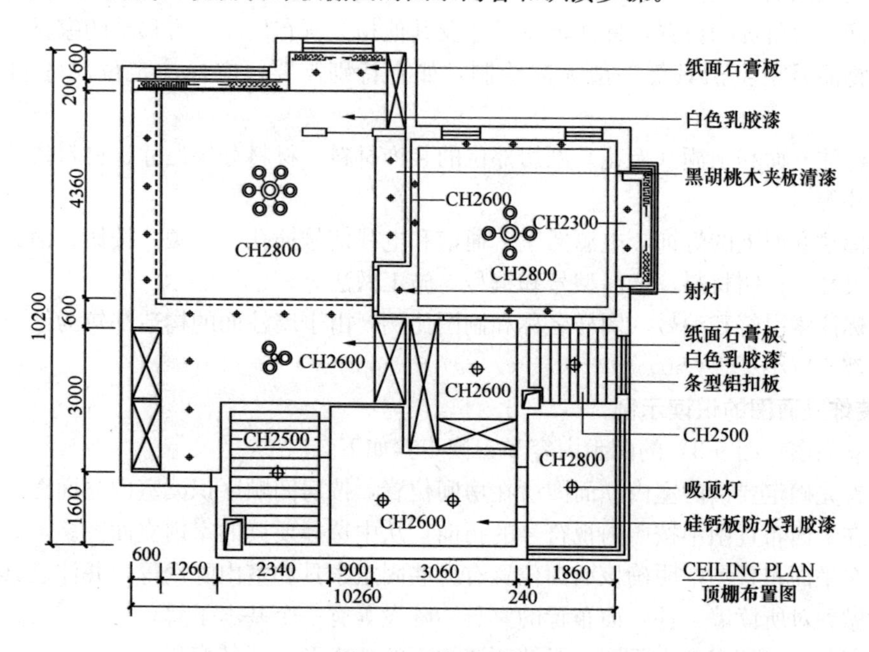

图 9-2　顶棚装饰图

(1) 在识读顶棚平面图前，应了解顶棚所在房间平面布置图的基本情况。

(2) 识读顶棚造型、灯具布置及其底面标高。

(3) 明确顶棚尺寸、做法。

(4) 注意图中各窗口有无窗帘及窗帘盒做法、明确其尺寸。

(5) 识读图中有无与顶棚相接的吊柜、壁柜等家具。

(6) 识读顶棚平面图中有无顶角线做法。

(7) 注意室外阳台、雨篷等处的吊顶做法与标高。

9.4 装饰立面图

建筑装饰装修立面图一般为室内墙柱面装饰装修图，主要表示建筑主体结构中铅垂立面的装修做法，反映空间高度、墙面材料、造型、色彩、凹凸立体变化及家具尺寸等。

9.4.1 装饰立面图的内容和要求

建筑装饰装修立面图应包括投影方向可见的室内轮廓线和装修构造、门窗、构配件、墙面做法、固定家具、灯具、必要的尺寸和标高及需要表达的非固定家具、灯具、装饰物件等。

应按一定方向和顺序绘制各墙面立面图。

一般只要墙面有不同的地方，就必须绘制立面图。如果是圆形或多边形平面的室内空间，可以分段展开绘制室内立面图，但均应在图名后加注"展开"二字。立面图一般要求如下：

(1) 标明立面范围内的轴线和编号，标注立面两端轴线之间的外包尺寸。

(2) 绘制立面左右两端的内墙线，标明上下两端的地面线、原有楼板线、装饰设计的顶棚（天花）及其造型线。

(3) 标注顶棚（天花）剖切部位的定位尺寸及其他相关所有尺寸，标注地面标高、建筑层高和顶棚（天花）净高尺寸。

(4) 绘制墙面和柱面、装饰造型、固定隔断、固定家具、装饰配置和物品、广告灯箱、门窗、栏杆、台阶等的位置，标注定位尺寸及其他相关所有尺寸。可移动的家具、艺术品陈设、装饰物品及卫生洁具等一般无需绘制，如有特别需要，应标注定位尺寸和一些相关尺寸。

(5) 标注立面和顶棚（天花）剖切部位的装饰材料、材料分块尺寸、材料拼接线和分界线定位尺寸等。

(6) 标注立面上的灯饰、电源插座、通信和电视信号插孔、开关、按钮、消火栓等的位置及定位尺寸，标明材料、产品型号和编号、施工做法等。

(7) 标注索引符和编号、图样名称和制图比例，由于墙柱面的构造都较为细小，其作图比例一般都不应小于 1∶50。

9.4.2 装饰立面图的识读示例

装饰立面图（图 9-3）的图示内容和识读步骤如下：

(1) 首先确定要读的室内立面图所在房间位置，按房间顺序识读室内立面图。

(2) 在平面布置图中按照内视符号的指向，从中选择要读的室内立面图。

(3) 在平面布置图中明确该墙面位置有哪些固定家具和室内陈设等，并注意其定形、定位尺寸，做到对所读墙（柱）面布置的家具、陈设等有一个基本了解。

(4) 浏览选定的室内立面图，了解所读立面的装饰形式及其变化。

(5) 详细识读室内立面图，注意立面装饰造型及装饰面的尺寸、范围、选材、颜色及相

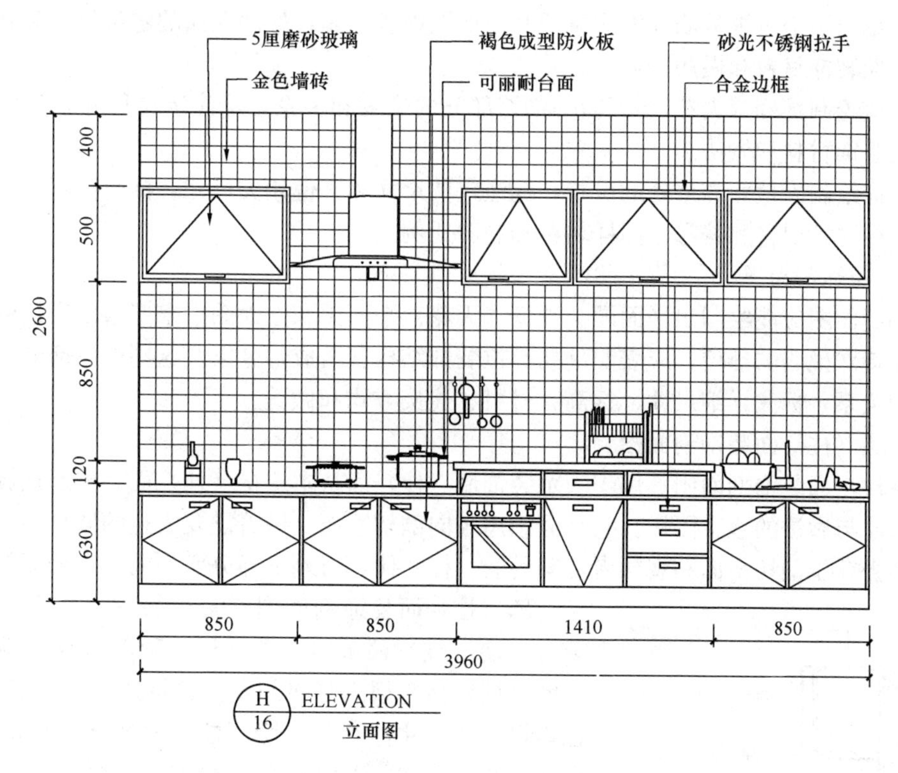

图 9-3　装饰立面图

应做法。

（6）查看立面标高、其他细部尺寸、索引符号等。

9.5　装饰剖面图与详图

9.5.1　装饰剖面图与详图的形成与表达

由于平面布置图、地面平面图、室内立面图、顶棚平面图等的比例一般较小，很多装饰造型、构造做法、材料选用、细部尺寸等无法反映或反映不清晰，满足不了装饰施工、制作的需要，故需放大比例画出详细图样，形成装饰详图。装饰详图一般采用 1∶10 到 1∶20 的比例绘制。

在装饰详图中剖切到的装饰体轮廓用粗实线，未剖切到但能看到的投影内容用细实线表示。

9.5.2　装饰剖面图的分类

装饰剖面图包括大剖面图以及局部剖面图。

9.5.2.1　大剖面图

大剖面图应剖在层高和层数不同、地面标高和室内外空间比较复杂的部位，应符合以下要求：

（1）标注轴线、轴线编号、轴线间尺寸和外包尺寸。

（2）剖切部位的楼板、梁、墙体等结构部分应按照原有建筑条件图或者实际情况绘制清楚，标注各楼层地面标高、顶棚（天花）标高、顶棚净高、各层层高、建筑总高等尺寸，标注室外地面、室内首层地面以及建筑最高处的标高。

（3）剖面图中可视的墙柱面应按照其立面图内容绘制，标注立面的定位尺寸和其他相关尺寸，注明装饰材料和做法。

（4）应绘制顶棚（天花）、天窗等剖切部分的位置和关系，标注定位尺寸和其他相关尺寸，注明装饰材料和做法。

（5）应绘制出地面高差处的位置，标注定位尺寸和其他相关尺寸，标明标高。

（6）标注索引符和编号、图样名称和制图比例。

9.5.2.2 *局部剖面图*

局部剖面图应能绘制出平面图、顶棚（天花）平面图和立面图中未能清楚表达的一些复杂和需要特殊说明的部位，应表明剖切部位装饰结构各组成部分以及这些组成部分与建筑结构之间的关系，标注详细尺寸、标高、材料、连接方式和做法。

（1）墙（柱）面装饰剖面图

墙（柱）面装饰剖面图是用于表示装饰墙（柱）面从本层楼（地）面到本层顶棚的竖向构造、尺寸与做法的施工图样。它是假想用竖向剖切平面，沿着需要表达的墙（柱）面进行剖切，移去介于剖切平面和观察者之间的墙（柱）体，对剩下部分所作的竖向剖面图。

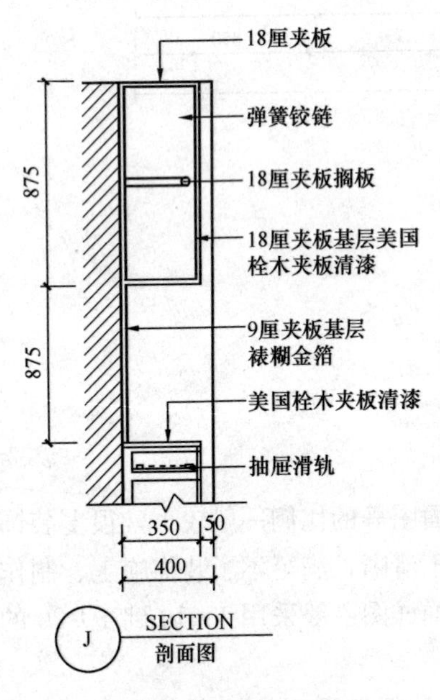

图 9-4　装饰剖面图

墙（柱）面装饰剖面图通常由楼（地）面与踢脚线节点、墙（柱）面节点、墙（柱）顶部节点等组成，反映墙（柱）面造型沿竖向的变化、材料选用、工艺要求、色彩设计、尺寸标高等。墙（柱）面装饰剖面图通常选用1∶10、1∶15、1∶20等比例绘制。

墙（柱）面装饰剖面图主要用于表达室内立面的构造，着重反映墙（柱）面在分层做法、选材、色彩上的要求。墙（柱）面装饰剖面图还应反映装饰基层的做法、选材等内容，如墙面防潮处理、木龙骨架、基层板等。当构造层次复杂、凸凹变化及线角较多时，还应配置分层构造说明、画出详图索引，另配详图加以表达。识读时应注意墙（柱）面各节点的凹凸变化、竖向设计尺寸与各部位标高。

1）先在室内立面图上看清墙（柱）面装饰剖面图剖切符号的位置、编号与投影方向。

2）浏览墙（柱）面装饰剖面图所在轴线、竖向节点组成，注意凹凸变化。

3）识读各节点构造做法及尺寸。

图 9-4 和图 9-5 是两个比较简单的局部剖面详图。

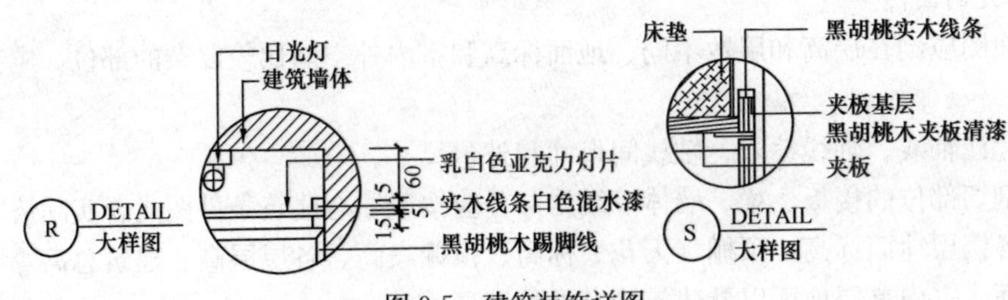

图 9-5　建筑装饰详图

(2) 顶棚详图

顶棚详图主要用于反映吊顶构造、做法的剖面图或断面图。

9.5.3 装饰详图的分类

9.5.3.1 局部大样图

局部大样图是将平面图、顶棚（天花）平面图、立面图和剖面图中某些需要更加清楚说明的部位，单独抽取出来进行大比例绘制的图样，应能反映更详细的内容。

9.5.3.2 节点详图

节点详图应以大比例绘制，剖切在需要详细说明的部位，通常应包括以下内容：表示节点处内部的结构形式，绘制原有建筑结构、面层装饰材料、隐蔽装饰材料、支撑和连接材料及构件、配件以及它们之间的相互关系，标注所有材料、构件、配件等的详细尺寸、产品型号、做法和施工要求；表示装饰面上的设备和设施安装方式及固定方法，确定收口和收边方式，标注详细尺寸和做法；标注索引符和编号、节点名称和制图比例。

常见的装饰详图有以下几种：

(1) 装饰造型详图。独立的或依附于墙柱的装饰造型，表现装饰的艺术氛围和情趣的构造体，如影视墙、花台、屏风、壁龛、栏杆造型等的平、立、剖面图及线脚详图。

(2) 家具详图。主要指需要现场制作、加工、油漆的固定式家具，如衣柜、书柜、储藏柜等。有时也包括可移动家具，如床、书桌、展示台等。

(3) 装饰门窗及门窗套详图。门窗是装饰工程中的主要施工内容之一。其形式多种多样，在室内起着分割空间、烘托装饰效果的作用，它的样式、选材和工艺做法在装饰图中有特殊的地位。其图样有门窗及门窗套立面图、剖面图和节点详图。

(4) 楼地面详图。反映地面的艺术造型及细部做法等内容。

(5) 小品及饰物详图。小品、饰物详图包括雕塑、水景、指示牌、织物等的制作图。

上岗工作要点

1. 掌握装饰平面图的主要内容，能够识读装饰平面图。
2. 掌握装饰顶棚图的图示内容与要求，能够识读装饰顶棚图。
3. 掌握装饰立面图的内容和要求，能够识读装饰立面图。
4. 了解装饰剖面图与详图的分类，能够识读装饰剖面图与详图。

思考题

9-1 装饰施工图的组成有哪些？

9-2 装饰施工图有哪些特点？

9-3 建筑装饰装修平面图的主要内容有哪些？

9-4 顶棚平面图应包括哪些内容？

9-5 装饰立面图有哪些要求？

9-6 装饰剖面图可分为哪几类？

第三篇 建筑构造

第10章 建筑构造概述

重 点 提 示
1. 了解建筑物的组成和分类。 2. 熟悉建筑构造的基本要求和影响因素、建筑的结构类型。 3. 了解建筑工业化和建筑模数。

10.1 民用建筑的组成及分类

10.1.1 民用建筑的构造组成及其要求

房屋建筑是由若干个大小不同的室内空间组合而成的，然而空间的形成又需要各式各样实体来组合，这些实体被称为建筑构配件。一般民用建筑由基础、墙或柱、楼（地）层、楼梯、屋顶、门窗等构配件组成。

各组成部分的作用及构造要求现做如下描述：

（1）基础

基础是建筑物最下面的埋在土层中的部分，它承受建筑物的全部荷载，并把荷载传给下面的土层——地基。

基础须坚固、稳定、耐水、耐腐蚀、耐冰冻，不应早于地面以上部分破坏。

（2）墙或柱

对于墙承重结构的建筑来讲，墙承受屋顶和楼地层传给它的荷载，并把这些荷载连同自重传给基础；同时，外墙也是建筑物的围护构件，抵御雨、雪、风、温差变化等对室内的影响，内墙是建筑的分隔构件，把建筑物的内部空间分隔成若干个相互独立的空间，避免使用时的互相干扰。

当建筑物采用柱作为垂直承重构件时，墙填充在柱间，仅起到围护和分隔作用。

墙和柱应稳定、坚固，墙体还应重量轻、保温（隔热）、隔声和防水。

（3）楼（地）层

楼层指楼板层，它是建筑物的水平承重构件，将其上所有荷载连同自重传给墙或柱；同时，楼层把建筑空间在垂直方向划分为若干层，并对墙或柱起水平支撑作用。地层指底层地面，承受其上部荷载并传给地基。

楼（地）层应稳定、坚固。地层还应具有防潮、防水等功能。

（4）楼梯

楼梯是楼房建筑中联系上下各层的垂直交通设施，供人们上下楼层和紧急疏散使用。楼梯应坚固、安全并有足够的疏散能力。

（5）屋顶

屋顶是建筑物的顶部承重和围护部分，它承受作用在其上的雨、雪、风、人等的荷载并传给墙或柱，抵御各种自然因素，如风、雨、雪、严寒、酷热等的影响。同时，屋顶形式对建筑物的整体形象起着非常重要的作用。

屋顶应有足够的刚度和强度，并能防水、排水、保温（隔热）。

（6）门窗

门的主要作用是供人们进出和搬运家具、设备、紧急时疏散用，有时兼采光和通风作用。窗的作用主要是采光、通风和供人眺望。

门要求有足够的高度和宽度，窗应有足够的面积；根据门窗所处的位置不同，有时还要求它们能防水、防风沙、保温、隔声。

建筑物除上述基本组成部分外，还有一些其他的配件和设施，如阳台、雨篷、通风道、烟道、散水、勒脚等。

10.1.2 建筑物的分类及分级

人们根据建筑物的使用功能、规模大小、重要程度等通常将它们分门别类、划分等级，以便根据其所属的类型和等级，掌握建筑物的标准和采取相应的构造做法。

10.1.2.1 民用建筑的分类

（1）按功能分

1）居住建筑：主要指供家庭或集体生活起居用的建筑物，如住宅、宿舍、公寓等。

2）公共建筑：主要指供人们进行各种社会活动的建筑物，如行政办公建筑、文教建筑、科研建筑、医疗建筑、托幼建筑、商业建筑、生活服务建筑、旅游建筑、体育建筑、展览建筑、交通建筑、电信建筑、园林建筑、娱乐建筑、纪念建筑等。

（2）按层数分

1）低层建筑：主要指 1～3 层的住宅建筑。

2）多层建筑：主要指 4～6 层的住宅建筑。

3）中高层建筑：主要指 7～9 层的住宅建筑。

4）高层建筑：指 10 层以上的住宅建筑和总高度大于 24m 的公共建筑及综合性建筑（不包括高度超过 24m 的单层主体建筑）。

5）超高层建筑：高度超过 100m 的住宅或公共建筑均为超高层建筑。

（3）按规模和数量分

1）大量性建筑：指建造量较多、规模不大的民用建筑，如居住建筑和为居民服务的中小型公共建筑（如中小学校、幼儿园、托儿所、商店、诊疗所等）。

2）大型性建筑：指单体量大而数量少的公共建筑，如大型体育馆、火车站、航空港等。

10.1.2.2 民用建筑的等级

（1）按耐久年限分

根据建筑物的主体结构，考虑到虑建筑物的重要性和规模的大小，建筑物按耐久年限可分为四级。

一级：耐久年限为 100 年以上，适用于重要建筑和高层建筑。

二级：耐久年限为 50～100 年，适用于一般性建筑。

三级：耐久年限为25～50年，适用于次要建筑。

四级：耐久年限在15年以下，适用于临时性建筑。

（2）按耐火等级分

建筑物的耐火等级是根据建筑物主要构件的燃烧性能和耐火极限来确定的，共分为四级，各级建筑物所用构件的燃烧性能及其耐火极限，不应低于表10-1的规定。

表10-1　建筑构件的燃烧性能和耐火极限

构件名称		耐火等级			
		一级	二级	三级	四级
墙	防火墙	非燃烧体 4.00h	非燃烧体 4.00h	非燃烧体 4.00h	非燃烧体 4.00h
	承重墙、楼梯间、电梯井的墙	非燃烧体 3.00h	非燃烧体 2.50h	非燃烧体 2.50h	难燃烧体 0.50h
	非承重外墙、疏散走道两侧的隔墙	非燃烧体 1.00h	非燃烧体 1.00h	非燃烧体 0.50h	难燃烧体 0.25h
	房间隔墙	非燃烧体 0.75h	非燃烧体 0.50h	难燃烧体 0.50h	难燃烧体 0.25h
柱	支承多层的柱	非燃烧体 3.00h	非燃烧体 2.50h	非燃烧体 2.50h	难燃烧体 0.50h
	支承单层的柱	非燃烧体 2.50h	非燃烧体 2.00h	非燃烧体 2.00h	燃烧体
梁		非燃烧体 2.00h	非燃烧体 1.50h	非燃烧体 1.00h	难燃烧体 0.50h
楼板		非燃烧体 1.50h	非燃烧体 1.00h	非燃烧体 0.50h	难燃烧体 0.25h
屋顶承重构件		非燃烧体 1.50h	非燃烧体 0.50h	燃烧体	燃烧体
疏散楼梯		非燃烧体 1.50h	非燃烧体 1.00h	非燃烧体 1.00h	燃烧体
吊顶（包括吊顶搁栅）		非燃烧体 0.25h	难燃烧体 0.25h	难燃烧体 0.15h	燃烧体

1）燃烧性能：指建筑构件在明火或高温作用下能否燃烧，以及燃烧的难易程度。建筑构件按燃烧性能可分为非燃烧体、难燃烧体和燃烧体。

①非燃烧体：指用非燃烧材料制成的构件。例如砖、石、钢筋混凝土、金属等，这类材料在空气中受到火烧或高温作用时不起火、不微燃、不碳化。

②难燃烧体：指用难燃烧材料制成的构件。例如沥青混凝土、板条抹灰、水泥刨花板、经防火处理的木材等，这类材料在空气中受到火烧或高温作用时难燃烧、难碳化，离开火源后，燃烧或微燃立即停止。

③燃烧体：指用燃烧材料制成的构件。例如木材、胶合板等，这类材料在空气中受到火烧或高温作用时，立即起火或燃烧，并且离开火源继续燃烧或微燃。

2）耐火极限：对任一建筑构件按时间-温度标准曲线进行耐火试验，从构件受到火的作用时起，到构件失去支持能力或完整性被破坏，或失去隔火作用时为止的这段时间，即是该构件的耐火极限，用小时表示。

10.2 建筑构造及其影响因素

10.2.1 建筑构造的基本要求

确定建筑构造的做法时，应根据实际情况，综合分析，具体应满足下列要求。

（1）满足建筑功能的要求

建筑物应给人们创造出舒适的使用环境。根据其用途和所处的地理环境不同，对建筑构造的要求也不同，如展览馆则对光线效果要求较高，影剧院和音乐厅要求具有良好的音响效果；炎热地区的建筑则应有良好的通风隔热能力，寒冷地区的建筑应解决好冬季的保温问题。在确定构造方案时，一定要综合考虑各方面的因素，以满足不同的功能要求。

（2）确保结构安全的要求

建筑物的主要承重构件梁、板、柱、墙、屋架等，需要通过结构计算来保证结构安全；而一些建筑构配件尺寸如扶手的高度、栏杆的间距等，需要通过构造要求来保证安全；构配件之间的连接如门窗与墙体的连接，则需要采取必要的技术措施来保证安全。结构安全关系到人们生命与财产安全，因此，在确定构造方案的同时，要把结构安全放在首位。

（3）注重综合效益

在进行建筑构造设计时，要考虑其在社会发展中的作用，因地制宜，降低造价，注重保护环境，提高其社会、经济和环境的综合效益。

（4）适应建筑工业化的要求

建筑工业化是提高施工速度、改善劳动条件、保证施工质量的必由之路。因此，在选择构造做法同时，应配合新材料、新技术、新工艺的推广，采用标准化设计，为构配件生产工厂化、施工机械化创造条件，适应建筑工业化的要求。

（5）满足美观要求

建筑的美观主要是通过对其外部造型和内部空间的艺术处理来体现的。一座完美的建筑除了取决于对空间的塑造和立面处理外，还受到一些细部构造的影响，对建筑物进行构造设计时，应充分运用构图原理和美学法则，创造出高品位的建筑。

10.2.2 建筑构造的影响因素

建筑物建成后，会受到各种自然因素和人为因素的作用，在确定建筑构造时，必须充分考虑各种因素的影响，采取必要的措施，以提高建筑物的抵御能力，保证建筑物的使用质量和耐久年限。

影响建筑构造的因素有以下三个方面：

（1）荷载的作用

作用在房屋上的力统称为荷载，这些荷载包括建筑自重、人、家具、设备、风雪以及地震荷载等。荷载的大小和作用方式均影响着建筑构件的选材、截面形状与尺寸，这都是建筑构造的内容。因此在确定建筑构造时，必须考虑荷载的作用。

（2）人为因素的作用

人在生产、生活中产生的机械振动、化学腐蚀、爆炸、火灾、噪声、对建筑物的维修改造等人为因素都会对建筑物造成威胁。在进行构造设计时，必须在建筑物的相关部位，采取防腐、防振、防火、隔声等构造措施，以保证建筑物的正常使用。

（3）自然因素的影响

我国地域辽阔，各地区之间的气候、地质、水文等情况差异较大，太阳辐射、冰冻、降雨、风雪、地下水、地震等因素将对建筑物带来很大的影响，为保证正常使用，在建筑构造设计中，必须在建筑物的相关部位采取防水、防潮、保温、隔热、防震、防冻等措施。

10.3 建筑的结构类型

10.3.1 建筑结构的概念

建筑物的组成部分之中，有的起承重作用、有的起围护作用、有的保证建筑物的正常使用功能。我们把承受建筑物的荷载，保证建筑物结构安全的部分，如承重墙、柱、屋架、楼板、楼梯、基础等称为建筑构件，建筑构件相互连接而形成的承重骨架，称为建筑结构。

10.3.2 建筑的结构类型

民用建筑的结构类型可分为以下几类：

(1) 按主要承重结构的材料分

1) 土木结构：以生土墙和木屋架作为建筑物的主要承重结构，这类建筑可就地取材，造价低，适用于村镇建筑。

2) 砖木结构：以砖墙或砖柱、木屋架作为建筑物的主要承重结构，这类建筑称为砖木结构建筑。

3) 砖混结构：以砖墙或砖柱、钢筋混凝土楼板、屋面板作为承重结构的建筑，这是目前建造数量最大，普遍被采用的结构类型。

4) 钢筋混凝土结构：建筑物的主要承重构件全部采用钢筋混凝土做法，这种结构主要用于大型公共建筑和高层建筑。

5) 钢结构：建筑物的主要承重构件全部采用钢材制作。钢结构建筑与钢筋混凝土建筑相比自重轻，但耗钢量大，目前主要用于大型公共建筑。

(2) 按建筑结构的承重方式分

1) 墙承重结构：用墙承受楼板以及屋顶传来的全部荷载的，称为墙承重结构。土木结构、砖木结构、砖混结构的建筑大多属于这一类（图 10-1）。

2) 框架结构：用柱、梁组成的框架承受楼板、屋顶传来的全部荷载的，称为框架结构。框架结构建筑中，一般采用钢筋混凝土结构或钢结构组成框架，墙只起到围护和分隔作用。框架结构用于大跨度建筑、荷载大的建筑以及高层建筑（图 10-2）。

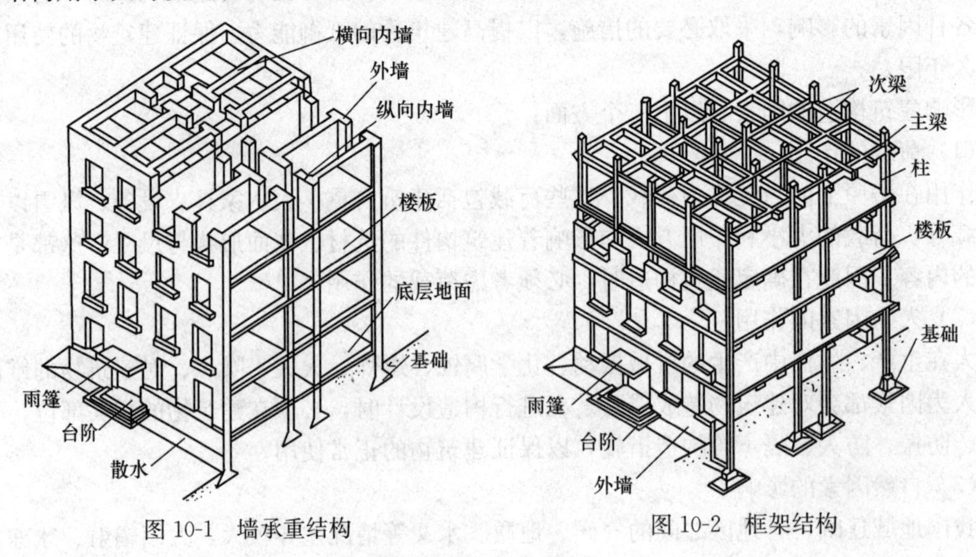

图 10-1 墙承重结构　　图 10-2 框架结构

3）内框架结构：建筑物的内部用梁、柱组成的框架承重，四周用外墙承重时，称为内框架结构建筑。内框架结构通常用于内部需较大通透空间但可设柱的建筑，例如底层为商店的多层住宅等（图 10-3）。

4）空间结构：用空间构架如网架、薄壳、悬索等来承受全部荷载的，称为空间结构建筑。这种类型建筑适用于需要大跨度、大空间并且内部不允许设柱的大型公共建筑，如体育馆、天文馆等（图 10-4）。

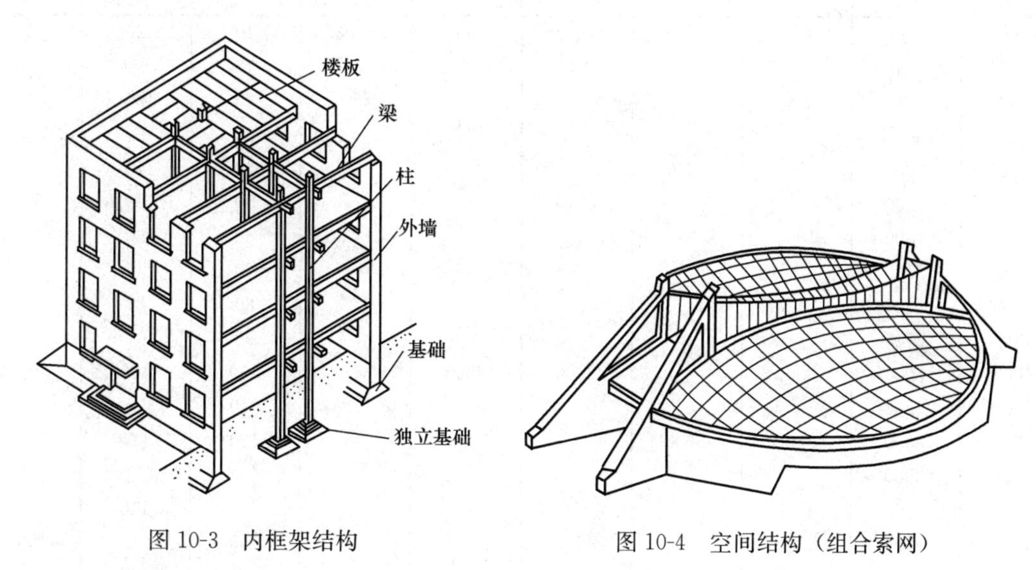

图 10-3 内框架结构　　图 10-4 空间结构（组合索网）

10.4 建筑工业化和建筑模数

10.4.1 建筑工业化

建筑工业化指用现代工业的生产方式来建造房屋，它的内容包括以下四个方面：建筑设计标准化、构件生产工厂化、施工机械化和管理科学化。其中，建筑设计标准化是实现建筑工业化的前提，构件生产工厂化是建筑工业化的手段，施工机械化是建筑工业化的核心，管理科学化是建筑工业化的保证。

为了保证建筑设计标准化和构件生产工厂化，建筑物及其各组成部分的尺寸必须统一协调，为此我国制定了《建筑模数协调统一标准》（GBJ 2—1986）作为建筑设计的依据。

10.4.2 建筑模数

建筑模数是建筑设计中选定的标准尺寸单位。它是建筑物、建筑构配件、建筑制品及有关设备尺寸相互协调的基础。

（1）基本模数

基本模数是建筑模数协调统一标准中的基本尺度的单位，用符号 M 表示，1M=100mm。

（2）导出模数

导出模数分为扩大模数和分模数。扩大模数为基本模数的整数倍，以 3M（300mm）、6M（600mm）、12M（120mm）、15M（1500mm）、30M（3000mm）和 60M（6000mm）表示。分模数为整数除基本模数，以 M/10（10mm）、M/5（20mm）和 M/2（50mm）表示。

（3）模数数列及其应用

模数数列是以基本模数、扩大模数、分模数为基础扩展的数值系统，其扩展幅度和数值见表10-2。模数数列根据建筑空间的具体情况有各自的适用范围，建筑物中的所有尺寸，除特殊情况以外，一般都应符合模数数列的规定。

表10-2 模 数 数 列 单位：mm

基本模数	扩 大 模 数						分模数		
M	3M	6M	12M	15M	30M	60M	$\frac{1}{10}$M	$\frac{1}{5}$M	$\frac{1}{2}$M
100	300	600	1200	1500	3000	6000	10	20	50
100	300						10		
200	600	600					20	20	
300	900						30		
400	1200	1200	1200				40	40	
500	1500			1500			50		50
600	1800	1800					60	60	
700	2100						70		
800	2400	2400	2400				80	80	
900	2700						90		
1000	3000	3000		3000	3000		100	100	100
1100	3300						110		
1200	3600	3600	3600				120	120	
1300	3900						130		
1400	4200	4200					140	140	
1500	4500			4500			150		150
1600	4800	4800	4800				160	160	
1700	5100						170		
1800	5400	5400					180	180	
1900	5700						190		
2000	6000	6000	6000	6000	6000	6000	200	200	200
2100	6300							220	
2200	6600	6600						240	
2300	6900								250
2400	7200	7200	7200					260	
2500	7500			7500				280	
2600		7800						300	300
2700		8400	8400					320	
2800		9000		9000	9000			340	
2900		9600	9600						350
3000				10500				360	
3100			10800					380	
3200			12000	12000	12000	12000		400	400
3300					15000				450
3400					18000	18000			500
3500					21000				550
3600					24000	24000			600
					27000				650
					30000	30000			700
					33000				750
					36000	36000			800

续表

基本模数	扩 大 模 数						分模数		
M	3M	6M	12M	15M	30M	60M	$\frac{1}{10}$M	$\frac{1}{5}$M	$\frac{1}{2}$M
									850 900 950 1000
主要用于建筑物的层高、门窗洞口和构配件截面	主要用于建筑物的开间或柱距、进深或跨度、层高、构配件截面尺寸和门窗洞口等处						主要用于建筑构配件截面、构造节点及缝隙尺寸等处		

（4）几种尺寸及其相互关系

为保证设计、生产、施工各阶段建筑制品、构配件等有关尺寸间的统一与协调，必须明确标志尺寸、构造尺寸、实际尺寸的定义及其相互关系（图 10-5）。

1）标志尺寸。用以标注建筑物定位轴线之间的距离（如跨度、柱距、层高等）以及建筑制品、建筑构配件、组合件、有关设备位置界限之间的尺寸。标志尺寸必须符合模数数列的规定。

2）构造尺寸。是生产、制造建筑构配件、建筑组合件、建筑制品等的设计尺寸，通常，构造尺寸为标志尺寸减去缝隙或加上支承尺寸。

3）实际尺寸。是建筑构配件、建筑组合件、建筑制品等生产制作后的实有尺寸，实际尺寸与构造尺寸之间的差数应符合建筑公差的规定。

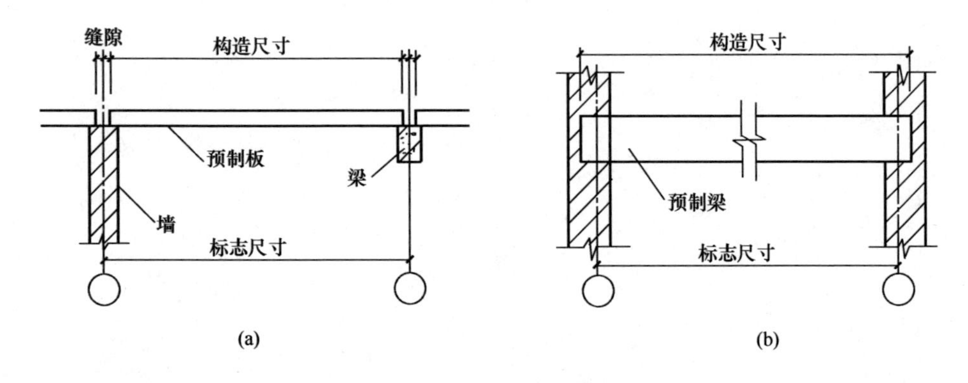

图 10-5　几种尺寸间的关系

(a) 构件标志尺寸大于构造尺寸；(b) 构件标志尺寸小于构造尺寸

上岗工作要点

1. 了解建筑构造的基本要求和影响因素、建筑的结构类型。
2. 了解建筑模数和模数数列的应用。

思考题

10-1 民用建筑各组成部分的构造要求是什么？

10-2 建筑物是如何进行分级的？

10-3 建筑物构造应满足哪些要求？

10-4 影响建筑构造的因素有哪些？

10-5 什么是建筑结构？其类型有哪些？

10-6 什么是建筑工业化？

10-7 什么是建筑模数？共有哪些？

第11章　基础和地下室

<table><tr><td>

重　点　提　示

1. 熟悉基础的类型，掌握其构造。
2. 熟悉影响基础埋深的因素及基础的特殊问题。
3. 掌握地下室的构造及维护。

</td></tr></table>

11.1　地基与基础概述

11.1.1　地基与基础的概念

基础是房屋建筑的重要组成部分，它承受来自建筑物上部结构传来的全部荷载，并且将这些荷载连同基础的自重一起传给地基。地基是基础下面直接承受荷载的土层。地基承受建筑物的荷载而产生的应力和应变随着土层深度的增加而减小，在达到一定深度后就可以忽略不计。直接承受荷载的土层称为持力层，持力层以下的土层称为下卧层，如图11-1所示。

11.1.2　地基的分类

建筑物的地基可分为天然地基和人工地基两大类。

（1）天然地基

凡位于建筑物下面的土层不需经过人工加固，而能直接承受建筑物全部荷载并满足变形要求的称为天然地基。

（2）人工地基

当土层的承载力较低或虽然土层较好，但因上部荷载较大，必须对土层进行人工处理才足以承受上部荷载，并满足变形的要求。这种经人工处理的土层，称为人工地基。人工加固地基常用的方法有：压实法、换土法、打桩法三大类。

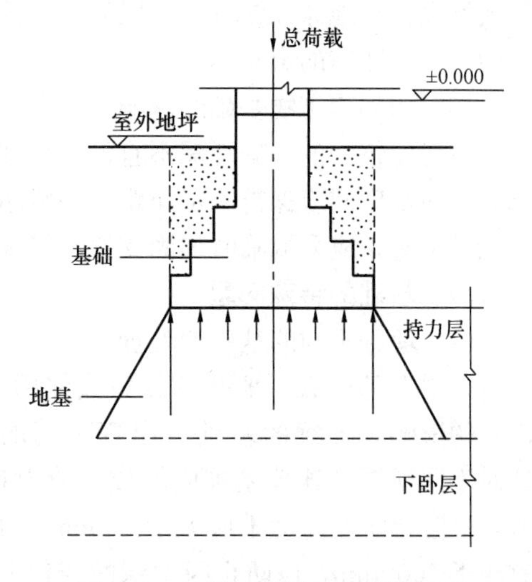

图11-1　地基、基础与荷载的关系

按《建筑地基基础设计规范》（GB 50007—2002）的规定：建筑地基土（岩）可分为岩石、碎石土、砂土、粉土、黏性土和人工填土六大类。

11.1.3　基础的埋置深度及其影响因素

基础的埋置深度指室外地坪到基础底面的垂直距离，简称埋深，如图11-2所示。根据基础埋深的不同有深基础和浅基础之分。一般情况下，将埋深大于5m的称为深基础，将埋深小于或等于5m的称为浅基础。从基础的经济效果看，其埋置深度越小，工程造价越低，但由于基础埋深过小，没有足够的土层包围，基础底面的土层受到压力后会把基础四周的土

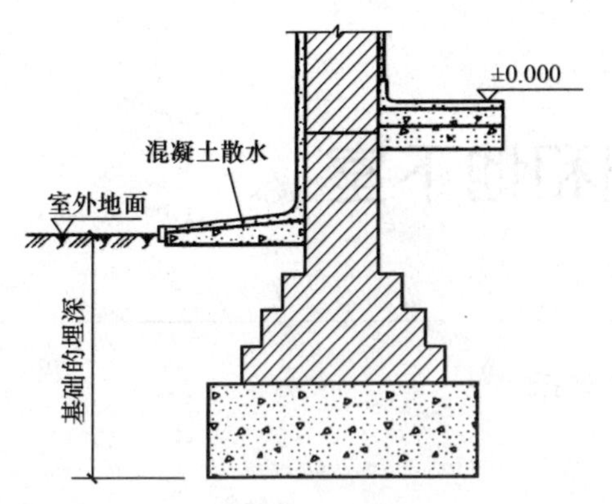

图 11-2　基础的埋置深度

壤挤出，基础会产生滑移而失去稳定；同时基础埋深过浅，易受外界的影响而损坏，所以基础的埋深一般不应小于 500mm。

影响基础埋置深度的因素很多，一般应根据下列条件综合考虑来确定。

(1) 建筑物的用途

如有无地下室、设备基础和地下设施以及基础的形式和构造等。

(2) 作用在地基上的荷载的大小和性质

荷载有恒荷载和活荷载之分，其中恒荷载引起的沉降量最大，而活荷载引起的沉降量相对较小。所以，当恒荷载较大时，基础埋置深度应大一些。

(3) 工程地质与水文地质条件

在一般情况下，基础应设置在坚实的土层上，而不可设置在耕植土、淤泥等软弱土层上。当表面软弱土层很厚，加深基础不经济时，可采用人工地基或采取其他结构措施。基础宜设在地下水位以上，以减少特殊的防水措施，有利于施工。如必须设在地下水位以下时，则应使基础底面低于最低地下水位 200mm 以下。

(4) 地基土冻胀和融陷的影响

基础底面以下的土层如果冻胀，会使基础隆起，如果融陷，会使基础下沉。所以基础埋深最好设在当地冰冻线以下，以防止土壤冻胀导致基础的破坏。但岩石及砂砾、粗砂、中砂类的土质对冰冻的影响不大。

(5) 相邻建筑物基础的影响

新建建筑物的基础埋深不宜深于相邻原有建筑物的基础。当新建基础深于原有建筑物基础时，两基础间应保持一定净距，一般净距取相邻两基础底面高差的 1～2 倍。若上述要求不能满足时，应采取临时加固支撑、打板桩或加固原有建筑物地基等措施。

11.1.4　基础的特殊问题

(1) 埋深不同的基础的处理

因受上部荷载、地基承载力或使用要求等因素的影响，连续的基础会出现不同的埋深，这时不同埋深的连续基础应做成台阶形逐渐过渡，过渡台阶的高度不应大于 500mm，长度不宜小于 1000mm，以防止因埋深的变化太突然，使墙体断裂或发生不均匀沉降（图 11-3）。

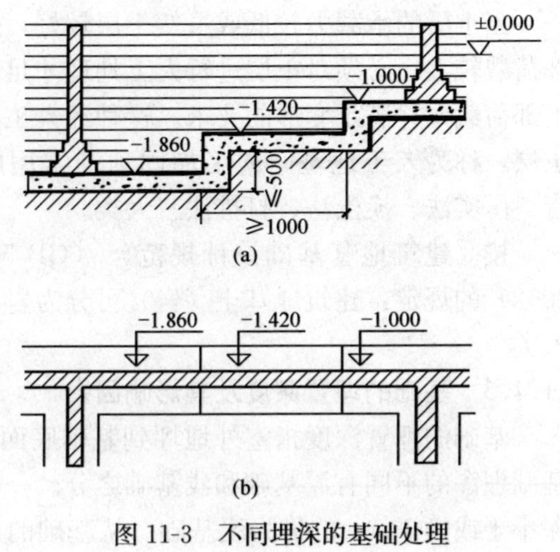

图 11-3　不同埋深的基础处理

(a) 纵剖面；(b) 平面

(2) 沉降缝处的基础

当建筑物设置沉降缝时，在沉降缝的对应位置，基础必须断开，以满足自由沉降的需要。基础在沉降缝处的构造有双墙式、交叉式和悬挑式。双墙式的基础是在沉降缝两侧的墙下设置各自的基础，适用于上部荷载较小的建筑[图 11-4 (a)]。交叉式的基础是将沉降缝两侧结构的基础设置成独立式，并在平面上相互错开［图 11-4（b)］。当建筑物上部荷载较大时，可采用悬挑式。悬挑式的基础是将沉降缝一侧的基础正常设置，另一侧利用挑梁支承基础梁，基础梁上砌筑墙体的做法［图 11-4（c)］。

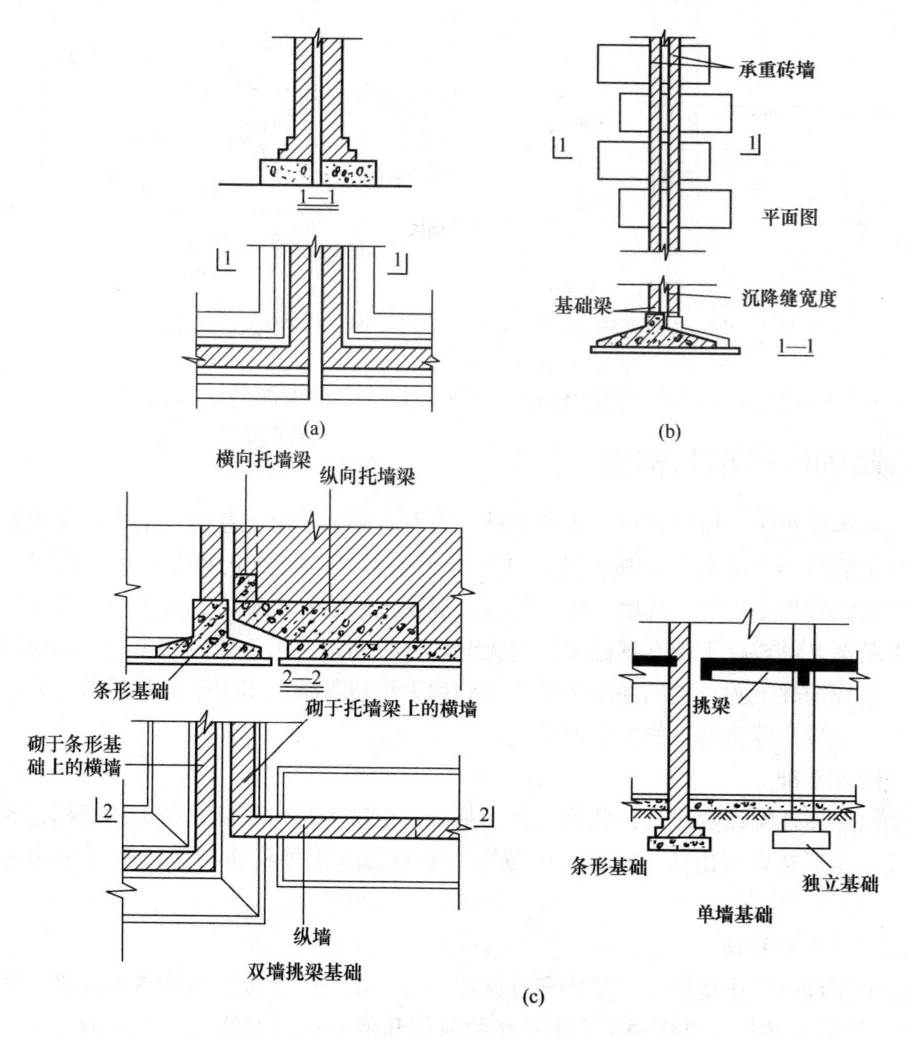

图 11-4　沉降缝处基础

(a) 双墙式；(b) 交叉处；(c) 悬挑式

(3) 管道穿越基础时的处理

室内给排水管道、供热采暖管道和电气管路等通常不允许沿建筑物基础底部设置。当管道必须穿越基础时，须在基础施工时按照图纸上标明的管道位置（平面位置和标高位置），预埋管道或预留孔洞。预留孔洞的尺寸见表 11-1。

表 11-1　管道穿越基础预留孔洞尺寸　　单位：mm

管　径 d（mm）	50～75	≥100
预留洞尺寸（宽×高）	300×300	(d+300) × (d+200)

管顶上部到孔顶的净空 h 不得小于建筑物的沉降量，一般不小于 150mm，在湿陷性黄土地区则不宜小于 300mm（图 11-5）。

预留孔洞底面与基础底面的距离不宜小于400mm，若不能满足时，应将建筑物基础局部降低（图11-6）。

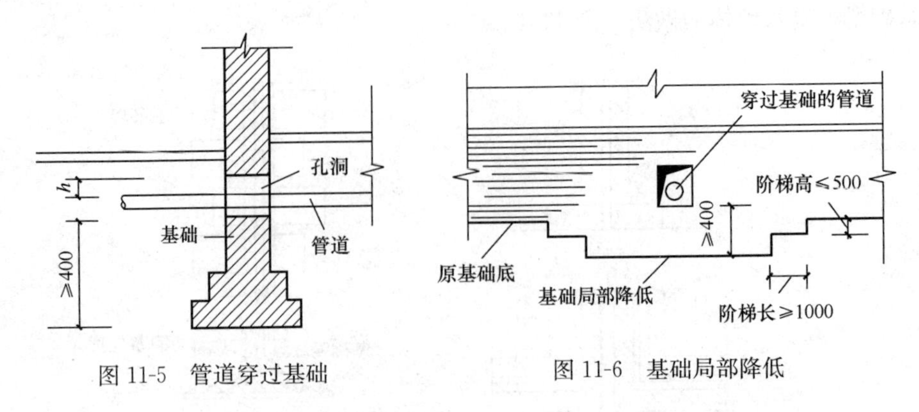

图11-5　管道穿过基础　　　　图11-6　基础局部降低

预留孔与管道之间的空隙用黏土填实，两端用1∶2的水泥砂浆封口。

11.2　基础的类型与构造

基础的类型很多，按材料可分为砖基础、毛石基础、混凝土基础、毛石混凝土基础、灰土基础和钢筋混凝土基础等；按构造形式可分为条形基础、独立基础、井格基础、筏片基础、箱形基础和桩基础等。其中由砖、毛石、混凝土或毛石混凝土、灰土和三合土等材料制成的墙下条形基础或柱下独立基础又称为无筋扩展基础，适用于低层和多层民用建筑。由钢筋混凝土制成的柱下独立基础和墙下条形基础称为扩展基础，多用于地基承载力差、荷载较大、地下水位较高等条件下的大中型建筑。

11.2.1　条形基础

基础沿墙体连续设置成长条状称为条形基础，也称为带形基础，是砌体结构建筑基础的基本形式。条形基础可用砖、毛石、混凝土、毛石混凝土等材料制作，也可用钢筋混凝土制作。

11.2.1.1　*砖条形基础*

砖条形基础一般由垫层、大放脚和基础墙三部分组成。大放脚的做法有间隔式和等高式两种（图11-7）。垫层厚度应根据上部结构的荷载和地基承载力的大小等来确定，一般不小于100mm。砖的强度等级不低于MU10，砂浆应为强度等级不低于M5的水泥砂浆。砖基础取材容易、价格较低、施工方便，但其强度、耐久性、抗冻性均较差，多用于地基条件

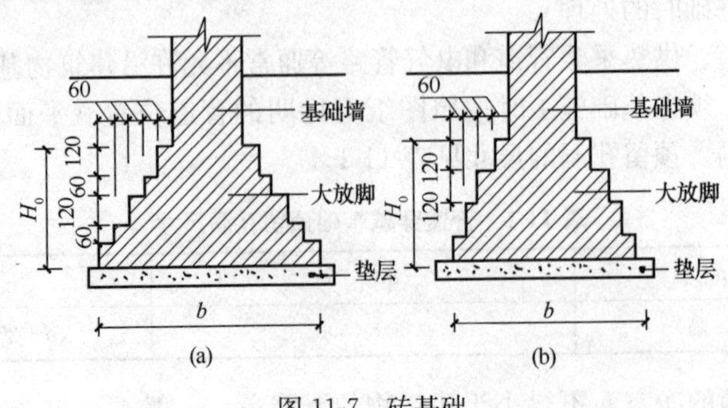

图11-7　砖基础

(a) 间隔式；(b) 等高式

好、地下水位低、非严寒地区的5层以下砖混结构房屋。

11.2.1.2　毛石基础

毛石基础是用毛石和水泥砂浆砌筑而成，其剖面形状多为阶梯形。为保证砌筑质量并便于施工，基础顶面每边要比基础墙宽出100mm以上，基础墙的宽度和每个台阶的高度不宜小于400mm，每个台阶伸出的宽度不宜大于200mm（图11-8）。石材抗压强度高，抗冻、防水、防腐性好，且方便就地取材；但毛石基础整体性差，因此毛石基础宜用于地下水位较高，冻结深度较大的低层和多层民用建筑，不宜用于有振动的房屋。

11.2.1.3　混凝土基础

混凝土基础是用不低于C15的混凝土浇捣而成，其剖面形式和尺寸除满足刚性角（45°）之外，不受材料规格限制，其基本形式有阶梯形和锥形（图11-9）。为节省水泥，可在混凝土中加入适量粒径不超过300mm，而且不大于每个台阶宽度或高度的1/3的毛石，构成毛石混凝土基础。毛石的掺量一般为总体积的20%～30%，且应均匀分布。

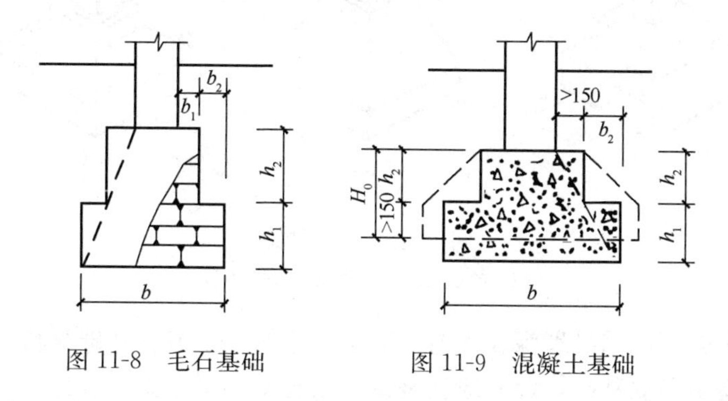

图11-8　毛石基础　　　　图11-9　混凝土基础

混凝土基础具有坚固、耐久、耐水、刚性角大等特点，多用于地下水位较高或有冰冻作用的建筑。

11.2.1.4　钢筋混凝土基础

钢筋混凝土基础因配有钢筋，可以做得宽而薄，其剖面形式多为扁锥形（图11-10）。当房屋为骨架承重或内骨架承重，且地基条件较差时，为提高建筑物的整体性，避免各承重柱产生不均匀沉降，通常将柱下基础沿纵横方向连接起来，形成柱下条形基础（图11-11）或十字交叉的井格基础（图11-12）。

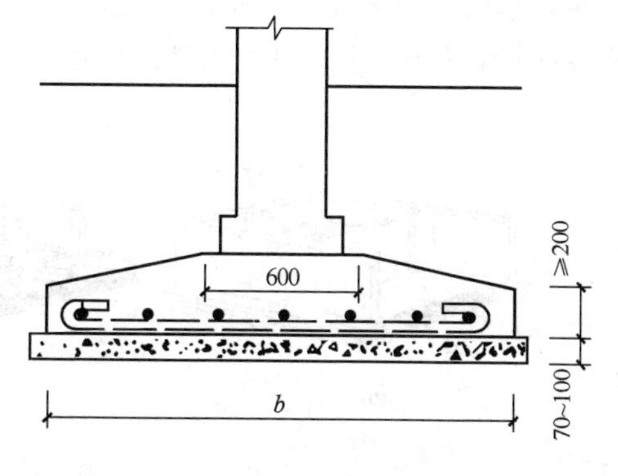

图11-10　钢筋混凝土基础

钢筋混凝土基础中混凝土的强度等级不宜低于C20。受力钢筋应通过计算确定，但钢筋直径不宜小于10mm，间距不宜大于200mm，条形基础的受力筋仅放置在平行于槽宽的方向。受力筋的保护层厚度，有垫层时不宜小于35mm，无垫层时不宜小于70mm，垫层一般采用C10的素混凝土，厚度为70～100mm。

11.2.2　独立基础

当建筑物上部结构为框架、排架时，基础常采用独立基础。独立基础是柱下基础的基本形式。当柱为预制构件时，基础浇筑成杯形，然后将柱子插入，并用细石混凝土嵌固，称为杯形基础。独立基础常用的断面形式有阶梯形、锥形、杯形等，如图11-13所示。

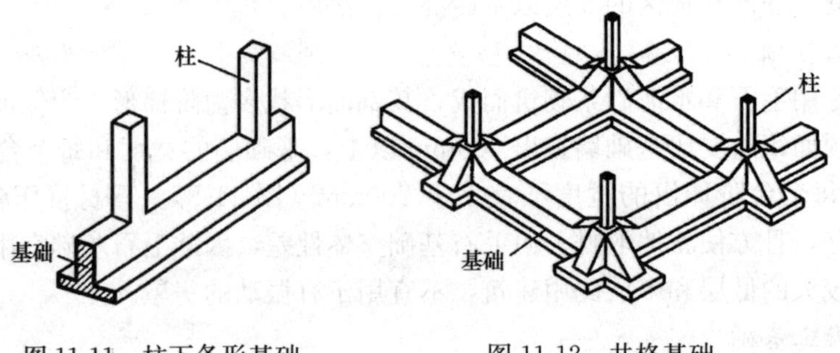

图 11-11　柱下条形基础　　　　图 11-12　井格基础

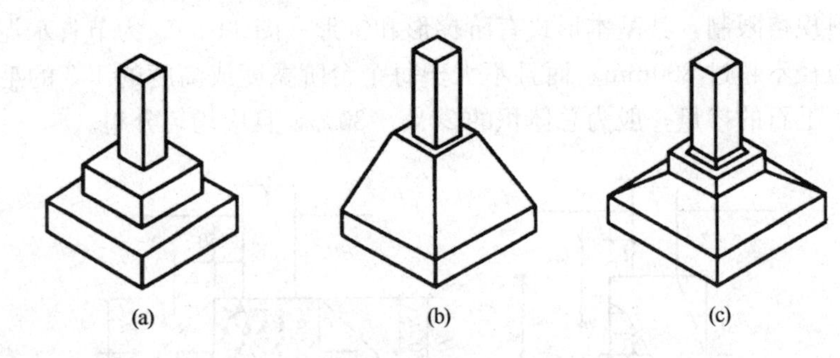

图 11-13　独立基础

（a）阶梯形；（b）锥形；（c）杯形

当地基承载力较弱或基础埋深较大时，墙承重建筑为了节省基础材料，减少土石方工程量，也可以采用墙下独立基础，此时应在基础上设置基础梁以支承墙身。

11.2.3　筏片基础

当建筑物上部荷载较大，或地基土质很差，承载能力小，采用独立基础或井格基础不能满足要求时，可采用筏片基础。筏片基础在构造上像倒置的钢筋混凝土楼盖，分为板式和梁板式两种，如图 11-14（a）、（b）所示。

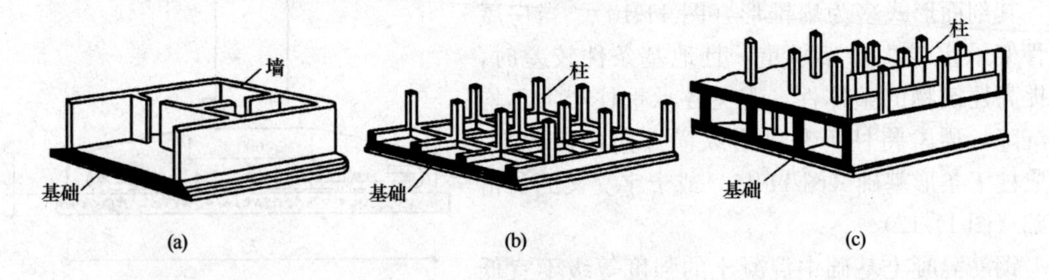

图 11-14　筏片基础和箱形基础

（a）板式；（b）梁板式；（c）箱形

11.2.4　箱形基础

箱形基础是一种刚度很大的整体基础，它是由钢筋混凝土顶板、底板和纵、横墙组成的，如图 11-14（c）所示。若在纵、横内墙上开门洞，则可做成地下室。箱形基础的整体空间刚度大，能有效地调整基底压力，且埋深大，稳定性和抗震性好，常用做高层或超高层建筑的基础。

11.2.5 桩基础

当建筑物的荷载较大，而地基的弱土层较厚，地基承载力不能达到要求，采取其他措施又不经济时，可采用桩基础。桩基础由承台和桩柱组成（图 11-15）。承台是在桩顶现浇的钢筋混凝土梁或板，如上部结构是砖墙时为承台梁，上部结构是钢筋混凝土柱时为承台板，承台的厚度一般不小于 300mm，由结构计算确定，桩顶嵌入承台不小于 50mm。桩柱有木桩、钢桩、钢筋混凝土桩等，我国采用最广泛的为钢筋混凝土桩。钢筋混凝土桩按施工方法可分为预制桩、灌注桩和爆扩桩。预制桩是预制好后用打桩机打入土中，断面一般为（200～350）mm×（200～350）mm，桩长不超过 12m。预制桩质量容易保证，不受地基等其他条件的影响，但造价高、用钢量大、施工有噪声。灌注桩是直接在地面上钻孔或打孔，然后放入钢筋笼，浇筑混凝土。它具有施工快、造价低等优点，但当地下水位较高时，容易出现颈缩现象。爆扩桩是用机械或人工钻孔后，用炸药爆炸扩大孔底，再浇注混凝土而成。爆扩桩的优点是承载能力较高（因有扩大端），施工速度快，劳动强度低并且投资少等。缺点是爆炸产生的震动对周围房屋有影响，且易出事故，城市内使用受到限制。

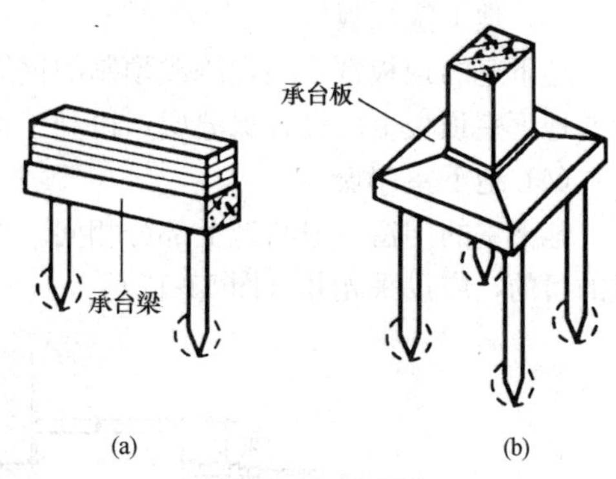

图 11-15　桩基础

（a）墙下桩基础；（b）柱下桩基础

11.3 地下室的构造

11.3.1 地下室的概念

地下室是建筑物底层下面的房间。地下室按埋入地下深度的不同，可分为全地下室和半地下室。当地下室地面低于室外地坪的高度超过该地下室净高的 1/2 时为全地下室；当地下室地面低于室外地坪的高度超过该地下室净高的 1/3，但不超过 1/2 时为半地下室。地下室按使用功能来分，有普通地下室和人防地下室。普通地下室一般用作设备用房、储藏用房、商场、餐厅、车库等；人防地下室主要用于战备防空，考虑和平年代的使用，人防地下室在功能上应能够满足平战结合的使用要求。

11.3.2 地下室的组成

地下室一般由墙、底板、顶板、门窗、楼梯和采光井六部分组成（图 11-16）。

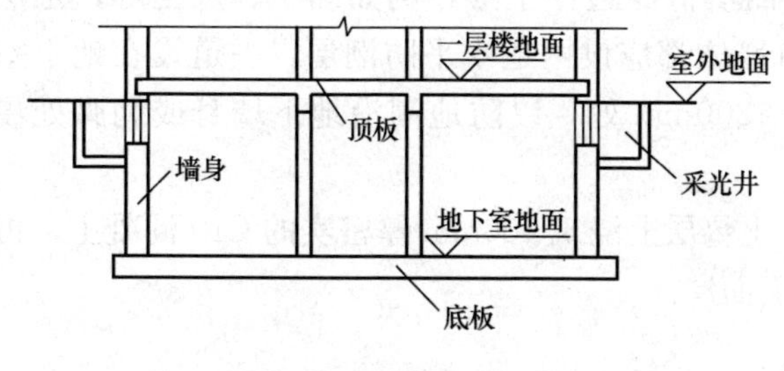

图 11-16　地下室组成

（1）地下室墙

地下室的墙不仅要承受上部的垂直荷载，还要承受土、地下水及土壤冻胀时产生的侧压力。因此，采用砖墙时，其厚度一般不小于 490mm。荷载较大或地下水位较高时，最好采用混凝土或钢筋混凝土墙，其厚度应根据计算确定，一般不小于 200mm。

（2）地下室底板

底板处于最高地下水位之上时，可按一般地面工程的做法，即垫层上现浇混凝土 60～

80mm 厚，再做面层。当底板低于最高地下水位时，地下室底板不仅承受作用在它上面的垂直荷载，还承受地下水的浮力，因此，应采用具有足够强度、刚度和抗渗能力的钢筋混凝土底板。否则，即使采取外部防潮、防水措施，仍然易产生渗漏。

（3）地下室顶板

地下室的顶板常采用现浇或预制的钢筋混凝土板，并要具有足够的强度和刚度。在无采暖的地下室顶板上应设置保温层，以利于首层房间使用舒适。

（4）地下室门窗

地下室的门窗一般与地上部分相同。当地下室窗台低于室外地面时，为了达到采光和通风的目的，应设采光井（图 11-17）。

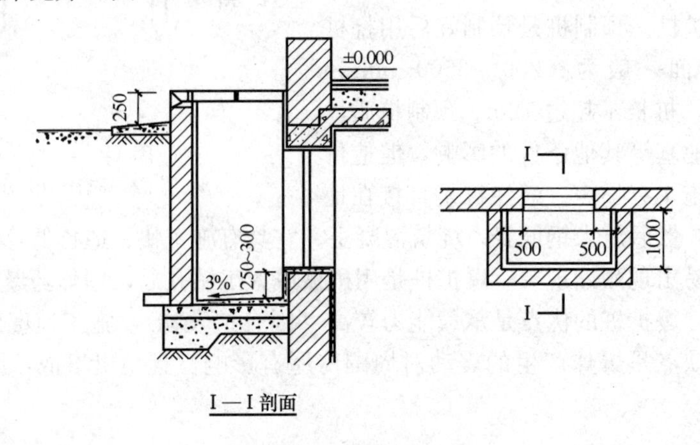

图 11-17　地下室采光井

（5）地下室楼梯

地下室的楼梯可与地面部分的楼梯结合设置。由于地下室层高较小，因此多设单跑楼梯。一个地下室至少应有两部楼梯通向地面。防空地下室也应至少有两个出口通向地面，而且其中一个必须是独立的安全出口。独立安全出口距建筑物的距离不得小于地面建筑物高度的一半，安全出口与地下室由能承受一定荷载的通道连接。

11.3.3　地下室的防潮

当地下室地坪高于地下水的常年水位和最高水位时，因为地下水不会直接侵入地下室，墙和底板仅受土层中毛细水和地表水下渗而形成的无压水影响，只需做防潮处理（图 11-18）。

地下室外墙的防潮做法是：先在外墙表面抹一层 20mm 厚的水泥砂浆找平层，再涂一道冷底子油和两道热沥青；然后在外侧回填低渗透性土壤，例如黏土、灰土等，土层宽度为 500mm 左右。此外，地下室的所有墙体都应设两道水平防潮层，一道设在地下室地坪附近，另一道设在室外地坪以上 150～200mm 处，以防地潮沿地下墙身或勒脚处侵入室内。

地下室底板的防潮做法是在灰土或三合土垫层上浇筑 100mm 厚密实的 C10 混凝土，再用 1∶3 水泥砂浆找平，然后做防潮层、地面面层。

11.3.4　地下室的防水

目前，我国地下工程防水常用的措施有卷材防水、混凝土构件自防水、涂料防水、塑料防水板防水、金属防水层等。选用何种材料防水，应根据地下室的使用功能、结构形式、环境条件等因素合理确定。一般处于侵蚀性介质中的工程应采用耐腐蚀的防水混凝土、防水砂

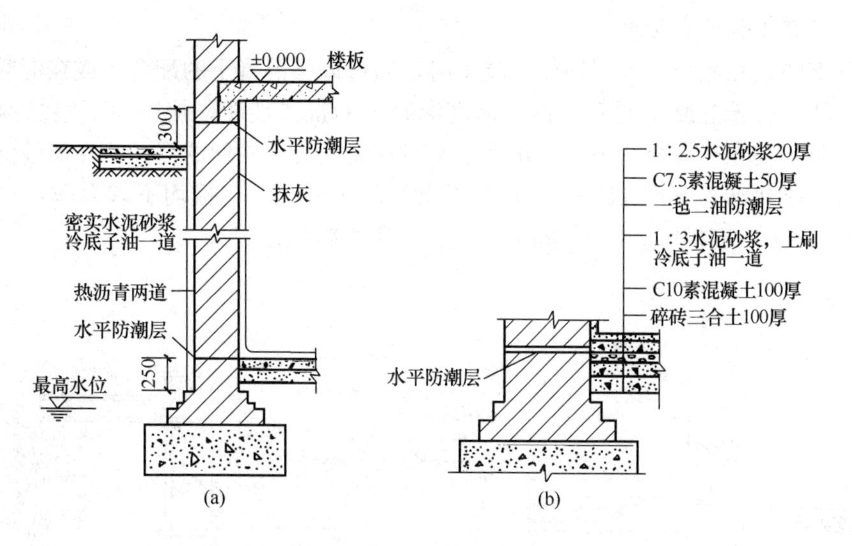

图 11-18　地下室防潮处理

(a) 墙身防潮；(b) 地坪防潮

浆或卷材、涂料；结构刚度较差或受震动影响的工程应采用卷材、涂料等柔性防水材料。

11.3.4.1　卷材防水

卷材防水是以防水卷材和相应的粘结剂分层粘贴，铺设在地下室底板垫层至墙体顶端的基面上，形成封闭防水层的做法。根据防水层铺设位置的不同可分为外包防水和内包防水(图 11-19)。一般适用于受侵蚀介质作用或振动作用的地下室。卷材防水常用的材料有高聚物改性沥青防水卷材和合成高分子防水卷材，卷材的层数应根据地下水的最大计算水头（最高地下水位至地下室底板下皮的高度）选用。其具体做法是：在铺贴卷材前，先将基面找平并涂刷基层处理剂，然后按确定的卷材层数分层粘贴卷材，并做好防水层的保护（垂直防水层外砌 120mm 墙；水平防水层上做 20～30mm 的水泥砂浆抹面，邻近保护墙 500mm 范围内的回填土应选用弱透水性土，并逐层夯实)。

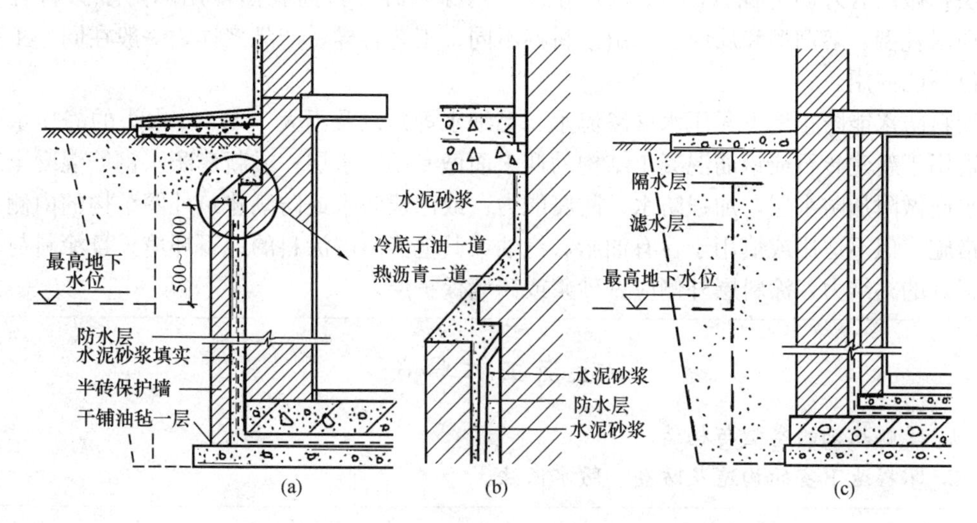

图 11-19　地下室卷材防水构造

(a) 外包防水；(b) 墙身防水层收头处理；(c) 内包防水

11.3.4.2　混凝土构件自防水

当地下室的墙和底板均采用钢筋混凝土时，通过调整混凝土的配合比或在混凝土中掺入外加剂等方法，改善混凝土的密实性，提高混凝土的抗渗性能，使得地下室结构构件的承重、围护、防水功能三者合一。为防止地下水对钢筋混凝土构件的侵蚀，在墙外侧应抹水泥砂浆，然后涂刷热沥青（图 11-20）。同时要求混凝土外墙、底板均不宜太薄，一般外墙厚应为 200mm 以上，底板厚应在 150mm 以上，否则影响抗渗效果。

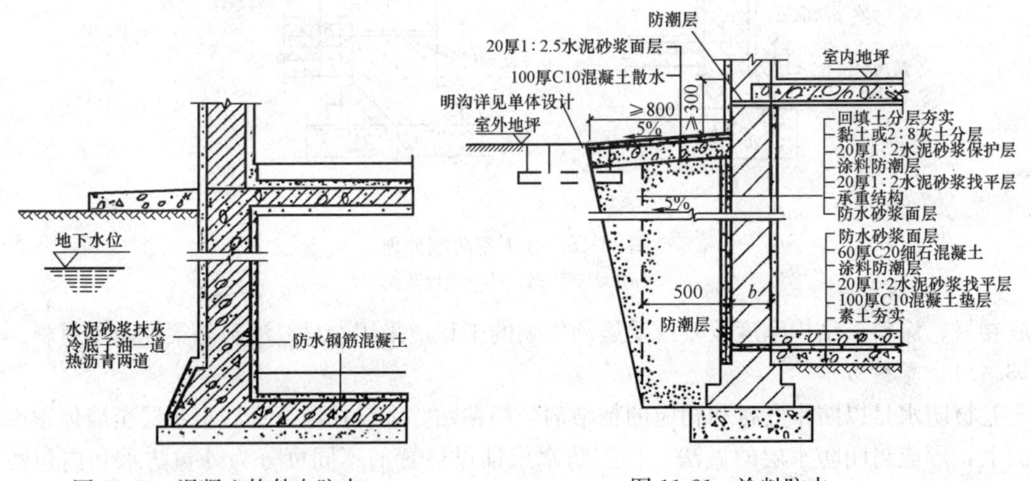

图 11-20　混凝土构件自防水　　　　图 11-21　涂料防水

11.3.4.3　涂料防水

涂料防水指在施工现场以刷涂、刮涂或滚涂等方法，将无定型液态冷涂料在常温下涂敷在地下室结构表面的一种防水做法，一般为多层敷设。为增强其抗裂性，通常还夹铺 1～2 层纤维制品（如玻璃纤维布、聚酯无纺布）。涂料防水层的组成有底涂层、多层基本涂膜和保护层，做法有外防外涂（图 11-21）和外防内涂两种。目前我国常用的防水涂料有三大类，即水乳型、溶剂型和反应型。由于材性不同，工艺各异，产品多样，一般在同一工程同一部位不能混用。

涂料防水能防止地下无压水（渗流水、毛细水等）以及不大于 1.5m 水头的静压水的侵入。适用于新建砖石或钢筋混凝土结构的迎水面做专用防水层；或新建防水钢筋混凝土结构的迎水面做附加防水层，加强防水、防腐能力；或已建防水或防潮建筑外围结构的内侧，做补漏措施。但不适用或慎用于含有油脂、汽油或其他能溶解涂料的地下环境。且涂料与基层应有很好的粘结力，涂料层外侧应做砂浆或砖墙保护层。

上岗工作要点

1. 了解基础的类型与构造。
2. 掌握地下室的构造及防潮、防水做法。

思考题

11-1　什么是地基？什么是基础？并区分两者之间的不同。

11-2　地基可分为哪几类？

11-3　影响基础埋置深度的因素有哪些？

11-4　基础可分为哪几类？

11-5　条形基础可用哪些材料制作？

11-6　什么是地下室？其组成有哪些？

11-7　地下室的防潮措施是什么？

11-8　地下室的防水措施是什么？

第12章　墙　　体

<table><tr><td>

重　点　提　示

1. 熟悉墙体的类型与要求。
2. 掌握各种常见墙体的细部构造以及墙面的常用装修做法。

</td></tr></table>

12.1　墙体概述

12.1.1　墙体的作用

（1）承重作用。即承受楼板、屋顶或梁传来的荷载以及墙体自重、风荷载、地震荷载等。

（2）围护作用。即抵御自然界中雨、雪、风等的侵袭，防止太阳辐射、噪声的干扰，起到保温、隔热、隔声、防水、防风等作用。

（3）分隔作用。即把房屋内部划分为若干个房间，以适应人的使用要求。

（4）装饰作用。即墙面装饰是建筑装饰的重要部分，墙面装饰对整个建筑物的装饰效果作用很大。

12.1.2　墙体的类型

（1）按墙体在建筑物中的位置分

按墙体所处的位置不同，可将其分为外墙和内墙。凡位于建筑物四周的墙称为外墙，位于建筑物内部的墙称为内墙。外墙的主要作用是分隔室内外空间，抵御大自然的侵袭，保证室内空间舒适，故又称外围护墙。内墙的主要作用是分隔室内空间，保证各空间的正常使用。凡沿建筑物长轴方向的墙称为纵墙，有外纵墙和内纵墙之分；沿建筑物短轴方向的墙称为横墙，外横墙通常称为山墙。另外，窗与窗或门与窗之间的墙称为窗间墙；窗洞下方的墙称为窗下墙；屋顶上部高出屋面的墙称为女儿墙等。如图12-1所示。

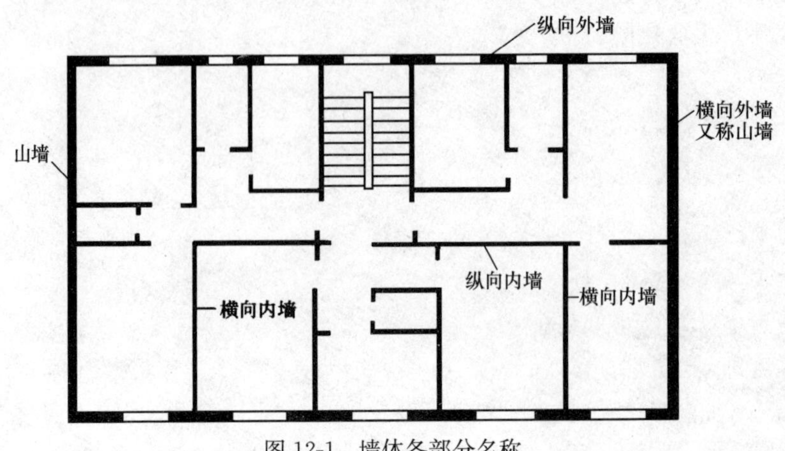

图12-1　墙体各部分名称

（2）按墙体受力情况分

按墙体受力情况的不同可分为承重墙和非承重墙。凡直接承受其他构件传来荷载的墙称为承重墙，凡不承受其他构件传来荷载的墙称为非承重墙。非承重墙又可分为自承重墙、隔墙、填充墙和幕墙。自承重墙仅承受自身荷载而不承受外来荷载；隔墙主要用作分隔内部空间而不承受外力的墙体；填充墙用作框架结构中的墙体；幕墙是指悬挂于骨架外部的轻质墙。

（3）按墙体材料分

按墙体所用材料的不同可分为砖墙、石墙、土墙、混凝土墙以及利用各种材料制作的砌块墙、板材墙等。其中砖墙是我国传统的墙体材料，应用最为广泛。

（4）按墙体构造方式分

按墙体构造方式可分为实体墙、空体墙、组合墙三种。实体墙是由一种材料所构成的墙体，例如普通砖墙、实心砌块墙等。空体墙也是由一种材料构成的墙体，但材料本身具有孔洞或由一种材料组成具有空腔的墙，如空斗墙。组合墙是由两种以及两种以上的材料组合而成的墙。

12.1.3 墙体的设计要求

（1）具有足够的强度和稳定性，确保结构安全

墙体的强度与所用材料、墙体尺寸以及构造和施工方式有关；墙体的稳定性则与墙的长度、高度、厚度相联系，一般是通过控制墙体的高厚比增设壁柱、利用圈梁、构造柱以及加强各部分之间的连接等措施以增强其稳定性。

（2）满足热工方面的要求，以保证房间内具有良好的气候条件和卫生条件

热工要求主要指墙体的保温与隔热。对于墙体的保温通常是采取增加墙体的厚度、选择导热系数小的墙体材料以及防止空气渗透等措施加以解决；对于墙体的隔热，一般可采用浅色而平滑的墙体外饰面、窗口外设遮阳等措施以达到降低室内温度的目的。

（3）满足隔声方面的要求

为了防止室外及邻室的噪声影响，从而获得安静的工作和休息环境，墙体应具有一定的隔声能力。

（4）满足防火方面的要求

墙体材料的燃烧性能和耐火极限应符合防火规范的要求。在大型建筑中，还要按防火规范的规定设置防火墙，将建筑划分为若干区段，以防止火灾的蔓延。

（5）适应建筑工业化的要求

尽可能采用预制装配式墙体材料和构造方案，为生产工厂化、施工机械化创造条件，以降低劳动强度，提高墙体施工的工效。

12.1.4 墙体结构布置方案

一般民用建筑可分为框架承重和墙体承重两种方式。墙体承重又可分为横墙承重、纵墙承重、纵横墙混合承重和部分框架承重四种方案，如图 12-2 所示。

（1）横墙承重方案

横墙承重方案是将楼板两端搁置在横墙上，荷载由横墙承受，纵墙只起围护和分隔作用。楼板的长度即横墙的间距，一般在 4m 以内较为经济。此方案横墙数量多，因此房屋的空间刚度大、整体性好。但建筑空间划分不够灵活，适用于使用功能较小房间的建筑。例如住宅、宿舍、旅馆等民用建筑。

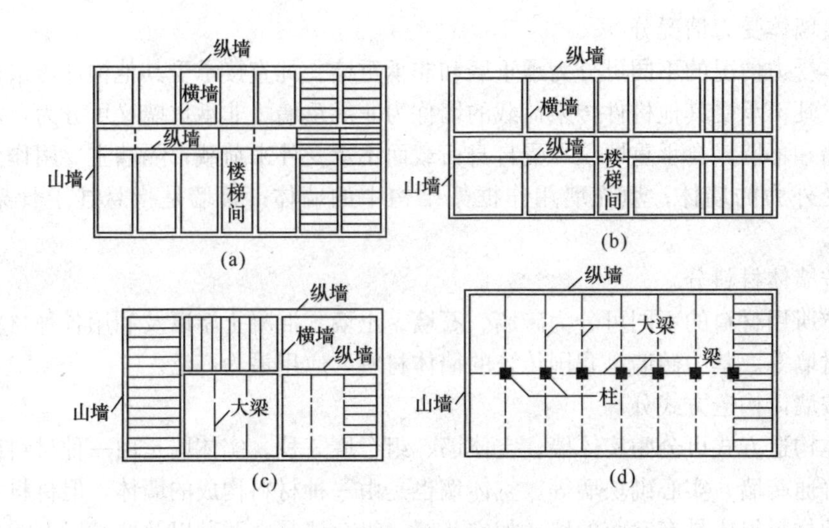

图 12-2　墙体结构的布置

(a) 横墙承重；(b) 纵墙承重；(c) 纵横墙承重；(d) 墙与内柱承重

(2) 纵墙承重方案

纵墙承重方案是将楼板搁置在内外纵墙上，荷载由纵墙承受，横墙为非承重墙，仅起分隔房间的作用。因为横墙少而房屋整体刚度差，一般应设置一定数量的横墙来拉接纵墙。此方案的建筑空间划分灵活，适用于需要较大房间的建筑，例如教学楼、办公楼等。

(3) 纵横墙混合承重方案

由于建筑空间变化较多，结构方案可根据需要布置，房屋中一部分用横墙承重，另一部分用纵墙承重，形成纵横墙混合承重方案。此种方式建筑物的刚度不如横墙承重方案，板的类型增多，施工较麻烦，但建筑空间组合灵活。适用于开间、进深变化较多的建筑，例如医院、教学楼等。

(4) 部分框架承重方案

当建筑需要大空间时，采用内部框架承重，四周为墙承重。板的荷载传给梁、柱或墙。房屋的整体刚度主要由内框架保证，因此水泥及钢材用量比较大。适用于内部需要大空间的建筑，例如食堂、仓库、底层设商店的综合楼等。

12.2　砖墙的基本构造

12.2.1　砖墙的材料

砖墙的主要材料是砖和砂浆。

(1) 砖

砌墙用砖的类型很多，长久以来，应用最广泛的是实心黏土砖。实心黏土砖的规格为240mm×115mm×53mm，其尺寸与我国现行的模数制不符，这使得墙体尺寸不易与其他构件尺寸相协调，给设计和施工带来诸多不便。同时，墙体自重大、保温效率低，生产时要占用大量农田，不符合墙体改革的需要和时代的要求，取而代之的是利用工业废料生产的粉煤灰砖、灰渣砖等，或将实心黏土砖空心化（有圆孔、方孔、长圆孔等），做成多孔黏土砖，以降低对土地资源的消耗，并有利于降低墙体自重，提高墙体的保温和隔声性能。

多孔黏土砖和实心黏土砖通称黏土砖，其强度等级是根据它的抗压强度和抗拉强度来确定的，共分为 MU7.5、MU10、MU15、MU20、MU25、MU30 六个等级，其中建筑中砌墙常用的是 MU7.5 和 MU10。

（2）砂浆

砌筑用的砂浆有水泥砂浆、石灰砂浆和混合砂浆三种。它们是由水泥、石灰、水泥和石灰分别与砂、水拌合而成的。水泥砂浆属水硬性材料，强度高，和易性差，适合砌筑处于潮湿环境的砌体。石灰砂浆属气硬性砂浆，强度低，和易性好，适用于砌筑次要建筑地面以上的砌体。混合砂浆既有较高的强度，也有良好的和易性，所以在砌筑地面以上的砌体中被广泛应用。

砂浆的强度等级是根据其抗压强度确定的，共分 M0.4、M1、M2.5、M5、M7.5、M10、M15 七个等级，其中常用的砌筑砂浆是 M2.5 和 M5。

12.2.2　砖墙的尺度

（1）砖墙厚度

砖墙厚度视其在建筑物中的作用不同所考虑的因素也不同，如承重墙根据强度和稳定性的要求确定，围护墙则需要考虑隔热、保温、隔声等要求来确定。此外砖墙厚度应与砖的规格相适应。

实心黏土砖墙的厚度是按半砖的倍数确定的。如半砖墙、3/4 砖墙、一砖墙、一砖半墙、两砖墙等，相应的构造尺寸为 115mm、178mm、240mm、365mm、490mm，习惯上以它们的标志尺寸来称呼，如 12 墙、18 墙、24 墙、37 墙、49 墙等，墙厚与砖规格的关系如图 12-3（a）所示。

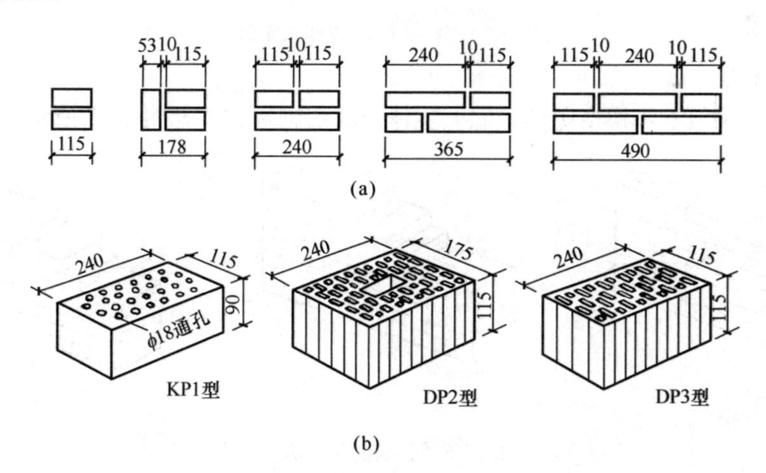

图 12-3　黏土砖的规格

（a）实心黏土砖与墙厚的关系；（b）多孔黏土砖的规格

多孔黏土砖的规格有 240mm×115mm×90mm、240mm×175mm×115mm、240mm×115mm×115mm，孔洞形式有圆形和长方形通孔等［图 12-3（b）］。多孔黏土砖墙的厚度是按 50mm（M/2）进级，即 90mm、140mm、190mm、240mm、290mm、340mm、390mm 等。

（2）墙段尺寸

我国现行的《建筑模数协调统一标准》（GBJ 2—1986）中规定，房间的开间、进深、门窗洞口尺寸都应是 3M（300mm）的整倍数，而实心黏土砖墙的模数是砖宽加灰缝即 125mm，多孔黏土砖墙的厚度是按 50mm（M/2）进级，这样一幢房屋内有两种模数，在设计中出现了不协调的现象。在具体工程中，可通过调整灰缝的大小来解决，当墙段长度小于 1m 时，因调整灰缝的范围小，应使墙段长度符合砖模数；当墙段长度超过 1m 时，可不再考虑砖模数。

12.2.3　砖墙的组砌

组砌是指砌块在砌体中的排列，组砌的关键是错缝搭接，使上下皮砖的垂直缝交错，保证砖墙的整体性。图 12-4 为砖墙组砌名称及错缝。当墙面不抹灰作清水时，组砌还应考虑墙面图案的美观。在砖墙的组砌中，把砖的长方向垂直于墙面砌筑的砖叫丁砖，把砖长方向平行于墙面砌筑的砖叫顺砖。上下皮之间的水平灰缝称横缝，左右两块砖之间的垂直缝称竖缝。要求横平竖直、灰浆饱满、上下错缝、内外搭接，上下错缝长度不小于 60mm。

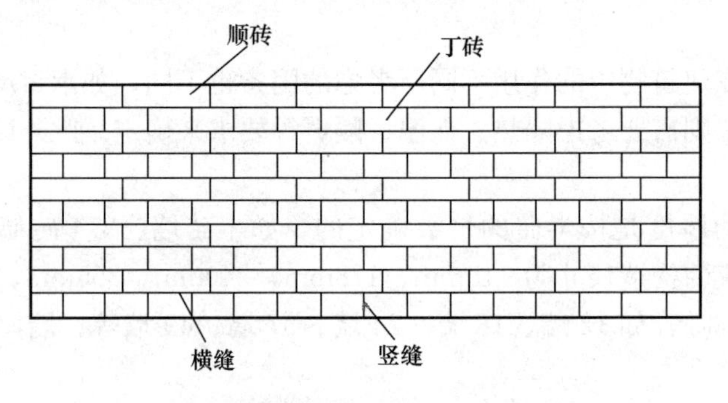

图 12-4　砖墙组砌名称及错缝

（1）实体砖墙

即用黏土砖砌筑的不留空隙的砖墙。实体砖墙的砌筑方式如图 12-5 所示。

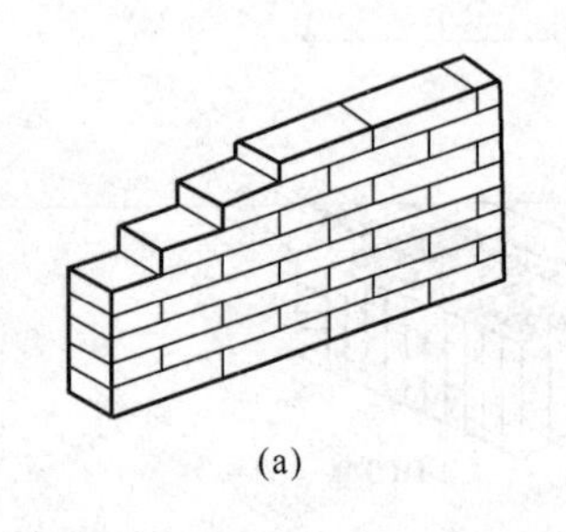

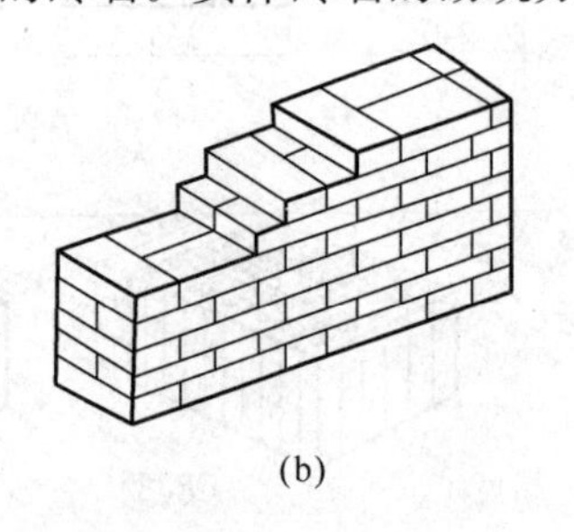

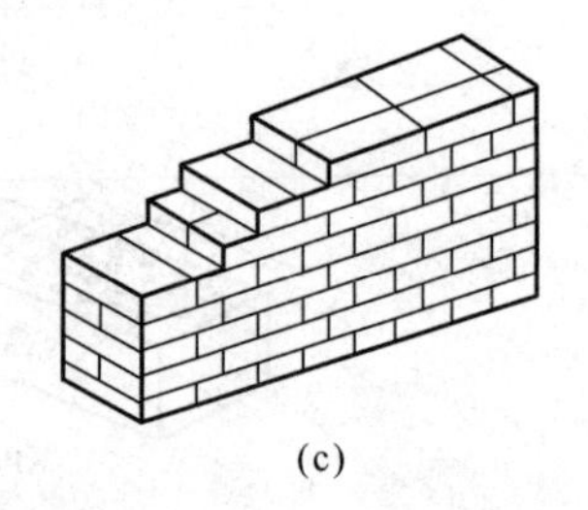

(a)　(b)　(c)

图 12-5　砖墙的组砌方式

（a）全顺式；（b）梅花丁；（c）一顺一丁

（2）空斗墙

即用实心黏土砖侧砌或侧砌与平砌结合砌筑，内部形成空心的墙体。一般把侧砌的砖叫斗砖，平砌的砖叫眠砖（图 12-6）。

空斗墙与实体砖墙相比，用料省，自重轻，保温隔热好，适用于炎热、非震区的低层民用建筑。

（3）组合墙

即用砖和其他保温材料组合形成的墙。这种墙可改善普通墙的热工性能，常用在我国北方寒冷地区。组合墙体的做法有三种类型：①在墙体的一侧附加保温材料；②在砖墙的中间填充保温材料；③在墙体中间留置空气间层（图 12-7）。

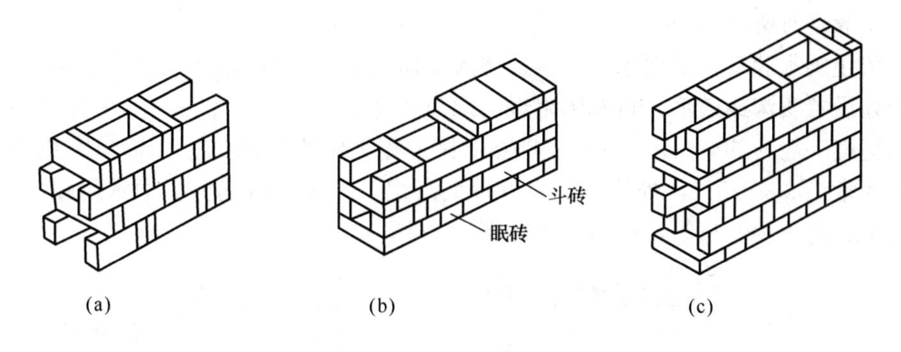

图 12-6　空斗墙的组砌方式

(a) 无眠空斗；(b) 一眠一斗；(c) 一眠二斗

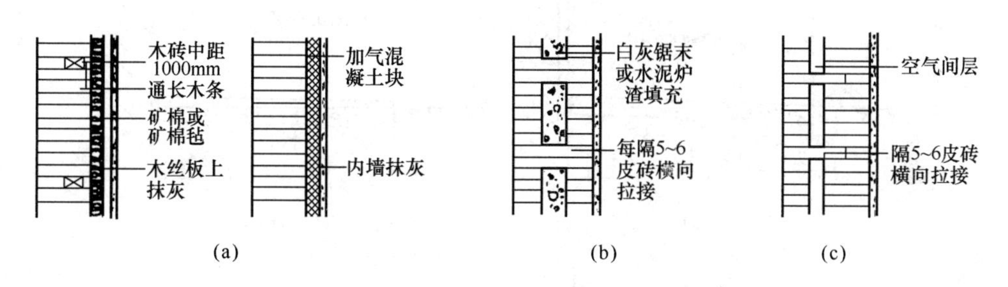

图 12-7　复合墙的构造

(a) 单面敷设保温材料；(b) 中间填充保温材料；(c) 墙中留空气间层

12.3　砖墙的细部构造

12.3.1　墙脚构造

墙脚通常是室内地面以下、基础以上的这段墙体。墙脚包括勒脚、散水、明沟、防潮层等部分。

12.3.1.1　勒脚

指外墙接近室外地面处的表面部分。其主要作用是保护墙脚、加固墙身并具有一定的装饰效果。根据所用材料的不同，勒脚的做法有抹灰（如水泥砂浆、水刷石等）、贴面（如花岗石、大理石、水磨石等天然石材或人造石材），适当增加勒脚墙体的厚度或用石材代替砖砌成勒脚墙等，如图 12-8 所示。勒脚的高度主要取决于防止地面水上溅和防止室内受潮，并适当考虑建筑立面造型的要求，常与室内地面相平或与窗台平齐。

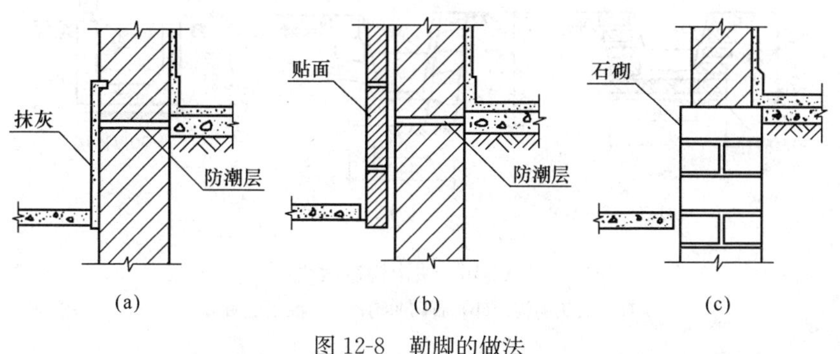

图 12-8　勒脚的做法

(a) 抹灰；(b) 贴面；(c) 石材

12.3.1.2 散水与明沟

为了防止雨水和室外地面水沿建筑物渗入而损害基础，因而需在建筑物四周勒脚与室外地面相接处设置明沟或散水，将勒脚附近的地面水排走。

散水宽度一般为600～1000mm，并要求比采用无组织排水的屋顶檐口宽出200mm左右，坡度通常为3%～5%，外边缘比室外地面高出20～30mm为宜。散水所用材料有混凝土、三合土、砖以及石材等，构造做法如图12-9所示。

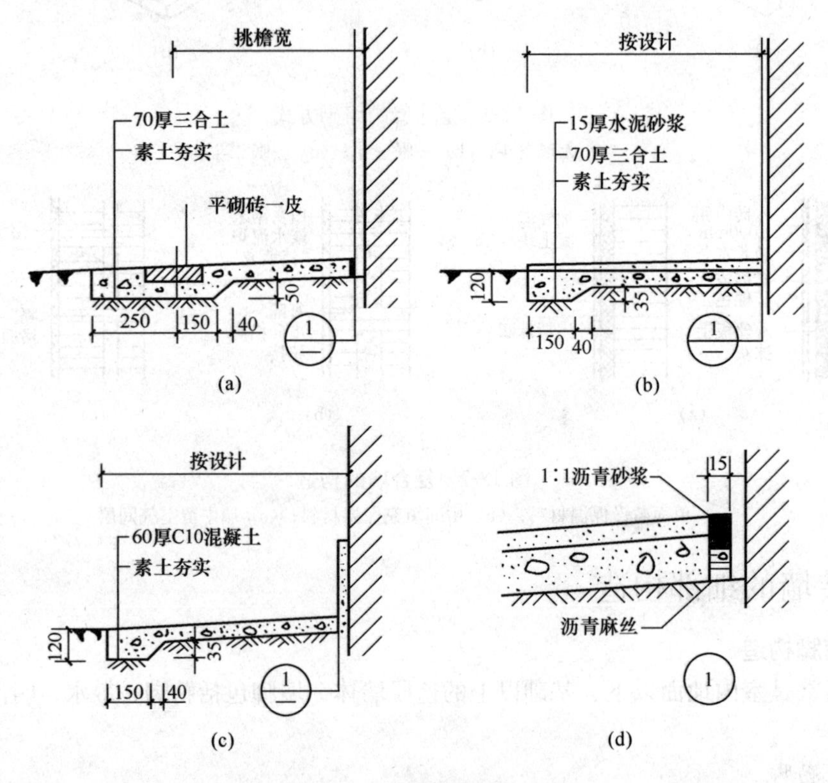

图12-9 散水构造做法

明沟宽度通常不小于200mm，并使沟的中心与无组织排水时的檐口边缘线重合，沟底纵坡一般为0.5%～1%。明沟材料做法可为混凝土浇筑或用砖石砌筑并抹水泥砂浆。常见做法如图12-10所示。

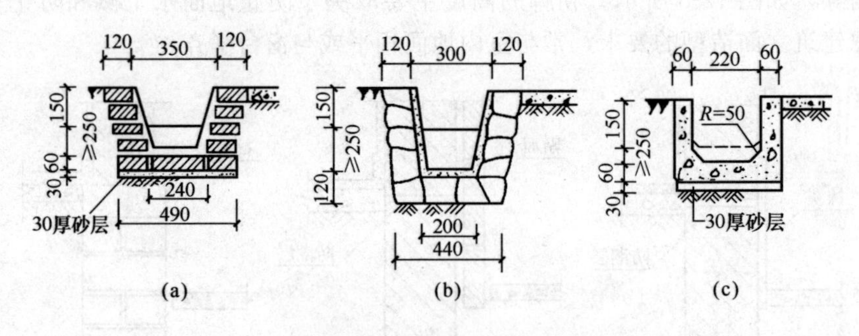

图12-10 明沟构造做法

(a) 砖砌明沟；(b) 石砌明沟；(c) 混凝土明沟

12.3.1.3　墙身防潮

设防潮层的目的是防止土壤中的潮气和水分由于毛细管作用沿墙面上升，以提高墙身的坚固性与耐久性，保持室内干燥卫生。

防潮层的位置：当室内地面垫层为混凝土等密实材料时，防潮层设在低于室内地坪60mm处，并要求高于室外地面150mm及其以上。当室内地面垫层材料为透水材料时，其位置可与室内地面平齐或高出60mm。当内墙两侧地面出现高差时，应在墙身内设高底两道水平防潮层，并在土壤一侧设垂直防潮层。

防潮层的做法有防水砂浆防潮层、油毡防潮层、细石混凝土防潮带三种。构造如图12-11所示。当墙脚采用石材砌筑或混凝土等不透水材料时，不必设防潮层。

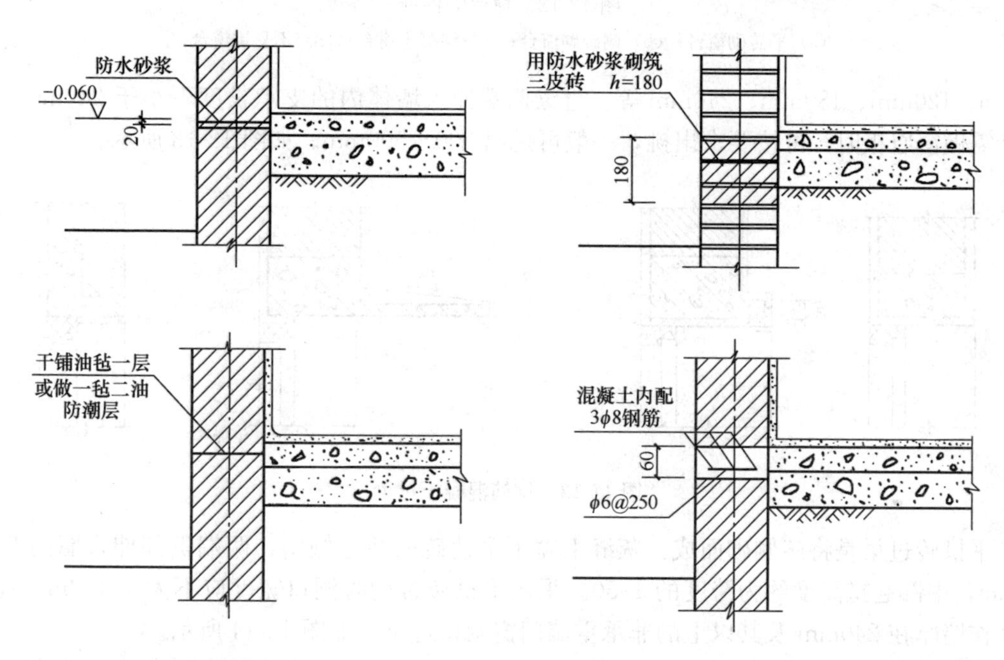

图12-11　墙身防潮做法

12.3.2　窗台构造

凡位于窗洞口下部的墙体构造称为窗台。根据窗框的安装位置可形成内窗台和外窗台。

内窗台的主要作用是保护墙面并可放置物品，外窗台的主要作用是排泄雨水。

外窗台按其与墙面的关系可分为悬挑窗台和不悬挑窗台。当墙面不做装修或用砂浆抹面时宜用悬挑窗台，当墙面装修材料抗污染能力较强时可做不悬挑窗台。

窗台的构造要求是：悬挑窗台挑出墙面不小于60mm，窗台下做滴水，无论是悬挑还是不悬挑窗台表面都应形成一定的排水坡度并做好密封处理。内窗台可用水泥砂浆抹面或预制水磨石板以及木窗台板等做法。窗台构造如图12-12所示。

12.3.3　过梁构造

位于门窗洞口上的承重构件称为过梁。其主要作用是承重并将荷载传递到洞口两侧的墙体上。根据材料和构造方式的不同，可分为钢筋混凝土过梁、砖过梁以及钢筋砖过梁三种。

钢筋混凝土过梁承载能力高，适用于较宽的门窗洞口，其中预制钢筋混凝土过梁便于施工，是最常用的一种。其断面形式有矩形和“「”形两种，断面尺寸考虑符合砖的规格，有

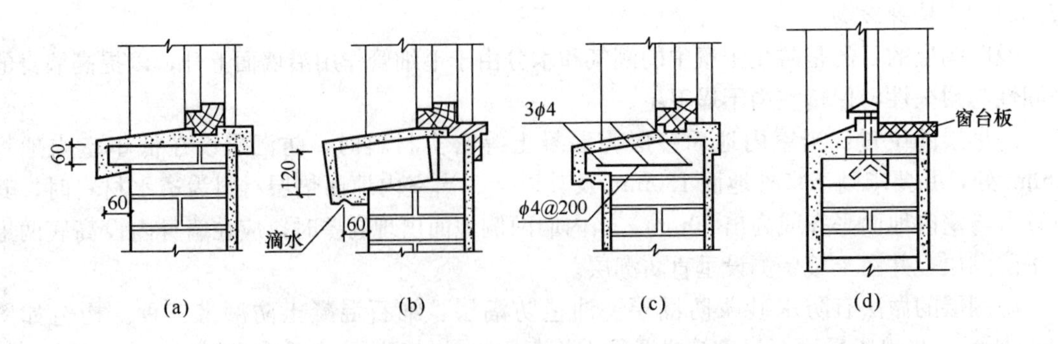

图 12-12　窗台的构造

(a) 平砖砌窗台；(b) 侧砖砌窗台；(c) 混凝土窗台；(d) 不悬挑窗台

60mm、120mm、180mm、240mm 等。过梁两端伸入墙体内的支承长度不小于 240mm。当设计需做窗眉板时，可按要求出挑，一般可挑出 300～500mm。如图 12-13 所示。

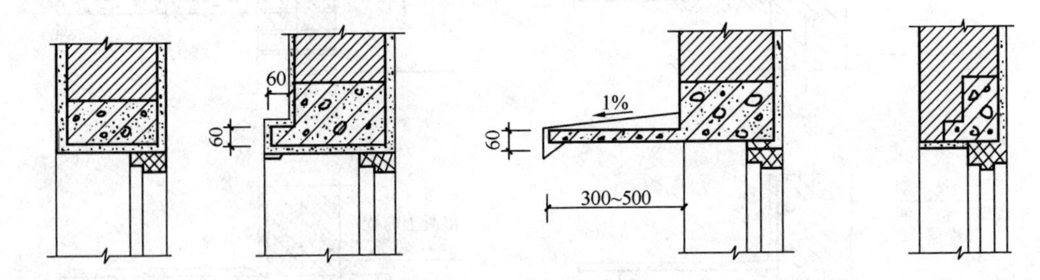

图 12-13　钢筋混凝土过梁

平拱砖过梁是将砖侧砌而成，灰缝上宽下窄使砖向两边倾斜，两端下部伸入墙内 20～30mm，中部起拱高度约为跨度的 1/50。采用平拱砖过梁时洞口宽度应不大于 1.2m。通常可用作墙厚在 240mm 及其以上的非承重墙门窗洞口过梁。如图 12-14 所示。

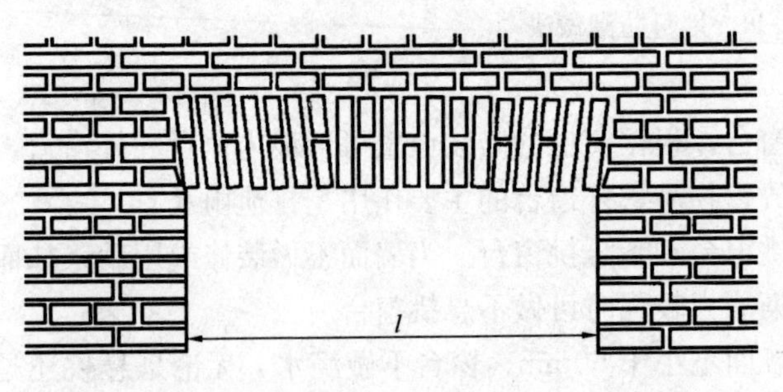

图 12-14　平拱砖过梁

钢筋砖过梁是在砖缝中配置钢筋，形成能承受弯矩的加筋砖砌体。钢筋直径为 6mm，间距不大于 120mm，钢筋伸入墙内不小于 240mm。适用跨度一般不大于 2m。如图 12-15 所示。

12.3.4　圈梁构造

圈梁指沿建筑物外墙四周以及部分内墙设置的连续封闭的梁。其主要作用是增加墙体的稳定性，提高房屋的整体刚度，减少地基因不均匀沉降而引起的墙身开裂，提高房屋的抗震能力。

圈梁的数量与房屋的高度、层数以及地震烈度等有关，圈梁的位置根据结构的要求来确定。圈梁有钢筋混凝土和钢筋砖两种做法，如图 12-16 所示。其中钢筋混凝土圈梁应用最为广泛，其断面高度不小于 120mm，宽度不小于 240mm。圈梁应连续地设在同一水平面上，并做成封闭状，若遇门窗洞口不能通过时，应增设附加圈梁以保证圈梁为一连续封闭的整体，构造要求如图 12-17 所示。

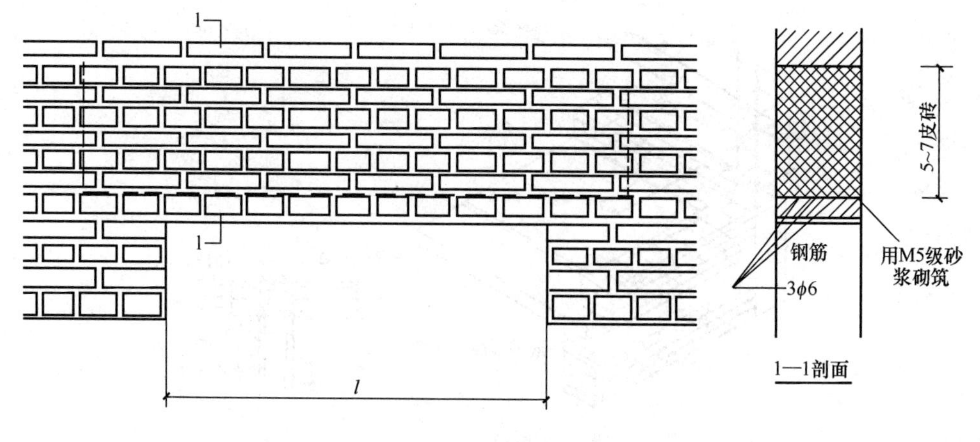

图 12-15　钢筋砖过梁

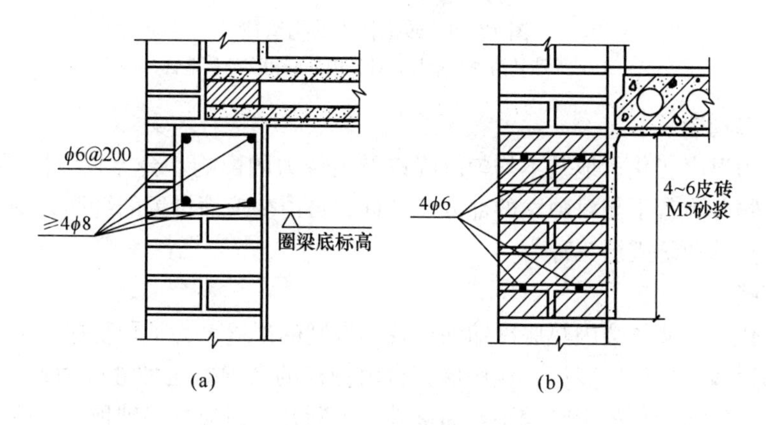

图 12-16　圈梁的构造

（a）钢筋混凝土圈梁；（b）钢筋砖梁

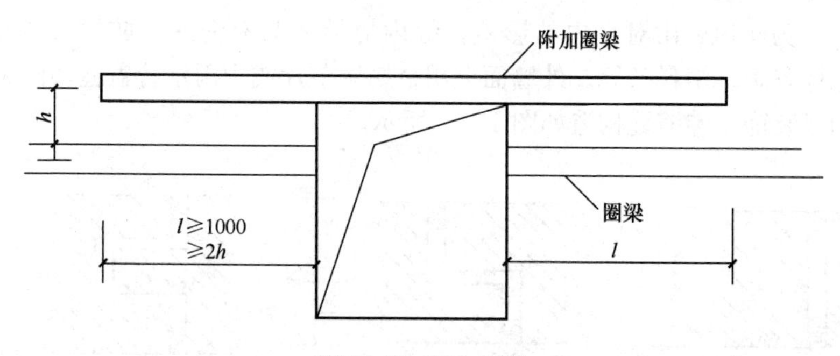

图 12-17　附加圈梁

12.3.5　构造柱

在房屋四角以及内外墙交接处、楼梯间等部位按构造要求设置的现浇钢筋混凝土柱称为构造柱。构造柱的主要作用是与圈梁共同形成空间骨架，以增加房屋的整体刚度，提高墙体抵抗变形的能力。

钢筋混凝土构造柱下端应锚固于基础之内，断面尺寸一般为 240mm×240mm，内配 4ϕ12 主筋，箍筋间距不大于 250mm，墙与柱之间沿墙高每 500mm 设 2ϕ6 钢筋拉接，每边伸入墙内不少于 1m。如图 12-18 所示。

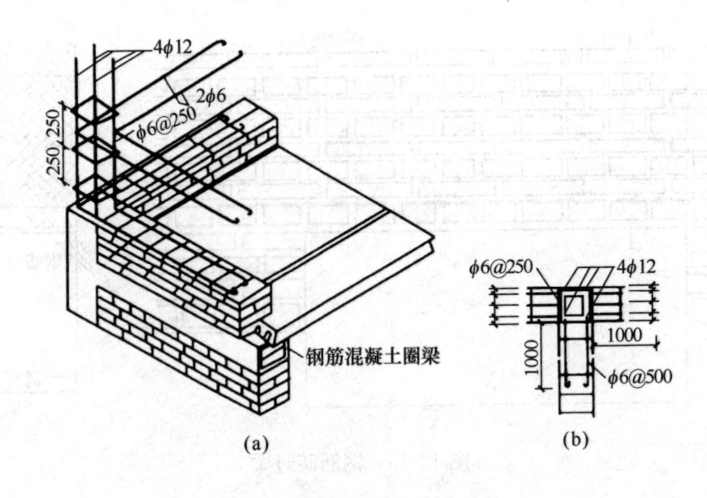

图 12-18　砖砌体中的构造柱

（a）外墙转角处构造柱；（b）内外墙相交处构造柱

12. 3. 6　变形缝构造

建筑物因为温度变化、地基不均匀沉降以及地震力的影响，会导致结构开裂导致破坏，设计时将建筑物分为若干相对独立的部分，允许其自由变形而设置的缝称为变形缝。变形缝有伸缩缝、沉降缝和防震缝三种。

（1）伸缩缝

当气温变化时，墙体会因热胀冷缩而出现不规则的裂缝。为了预防这种情况，在建筑物沿长度方向的适当位置设置竖缝，让房屋有自由伸缩的余地。这种缝称为伸缩缝或温度缝。由于基础部分受气温变化的影响较小，而基础不需断开，但应自基础顶面开始，将上部的结构全部断开。

伸缩缝的宽度一般为 20～30mm。墙体伸缩根据墙厚的不同可做成平缝、错口缝及企口缝（图 12-19）。为防风、雨对室内的影响，缝内应填入具有防水、防腐性能的弹性材料，如沥青麻丝、橡胶条、塑料条等。外墙面上用金属调节片或用雨水管盖缝，内墙面上则应用木质盖缝条加以装饰。伸缩缝构造如图 12-20 所示。

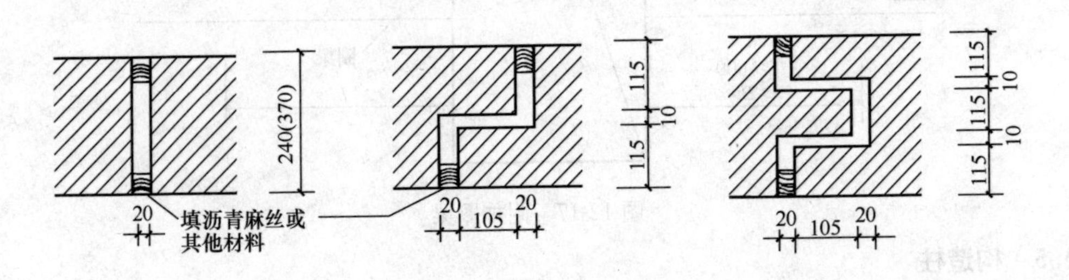

图 12-19　伸缩缝形式

（2）沉降缝

当建筑物的地基承载力差别较大或建筑物相邻部分的高度、荷载或结构形式有较大不同时，为防止建筑物因不均匀沉降而破坏，应设置沉降缝。沉降缝应自基础底面开始，将上部结构全部断开。

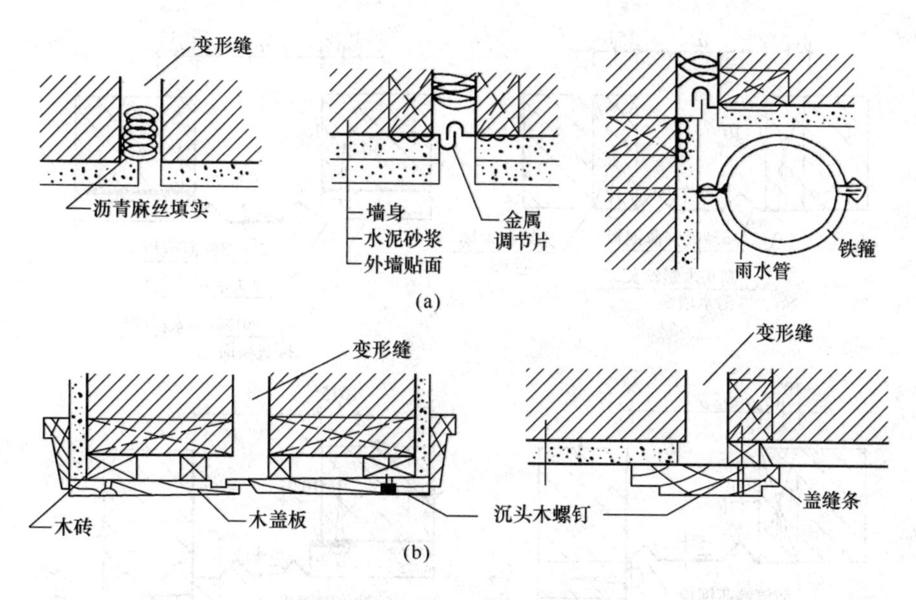

图 12-20　墙身伸缩缝

(a) 外墙伸缩缝处理；(b) 内墙伸缩缝处理

沉降缝宽度的确定与地基情况和建筑物的高度等因素有关，一般不小于 50mm。墙身沉降缝与伸缩缝构造基本相同，但外墙沉降缝常用金属调节片盖缝，它要求调节片能允许在垂直方向保证建筑物的两个独立单元能自由下沉而不致破坏。构造做法如图 12-21 所示。

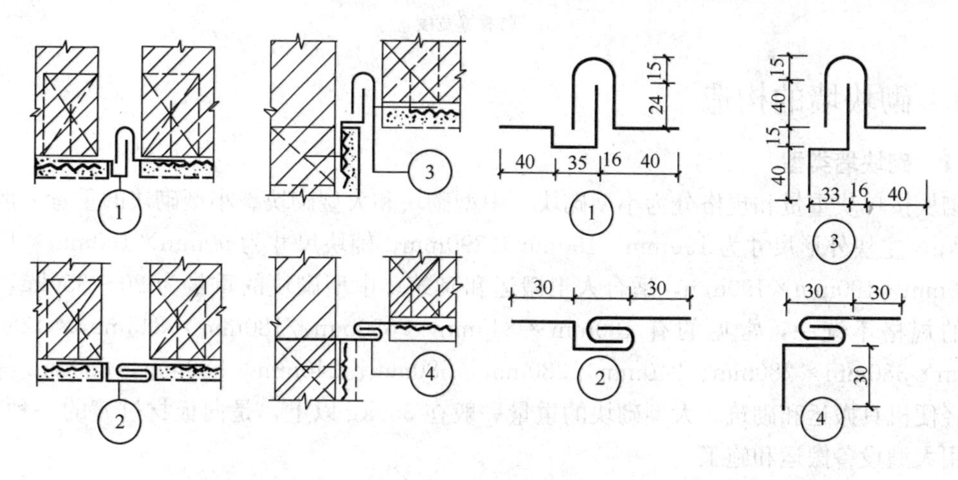

图 12-21　沉降缝的构造

(3) 防震缝

为了防止建筑物的各部分在地震时相互撞击造成变形和破坏而设置的缝称为防震缝。通常在建筑平面体型复杂、高差变化较大或建筑物各部分的结构刚度及荷载相差悬殊时应考虑设置防震缝。防震缝的宽度与建筑的结构形式和地震设防烈度等因素有关，一般不小于 50mm。墙身防震缝构造与伸缩缝基本相同，防震缝应沿建筑全高设置，但基础一般不设缝。防震缝两侧的承重墙或柱通常做成双墙或双柱，缝内不允许有砂浆、碎砖或其他硬杂物掉入。防震缝构造如图 12-22 所示。

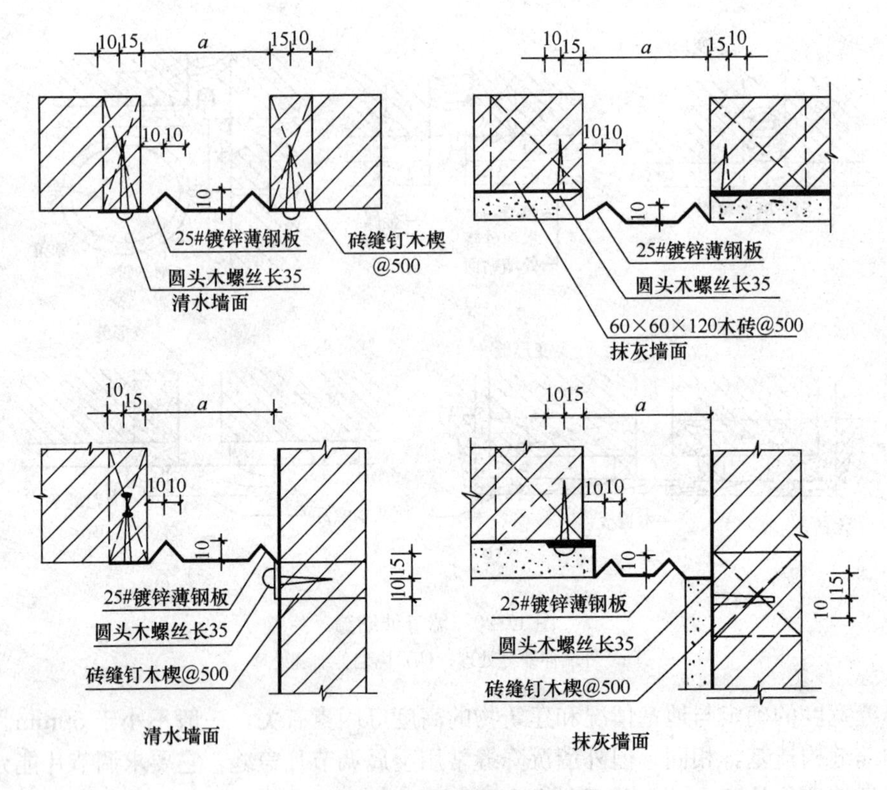

图 12-22　防震缝构造

a—防震缝宽度

12.4　砌块墙的构造

12.4.1　砌块墙类型

砌块按单块重量和规格分为小型砌块、中型砌块和大型砌块。小型砌块的重量一般不超过 20kg，主块外形尺寸为 190mm×190mm×390mm，辅块尺寸为 90mm×190mm×190mm 和 190mm×190mm×190mm，适合人工搬运和砌筑。中型砌块的重量为 20～350kg，目前各地的规格不统一，常见的有 180mm×845mm×630mm、180mm×845mm×1280mm、240mm×380mm×280mm、240mm×380mm×580mm、240mm×380mm×880mm 等，需要用轻便机具搬运和砌筑。大型砌块的重量一般在 350kg 以上，是向板材过渡的一种形式，需要用大型设备搬运和施工。

目前，我国以采用中小型砌块居多。

12.4.2　砌块的组砌

砌块墙在砌筑前，必须进行砌块排列设计，尽量提高主块的使用率和避免镶砖或少镶砖。砌块的排列应使上下皮错缝，搭接长度一般为砌块长度的 1/4，并且不应小于 150mm。当无法满足搭接长度要求时，应在灰缝内设 $\phi4$ 钢筋网片连接（图 12-23）。

砌块墙的灰缝宽度一般为 10～15mm，用 M5 砂浆砌筑。当垂直灰缝大于 30mm 时，则需用 C10 细石混凝土灌实。

由于砌块的尺寸大，一般不存在内外皮间的搭接问题，所以更应注意保证砌块墙的整体性。在纵横交接处和外墙转角处均应咬接（图 12-24）。

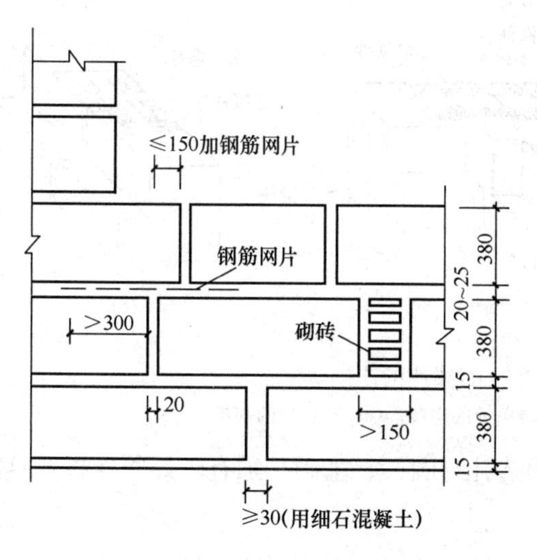

图 12-23　砌块的排列

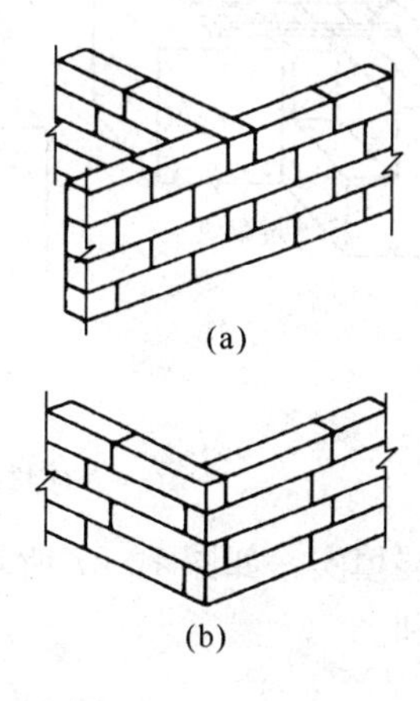

图 12-24　砌块的咬接
(a) 纵横墙交接；(b) 外墙转角交接

12.4.3　砌块墙的构造

砌块墙指利用在预制厂生产的块材所砌筑的墙体。过梁、圈梁及构造柱都是砌块墙的重要构件，其主要情况如下。

(1) 过梁与圈梁

过梁是砌块墙的重要构件，它既起到连系梁和承受门窗洞孔上部荷载的作用，同时又起到调节作用。当层高与砌块高出现差异时，过梁高度的变化可起调节作用，从而使得砌块的通用性更大。

为加强砌块建筑的整体性，多层砌块建筑应设置圈梁。当圈梁与过梁位置接近时，往往圈梁、过梁一并考虑。

圈梁有现浇和预制两种。现浇圈梁整体性强，对加固墙身较为有利，但施工支模较麻烦，故不少地区采用U形预制砌块代替模板，然后在凹槽内配置钢筋，并现浇混凝土，如图 12-25 所示。

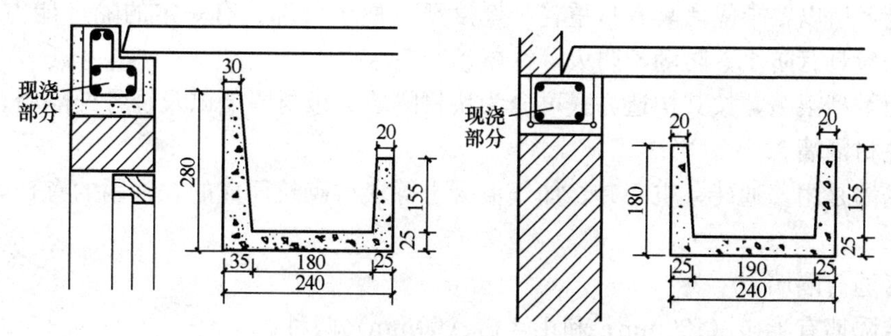

图 12-25　砌块现浇圈梁

预制过梁之间一般用电焊连接，以提高其整体性，如图 12-26 所示。

(2) 构造柱

为了加强砌块建筑的整体刚度，常在外墙转角和必要的内、外墙交接处设置构造柱。构造柱多利用空心砌块将其上下孔洞对齐，于孔中配置 $\phi10$～$\phi12$ 钢筋分层插入，并用 C20 细

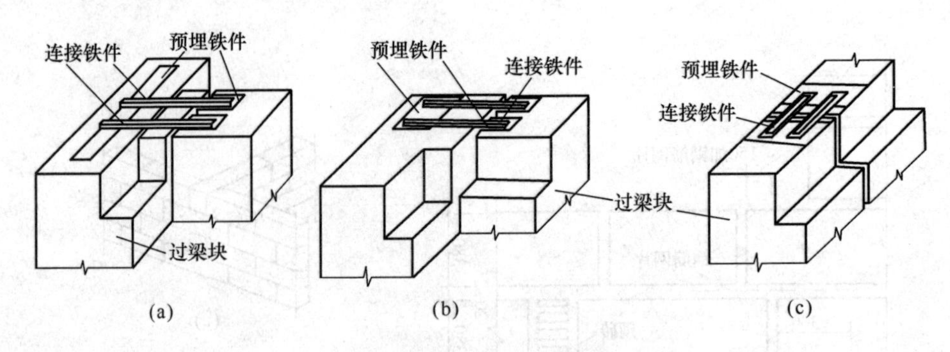

图 12-26　过梁块的连接

(a) 丁字接；(b) 转角处的连接；(c) 通长块的连接

石混凝土分层填实，如图 12-27 所示。构造柱与圈梁、基础必须有较好的连接，这对抗震加固也十分有利。

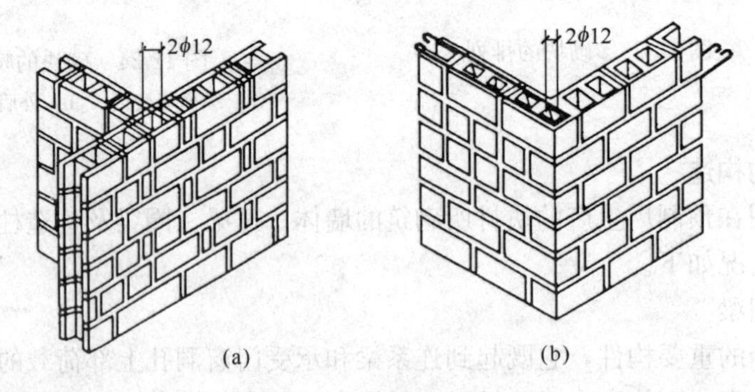

图 12-27　砌块墙构造柱

(a) 内外墙交接处构造柱；(b) 外墙转角处构造柱

12.5　隔墙的构造

隔墙是分隔室内空间的非承重构件。在现代建筑中，为提高平面布局的灵活性，大量采用隔墙以适应建筑功能的变化。因为隔墙不承受任何外来荷载，且本身的重量还要由楼板或小梁来承受，所以要求隔墙具有自重轻、厚度薄、便于拆卸、有一定的隔声能力。卫生间、厨房隔墙还应具有防水、防潮、防火等性能。

隔墙的类型很多，按其构造方式可分为块材隔墙、板材隔墙以及轻骨架隔墙。

12.5.1　块材隔墙

块材隔墙是用普通砖、空心砖、加气混凝土等块材砌筑而成的，常用的有普通砖隔墙和砌块隔墙。

(1) 普通砖隔墙

普通砖隔墙有半砖（120mm）和 1/4 砖（60mm）两种。

半砖隔墙用普通砖顺砌，砌筑砂浆宜大于 M2.5。在墙体高度超过 5m 时应加固，一般沿高度每隔 0.5m 砌入 2 根 ϕ4 钢筋，或每隔 1.2～1.5m 设一道 30～50mm 厚的水泥砂浆层，内放 2 根 ϕ6 钢筋。顶部与楼板相接处用立砖斜砌，填塞墙与楼板间的空隙。隔墙上有门时，要预埋铁件或将带有木楔的混凝土预制块砌入隔墙中以固定门框。如图 12-28 所示。

1/4 砖隔墙是由普通砖侧砌而成，由于厚度较薄、稳定性差，对砌筑砂浆强度要求较

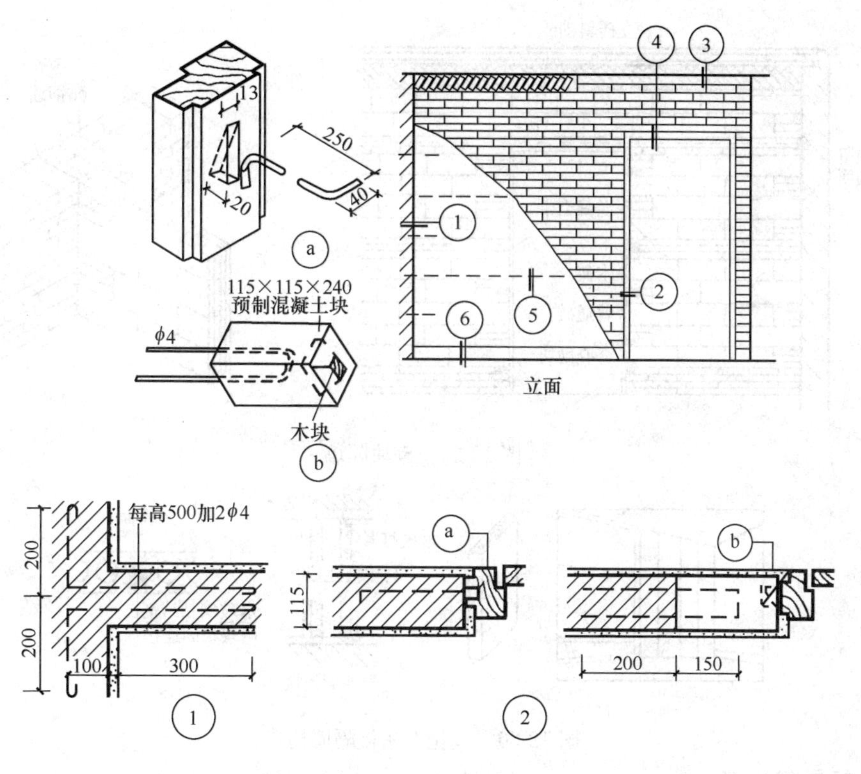

图 12-28　半砖隔墙

高，一般不低于 M5.0，隔墙的高度和长度不宜过大，且常用于不设门窗洞的部位，如厨房与卫生间之间的隔墙。若面积大又需开设门窗洞时，须采取加固措施，常用方法是在高度方向每隔 500mm 砌入 2 根 $\phi4$ 钢筋，或在水平方向每隔 1200mm 立 C20 细石混凝土柱 1 根，并沿垂直方向每隔 8 皮砖砌入 1 根 $\phi6$ 钢筋，使之与两端主墙体连接。

（2）砌块隔墙

为了减少隔墙的质量，可采用质轻块大的砌块，目前最常用的是加气混凝土砌块、粉煤灰硅酸盐砌块、水泥炉渣空心砖等砌筑的隔墙。隔墙厚度由砌块尺寸而定，一般为 90～120mm。砌块大多具有质轻、孔洞率大、隔热性能好等优点，但吸水性强，所以，砌筑时应在墙下先砌 3～5 皮黏土砖。

砌块隔墙厚度较薄，也需采取加强稳定性措施，其方法与砖隔墙类似，如图 12-29 所示。

12.5.2　板材隔墙

板材隔墙指单板高度相当于房间净高，面积较大，且不依赖于骨架，能直接装配的隔墙。目前，采用的大多为条板，例如加气混凝土条板、石膏条板、碳化石灰板、蜂窝纸板、水泥刨花板等，其规格一般为长 2700～3000mm，宽 500～800mm，厚 80～120mm。

如图 12-30 所示为碳化石灰板隔墙构造。安装时，在板顶与楼板之间用木楔将条板揳紧，条板间的缝隙用水玻璃粘结剂（水玻璃：细矿渣：细砂：泡沫剂＝1：1：1.5：0.01）或 108 胶水泥砂浆（1：3 的水泥砂浆加入适量的 108 胶）进行粘结，待安装完成后，进行表面装修。碳化石灰板具有相对密度轻、隔声性能好、安装工艺简单、施工进度快、造价低等特点。

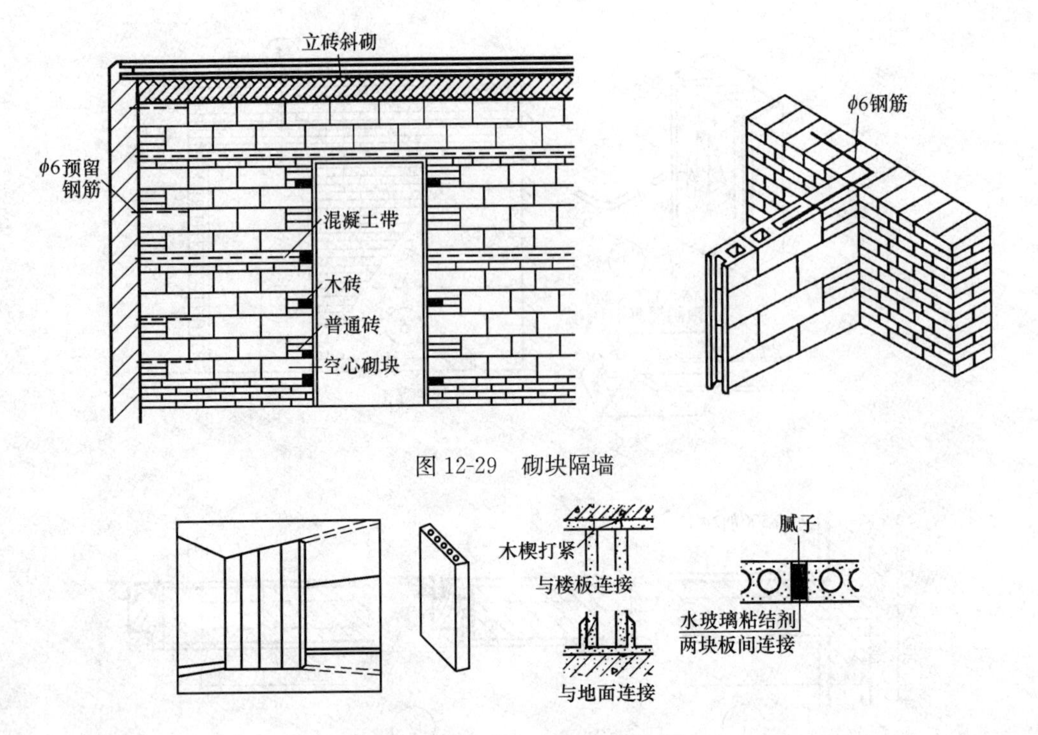

图 12-29　砌块隔墙

图 12-30　碳化石灰板隔墙构造

12.5.3　轻骨架隔墙

轻骨架隔墙由骨架和面层两部分组成，由于是先立墙筋（骨架）后再做面层，因此又称为立筋式隔墙。

（1）骨架

常用的骨架有木骨架和型钢骨架。

木骨架由上槛、下槛、墙筋、斜撑以及横档组成，上、下槛以及墙筋断面尺寸为（45～50）mm×（70～100）mm，斜撑与横档断面相同或略小些，墙筋间距常用400mm，横档间距可与墙筋相同，也可适当放大。木骨架板条抹灰面层如图12-31所示。

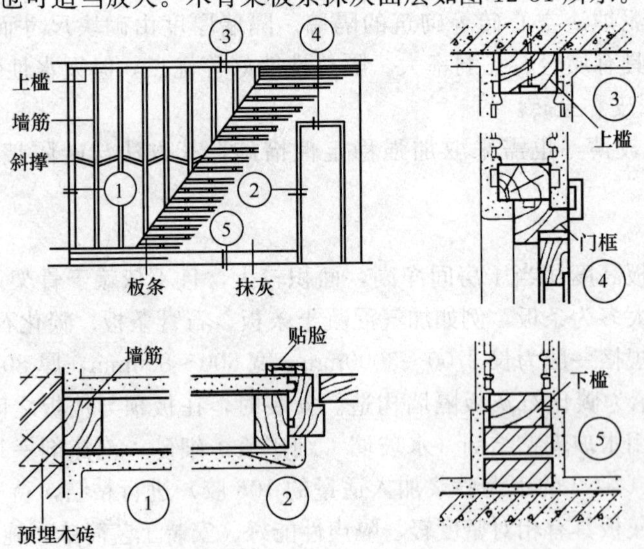

图 12-31　木骨架板条抹灰面层

轻钢骨架是由各种形式的薄壁型钢制成，其主要优点是强度高、刚度大、自重轻、整体性好、易于加工和大批量生产，还可根据需要拆卸和组装。常用的薄壁型钢有 0.8～1mm 厚槽钢和工字钢。

图 12-32 为一种薄壁轻钢骨架的轻隔墙，其安装过程是先用螺钉将上槛、下槛（导向骨架）固定在楼板上，上、下槛固定后安装钢龙骨（墙筋），间距为 400～600mm，龙骨上留有走线孔。

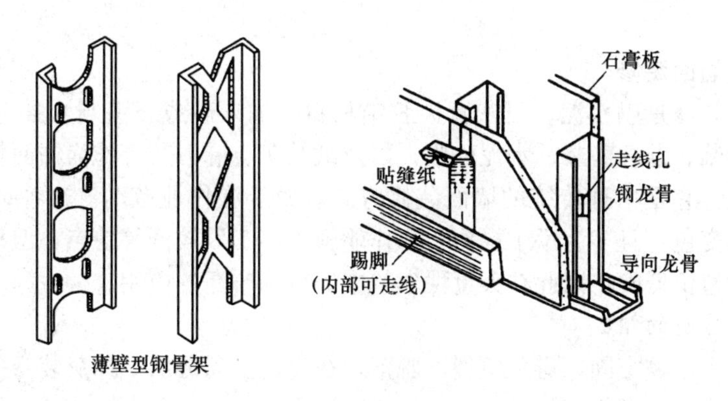

图 12-32　薄壁轻钢骨架

（2）面层

轻钢骨架隔墙的面层有抹灰面层和人造板面层。抹灰面层常用木骨架，即传统的板条灰隔墙。人造板面层可用木骨架或轻钢骨架。隔墙的名称以面层材料而定。

1）板条抹灰面层。板条抹灰面层是在木骨架上钉灰板条，然后抹灰，如图 12-31 所示。

2）人造板材面层轻钢骨架隔墙。人造板材面层轻钢骨架隔墙的面板多为人造面板，例如胶合板、纤维板、石膏板等。胶合板、硬质纤维板等以木材为原料的板材多用木骨架，石膏面板多用石膏或轻钢骨架，如图 12-33 所示。它具有自重轻、厚度小、防火、防潮、易拆装、且均为干作业等特点，可直接支撑在楼板上，施工方便、速度快，应用广泛。

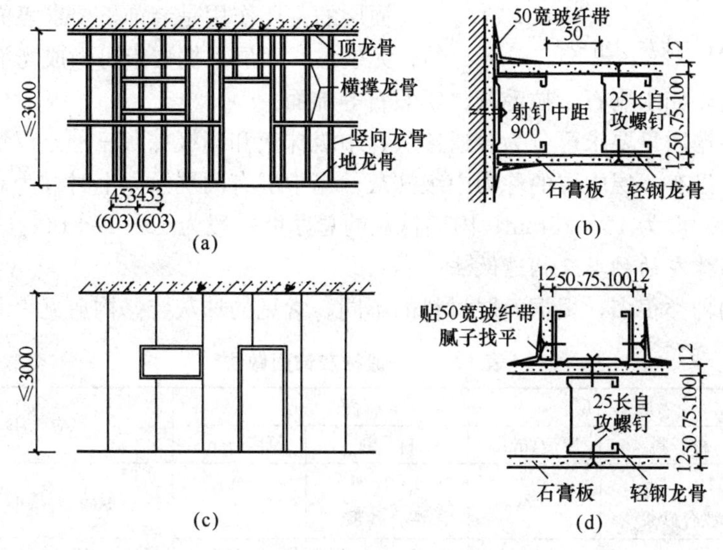

图 12-33　轻钢龙骨石膏板隔墙

（a）龙骨排列；（b）石膏板排列；（c）靠墙节点；（d）丁字隔墙节点

12.6 墙面装修的构造

墙面装修可分为外墙面装修和内墙面装修。外墙面装修主要是为了保护墙体不受雪、雨、风、霜的侵袭，提高墙体的防水、防潮、保温、隔热的能力，同时也起到美化建筑的作用。内墙面装修是为了改善室内的卫生条件、物理条件，增加室内的美观。

墙面装修按所用材料和施工方式的不同可分为抹灰类、贴面类、涂料类、裱糊类和铺钉类五种类型。

12.6.1 抹灰类墙面装修

抹灰类墙面装修是以水泥、石灰膏为胶结材料，加入砂或石渣与水拌合成砂浆或石渣浆，例如石灰砂浆、混合砂浆、水泥砂浆，以及纸筋灰、麻刀灰等作为饰面材料抹到墙面上的一种操作工艺。它是一种传统的墙面装修方式，属于湿作业范畴。这种饰面具有耐久性低，易开裂，易变色，且多为手工操作，湿作业施工，工效较低等缺点，但材料多为地方材料，施工方便，造价低廉，因此在大量性建筑中仍得到广泛的应用。

12.6.1.1 墙面抹灰的组成

为保证抹灰平整、牢固，避免龟裂、脱落，在构造上需分层。抹灰装修一般由底层、中层和面层抹灰组成，如图 12-34 所示。

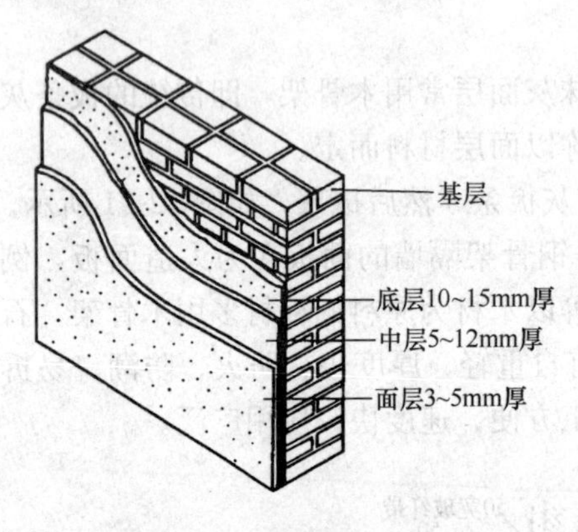

图 12-34 抹灰层组成

底层的主要作用是与基层粘结，同时对基层作初步找平。底层所用材料视基层材料而异，例如普通砖墙可用石灰砂浆或混合砂浆；混凝土墙面则需用混合砂浆或水泥砂浆；木板条墙应在石灰砂浆或混合砂浆中加入适量的纸筋、麻刀或玻璃纤维类材料。底层厚度一般不小于 10mm。

中层的主要作用是作进一步找平，有时可兼作底层与面层之间的粘结层，所用材料与底层基本相同，厚度一般为 5～8mm。

面层的主要作用是装饰，要求表面平整、色彩均匀、无裂纹。面层根据要求可做成光滑的表面，也可做成粗糙的表面，如水刷石、拉毛灰、斩假石等饰面。

一般抹灰根据质量要求可分为普通抹灰、中级抹灰和高级抹灰三种。仅设底层和面层者称为普通抹灰；设有一层中层的称为中级抹灰；当中层有两层及以上时称为高级抹灰。外墙面抹灰的总厚度一般为 15～25mm；内墙抹灰的总厚度一般为 15～20mm。

12.6.1.2 墙面抹灰的种类及构造做法

墙面抹灰的种类很多，根据面层材料的不同，常见的抹灰装修构造见表 12-1。

表 12-1 一般抹灰饰面做法

抹灰名称	底层		面层		应用范围
	材料	厚度(mm)	材料	厚度(mm)	
混合砂浆抹灰	1∶1∶6 混合砂浆	12	1∶1∶6 混合砂浆	8	一般砖、石墙面均可选用
水泥砂浆抹灰	1∶3 水泥砂浆	14	1∶2.5 水泥砂浆	6	室外饰面及室内需防潮的房间及浴厕墙裙、建筑阳角

续表

抹灰名称	底层		面层		应用范围
	材料	厚度(mm)	材料	厚度(mm)	
纸筋、麻刀灰	1∶3 石灰砂浆	13	纸筋灰或麻刀灰、玻璃丝罩面	2	一般民用建筑砖、石内墙面均可选用
石膏灰罩面	1∶2～1∶3 麻刀灰砂浆	13	石膏灰罩面	2～3	高级装修的室内顶棚和墙面
珍珠岩浆罩面	1∶2～1∶3 麻刀灰砂浆	13	水泥∶石膏灰∶珍珠岩＝100∶(10～20)∶(3～5)(质量比)	2	保温、隔热要求较高的内墙面罩面

12.6.2 贴面类墙面装修

贴面类饰面可用于室内和室外。贴面类墙面装修是利用人造板（砖）以及天然石料直接粘贴于基层表面或通过构造连接固定于基层上的装修做法。这类装修具有耐久性强、施工方便、装饰效果好等优点，但造价较高，一般用于装修要求较高的建筑中。

12.6.2.1 面砖、瓷砖饰面装修

面砖以陶土为原料，经压制成型煅烧而成的饰面块，分为挂釉和不挂釉、平滑和有一定纹理质感等不同类型，色彩和规格多种多样。面砖具有质地坚硬、防冻、耐腐蚀、色彩丰富等优点，常用规格有 113mm×77mm×17mm、145mm×113mm×17mm、233mm×113mm×17mm、265mm×113mm×17mm 等。瓷砖具有表面光滑、容易擦洗、美观耐用、吸水率低等特点，常用规格有 151mm×151mm×5mm、110mm×110mm×5mm 等，并配有各种边角制品。

外墙面砖的安装是先在墙体基层上以 15mm 厚 1∶3 水泥砂浆打底，再以 5mm 厚 1∶1 水泥砂浆粘贴面砖，如图 12-35（a）所示。粘贴时常于面砖之间留出宽约 10mm 的缝隙，让墙面有一定的透气性，有利于湿气的排除，也增加了墙面的美观。瓷砖安装亦采用 15mm 厚 1∶3 水泥砂浆打底，用 8～10mm 厚 1∶0.3∶3 水泥石灰砂浆或 3mm 厚内掺6%～10%108胶的白水泥浆作粘结层，外贴瓷砖面层，如图 12-35（b）所示。

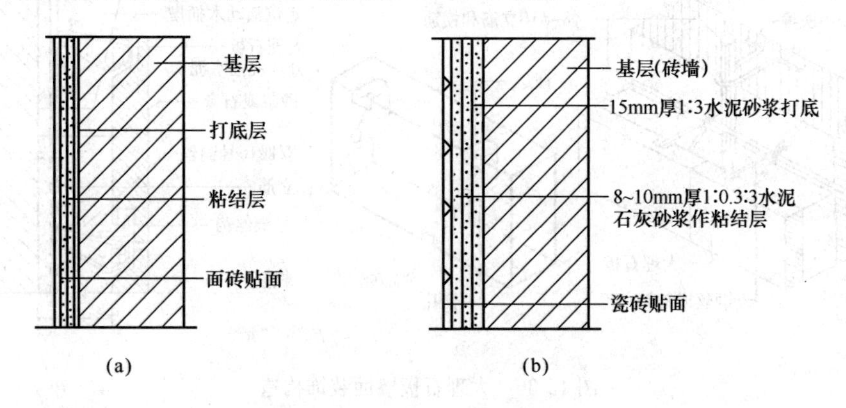

图 12-35 面砖、瓷砖粘贴构造
(a) 外墙面砖贴面；(b) 瓷砖贴面

12.6.2.2 锦砖饰面装修

锦砖可分为有陶瓷锦砖和玻璃锦砖。陶瓷锦砖以优质陶土烧制成的小块瓷砖；玻璃锦砖是以玻璃为主要原料，加入外加剂，经高温熔化、压块、烧结、退火而成。由于锦砖尺寸较小，为了便于粘贴，出厂前已按各种图案反贴在牛皮纸上。锦砖饰面具有质地坚硬、色调柔和典雅、性能稳定、不褪色和自重轻等特点。

锦砖饰面构造与粘贴面砖相似，所不同的是在粘贴前先在牛皮纸背面每块瓷片间的缝隙中抹以白水泥浆（加5%108胶），然后将纸面朝外粘贴于1∶1水泥砂浆上，用木板压平，待砂浆结硬后，洗去牛皮纸即可。若发现个别瓷片不正的，可进行局部调整。

12.6.2.3 天然石材、人造石板贴面

（1）天然石材墙面

天然石材墙面包括花岗石、大理石和碎拼大理石墙面等几种做法，它们具有强度高、结构致密、色彩丰富、不易被污染等优点，但因为施工复杂、价格较高等因素，多用于高级装修。花岗石主要用于外墙面，大理石主要用于内墙面。

花岗石纹理多呈斑点状，色彩有暗红、灰白等。根据加工方式的不同，从装饰质感上可分为磨光石、剁斧石、蘑菇石三种。花岗石质地坚硬，不易风化，能在各种气候条件下采用。大理石是一种变质岩，属于中硬石材，主要由方解石和白云石组成。大理石质地比较密实，抗压强度较高，可以锯成薄板，经过多次抛光打蜡加工，制成表面光滑的板材。大理石板和花岗石板有正方形和长方形两种。常见的尺寸有600mm×600mm、600mm×800mm和800mm×1000mm，厚度为20～25mm。亦可根据使用需要，加工成所需的各种规格。碎拼大理石是生产厂家裁割的边角废料，经过适当的分类加工而成。采用碎拼大理石可降低工程造价。

天然石材贴面装修构造通常采用拴挂法，即预先在墙面或柱面上固定钢筋网，再将石板用铜丝、不锈钢丝或镀锌铅丝穿过事先在石板上钻好的孔眼绑扎在钢筋网上。所以，固定石板的水平钢筋的间距应与石板高度尺寸一致。当石板就位并用木楔校正后，绑扎牢固，然后在石板与墙或柱之间浇注30mm厚1∶3的水泥砂浆，如图12-36所示。

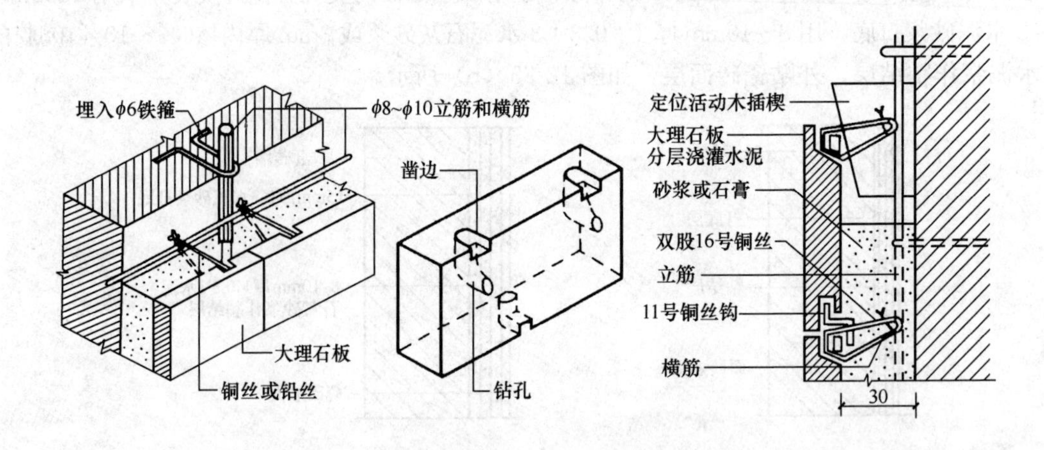

图12-36 大理石板墙面装饰构造

石材贴面有时也可采用连接件锚固法。

（2）人造石材墙面

人造石材常见的有人造大理石、水磨石板等。其构造与天然石材相同，但不必在预制板上钻孔，而用预制板背面在生产时露出的钢筋将板用铅丝绑牢在墙面所设的钢筋网上便可，如图 12-37 所示。当预制板为 8～12mm 厚的薄型板材，且尺寸在 300mm×300mm 以内时，可采用粘贴法，即在基层上用 10mm 厚 1∶3 水泥砂浆打底，随后用 6mm 厚 1∶2.5 水泥砂浆找平，然后用 2～3mm 厚 YJ-4 型粘结剂粘贴饰面材料。

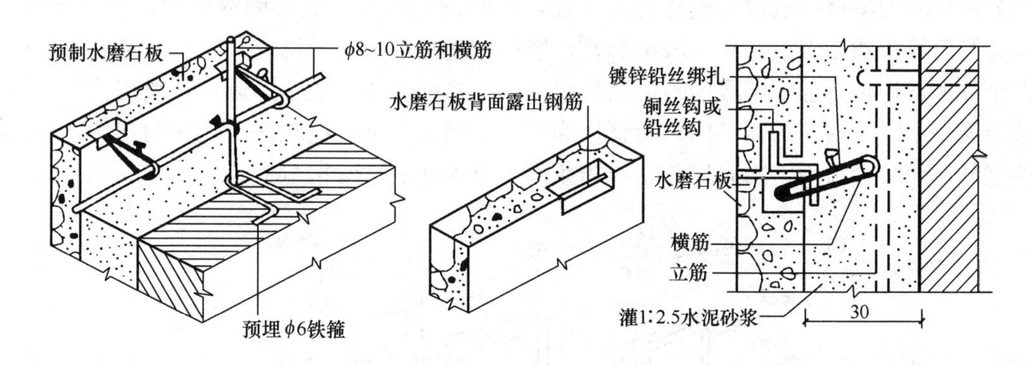

图 12-37　预制水磨石板装修构造

12.6.3　涂刷类墙面装修

涂刷类装修指将各种涂料涂刷在基层表面而形成牢固的膜层，达到保护和装修墙面的目的。它具有省工、省料、工期短、工效高、自重轻、更新方便、造价低廉的优点，是一种最有发展前途的装修做法。

涂刷装修采用的材料有无机涂料（例如石灰浆、大白浆、水泥浆等）和有机涂料（例如过氯乙烯涂料、乳胶漆、聚乙烯醇类涂料、油漆等），装修时多以抹灰层为基层，也可以直接涂刷在砖、混凝土、木材等基层上。具体施工工艺应根据装修要求，采取刷涂、滚涂、弹涂、喷涂等方法完成。目前，乳胶漆类涂料在内外墙的装修上应用广泛，可以喷涂和刷涂在较平整的基层表面。

12.6.4　裱糊类墙面装修

裱糊装修是将各种具有装饰性的墙纸、墙布等卷材用胶粘剂裱糊在墙面上形成饰面的做法。

裱糊装修用的墙纸有 PVC 塑料墙纸、纺织物面墙纸等，墙布有玻璃纤维墙布、锦缎等。墙纸和墙布是幅面较宽并带有多种图案的卷材，它要求粘贴在坚硬、表面平整、不裂缝、不掉粉的洁净基层上，如水泥砂浆、水泥石灰膏砂浆、木质板及其石膏板等。裱糊前应在基层上刷一道清漆封底（起防潮作用），然后按幅宽弹线，再刷专用胶液粘贴。粘贴应自上而下缓缓展开，排除空气并一次成活。

12.6.5　镶钉类墙面装修

镶钉类装修指把各种人造薄板铺钉或胶粘在墙体的龙骨上，形成装修层的做法。这种装修做法目前多用于墙、柱面的木装修。

镶钉装修的墙面由龙骨和面板组成，龙骨骨架有木骨架和金属骨架，面板有硬木板、胶合板（包括薄木饰面板）、纤维板、石膏板等。

12.6.6　幕墙装修

幕墙悬挂在建筑物周围结构上，形成外围护墙的立面。按照幕墙板材的不同，有玻璃幕墙、金属幕墙、石材幕墙等。

玻璃幕墙一般由结构框架、填衬材料和幕墙玻璃组成。按其组合形式和构造方式分，有框架外露系列、框架隐藏系列和用玻璃做肋的无框架系列。按施工方法不同又分为现场组合的分件式玻璃幕墙和工厂预制后再到现场安装的板块式玻璃幕墙两种。

（1）分件式玻璃幕墙

分件式玻璃幕墙一般以竖梃作为龙骨柱，横档作为梁组合成幕墙的框架，然后将窗框、玻璃、衬墙等按顺序安装［图 12-38（a）］。竖梃用连接件和楼板固定。横档与竖梃通过角形铝合金件进行连接。上下两根竖梃的连接必须设在楼板连接件位置附近，且须在接头处插入一截断面小于竖梃内孔的铸铝内衬套管作为加强措施。上下竖梃在接头端应留出 15～20mm 的伸缩缝，伸缩缝须用密封胶堵严，以防止雨水进入［图 12-38（b）］。

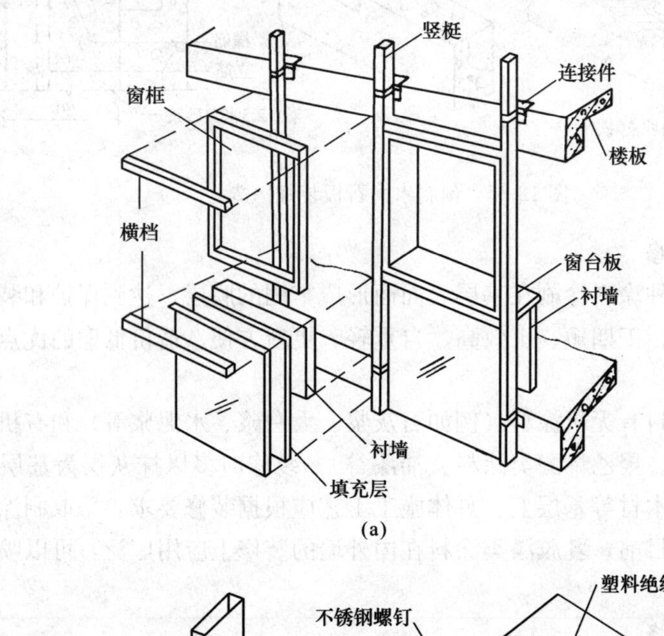

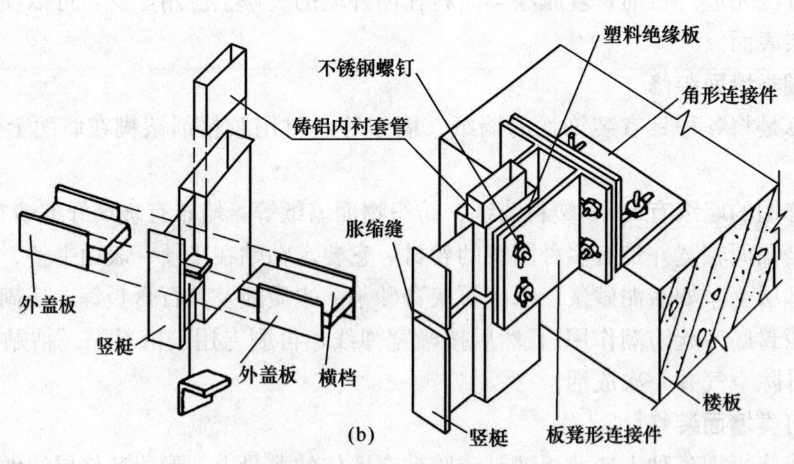

图 12-38　分件式玻璃幕墙的构造

（a）分件式玻璃幕墙；（b）幕墙竖梃连接构造

（2）板块式玻璃幕墙

板块式玻璃幕墙的幕墙板块须设计成定型单元，在工厂预制，每一单元一般由 3～8 块玻璃组成，每块玻璃尺寸不宜超过 1500mm×3500mm，且大部分由 3～8 块玻璃组成，为了便于室内通风，在单元上可设计成上悬窗式的通风扇，通风扇的大小和位置根据室内布置要求来确定。

同时，预制板块还应与建筑结构的尺寸相配合。当幕墙预制板悬挂在楼板上时，板的高度尺寸同层高；当幕墙预制板以柱子为连接点时，板的长度尺寸则与柱距尺寸相同。为了便于幕墙预制板的固定和板缝密封操作，上下预制板的横向接缝应高于楼面标高200～300mm，左右两块板的竖向接缝宜与框架柱错开（图12-39）。

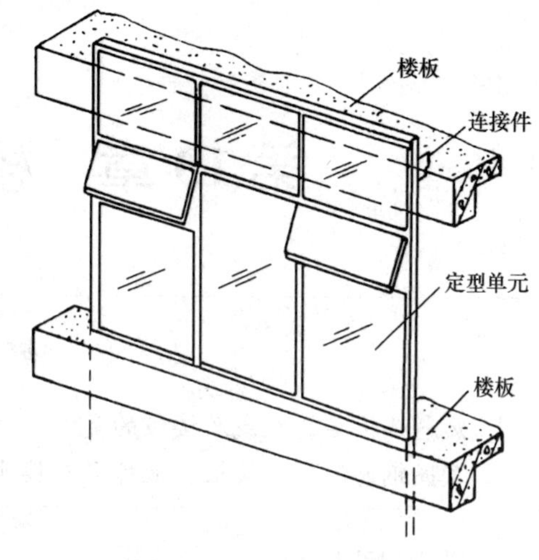

图12-39　板块式玻璃幕墙

玻璃幕墙的特点是，装饰效果好、质量轻、安装速度快，是外墙轻型化、装配化较理想的形式。但在阳光照射下易产生眩光，造成光污染。因此在建筑密度高、居民人数多的地区的高层建筑中，应慎重选用。

上岗工作要点

1. 了解常见墙体的基本构造与细部构造。
2. 掌握墙面的常用装修做法。

思　考　题

12-1　墙体的作用有哪些？

12-2　设计墙体时应遵循哪些要求？

12-3　砖墙的主要材料有哪些？

12-4　砖墙的构造尺寸有哪些？

12-5　砖墙的细部构造包括哪些？

12-6　砌块墙的类型有哪些？

12-7　砌块墙的主要构造有哪些？

12-8　什么是板材隔墙？

12-9　墙面抹灰的组成有哪些？

12-10　涂刷类装修是指什么？

第13章 楼板与楼地面

> **重 点 提 示**
>
> 1. 熟悉楼板层的组成及楼板的类型。
> 2. 掌握钢筋混凝土楼板、地坪层与楼地面及阳台、雨篷的构造。

13.1 楼板层与楼板

13.1.1 楼板层的组成

楼板层主要由面层、结构层、顶棚三部分组成，如图13-1所示。

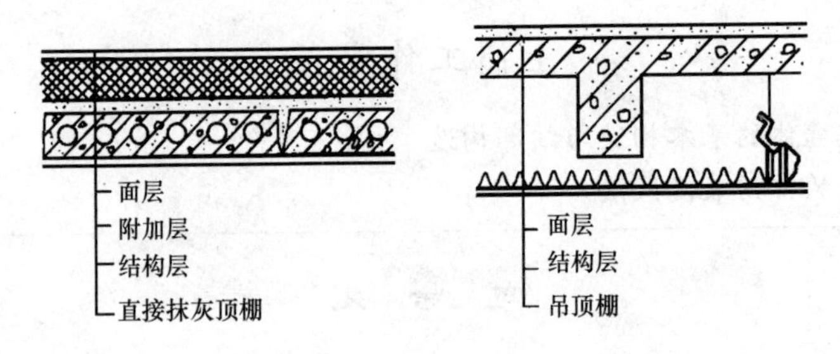

图13-1 楼板层的构造与组成

（1）面层

楼板层的上表面称为楼层地面，简称楼面。直接与人、家具设备等直接接触，而且起到保护结构层、承受并传递荷载、装饰等作用。

（2）结构层

位于面层和顶棚层之间，是楼板层的承重部分，由梁、板承重构件组成，简称楼板。它承受楼板层的全部荷载并传给墙或柱，故应具有足够的强度、刚度和耐久性。

（3）顶棚

位于楼板最下表面，也是室内空间上部的装修层，称为顶棚，也称天花板。起到保护结构层和装饰等作用，构造做法有直接抹灰和吊顶等形式。

此外，有时根据楼板层的具体功能要求还应设置功能层（附加层），例如保温层、隔热层、防水层、防潮、防腐、隔声层等。它们位于面层与结构层或结构层与顶棚之间。

13.1.2 楼板的类型

楼板是楼板层的结构层，它承受楼面传来的荷载并传给墙或柱，同时楼板还对墙体起着水平支撑的作用，传递风荷载以及地震所产生的水平力，以增加建筑物的整体刚度。所以要求楼板有足够的强度和刚度，并应符合隔声、防火等要求。

楼板按其材料不同，主要包括木楼板、砖拱楼板、钢筋混凝土楼板等（图13-2）。

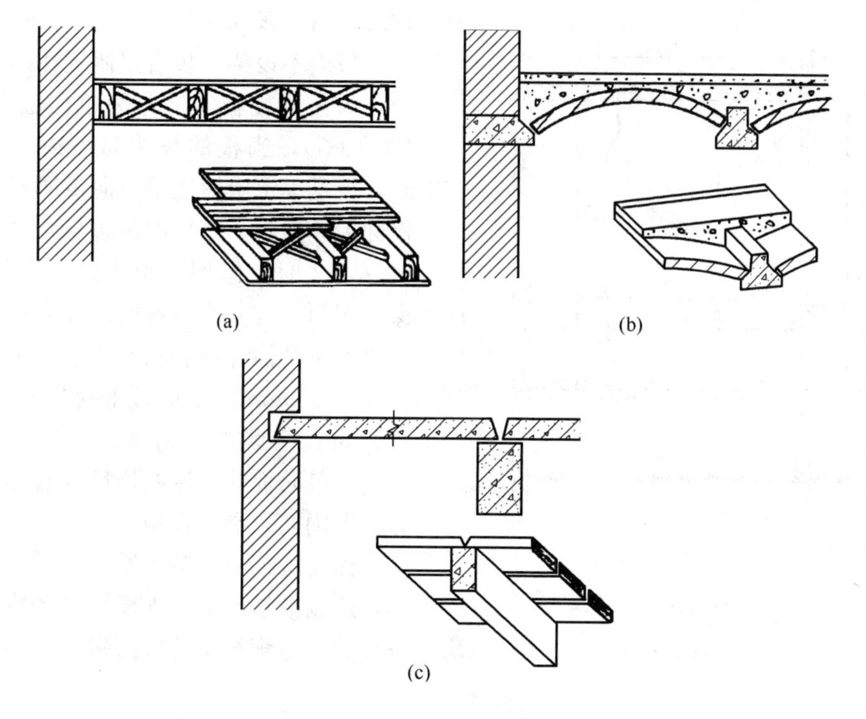

图 13-2　楼板的类型

（a）木楼板；（b）砖拱楼板；（c）钢筋混凝土楼板

（1）木楼板

木楼板是在木搁栅之间设置剪刀撑，形成有足够整体性和稳定性的骨架，并在木搁栅上下铺钉木板所形成的楼板。这种楼板构造简单，自重轻，导热系数小，但耐久性和耐火性较差，耗费木材量大，目前已很少采用。

（2）砖拱楼板

砖拱楼板是先在墙或柱上架设钢筋混凝土小梁，然后在钢筋混凝土小梁之间用砖砌成拱形结构所形成的楼板。这种楼板节省木材、钢筋和水泥，造价低，但承载能力和抗震能力较差，结构层所占的空间大，顶棚不平整，施工较烦琐，因此现在已基本不用。

（3）钢筋混凝土楼板

钢筋混凝土楼板强度高、刚度大、耐久性和耐火性好，具有良好的可塑性，而且便于工业化的生产，是目前应用最广泛的楼板类型。

13.2　钢筋混凝土楼板

钢筋混凝土楼板按施工方式的不同，分为现浇式、预制装配式和装配整体式三种。

13.2.1　现浇式钢筋混凝土楼板

现浇钢筋混凝土楼板是指在现场支模、绑扎钢筋、浇捣混凝土，经养护而成的楼板。这种楼板具有成型自由、整体性和防水性好的特点，但模板用量大，工期长，工人劳动强度大，且受施工季节的影响较大。这种楼板适用于地震区及平面形状不规则或防水要求较高的房间。

现浇钢筋混凝土楼板根据受力和传力情况不同，分为板式楼板、梁板式楼板、无梁式楼板和压型钢板组合板等。

13.2.1.1　板式楼板

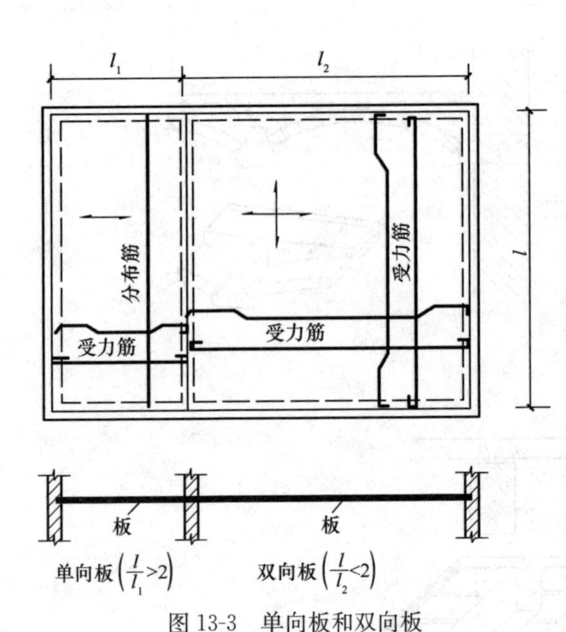

图 13-3　单向板和双向板

板内不设梁，板直接搁置在四周墙上的板称为板式楼板。板分为单向板和双向板（图 13-3）。当板的长边与短边之比大于 2 时，板基本上沿短边单方向传递荷载，这种板称为单向板；当板的长边与短边之比小于或等于 2 时。作用于板上的荷载沿双向传递，在两个方向产生弯曲，称为双向板。板的厚度由结构计算和构造要求所决定，通常为 60～120mm。单向板的跨度一般不宜超过 2.5m，双向板的跨度一般为 3～4m。双向板比单向板的刚度好，且可节约材料和充分发挥钢筋的受力作用。

板式楼板具有整体性好，所占建筑空间小，顶棚平整，施工支模简单等特点，但板的跨度较小，适用于居住建筑中的居室、厨房、卫生间、走廊等小跨度的房间。

13.2.1.2　梁板式楼板

由板、梁组合而成的楼板称为梁板式楼板（又称为肋形楼板）。根据梁的构造情况又可分为单梁式、复梁式和井梁式楼板。

（1）单梁式楼板

当房间的尺寸不大时，可以只在一个方向设梁，梁直接支承在墙上，称为单梁式楼板（图 13-4）。这种楼板适用于民用建筑中的教学楼、办公楼等。

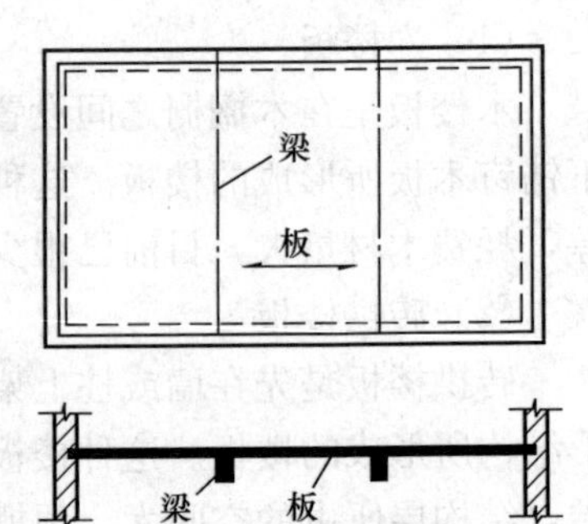

图 13-4　单梁式楼板

（2）复梁式楼板

当房间平面尺寸的任何一个方向均大于 6m 时，就应该在两个方向设梁，有时还应设柱子。其中一向为主梁，另一向为次梁。主梁一般沿房间的短跨布置，经济跨度为 5～8m，截面高为跨度的 1/14～1/8，截面宽为截面高的 1/3～1/2，由墙或柱支承。次梁垂直于主梁布置，经济跨度为 4～6m，截面高为跨度的 1/18～1/12，截面宽为截面高的 1/3～1/2，由主梁支承。板支承于次梁上，跨度一般为 1.7～2.7m，板的厚度与其跨度和支承情况相关，一般不小于 60mm。这种有主次梁的楼板称为复梁式楼板（图 13-5）。

（3）井梁式楼板

井梁式楼板是梁板式楼板的一种特殊形式。当房间尺寸较大，而且接近正方形时，经常沿两个方向布置等距离、等截面的梁，从而形成井格式的梁板结构（图 13-6）。这种结构不分主次梁，中部不设柱子，常用于跨度为 10m 左右，长短边之比小于 1.5 的形状近似方形的公共建筑的门厅、大厅等处。

板和梁支承在墙上，为避免把墙压坏，保证荷载的可靠传递，支点处应有一定的支承面积。规范规定了最小搁置长度：现浇钢筋混凝土楼板或屋面板伸进纵、横墙内的长度均不应小于 120mm。梁在墙上的搁置长度与梁的截面高度相关，当梁高小于或等于 500mm 时，搁

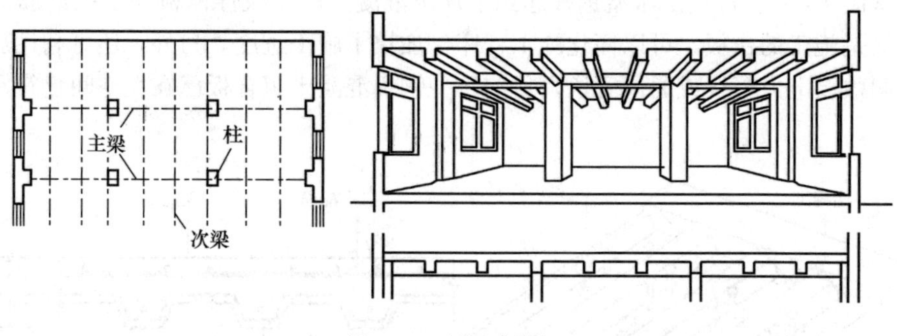

图 13-5　复梁式楼板

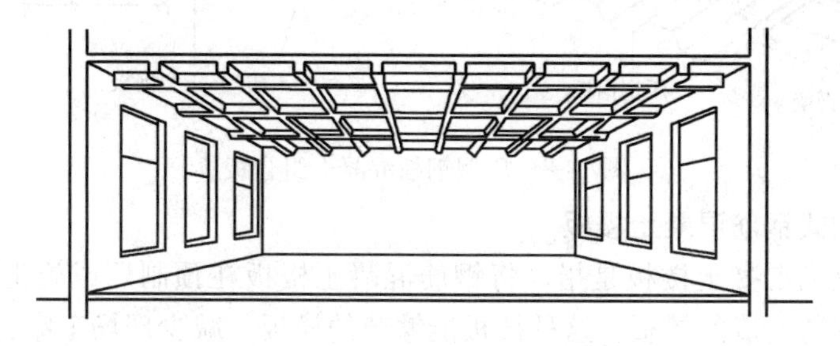

图 13-6　井梁式楼板

置长度不小于 180mm；当梁高大于 500mm 时，搁置长度不小于 240mm。

13.2.1.3　无梁楼板

在框架结构中将板直接支承在柱上，而且不设梁的楼板称为无梁楼板，分为有柱帽和无柱帽两种。当楼面荷载较小时，可采用无柱帽式的无梁楼板；当荷载较大时，为提高楼板的承载能力和刚度，增加柱对板的支托面积并减小板跨，一般在柱顶加设柱帽或托板（图 13-7）。无梁楼板的柱网一般布置为方形或者矩形，一般柱距以 6m 左右较为经济。由于板跨较大，无梁楼板的板厚不宜小于 150mm。

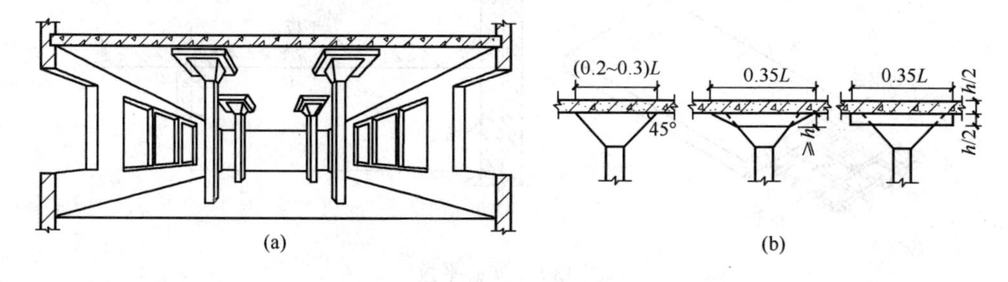

图 13-7　无梁楼板

(a) 无梁楼板透视；(b) 柱帽形式

无梁楼板顶棚平整，室内净空大，采光、通风和卫生条件较好，便于工业化（升板法）施工，适用于楼层荷载较大的商场、仓库、展览馆等建筑。给水工程中的清水池的底板和顶板也常采用无梁楼板的形式。

13.2.1.4　压型钢板混凝土组合板

以压型钢板为衬板，与混凝土浇筑在一起，搁置在钢梁上构成的整体式楼板称为压型钢板混凝土组合板。这种楼板主要由楼面层、组合板（包括现浇混凝土与钢衬板）及钢梁等几部分构成（图 13-8）。特点是压型钢板起到了现浇混凝土的永久性模板和受拉钢筋的双重作用，同时又是施工的台板，可以简化施工程序，加快了施工进度。另外，还可利用压型钢板肋间的空间敷设电力管线或通风管道。目前压型钢板混凝土组合板已在大空间建筑和高层建筑中采用。

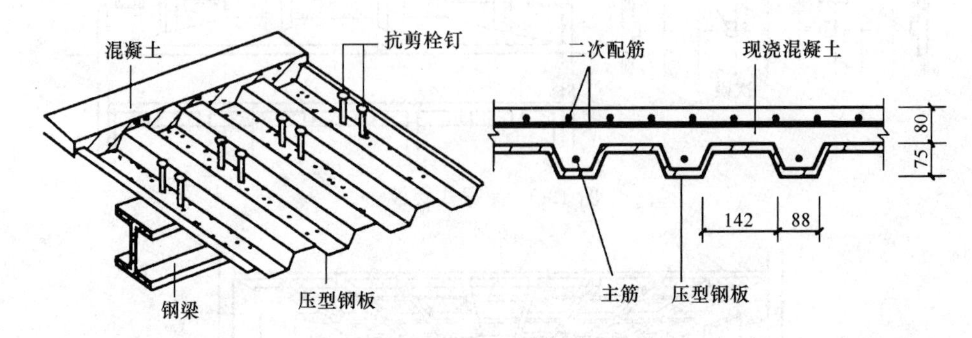

图 13-8　压型钢板混凝土组合板

13.2.2　预制装配式钢筋混凝土楼板

预制装配式钢筋混凝土楼板是指，将钢筋混凝土楼板在预制厂或施工现场进行预先制作，施工时运输安装而成的楼板。这种楼板能够节约模板、减少现场工序、缩短工期、提高施工工业化的水平，但是由于其整体性能差，所以近年来在实际工程中的应用逐渐减少。

13.2.2.1　预制板的类型

预制装配式钢筋混凝土楼板按构造形式分为实心平板、槽形板、空心板三种。

（1）实心平板

实心平板上下板面较平整，跨度一般不超过 2.4m，厚度约为 60～100mm，宽度为 600～1000mm，由于板的厚度小，隔声效果差，一般不用作使用房间的楼板，多用作楼梯平台、走道板、搁板、阳台栏板、管沟盖板等（图 13-9）。

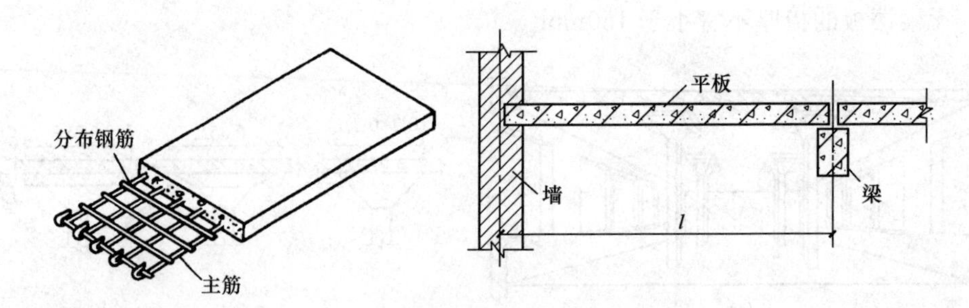

图 13-9　实心平板

（2）槽形板

槽形板是一种梁板合一的构件，在板的两侧设有小梁（又叫肋），构成槽形断面，故称槽形板。当板肋位于板的下面时，槽口向下，结构合理，为正槽板；当板肋位于板的上面时，槽口向上，为反槽板（图 13-10）。

槽形板的跨度为 3～7.2m，板宽为 600～1200mm，板肋高一般为 150～300mm。因为板肋形成了板的支点，板跨减小，所以板厚较小，只有 25～35mm。为了增加槽形板的刚度，也便于搁置，板的端部需设端肋与纵肋相连。当板的长度超过 6m 时，需沿着板长每隔 1000～1500mm 增设横肋。

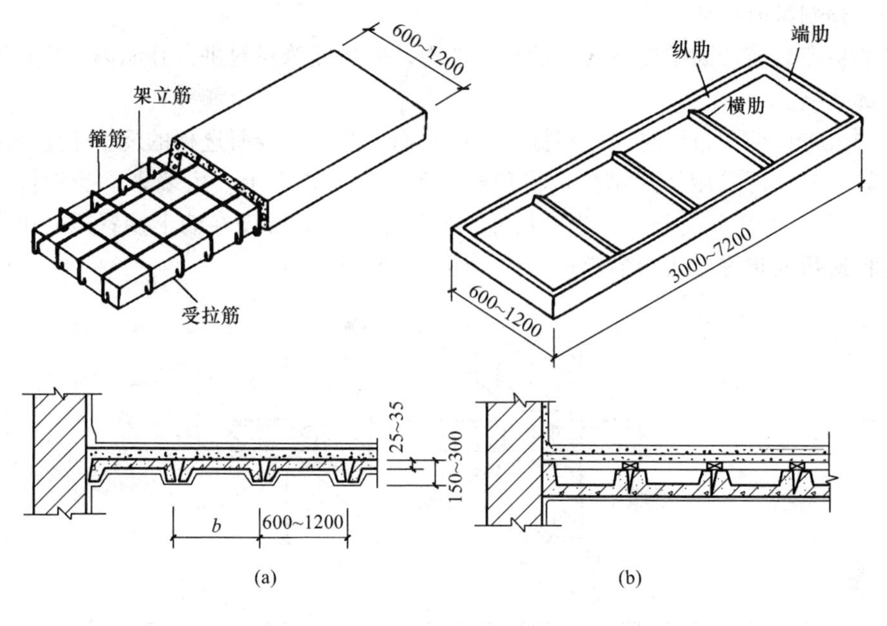

图 13-10 槽形板

（a）正槽板；（b）反槽板

槽形板具有自重轻、节省材料、造价低、便于开孔留洞等特点。但正槽板的板底不平整、隔声效果较差，常用于对观瞻要求不高或做悬吊顶棚的房间；反槽板的受力与经济性不如正槽板，但是板底平整，朝上的槽口内可填充轻质材料，以提高楼板的保温隔热效果。

（3）空心板

空心板是将平板沿纵向抽孔，将多余的材料去掉，形成一种中空的钢筋混凝土楼板。板中孔洞的形状有方孔、椭圆孔和圆孔等，由于圆孔板构造合理，制作方便，因此应用广泛［图 13-11（a）］。侧缝的形式与生产预制板的侧模有关，常见有 V 形缝、U 形缝和凹槽缝三种［图 13-11（b）］。

空心板的跨度一般为 2.4～7.2m，板宽通常为 500mm、600mm、900mm、1200mm，板厚有 120mm、150mm、180mm、240mm 等。

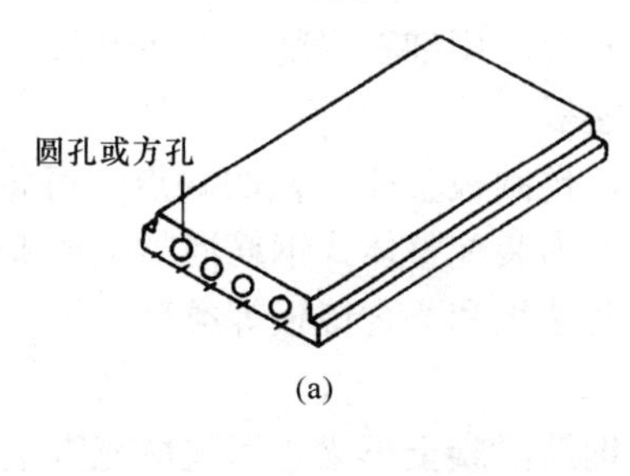

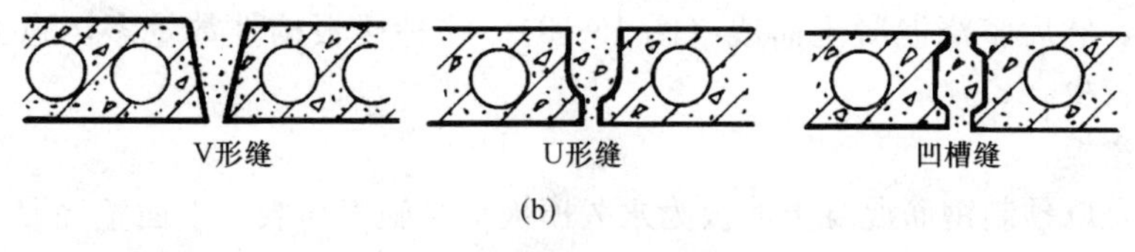

(b)

图 13-11 空心板

（a）直观图；（b）剖面图

13.2.2.2　预制板的安装构造

在空心板安装前，为了提高板端的承压能力，避免灌缝材料进入孔洞内，应用混凝土或砖填塞端部孔洞。

对预制板进行结构布置时，应根据房间的平面尺寸，结合所选板的规格来定。当房间的平面尺寸较小时，可采用板式结构，将预制板直接搁置在墙上，由墙来承受板传来的荷载［图 13-12（a）］。当房间的开间、进深尺寸都比较大时，需要先在墙上搁置梁，由梁来支承楼板，这种楼板的布置方式为梁板式结构［图 13-12（b）］。

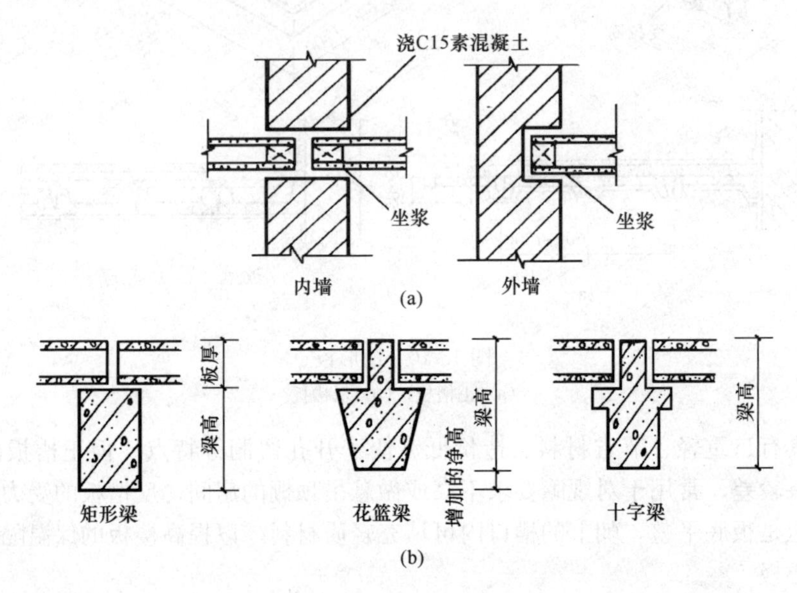

图 13-12　预制板的搁置

（a）在墙上；（b）在梁上

在预制板安装时，应先在墙或梁上铺 10～20mm 厚的 M5 水泥砂浆进行坐浆，然后再铺板，使板与墙或梁有较好的连接，也能保证墙或梁受力均匀。同时，预制板在墙和梁上均应有足够的搁置长度，在梁上的搁置长度不应小于 80mm，在砖墙上的搁置长度应不小于 100mm。

预制板安装后，板的端缝和侧缝应用细石混凝土灌注，从而提高板的整体性。

13.2.3　装配整体式钢筋混凝土楼板

为克服现浇板消耗模板量大，预制板整体性差的缺点，可将楼板的一部分预制安装后，再整浇一层钢筋混凝土，这种楼板为装配整体式钢筋混凝土楼板。装配整体式钢筋混凝土楼板按结构及构造方法的不同有密肋楼板和叠合楼板等类型。

（1）密肋楼板

密肋楼板是在预制或现浇的钢筋混凝土小梁之间先填充陶土空心砖、加气混凝土块、粉煤灰块等块材，然后整浇混凝土而成（图 13-13）。这种楼板构件数量多，施工麻烦，在工程中应用的比较少。

（2）叠合楼板

叠合楼板是以预制钢筋混凝土薄板为永久模板承受施工荷载，上面整浇混凝土叠合层所形成的一种整体楼板（图 13-14）。板中混凝土叠合层强度为 C20 级，厚度一般为 100～120mm。这种楼板具有较好的整体性，板中预制薄板具有结构、模板、装修等多种功能，

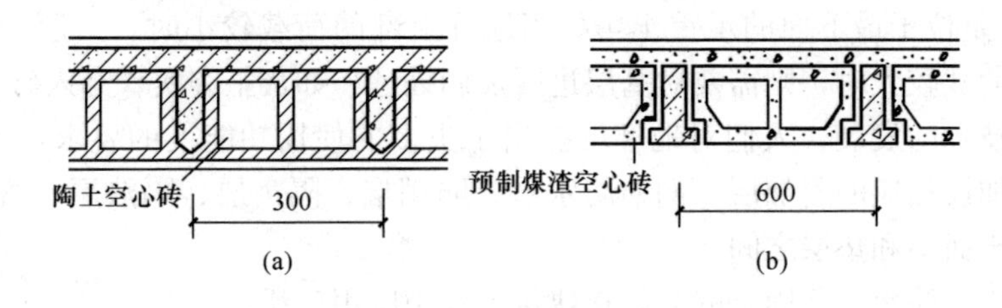

图 13-13　密肋楼板

（a）现浇密肋楼板；（b）预制小梁密肋楼板

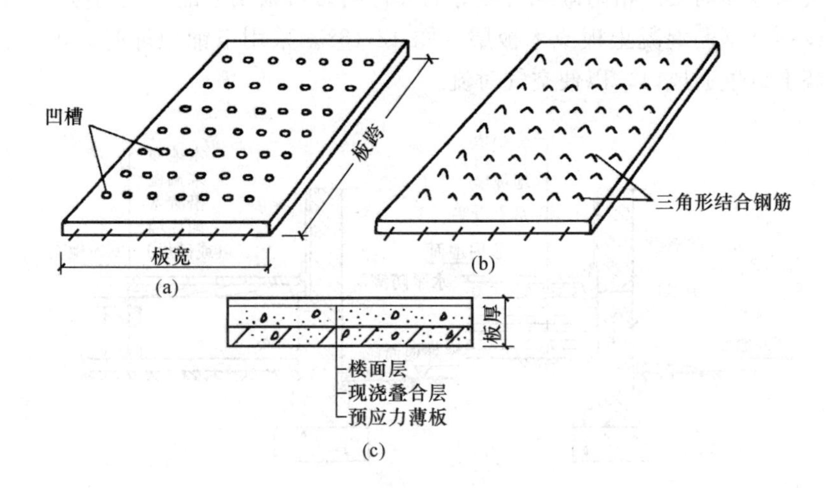

图 13-14　叠合楼板

（a）板面刻槽；（b）板面露出三角形结合钢筋；（c）叠合组合薄板

施工简便，适用于住宅、宾馆、教学楼、办公楼、医院等建筑。

13.3　地坪层与楼地面的构造

13.3.1　地坪层的构造

地坪层按其与土壤之间的关系分为实铺地坪和空铺地坪。

（1）实铺地坪

实铺地坪一般由面层、垫层、基层三个基本层次组成（图 13-15）。

1）面层。属于表面层，直接接受各种物理和化学的作用，应满足坚固、耐磨、平整、光洁、不起尘、易于清洗、防水、防火、有一定弹性等使用要求。地坪层一般以面层所用的材料来命名。

2）垫层。是位于基层和面层之间的过渡层，其作用是满足面层铺设所要求的刚度和平整度，分为刚性垫层和非刚性垫层。刚性垫层一般采用强度等级为 C10 的混凝土，厚度为 60～100mm，适用于整体面层和小块料面层的地坪中，如水磨石、水泥砂浆、陶瓷锦砖、缸砖等地面。非刚性垫层一般采用砂、碎石、三合土等散粒状材料夯实而成，厚度为 60～120mm，用于面层材料为强度高、厚度大的大块料面层地坪中，例如预制混凝土地面等。

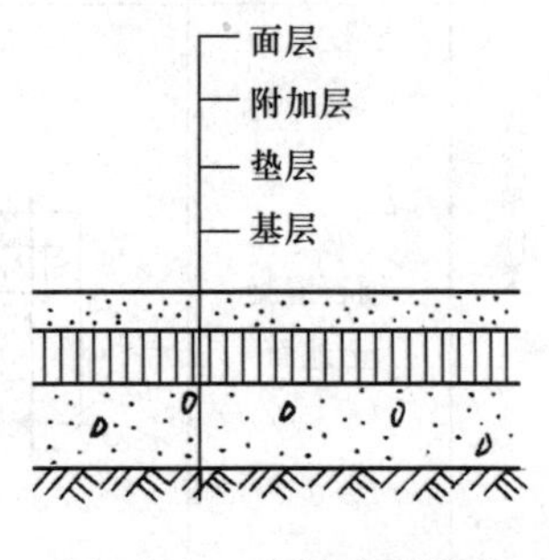

图 13-15　实铺地层构造

3）基层。是位于最下面的承重土壤。当地坪上部的荷载较小时，一般采用素土夯实；当地坪上部的荷载较大时，则需要对基层进行加固处理，如灰土夯实、夯入碎石等。

随着科学技术的发展，人们对地坪层提出了更多的使用功能上的要求，为满足这些要求，地坪层可加设相应的附加层，例如防水层、防潮层、隔声层、隔热层、管道敷设层等，这些附加层位于面层和垫层之间。

实铺地坪构造简单，坚固、耐久，在建筑工程中应用广泛。

(2) 空铺地坪

当房间要求地面需要严格防潮或有较好的弹性时，可采用空铺地坪的做法，即在夯实的地垅墙上铺设预制钢筋混凝土板或木板层（图 13-16）。采用空铺地坪时，可以在外墙勒脚部位及地垄墙上设置通风口，以便空气对流。

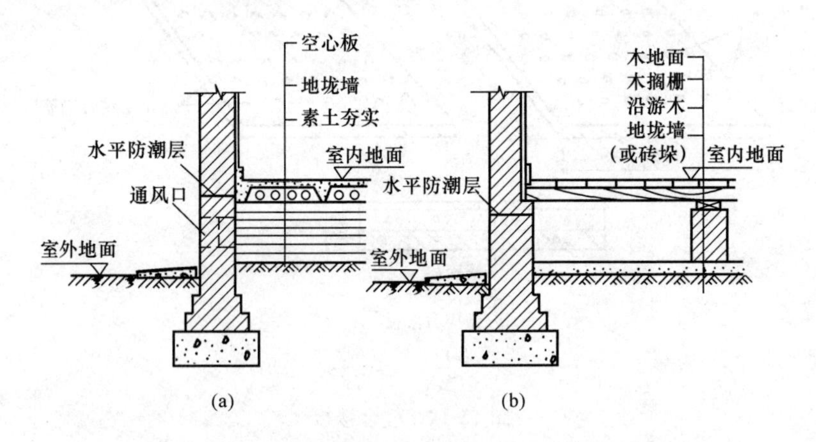

图 13-16　空铺地层

(a) 钢筋混凝土预制板空铺地层；(b) 木空铺地层

13. 3. 2　楼（地）面的构造

楼（地）面的名称是以面层的材料来命名的。比较常见的楼（地）面构造见表 13-1。

表 13-1　常用楼（地）面构造

<table>
<tr><th rowspan="2">类别</th><th rowspan="2">名　称</th><th rowspan="2">简　图</th><th colspan="2">构　　造</th></tr>
<tr><th>地　　面</th><th>楼　　面</th></tr>
<tr><td rowspan="3">现浇整体类</td><td>水泥砂浆地面</td><td></td><td colspan="2">(1) 20厚1∶2.5水泥砂浆
(2) 水泥砂浆一道（内掺建筑胶）</td></tr>
<tr><td rowspan="2">细石混凝土地面</td><td rowspan="2"></td><td colspan="2">(1) 40厚C20细石混凝土地面
(2) 刷水泥砂浆一道（内掺建筑胶）</td></tr>
<tr><td>(3) 60厚C15混凝土垫层
(4) 150厚5～32卵石灌M2.5混合砂浆振捣密实或3∶7灰土素土夯实</td><td>(3) 60厚1∶6水泥焦渣填充层
(4) 现浇钢筋混凝土楼板或预制楼板上现浇叠合层</td></tr>
</table>

续表

<table>
<tr><th rowspan="2">类别</th><th rowspan="2">名 称</th><th rowspan="2">简 图</th><th colspan="2">构 造</th></tr>
<tr><th>地 面</th><th>楼 面</th></tr>
<tr><td rowspan="4">块材镶铺类</td><td rowspan="2">地面砖地面</td><td rowspan="2"> 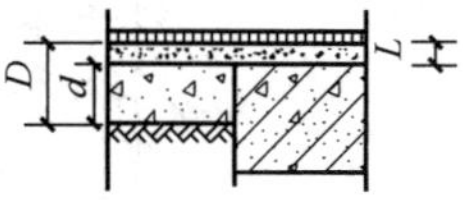</td><td colspan="2">(1) 8～10厚地面砖，干水泥擦缝
(2) 20厚1∶3干硬性水泥砂浆结合层表面撒水泥粉
(3) 水泥砂浆一道（内掺建筑胶）</td></tr>
<tr><td>(4) 60厚C15混凝土垫层
(5) 素土夯实</td><td>(4) 现浇钢筋混凝土楼板或预制楼板上现浇叠合层</td></tr>
<tr><td rowspan="2">石材板地面</td><td rowspan="2"> 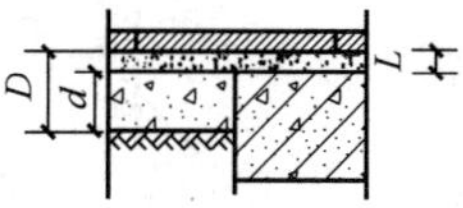</td><td colspan="2">(1) 20厚板材干水泥擦缝
(2) 20厚1∶3干硬性水泥砂浆结合层表面撒水泥粉
(3) 刷水泥砂浆一道（内掺建筑胶）</td></tr>
<tr><td>(4) 60厚C15混凝土垫层
(5) 素土夯实</td><td>(4) 现浇钢筋混凝土楼板或预制楼板上现浇叠合层</td></tr>
<tr><td rowspan="4">卷材类</td><td rowspan="2">彩色石英塑料板地面</td><td rowspan="2"> 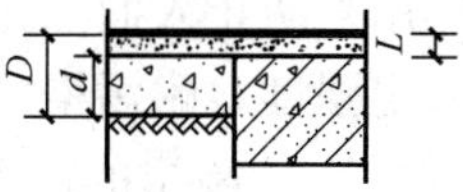</td><td colspan="2">(1) 1.6～3.2厚彩色石英塑料板，用专用胶粘剂粘结
(2) 20厚1∶2.5水泥砂浆压实抹光
(3) 水泥砂浆一道（内掺建筑胶）</td></tr>
<tr><td>(4) 60厚C15混凝土垫层
(5) 0.2厚浮铺塑料薄膜一层
(6) 素土夯实</td><td>(4) 现浇钢筋混凝土楼板或预制楼板上现浇叠合层</td></tr>
<tr><td rowspan="2">地毯地面</td><td rowspan="2"> 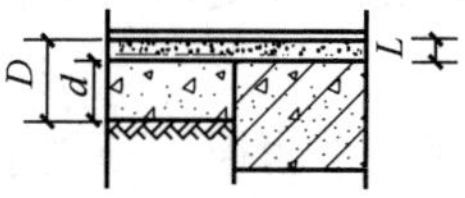</td><td colspan="2">(1) 5～10，8～10厚地毯
(2) 20厚1∶2.5水泥砂浆压实抹光
(3) 水泥砂浆一道（内掺建筑胶）</td></tr>
<tr><td>(4) 60厚C15混凝土垫层
(5) 0.2厚浮铺塑料薄膜一层
(6) 素土夯实</td><td>(4) 现浇钢筋混凝土楼板或预制楼板上现浇叠合层</td></tr>
<tr><td rowspan="4">木地面</td><td rowspan="2">实铺木地面</td><td rowspan="2"> 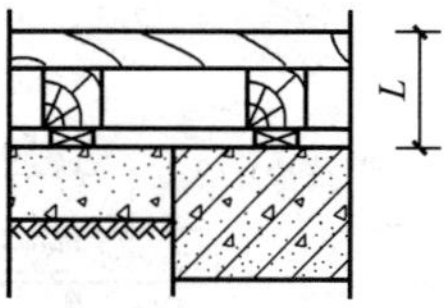</td><td colspan="2">(1) 地板漆两道
(2) 100×25长条松木地板（背面满刷氟化钠防腐剂）
(3) 50×50木龙骨@400架空20，表面刷防腐剂</td></tr>
<tr><td>(4) 60厚C15混凝土垫层
(5) 素土夯实</td><td>(4) 现浇钢筋混凝土楼板或预制楼板上现浇叠合层</td></tr>
<tr><td rowspan="2">铺贴木地板</td><td rowspan="2"> 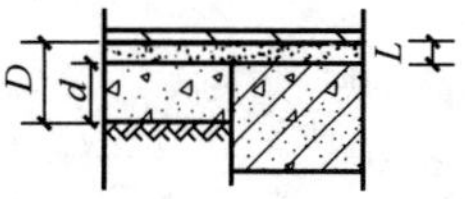</td><td colspan="2">(1) 打腻子，涂清漆两道（地板成品已带油漆者无此工序）
(2) 10～14厚粘贴硬木企口席纹拼花地板
(3) 20厚1∶2.5水泥砂浆</td></tr>
<tr><td>(4) 60厚C15混凝土垫层
(5) 0.2厚浮铺塑料薄膜一层</td><td>(4) 现浇钢筋混凝土楼板或预制楼板上现浇叠合层</td></tr>
</table>

13.3.3 楼地层的细部构造

13.3.3.1 *踢脚板和墙裙*

(1) 踢脚板

踢脚板是地面与墙面交接处的构造处理形式，其主要作用是遮盖墙面与楼地面的接缝，防止碰撞墙面或擦洗地面时弄脏墙面。可以将踢脚板看作是楼地面在墙面上的延伸，一般采用与楼地面相同的材料，有时采用木材制作，其高度一般为 120～150mm，可以凸出墙面、凹进墙面或与墙面相平（图 13-17）。

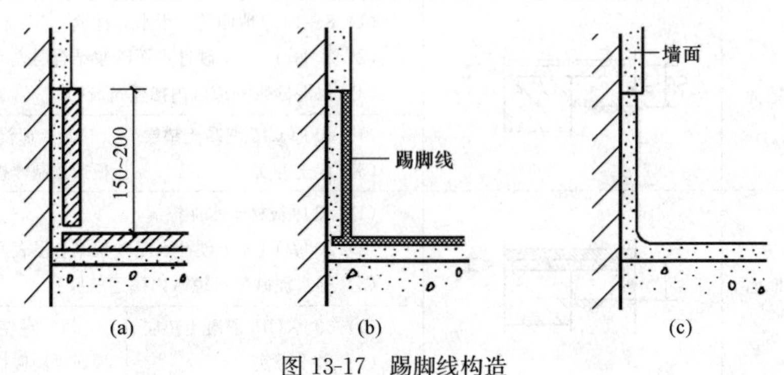

图 13-17　踢脚线构造

(a) 凸出墙面；(b) 与墙面平齐；(c) 凹进墙面

（2）墙裙

墙裙是内墙面装修层在下部的处理，它的主要作用是防止人们在建筑物内活动时碰撞或污染墙面，并且起一定的装饰作用。墙裙应采用有一定强度、耐污染、方便清洗的材料，例如油漆、水泥砂浆、瓷砖、木材等，通常为贴瓷砖的做法。墙裙的高度和房间的用途相关，一般为 900～1200mm，对于受水影响的房间，高度为 900～2000mm。

13.3.3.2　楼地层变形缝

当建筑物设置变形缝时，应在楼地层的对应位置上设变形缝。变形缝应贯通楼地层的各个层次，并且在构造上保证楼板层和地坪层能够满足美观和变形需求。

（1）楼板层变形缝

楼板层变形缝的宽度要与墙体变形缝一致，上部用金属板、预制水磨石板、硬塑料板等盖缝，以防止灰尘下落。顶棚处要用木板、金属调节片等做盖缝处理，盖缝板应与一侧固定，另一侧自由，保证缝两侧结构能够自由变形［图 13-18 (a)］。

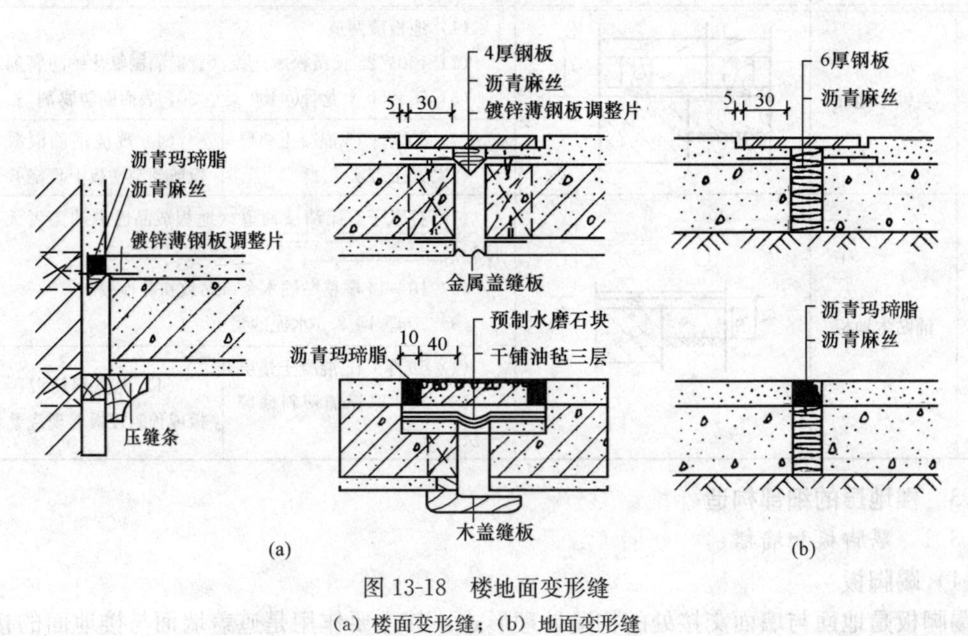

图 13-18　楼地面变形缝

(a) 楼面变形缝；(b) 地面变形缝

（2）地坪层变形缝

当地坪层采用刚性垫层时，变形缝应从垫层到面层处断开，垫层处缝内填沥青麻丝或者聚苯板，面层处理同楼面［图 13-18（b）］。当地坪层采用非刚性垫层时，可以不用设变形缝。

13.4 阳台与雨篷的构造

13.4.1 阳台

阳台是楼房各层与房间相连的室外平台，它为人们提供的室外活动空间，可起到纳凉、观景、晒衣、储存物品、养花、装饰建筑立面等作用。

13.4.1.1 阳台的类型

阳台按其与外墙的相对位置可分为挑阳台、凹阳台、半凹半挑阳台；按其在建筑物平面位置可分为中间阳台和转角阳台；按其使用功能可分为生活性阳台和服务性阳台，例如与居室等相连供人们纳凉、观景的阳台为生活性阳台，如用于储物、晒衣等阳台为服务性阳台；依围护构件的设置情况可分为半封闭和全封闭阳台，半封闭阳台设栏杆只起到安全保护、装饰作用。在北方冬季有时考虑温度较低常设栏板和窗，形成封闭式的围护结构。如图 13-19 所示。

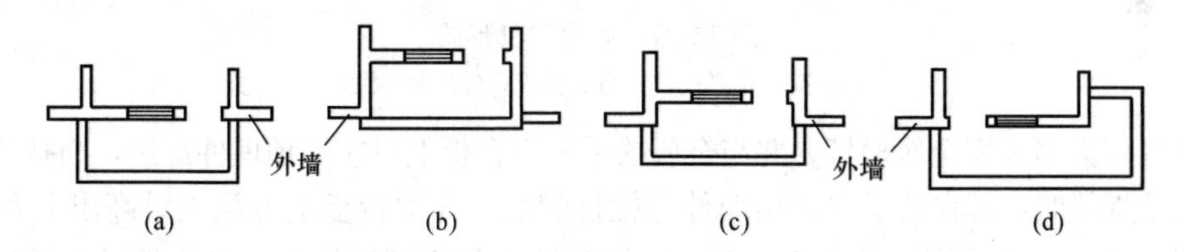

图 13-19　阳台的类型

（a）挑出阳台；（b）凹阳台；（c）半凸半凹阳台；（d）转角阳台

13.4.1.2 阳台的结构布置

（1）墙承式。将阳台板（可预制或现浇）支承在墙上，板的跨度通常与相连房间开间一致，其结构简单、施工方便，多用于凹阳台，如图 13-20（a）所示。

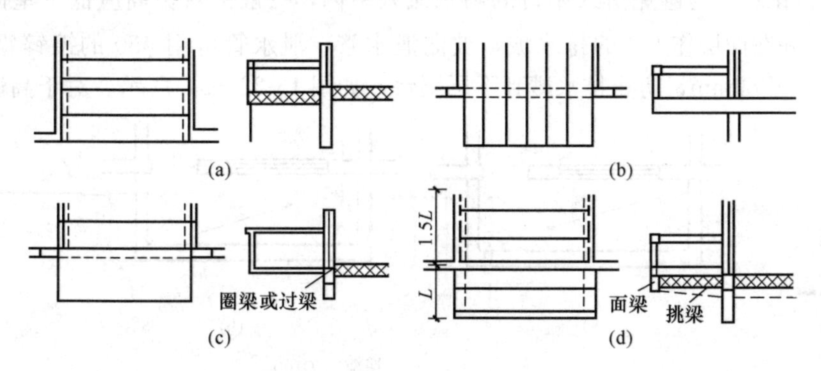

图 13-20　阳台的结构形式

（a）墙承式；（b）挑板式；（c）悬挑式；（d）挑梁式

（2）挑板式。一般的外挑长度以 1～1.5m 为宜，是较为广泛采用的一种结构布置形式。一种是可利用预制楼板延伸外挑作阳台板，如图 13-20（b）所示；另一种是可将阳台板与过梁、圈梁整浇一起而形成，此时要求与过梁、圈梁垂直的现浇阳台托梁伸入房间的横墙内，或者将相连房间的楼板一定宽度或全部现浇作为阳台板的配重平衡构件，托梁伸入墙内的长度和房间现浇板宽不小于阳台悬挑长度的 1.5 倍，如图 13-20（c）、（d）所示。

（3）挑梁式。在与阳台相连房间的两道内墙设预制（或现浇）挑梁，在挑梁上铺设预制（或现浇）的阳台板。有时考虑挑梁端部外露，如果影响美观，可在端部设一道横梁（面梁），如图 13-20（d）所示。

13.4.1.3 阳台的构造

（1）阳台栏杆与扶手。栏杆扶手作为阳台的围护构件，应该具有足够的强度和高度，其高度不低于 1.05m，中、高层住宅阳台栏杆不低于 1.1m，但考虑装饰、美观效果也不宜大于 1.2m。栏杆形式有空花栏杆、实心栏板及二者组合而成的组合式栏杆，如图 13-21 所示。

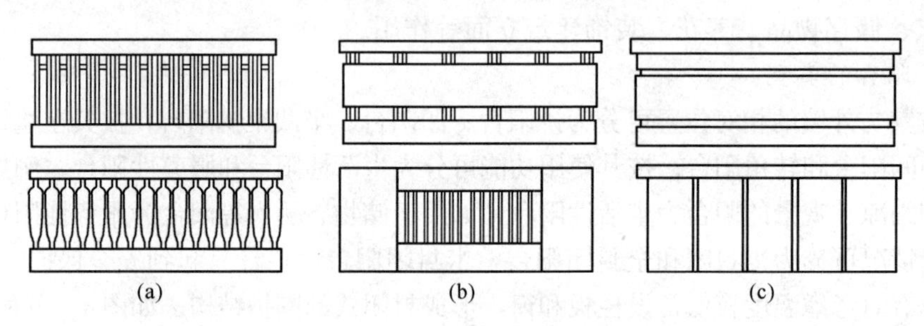

图 13-21 阳台栏杆形式

（a）空心花栏；（b）空心栏板；（c）实心栏板

空花栏杆大多采用金属栏杆，并与金属扶手和阳台板上对应的预埋件焊接，当扶手为非金属不便直接焊接时，可在扶手内设预埋件与栏杆焊接。在阳台板上部侧端设高出阳台板 60～100mm 的二次浇筑的混凝土挡水板，并且内设预埋件与栏杆焊接。砖砌栏板可直接砌在面梁或阳台板上，目前已经很少采用，预制的钢筋混凝土栏板可在其内设预埋件（或伸出钢筋）与阳台板上的预埋件焊接。在北方考虑保温可在内侧加一层 40～50mm 厚的泡沫苯板，有时可采用三拓板两侧抹水泥砂浆作为阳台栏板。栏板侧部利用钢筋与阳台板内设预埋件焊接，阳台两端侧部栏板与墙体内设混凝土预制块上的预埋件焊接或预埋短钢筋（不少于 2ϕ8）焊接。

（2）阳台排水。为避免落入阳台的雨水流入室内，一般阳台标高应低于室内楼、地面 30～60mm，并在面层作 5%的排水坡，坡向泄水管，泄水管可用 ϕ50 的镀锌钢管或 PVC 管，外挑不小于 80mm，防止排水溅到下层阳台，如图 13-22（a）所示。对于高层或高标准

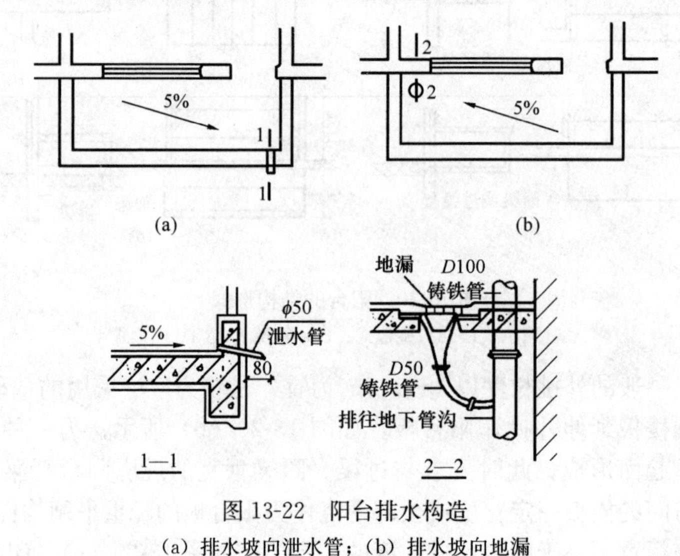

图 13-22 阳台排水构造

（a）排水坡向泄水管；（b）排水坡向地漏

建筑，可在阳台端部内侧靠外墙处设地漏和排水立管，这样将水直接排出，使建筑立面保持美观、洁净，如图 13-22（b）所示。

13.4.2 雨篷

雨篷是设置在建筑物入口处上方用以遮挡雨水、保护外门免受雨水侵袭并有一定装饰作用的水平构件。雨篷大多为悬挑式，它的悬挑长度一般为 1～1.5m。

雨篷有板式和梁板式两种。对于建筑物规模、门洞尺寸较大的雨篷，通常在雨篷板下加立柱，形成门廊，其结构形式多为梁板式。

板式雨篷多为变截面，主要考虑受力（悬臂构件根部所受内力最大）和排水坡度的形成，一般根部厚度不可小于 70mm，板的端部厚度不小于 50mm。梁板式雨篷，为使板底平整、美观，通常采用翻梁形式。

雨篷的顶面应做好防水和排水处理，通常采用防水砂浆抹面并沿至墙面不小于 250mm 高度形成泛水，沿排水方向做出排水坡。对于翻梁式梁板结构雨篷，则根据立面排水需要，沿雨篷外缘做挡水边坎，并在一端或两端设泄水管，其构造同阳台泄水管。如图 13-23 所示。

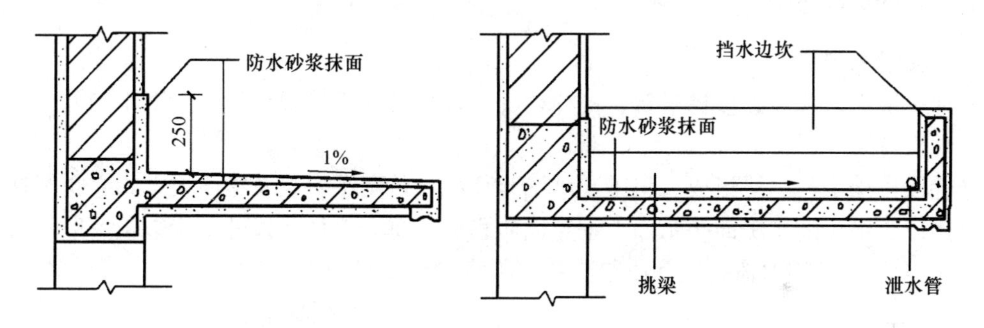

图 13-23　雨篷构造

上岗工作要点

1. 实际工作中，熟练掌握钢筋混凝土楼板的构造及其应用。
2. 实际工作中，熟练掌握地坪层与楼（地）面的构造及其应用。
3. 实际工作中，熟练掌握阳台、雨篷的构造及其应用。

思考题

13-1　楼板层主要由哪几部分构成？

13-2　楼板有哪些类型？

13-3　钢筋混凝土板可分为哪几类？

13-4　地坪层的构造有哪些？

13-5　楼（地）面的构造有哪些？楼（地）层的细部构造又有哪些？

13-6　阳台有哪些类型？

13-7　雨篷有哪两种？

第14章 楼　梯

重　点　提　示
1. 了解楼梯的形式，熟悉其组成与尺寸要求。 2. 掌握钢筋混凝土楼梯的构造。 3. 熟悉室外台阶与坡道的构造。 4. 了解电梯、自动扶梯的基本组成。

14.1　楼梯概述

14.1.1　楼梯的组成

楼梯一般由楼梯段、楼梯平台、楼梯栏杆（板）及扶手等部分组成（图14-1）。

（1）楼梯段

楼梯段由踏步与斜梁组成。斜梁支承踏步荷载，传至平台梁及楼面梁上，它是楼梯的主要承重构件。踏步的水平面叫踏面，垂直面叫踢面。每一个楼梯段的踏步数量一般不得超过18级，由于人行走的习惯，楼梯段踏步数也不宜少于3级。

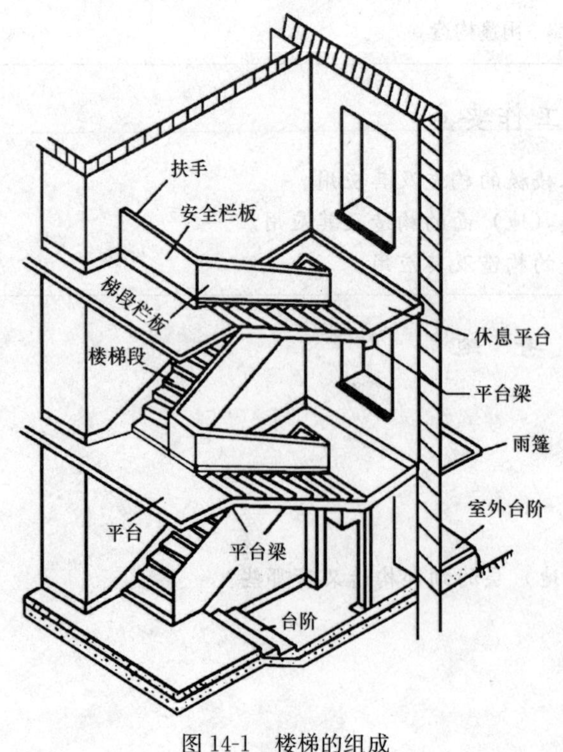

图14-1　楼梯的组成

（2）楼梯平台

楼梯平台位于两个楼梯段之间，主要用于缓解疲劳，使人们在上楼过程中得到暂时的休息。楼梯平台也起着楼梯段之间的联系作用。

（3）栏杆与栏板

栏杆在楼梯段和平台的临空边缘设置，保证人们在楼梯上行走安全。在栏杆或栏板上的上端安设扶手，以便上下楼梯时依扶之用，同时也增加楼梯的美观。

14.1.2　楼梯的形式

楼梯的形式很多，主要是根据使用要求确定的。由于楼梯段形式与平台的相对位置的不同，形成了不同的楼梯形式，如图14-2所示。

当楼层层高较小时，通常采用单跑楼梯，即从楼下第一个踏步起一个方向直达楼上，只有一个楼梯段，中间没有休息平台，因此踏步不宜过多。楼梯所占楼梯间

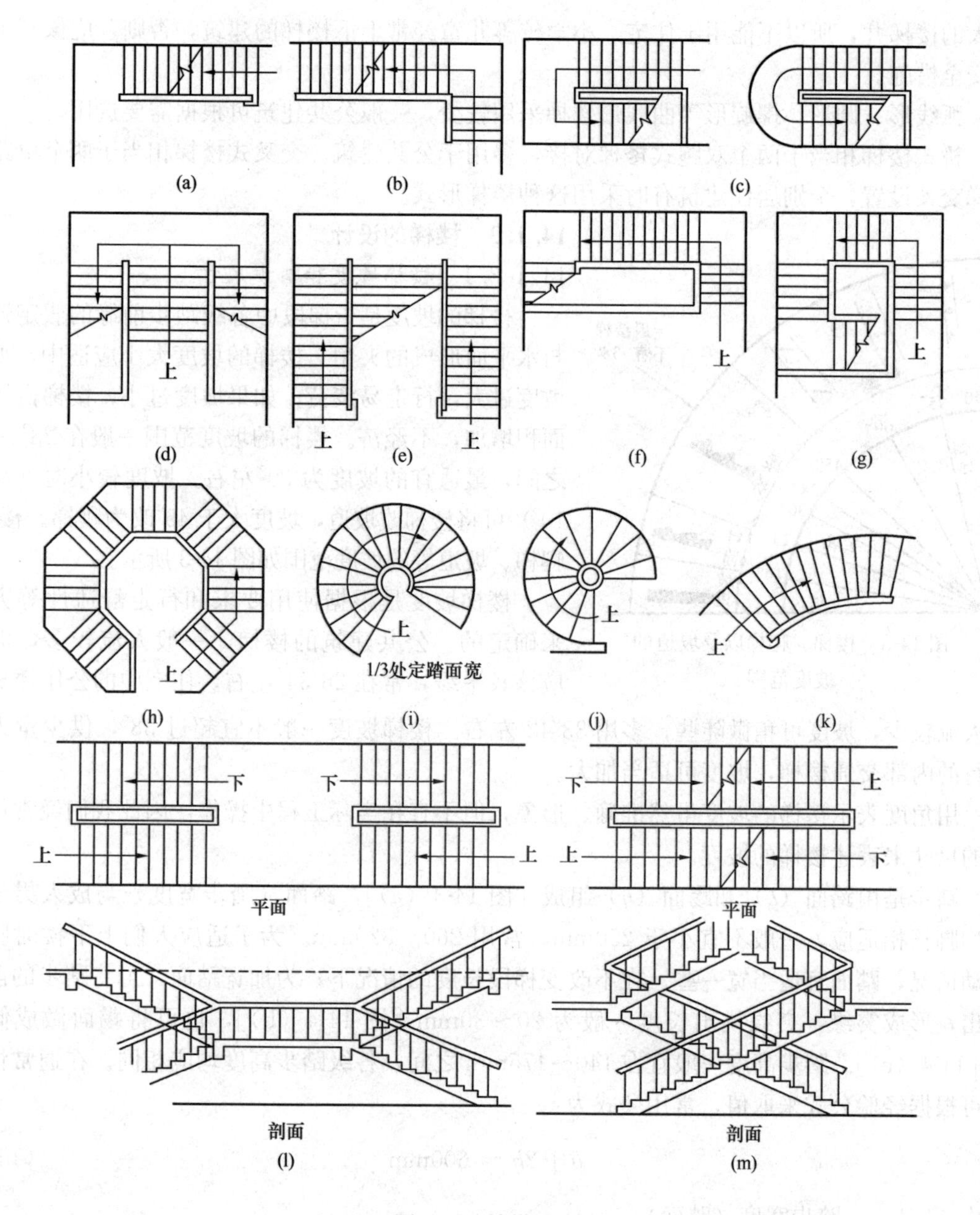

图 14-2　楼梯形式

（a）直跑式；（b）曲尺式；（c）双分式；（d）双跑式；（e）双合式；（f）三跑式；（g）四跑式；（h）八角式；（i）圆形；（j）螺旋形；（k）弧形；（l）桥式；（m）交叉式

的宽度较小，长度较大，不适用于层高或较大的房屋。

双跑楼梯是一般建筑物普遍采用的一种形式。它是双梯段并列式楼梯，又称双折式楼梯。由于第二跑楼梯折回，所以占用楼梯间的长度较小，与一般房间的进深大体一致，便于进行房屋平面布置。

双分式和双合式楼梯相当于两个双跑式楼梯合并在一起，一般用于公共建筑。

曲尺式楼梯常用于住宅户内，适于布置在房间的一角，楼梯下的空间可以被充分利用。

三跑式、四跑式楼梯，一般用于楼梯间接近于正方形的公共建筑。这种楼梯形式构成了较大的楼梯井，所以不能用于住宅、小学校等儿童经常上下楼梯的建筑，否则，应该有可靠的安全措施。

弧线形、圆形、螺旋形等曲线形楼梯采用较少，一般公共建筑可根据需要选用。

桥式楼梯相当于两个双跑式楼梯对接，多用于公共建筑。交叉式楼梯相当于两个单跑式楼梯交叉设置，个别居住建筑有时采用这种楼梯形式。

14.1.3 楼梯的设计

14.1.3.1 楼梯坡度和踏步尺寸

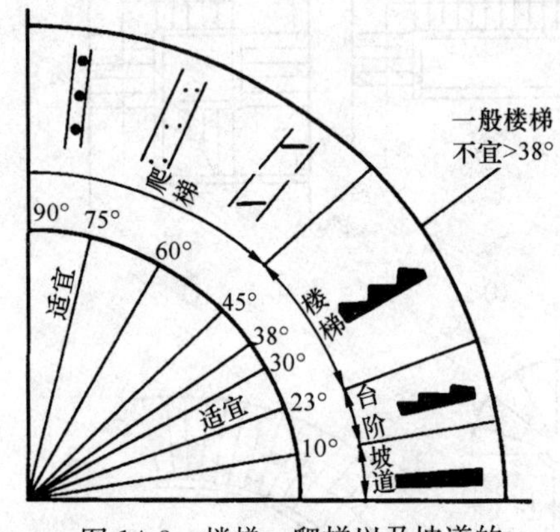

图 14-3 楼梯、爬梯以及坡道的坡度范围

楼梯的坡度是指梯段中各级踏步前缘的假定连线与水平面形成的夹角。楼梯的坡度大小应适中，如果坡度过大，行走易疲劳；如果坡度过小，楼梯占用的面积增加，不经济。楼梯的坡度范围一般在 23°～45°之间，最适宜的坡度为 30°左右。坡度较小时（小于 10°）可将楼梯改坡道，坡度大于 45°改为爬梯。楼梯、爬梯、坡道等的坡度范围如图 14-3 所示。

楼梯坡度是根据使用要求和行走舒适性等方面来确定的。公共建筑的楼梯，一般人流较多，坡度应该较平缓，常在 26°34′左右。住宅中的公用楼梯通常人流较少，坡度可稍微陡些，多用 33°42′左右。楼梯坡度一般不宜超过 38°，供少量人流通行的内部交通楼梯，坡度可适当加大。

用角度表示楼梯的坡度虽然准确、形象，但不宜在实际工程中操作，因此我们经常用踏步的尺寸来表述楼梯的坡度。

踏步是由踏面（b）和踢面（h）组成［图 14-4（a）］，踏面（踏步宽度）与成人男子的平均脚长相适应，一般不宜小于 250mm，常用 260～320mm。为了适应人们上下楼时脚的活动情况，踏面宜适当宽一些。在不改变梯段长度的情况下，为加宽踏面，可将踏步的前缘挑出，形成突缘，突缘挑出长度一般为 20～30mm［图 14-4（b）］，也可将踢面做成倾斜［图 14-4（c）］。踏步高度一般宜在 140～175mm 之间，各级踏步高度均应相同。在通常情况下可根据经验公式来取值，常用公式为：

$$b + 2h = 600\text{mm} \tag{14-1}$$

式中　b——踏步宽度（踏面）；

　　h——踏步高度（踢面）；

600mm——女子的平均步距。

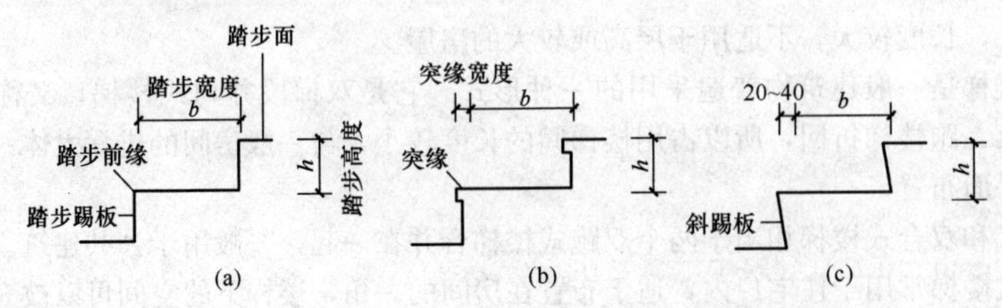

图 14-4 踏步形式与尺寸

（a）无突缘；（b）有突缘（直踢板）；（c）有突缘（斜踢板）

b 与 h 也可以从表 14-1 中找到较为适合的数据。

表 14-1　常用适宜踏步尺寸

名　称	住　宅	学校、办公楼	剧院、会堂	医院（病人用）	幼儿园
踏步高 h（mm）	150～175	140～160	120～150	150	120～150
踏步宽 b（mm）	250～300	280～340	300～350	300	260～300

对于诸如弧形楼梯这样踏步两端宽度不一，特别是内径较小的楼梯来说，为了行走的安全，需要将梯段的宽度加大。即当梯段的宽度不大于 1100mm 时，以梯段的中线为衡量标准，当梯段的宽度大于 1100mm 时，以距其内侧 500～550mm 处为衡量标准来作为踏面的有效宽度。

14.1.3.2　楼梯和平台的尺寸

梯段的宽度取决于同时通过的人流股数及是否有家具、设备经常通过。有关的规范一般限定其下限，对具体情况需要作具体分析，其中舒适程度以及楼梯在整个空间中尺度、比例合适与否都是经常要考虑的因素。表 14-2 提供了梯段宽度的设计依据。

表 14-2　楼梯梯段宽度　　单位：mm

计算依据：每股人流宽度为 550+（0～150）		
类　别	梯段度	备　注
单人通过	>900	满足单人携物通过
双人通过	1100～1400	
三人通过	1650～2100	

为方便施工，在钢筋混凝土现浇楼梯的两梯段之间应有一定距离，这个宽度叫梯井，其尺寸一般为 150～200mm。

梯段的长度取决于该段的踏步数和踏面宽。平面上用线来反映高差，因此如果某梯段有 n 步台阶的话，该梯段的长度为 $b\times(n-1)$。在一般情况下，特别是公共建筑的楼梯，一个梯段既不应少于 3 步（易被忽视），也不应多于 18 步（行走疲劳）。

平台的深度应不小于梯段的宽度。此外，在下列情况下应适当加大平台深度，以防碰撞。

（1）梯段较窄而楼梯的通行人流较多时。

（2）楼梯平台通向多个出入口或有门向平台方向开启时。

（3）有突出的结构构件影响到平台的实际深度时（图 14-5）。

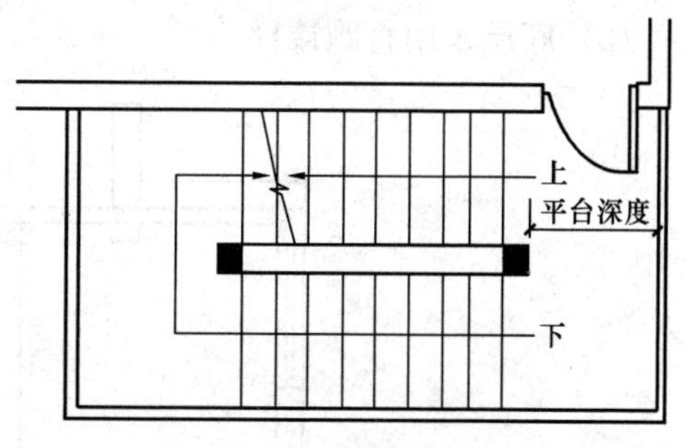

图 14-5　结构对平台深度的影响

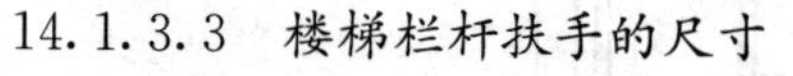
14.1.3.3　楼梯栏杆扶手的尺寸

楼梯栏杆扶手的高度是指从踏步前缘至扶手上表面的垂直距离。一般室内楼梯栏杆扶手的高度不应小于 900mm（通常取 900mm），室外楼梯栏杆扶手高度（特别是消防楼梯）不应小于 1100mm。在幼儿建筑中，需要在 600mm 左右高度再增设一道扶手，用以适应儿童的身高（图 14-6）。另外，与楼梯有关的水平护身栏杆不应低于 1650mm。当楼梯段的宽度大于 1650mm 时，应增设靠墙扶手。楼梯段宽度超过 2200mm 时，还应增设中间扶手。

14.1.3.4　楼梯下部净高的控制

楼梯下部净高的控制不但关系到行走安全，而且在很多情况下关系到楼梯下面空间的利用以及通行的可能性，它是楼梯设计中的重点和难点。楼梯下的净高包括梯段部位和平台部位，其中梯段部位净高不小于 2200mm，若楼梯平台下做通道时，平台中部位下净高应不小于 2200mm，如图 14-7 所示。为使平台下净高满足要求，可以采用以下几种处理方法：

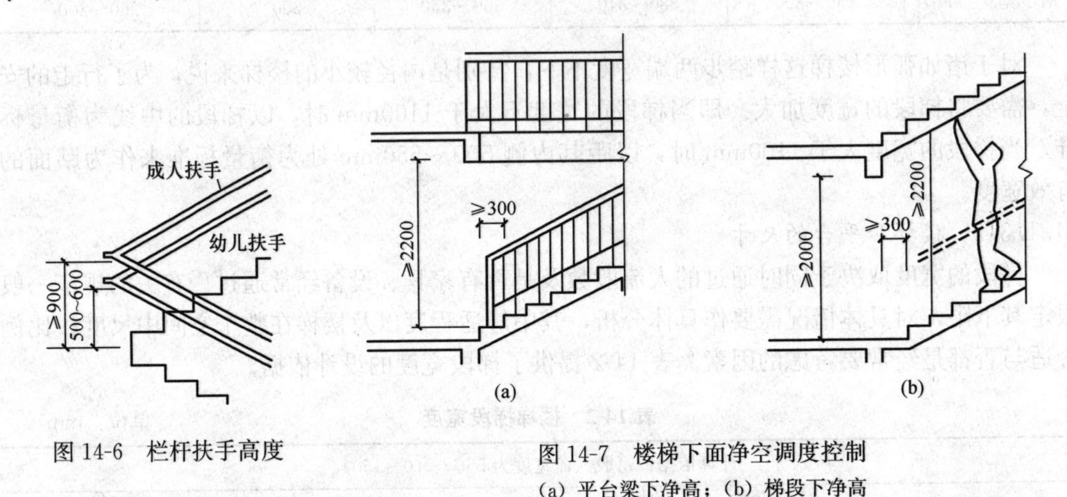

图 14-6　栏杆扶手高度

图 14-7　楼梯下面净空调度控制
(a) 平台梁下净高；(b) 梯段下净高

(1) 降低平台下地坪标高

充分利用室内外高差，将部分室外台阶移至室内，为防止雨水流入室内，应使室内最低点的标高高出室外地面标高以上 0.1m。

(2) 采用不等级数

增加底层楼梯第一个梯段的踏步数量，使底层楼梯的两个梯段形成长短跑，以此抬高底层休息平台的标高。当楼梯间进深不够布置加长后的梯段时，可将休息平台外挑（图14-8）。

在实际工程中，经常将以上两种方法结合起来统筹考虑，用以解决楼梯下部通道的高度问题。

(3) 底层采用直跑楼梯

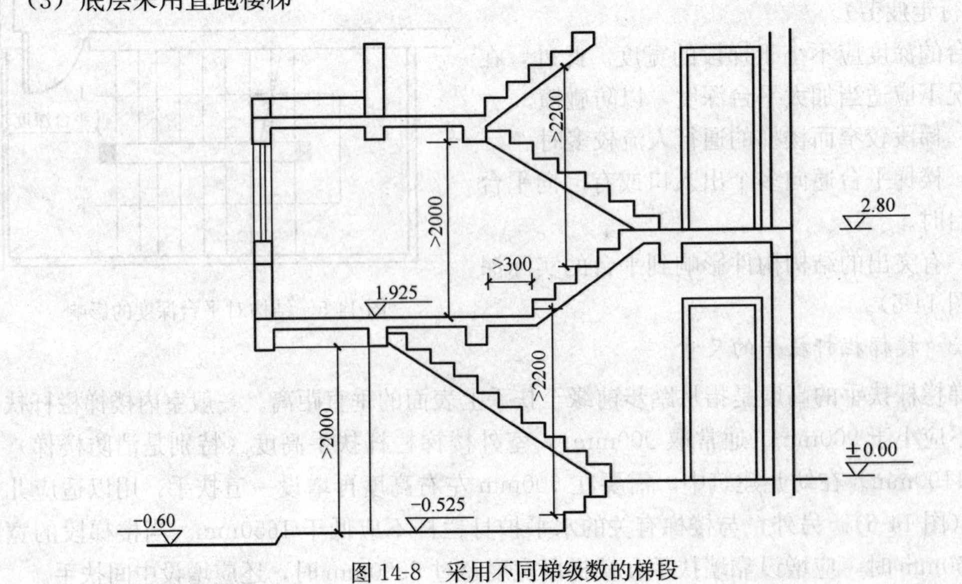

图 14-8　采用不同梯级数的梯段

当底层层高较低（不大于 300mm）时，可以将底层楼梯由双跑改为直跑，二层以上回复双跑。这样做可将平台下的高度问题很好地解决，但应注意其可行性（图 14-9）。

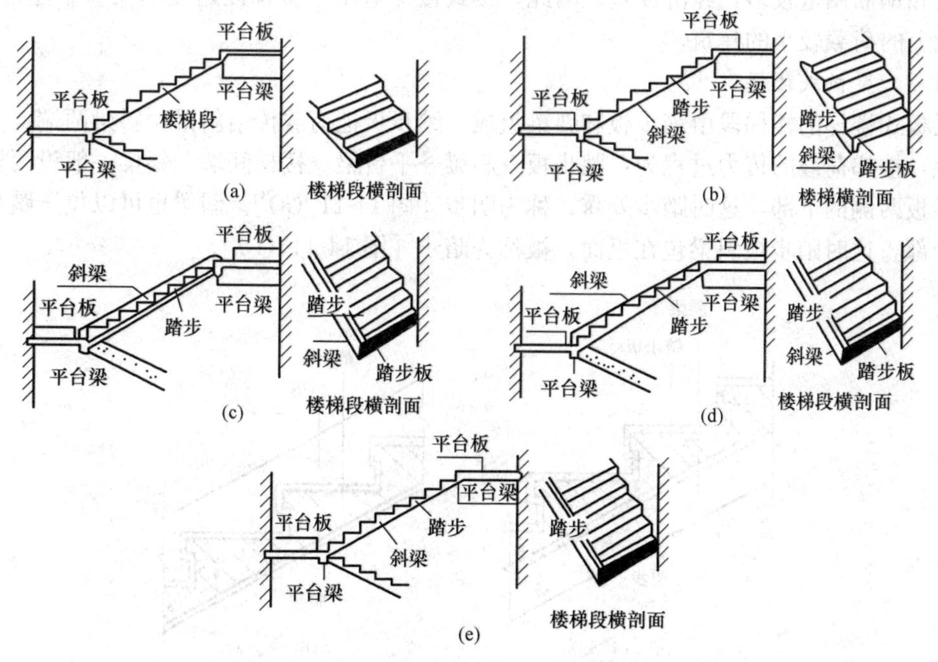

图 14-9　现浇板式、梁板式楼梯

（a）板式楼梯；（b）梁式楼梯（梁在板下）；（c）梁式楼梯（梁在板中）；
（d）梁式楼梯（梁在板上）；（e）梁式楼梯（单斜梁式）

14.2　钢筋混凝土楼梯

由于钢筋混凝土楼梯坚固、耐久、耐火，所以在民用建筑中被大量采用。钢筋混凝土楼梯按施工方法不同，分为现浇式和预制装配式两类。

14.2.1　现浇钢筋混凝土楼梯

现浇钢筋混凝土楼梯是把楼梯段和平台整体浇筑在一起的楼梯，虽然其消耗模板量大，施工工序多，施工速度较慢，但整体性好、刚度大、有利于抗震，所以在现在工程中应用很广泛。

现浇钢筋混凝土楼梯按结构形式不同，分为板式楼梯和梁板式楼梯。

14.2.1.1　板式楼梯

板式楼梯是把楼梯段看作一块斜放的板，楼梯板分为有平台梁和无平台梁两种。有平台梁的板式楼梯的梯段两端放置在平台梁上，平台梁之间的距离为楼梯段的跨度。其传力过程为：楼梯段→平台梁→楼梯间墙（图 14-10）。无平台梁的板式楼梯是将楼梯段和平台板组合成为一块折板，这时板的跨度为楼梯段的水平投影长度与平台宽度之和。这种楼梯设计增加了平台下的空间，保

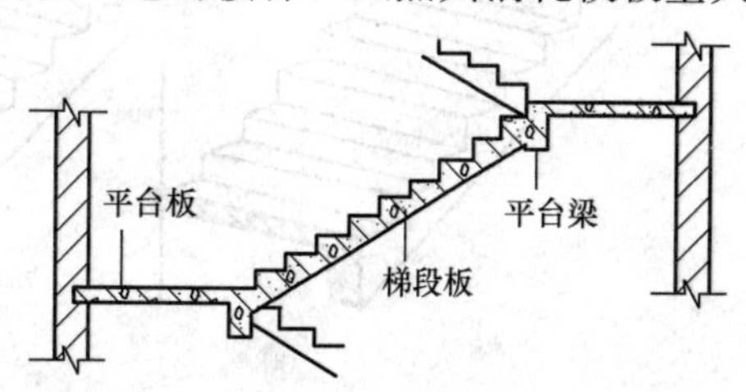

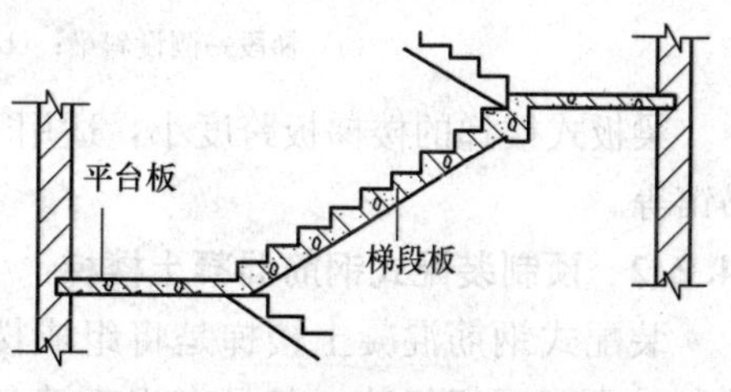

图 14-10　现浇钢筋混凝土板式楼梯

证了平台过道处的净空高度（图 14-10）。

板式楼梯底面平整，外形简洁，施工方便，但是当楼梯段跨度较大时，板的厚度较大，混凝土和钢筋用量较多，经济性差。因此，板式楼梯适用于楼梯段跨度不大（不超过 3m）、楼梯段上的荷载较小的建筑。

14.2.1.2　梁板式楼梯

梁板式楼梯的楼梯段由踏步板和斜梁组成，踏步板把荷载传给斜梁，斜梁两端支承在平台梁上，楼梯荷载的传力过程为：踏步板→斜梁→平台梁→楼梯间墙。斜梁一般设两根，位于踏步板两侧的下部，这时踏步外露，称为明步［图 14-11（a）］。斜梁也可以位于踏步板两侧的上部，这时踏步被斜梁包在里面，被称为暗步［图 14-11（b）］。

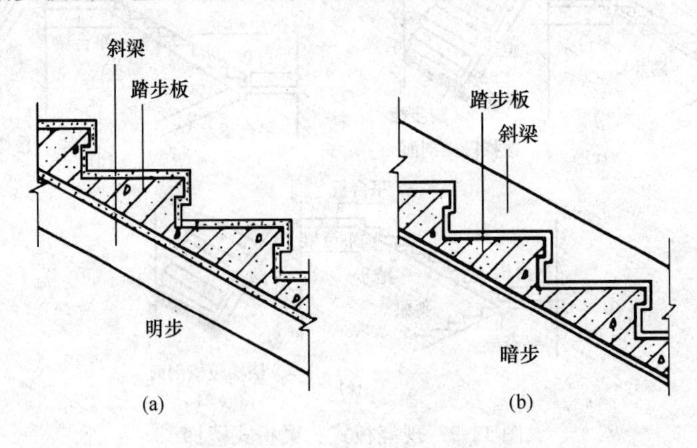

图 14-11　明步楼梯和暗步楼梯

（a）明步楼梯；（b）暗步楼梯

斜梁有时只设一根，通常有两种形式：一种是在踏步板一侧设斜梁，将踏步板的另一侧搁置在楼梯间墙上［图 14-12（a）］；另一种是将斜梁布置在踏步板中间，踏步板向两侧悬挑［图 14-12（c）］。单梁式楼梯受力较复杂，但外形轻巧、美观，多用于对建筑空间造型有较高的要求时。

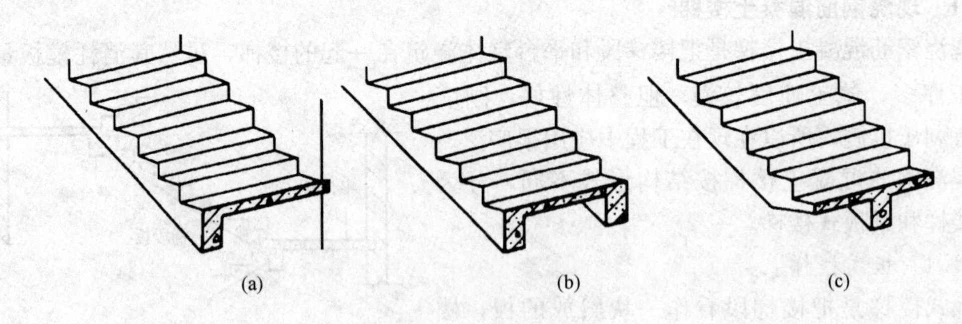

图 14-12　梁式楼梯

（a）梯段一侧设斜梁；（b）梯段两侧设斜梁；（c）梯段中间设斜梁

梁板式楼梯的楼梯板跨度小，适用于荷载较大、层高较大的建筑，如教学楼、商场、图书馆等。

14.2.2　预制装配式钢筋混凝土楼梯

装配式钢筋混凝土楼梯是将组成楼梯的各个部分分成若干小构件，在预制厂或现场预制，再到现场组装。其具有提高建筑工业化程度、减少现场湿作业、加快施工速度等优点。

装配式钢筋混凝土楼梯按构件尺寸的不同和施工现场吊装能力的不同，可分为小型构件装配式楼梯和中型及大型构件装配式楼梯两类。

14.2.2.1　小型构件装配式楼梯

小型构件包括踏步板、斜梁、平台梁、平台板等单个构件。预制踏步板的断面形式有一字形、“Γ”形和三角形三种。楼梯段斜梁通常做成锯齿形和L形，平台梁的断面形式通常为L形和矩形。

14.2.2.2　装配式楼梯形式

小型构件装配式楼梯常用的形式有悬挑式、墙承式和梁承式。

(1) 悬挑式楼梯

悬挑式楼梯是将单个踏步板的一端嵌固于楼梯间的侧墙中，另一端自由悬空而形成的楼梯段。踏步板的悬挑长度通常在1.2m左右，最大不超过1.8m。踏步板的断面一般采用L形，伸入墙体不小于240mm。伸入墙体的部分截面通常为矩形。这种构造的楼梯不宜在地震区使用。如图14-13所示。

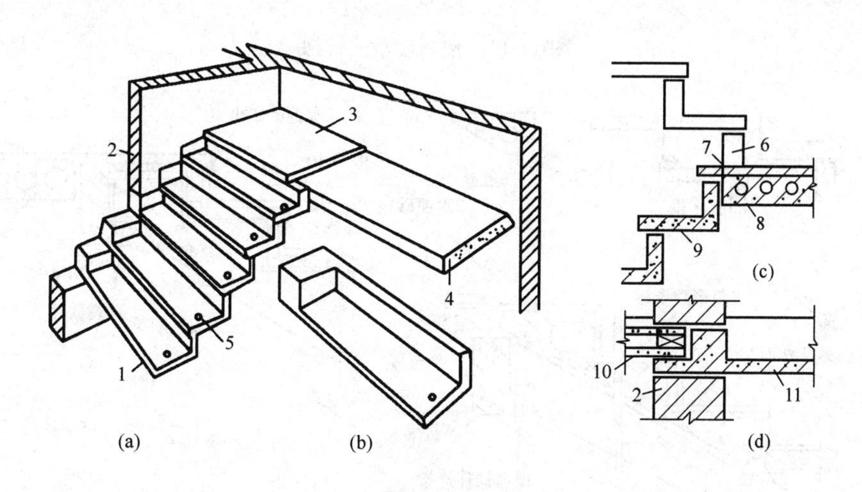

图14-13　预制悬挑踏步楼梯

(a) 透视图；(b) 预制踏步板；(c) 平台处节点构造；(d) 踏步板砌入墙内节点构造

1—踏步板；2—墙体；3—平台地面；4—平台板；5—预留栏杆孔；6—砌砖；7—平台地面；8—钢筋混凝土空心板；9—踏步板；10—钢筋混凝土空心板；11—踏步板

(2) 墙承式楼梯

墙承式楼梯是将一字形或L形踏步板直接搁置于两端的墙上，这种楼梯适宜于直跑式楼梯。当采用平行双跑楼梯时，需要在楼梯间中部加设一道墙以支承两侧踏步板。由于楼梯间中部增设墙后，可能会阻挡行人视线，对搬运物品也不方便。为保证采光并且解决行人视线被阻问题，通常在加设的墙上开设窗洞。墙承式楼梯构造如图14-14所示。

(3) 梁承式楼梯

梁承式楼梯的楼梯段由踏步板和楼梯段斜梁构成。楼梯段斜梁通常做成锯齿形或矩形。锯齿形斜梁支承L形或Γ形踏步板，矩形斜梁支承三角形踏步板，三角形踏步与斜梁之间用水泥砂浆由下而上逐个叠砌，如图14-15所示。

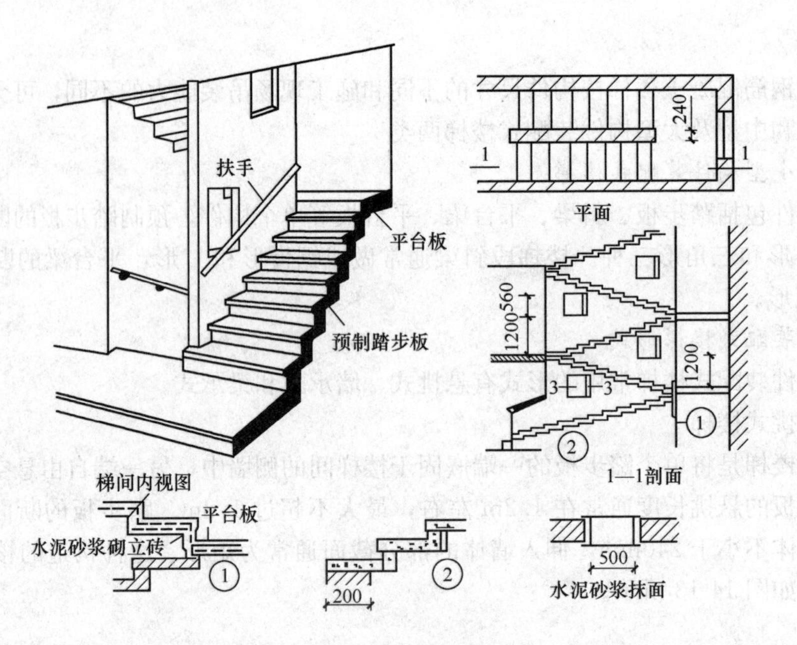

图 14-14　预制墙承式楼梯

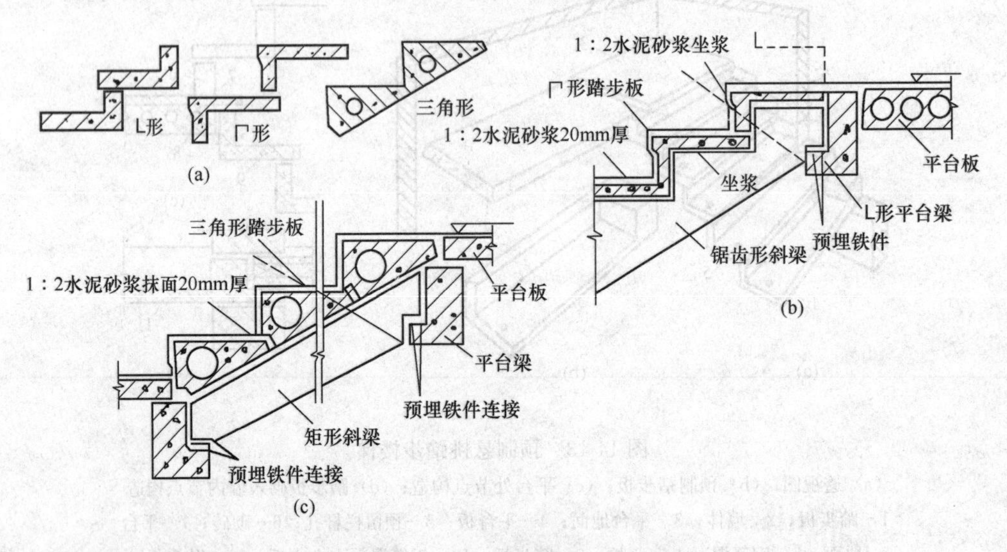

图 14-15　预制梁承式楼梯构造

(a) 踏步板的类型；(b) 锯齿形斜梁；(c) 矩形斜梁

14.3　楼梯的细部构造

14.3.1　踏步面层和防滑构造

楼梯踏步面层要满足坚固、耐磨、便于清洁、防滑和美观等方面的要求。根据楼梯的使用性质和装修标准不同，踏步面层常采用水泥砂浆、水磨石、各种人造石材及天然石材等。如图 14-16 所示。

为保证人们上下楼行走方便，避免滑倒，应在踏步前缘做 2 或 3 条防滑条。防滑条采用粗糙、耐磨且行走方便的材料，常用做法有：做防滑凹槽，抹水泥金刚砂，镶嵌金属条或硬橡胶条、缸砖等块料包口。如图 14-17 所示。

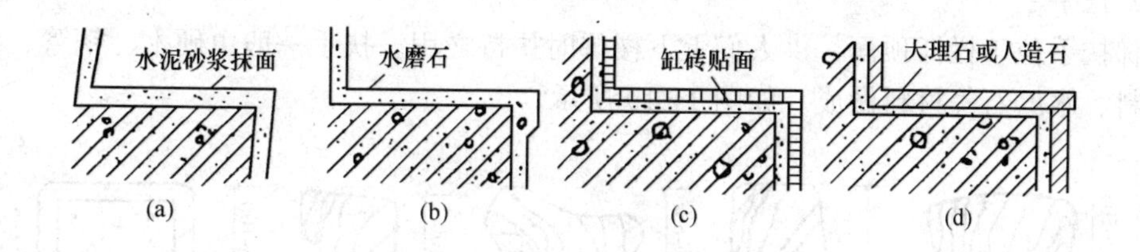

图 14-16　楼梯踏步面层的构造

（a）水泥砂浆踏步面层；（b）水磨石踏步面层；（c）缸砖踏步面层；
（d）大理石或人造石踏步面层

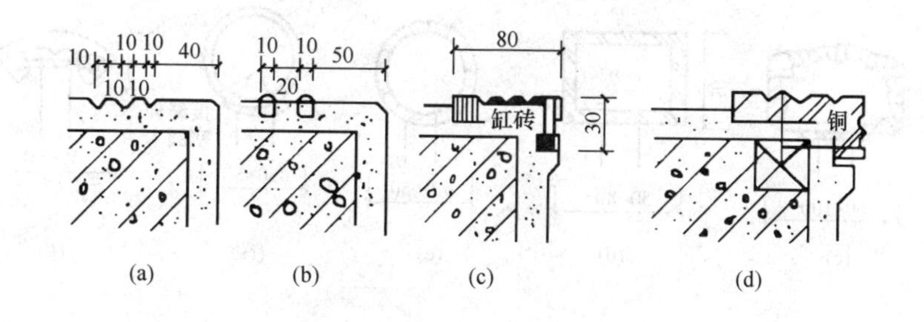

图 14-17　楼梯踏面防滑构造

（a）防滑凹槽；（b）金刚砂防滑条；（c）缸砖防滑条；（d）金属材料包角

14. 3. 2　栏杆（板）扶手构造

（1）栏杆（板）的形式与构造

栏杆通常采用空花栏杆。空花栏杆通常采用扁钢、圆钢、方钢及钢管等金属型材焊接而成，空花栏杆的间距一般不应大于 110mm。在住宅、幼儿园、小学等建筑中不宜作易攀登的横向栏杆。如图 14-18 所示。

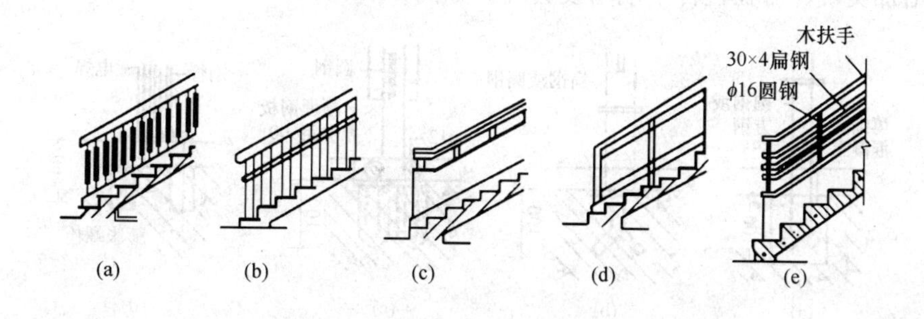

图 14-18　楼梯栏杆形式

（a）空花栏杆；（b）空花栏杆带幼儿扶手；（c）钢筋混凝土栏板；
（d）玻璃栏板；（e）组合式栏杆

实心栏板通常采用砖钢丝网水泥、钢筋混凝土、有机玻璃及钢化玻璃等材料制作。当采用砖砌栏板时，应在适当部位加设拉筋，并且在顶部现浇钢筋混凝土把它连成整体，以加强其刚度。

(2) 扶手

楼梯扶手位于栏杆顶面，供人们上下楼梯时扶持之用。扶手一般由硬木、钢管、铝合金管、塑料、水磨石等材料做成。如图 14-19 所示。

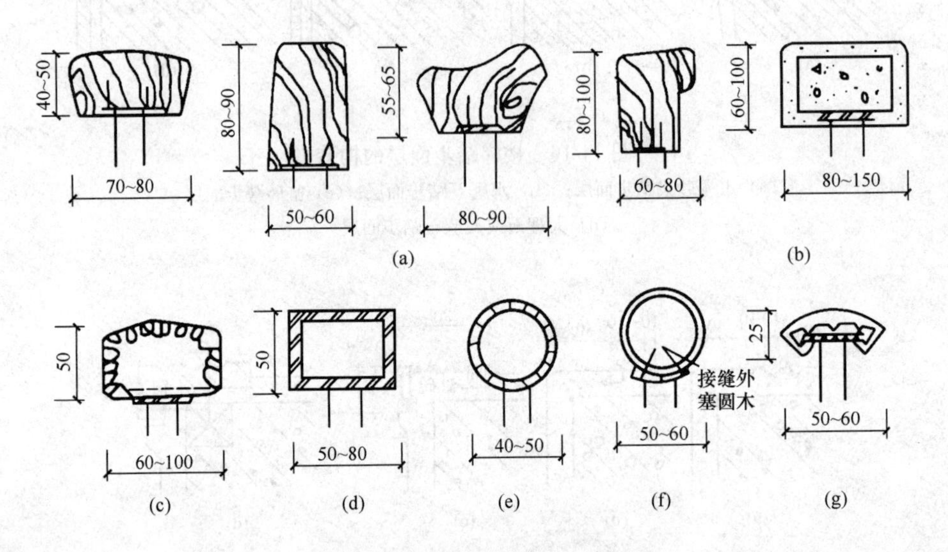

图 14-19 扶手的形式与固定

(a) 木扶手；(b) 混凝土；(c) 水磨石；(d) 角钢或扁钢；(e) 金属管；
(f) 聚氯乙烯管；(g) 聚氯乙烯板条

(3) 栏杆与扶手及栏杆与梯段、平台的连接

1) 栏杆与扶手的连接。当采用金属栏杆与金属扶手时，通常采用焊接；当采用金属栏杆，扶手为木材或硬塑料时，通常在栏杆顶部设通长扁钢，用螺钉与扶手底面或侧面固定连接。如图 14-19 所示。

2) 栏杆与梯段及平台的连接。一般是在梯段和平台上预埋钢板焊接或预留孔插接。为保护栏杆增加美观，可在栏杆下端增设套环。如图 14-20 所示。

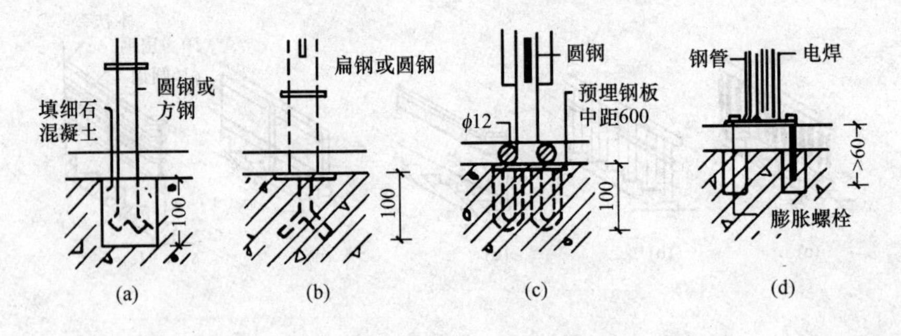

图 14-20 栏杆与梯段的连接构造

(a) 留孔插入灌浆；(b) 预埋钢板焊接；(c) 与圆钢焊接；(d) 膨胀螺栓锚接

(4) 扶手与墙的连接

扶手与墙要有可靠的连接。当墙体为砖墙时，可在墙上预留洞，将扶手连接件伸入洞内，然后用混凝土嵌固；当墙体为钢筋混凝土时，通常采用预埋钢板焊接。靠墙扶手及顶层栏杆与墙面连接，如图 14-21 所示。

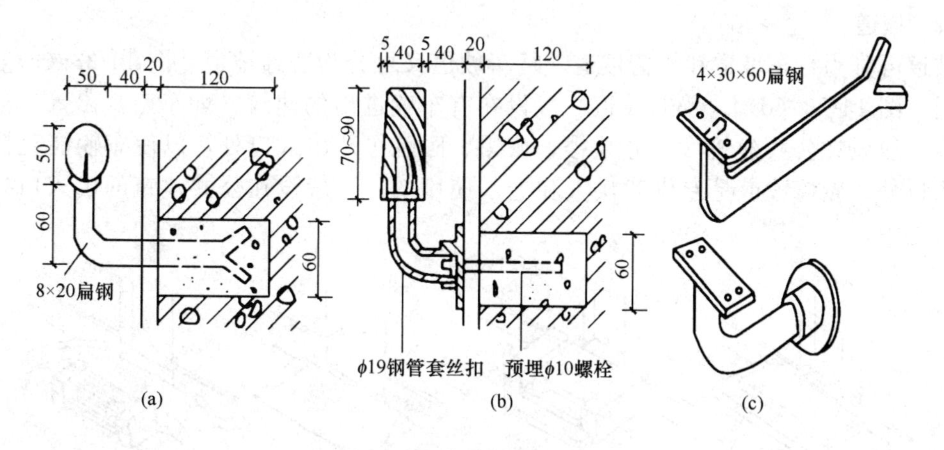

图 14-21　靠墙扶手的固定

（a）圆木扶手；（b）条木扶手；（c）扶手铁脚

14.4　室外台阶与坡道

14.4.1　室外台阶

室外台阶由平台和踏步构成，平台面应比门洞口每边宽出 500mm 左右，并比室内地坪低 20～50mm 左右，向外做出约 1%的排水坡度。台阶踏步所形成的坡度应该比楼梯平缓，一般踏步宽度不小于 300mm，高度不大于 150mm。当室内外高差超过 1000mm 时，应在台阶临空一侧设置围护栏杆或栏板等设施。

台阶要在建筑物主体工程完成后再进行施工，并与主体结构之间留出约 10mm 的沉降缝。台阶的构造与地面相似，由面层、垫层、基层等构成，面层应采用水泥砂浆、混凝土、地砖、天然石材等耐气候作用的材料。在北方冰冻地区，室外台阶应该考虑抗冻要求，面层选择抗冻、防滑的材料，并且在垫层下设置非冻胀层或采用钢筋混凝土架空台阶（图 14-22）。

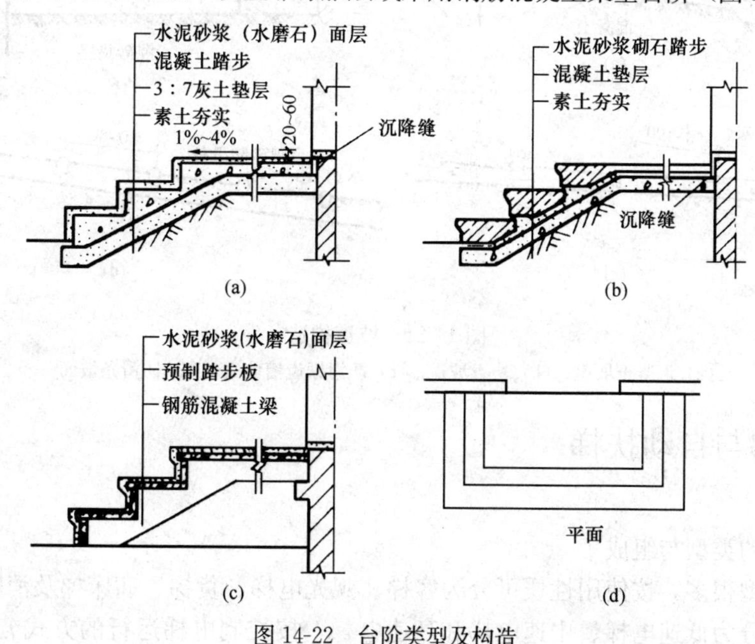

图 14-22　台阶类型及构造

（a）混凝土台阶；（b）石台阶；（c）钢筋混凝土架空台阶；（d）台阶平面

14.4.2 坡道

坡道可分为行车坡道和轮椅坡道，行车坡道又可分为普通坡道［图 14-23（c）］和回车坡道［图 14-23（d）］。普通坡道一般设在有车辆进出的建筑（如车库）出入口处；回车坡道一般设在公共建筑（如办公楼、旅馆、医院等）出入口处，以使车辆能直接开行至出入口处；轮椅坡道是专供残疾人和老人使用的，一般设在公共建筑的出入口处和市政工程之中。

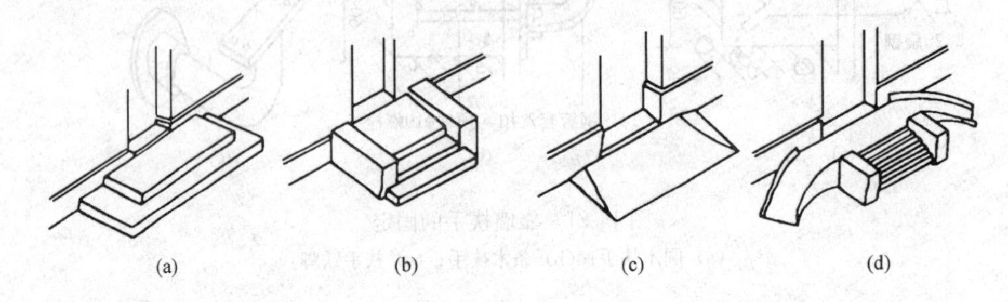

图 14-23 台阶与坡道的形式

（a）三面踏步式；（b）单面踏步式；（c）坡道式；（d）踏步坡道结合式

考虑人在坡道上行走时的安全，坡道的坡度受面层做法的限制：光滑面层坡道不大于 1∶12，粗糙面层坡道（包括设置防滑条的坡道）不大于 1∶6，带防滑齿坡道不大于 1∶4。

坡道的构造与台阶基本相同，垫层的强度和厚度要根据坡道上的荷载来确定，冰冻地区的坡道需在垫层下设置非冻胀层（图 14-24）。

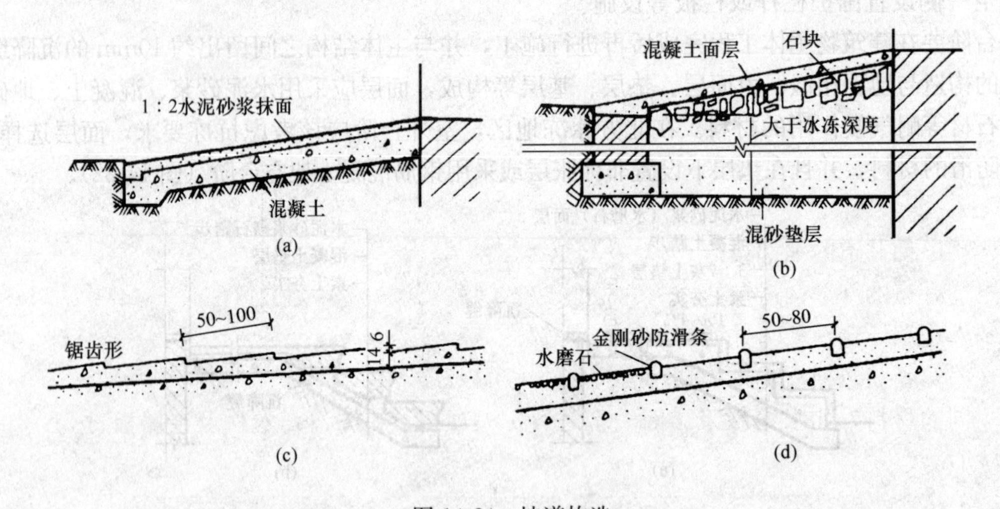

图 14-24 坡道构造

（a）混凝土坡道；（b）块石坡道；（c）防滑锯齿槽坡面；（d）防滑条坡面

14.5 电梯与自动扶梯

14.5.1 电梯

（1）电梯的类型与组成

电梯的类型很多，按使用性质可分为客梯、观光电梯、货梯、病床梯及消防电梯等；按电梯运行速度分为低速电梯、中速电梯和高速电梯；按控制电梯运行的方式分有手动电梯、半自动电梯和自动电梯。

电梯主要由轿厢、起重设备和平衡重等部分组成。如图 14-25 所示。

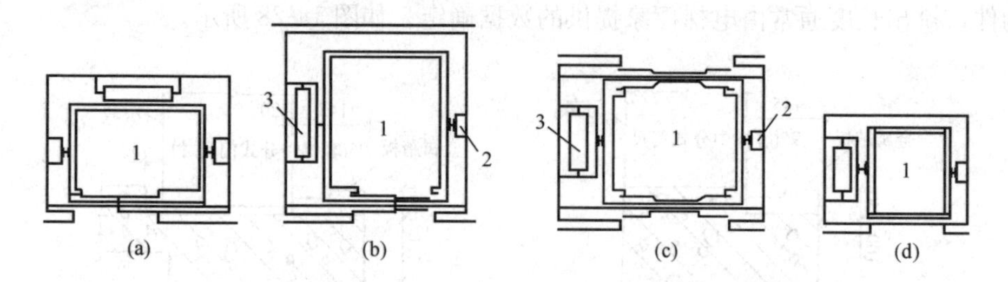

图 14-25 电梯分类与井道平面

a—客梯（双扇推拉门）；b—病床梯（双扇推拉门）；c—货梯（中分双扇推拉门）；d—小型杂物梯

1—电梯厢；2—导轨及撑架；3—平衡重

(2) 电梯对建筑物的要求

为保证电梯的正常运行，要求在建筑物中设有电梯井道、电梯机房和地坑等。如图 14-26所示。

1）电梯井道。井道的尺寸要根据所选用的电梯类型确定。井道多采用钢筋混凝土现浇而成，当总高度不大时，可采用砖砌井道，观光电梯井道可用玻璃幕墙。

2）电梯机房。机房要求面积适当，便于设备布置，有利于维修和操作，具有良好的采光和通风条件。

3）井道地坑。井道地坑是作为轿厢运行至极限位置时起减速、减震作用的缓冲器的安装空间，通常地坑的表面距离底层地面标高的垂直距离不小于 1.4m。

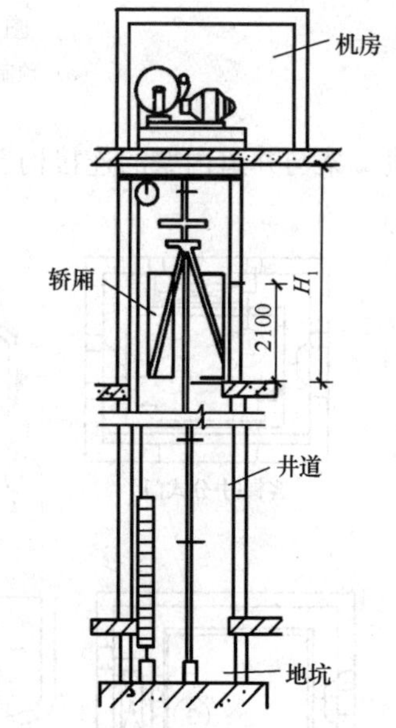

图 14-26 井道与机房剖面

(3) 电梯井道的细部构造

电梯井道的细部构造包括厅门的门套装修、厅门牛腿处理和导轨撑架与井壁的固定处理等。

厅门门套装修根据建筑装修标准的不同，可以选用不同的材料，如水泥砂浆抹面、水磨石、大理石、花岗石、木材及金属板材等。如图 14-27 所示。

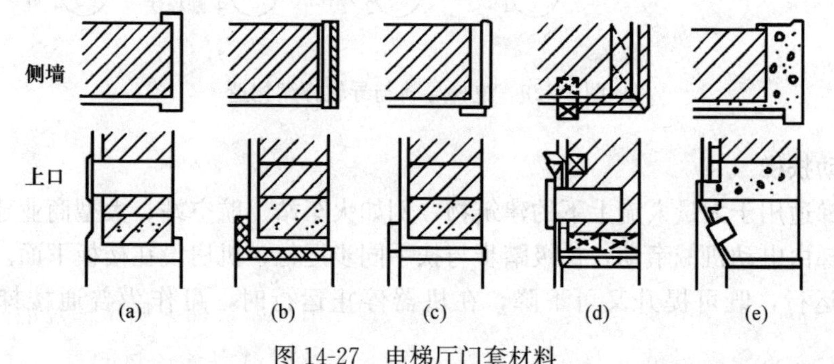

图 14-27 电梯厅门套材料

(a) 水泥砂浆抹面；(b) 水磨石；(c) 大理石、花岗石；(d) 木材；(e) 金属板材厅门牛腿位于电梯门洞下缘，即人们进入轿厢的踏板。牛腿通常采用钢筋混凝土现浇或预制构件，挑出长度通常由电梯厂家提供的数据确定。如图 14-28 所示。

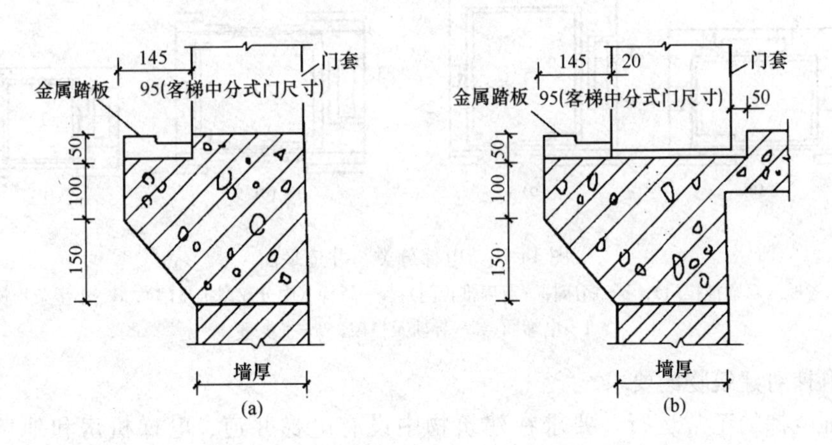

图 14-28 电梯厅门牛腿结构

(a) 预制钢筋混凝土；(b) 现浇钢筋混凝土

导轨撑架与井道内壁的连接构造如图 14-29 所示。

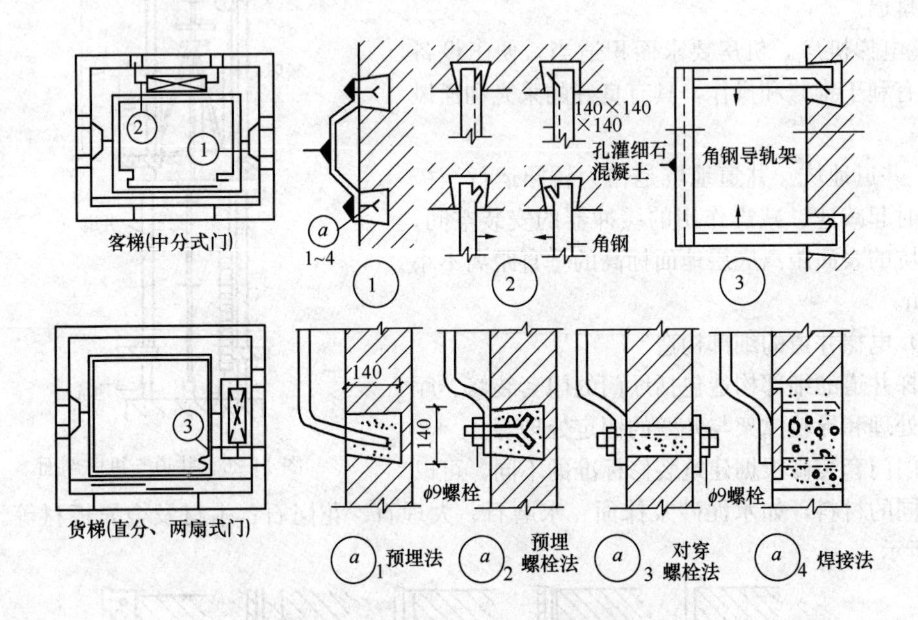

图 14-29 电梯导轨与导轨撑架构造

14.5.2 自动扶梯

自动扶梯适用于大量人流上下的建筑物，例如火车站、航空站、大型商业建筑及展览馆等。自动扶梯由电动机械牵动，梯级踏步与扶手同步运行，机房设在楼板下面。自动扶梯可以正逆方向运行，既可提升又可下降，在机器停止运行时，可作为普通楼梯使用。如图 14-30所示。

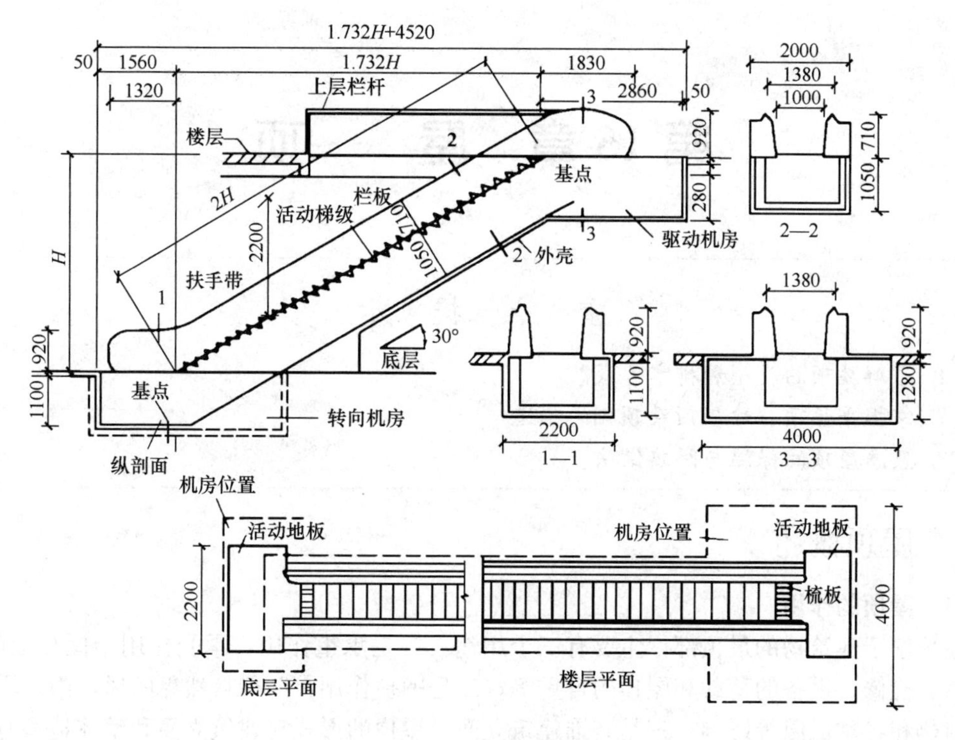

图 14-30　自动扶梯的构造

上岗工作要点

1. 熟练掌握钢筋混凝土楼梯的构造。
2. 了解楼梯的细部构造。
3. 熟练掌握室外台阶与坡道的构造。

思 考 题

14-1　楼梯的组成包括哪些？

14-2　楼梯坡度和踏步尺寸应遵循什么要求设计？

14-3　现浇式钢筋混凝土楼梯按结构形式不同可分为哪几类？

14-4　栏杆与扶手的连接应遵循什么要求？

14-5　楼梯防滑的常用做法有哪些？

14-6　室外台阶的设计应遵循什么要求？

14-7　电梯的类型有哪些？

14-8　电梯对建筑物的要求有哪些？

第15章　屋　顶

> **重点提示**
>
> 1. 了解屋顶的类型和排水方式。
> 2. 掌握平屋顶、坡屋顶及顶棚的构造。
> 3. 熟悉屋顶的保温与隔热做法。

15.1　屋顶概述

15.1.1　屋顶的作用

屋顶位于建筑物的最顶部，主要有三个用途：一是承重作用，承受作用于屋顶上的风、雨、雪、检修、设备的荷载和屋顶的自重等；二是围护作用，防御自然界的风、雨、雪、太阳辐射热和冬季低温等影响；三是装饰建筑立面，屋顶的形式对建筑立面和整体造型有很大的影响。

15.1.2　屋顶的类型

按照屋顶的排水坡度和构造形式，屋顶分为平屋顶、坡屋顶和曲面屋顶三种类型。

（1）平屋顶

平屋顶是指屋面排水坡度小于或等于10%的屋顶，一般的坡度为2%～3%。平屋顶的主要特点是坡度平缓，上部可做成露台、屋顶花园等供人使用，同时平屋顶的体积小、构造简单、节约材料、造价经济，在建筑工程中应用最为广泛（图15-1）。

挑檐平屋顶

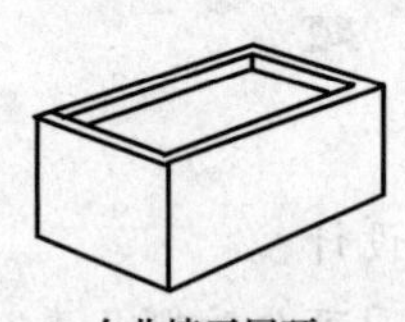
女儿墙平屋顶

挑檐女儿墙平屋顶

盝顶平屋顶

图15-1　平屋顶的形式

（2）坡屋顶

坡屋顶是指屋面排水坡度在10%以上的屋顶。随着建筑进深的加大，坡屋顶可为单坡、双坡、四坡，双坡屋顶的形式，在山墙处可为悬山或硬山，坡屋顶稍加处理可形成卷棚顶、庑殿顶、歇山顶、圆攒尖顶等。由于坡屋顶造型丰富，能够满足人们的审美要求，所以在现代的城市建筑中，人们越来越重视对坡屋顶的运用（图15-2）。

（3）曲面屋顶

曲面屋顶的承重结构多为空间结构，例如薄壳结构、悬索结构、张拉膜结构和网架结构等，这些空间结构具有受力合理，节约材料的特点，但施工复杂，造价高，一般适用于大跨度的公共建筑（图15-3）。

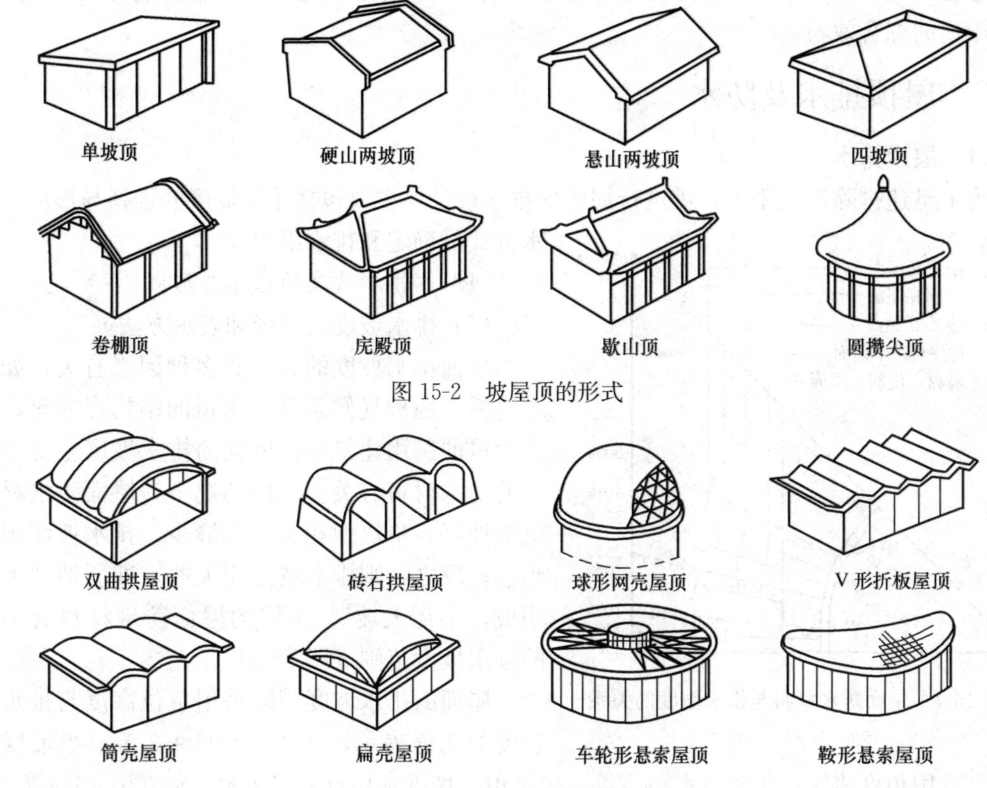

图 15-2　坡屋顶的形式

图 15-3　曲面屋顶的形式

15.1.3　屋顶的构造要求

（1）防水、排水要求

作为围护结构，屋顶最基本的功能要求是防止渗漏，因而屋顶的防水、排水设计就成为屋顶构造设计的核心。通常的做法是考虑防排结合，即要采用抗渗性好的防水材料和合理的构造处理来防渗，选用适当的排水坡度和排水方式，将屋面上的雨水迅速排除，以减少渗漏的可能。

（2）保温隔热要求

作为围护结构的屋顶，它的另一个功能要求是保温隔热。因为良好的保温隔热性能不仅可以保证建筑物的室内气温稳定，还可以避免能源浪费和室内表面结露、受潮等。

（3）结构要求

屋顶承重结构要具有足够的强度和刚度，以承受自重、风雪荷载及积灰荷载、屋面检修荷载等。同时不允许屋顶受力后产生较大的变形，否则会使防水层开裂，造成屋面渗漏。

（4）建筑艺术要求

屋顶是建筑物外部形体的重要组成部分，其形式在较大程度上影响建筑造型和建筑物的性格特征。因此，在屋顶设计中还应注重建筑艺术效果。

（5）其他要求

随着社会的进步和建筑科技的发展，对屋顶提出了更高的要求。例如为改善生态环境，利用屋顶开辟园林绿化空间的要求；再如现代超高层建筑出于消防扑救的需要，要求屋顶设置直升飞机停机坪等设施；某些有幕墙的建筑要求在屋顶设置擦窗机轨道；某些节能型建筑，利用屋顶安装太阳能集热器等。

总之，屋顶设计时应综合考虑上述各项要求，协调好它们之间的关系，期待最大限度地发挥屋顶的综合效益。

15.2 屋顶排水及防水

15.2.1 屋顶排水

为了迅速排除屋面雨水，需进行周密的排水设计，主要包括排水坡度的选择与形成、排水方式的确定和排水组织设计。

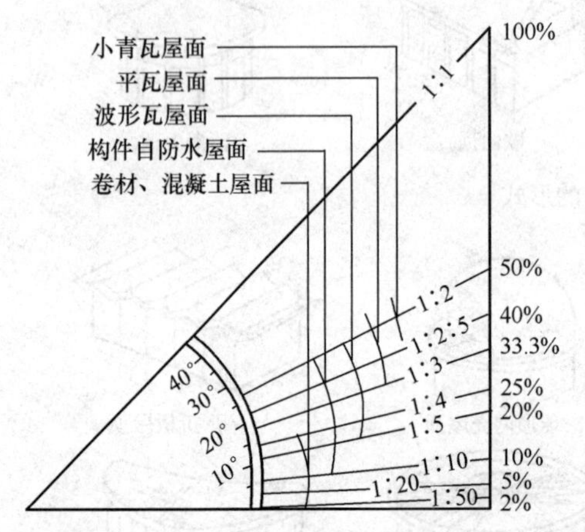

图 15-4 屋面防水材料与排水坡度的关系

15.2.1.1 排水坡度的选择与形成

(1) 排水坡度的选择和表示方法

屋面排水坡度的大小和多种因素有关，如防水材料、地理气候条件、屋顶的结构形式等，但在大量的民用建筑中，屋顶的排水坡度主要与屋顶的防水材料有关。一般情况下，屋面防水材料抗渗性好，单块面积大，接缝少，排水坡度则可小些；反之，则排水坡度应大些，即所谓“大瓦小坡，小瓦大坡”。不同的屋面防水材料有不同的排水坡度范围（图 15-4）。

屋面的排水坡度一般采用单位高度与排水坡长度的比值表示，如 1∶2、1∶3 等；当坡度较大时也可用角度表示，例如 30°、45°等；较平坦的坡度常用百分比表示，如 2%、3%等。

(2) 坡度的形成

屋顶坡度的形成有材料找坡和结构找坡两种方式（图 15-5）。

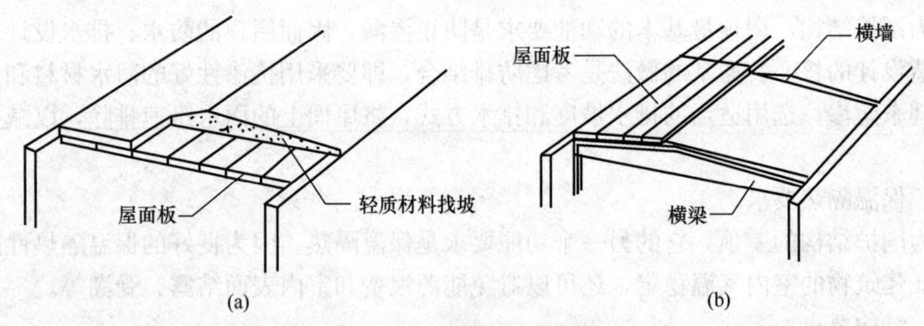

图 15-5 屋顶屋面坡度的形成

(a) 材料找坡；(b) 结构找坡

1) 材料找坡。也称垫置坡度，是在水平搁置的屋面板上铺设找坡层。常用的材料有炉渣加水泥或石灰，保温屋顶中有时用保温材料兼作找坡层。这种做法的室内顶棚面平整，屋顶易加层，但使屋面荷载加大，因此坡度不宜过大，一般宜为 2%。

2) 结构找坡。也称搁置坡度，是把支承屋面板的墙或梁做成一定的倾斜坡度，屋面板直接搁置在该斜面上，形成排水坡度。这种做法省工、省料，较为经济，但是顶棚面是倾斜的，多用于生产性建筑和有吊顶的公共建筑。

15.2.1.2 屋顶排水方式

屋顶的排水方式分为无组织排水和有组织排水两大类。

(1) 无组织排水

无组织排水也称为自由落水，是指屋面雨水经挑檐自由下落至室外地面的一种排水方式（图 15-6）。这种做法构造虽简单，造价低，但雨水有时会溅湿勒脚甚而污染墙面。一般用于低层或次要建筑及降雨量较少地区的建筑。

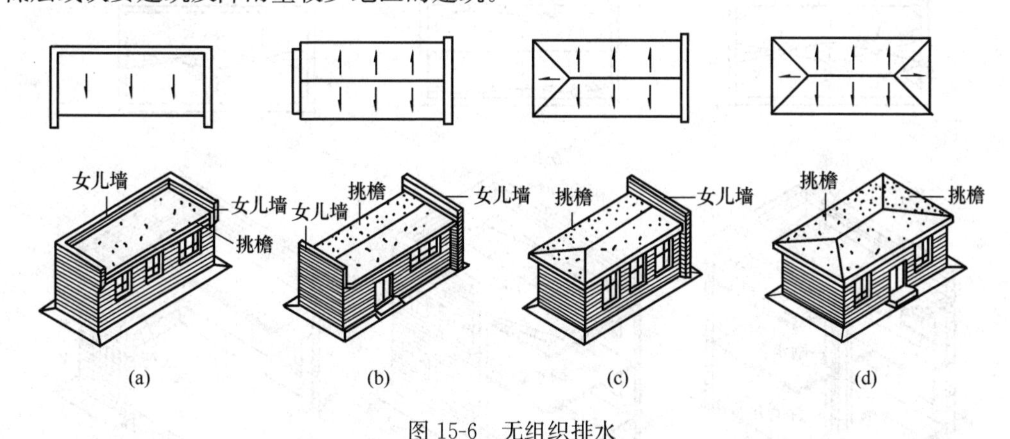

图 15-6 无组织排水

(a) 单坡排水；(b) 双坡排水；(c) 三坡排水；(d) 四坡排水

(2) 有组织排水

有组织排水亦称天沟排水，是在屋顶上设置与屋面排水方向垂直的纵向天沟，将雨水汇集起来，经水落口和水落管有组织地排到室外地面或室内地下排水管网。有组织排水又分为外排水和内排水两种方式。

1) 外排水。即水落管装设在室外的一种排水方式，优点是水落管不影响室内空间的使用和美观，构造简单，是屋顶常用的排水方式。一般将屋顶做成双坡或四坡，天沟可设在墙外，形成檐沟外排水［图 15-7 (a)］。也可设在女儿墙内，形成女儿墙外排水［图 15-7 (b)］。一些有女儿墙的建筑如果将天沟设在墙外，形成女儿墙带挑檐外排水［图 15-7 (c)］，则女儿墙上需做出水口，以便屋面雨水流至天沟内。

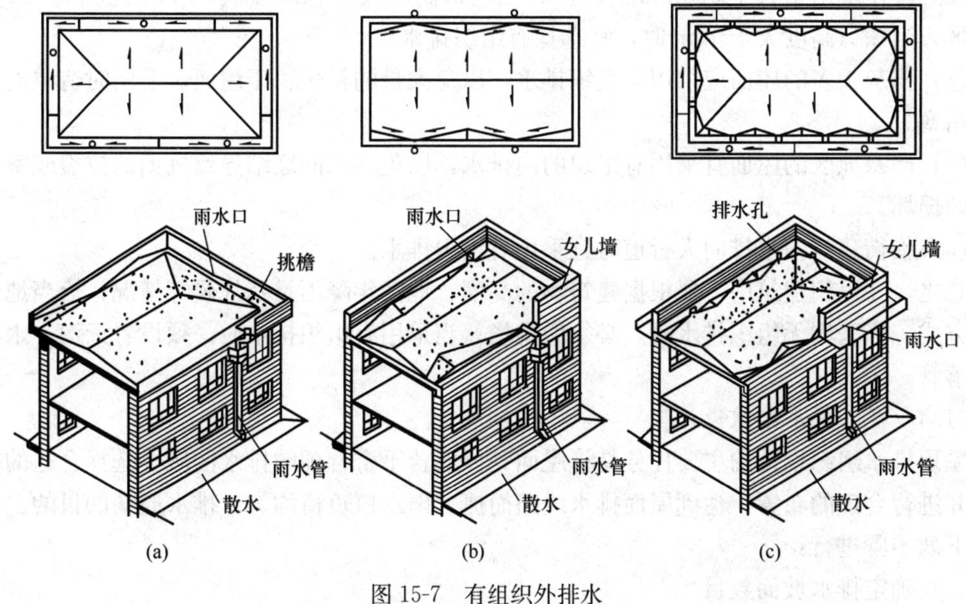

图 15-7 有组织外排水

(a) 檐沟外排水；(b) 女儿墙外排水；(c) 带女儿墙的檐沟外排水

2）内排水。是水落管装设在室内的一种排水方式，在多跨房屋、高层建筑以及有特殊需要时采用。水落管既可设在跨中的管道井内［图 15-8（a)]，也可设在外墙内侧[图 15-8（b)]。当屋顶空间较大，且设有较高吊顶空间时，也可采用内落外排水［图 15-8（c)]。

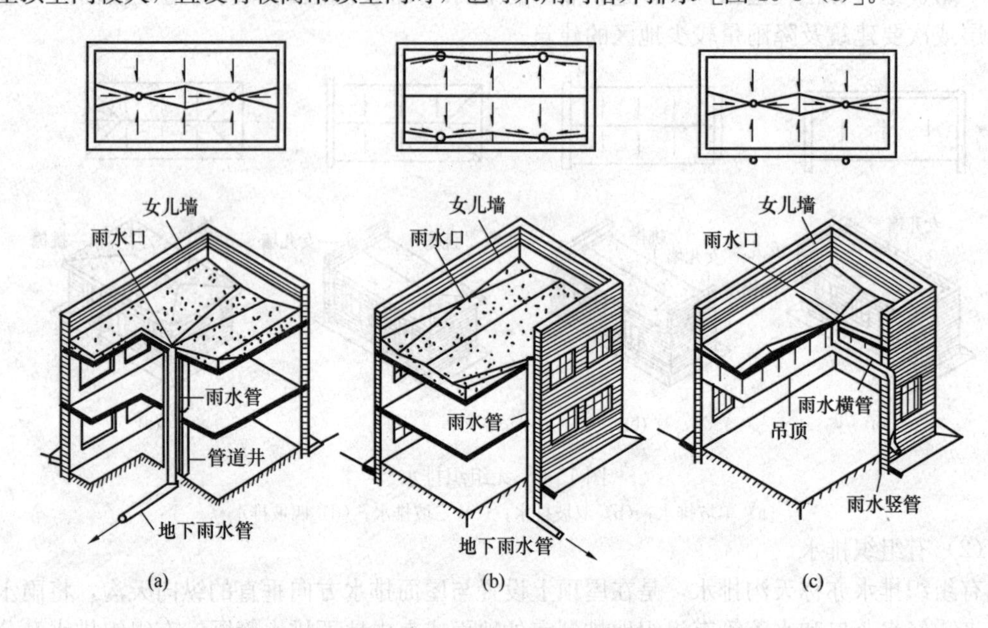

图 15-8　有组织内排水

（a）房间中部内排水；（b）外墙内侧内排水；（c）内落外排水

15.2.1.3　排水方式的选择

屋面排水方式的选择应考虑地区的年降雨量、建筑物高度、质量等级、使用性质、环境特征等因素，一般遵循如下原则：

（1）等级低的建筑，为了控制造价宜优先选择无组织排水。

（2）在年降雨量大于 900mm 的地区，当檐口高度大于 8m，或者年降雨量小于 900mm 的地区，当檐口高度大于 10m 时，宜选择有组织排水。

（3）积灰较多的屋面应采用无组织排水，以免大量的粉尘积于屋面，下雨时造成流水通道的堵塞。

（4）严寒地区的屋面宜采用有组织的内排水，以免雪水的冻结导致挑檐的拉裂或室外水落管的损坏。

（5）临街建筑雨水排向人行道时宜采用有组织排水。

总之，在民用建筑中，要根据建筑物的高度、地区年降雨量及气候等情况，恰当地选用排水方式。当采用无组织排水时，必须做挑檐；当采用有组织排水时，须设置天沟、水落口和水落管。

15.2.1.4　屋顶排水组织设计

屋顶排水组织设计的主要任务是将屋面划分成若干个合理的排水区域，选择合适的排水装置并进行合理的布置，达到屋面排水线路简捷、雨水口负荷均匀、排水通畅的目的。一般应按下列步骤进行：

（1）确定排水坡面数目

根据屋面宽度以及造型的要求确定排水坡面数目。一般情况下，临街建筑平屋顶屋面宽度小于 12m 时，宜采用单坡排水；当宽度大于 12m 时，宜采用双坡或四坡排水。

（2）划分排水区域及布置排水装置

根据屋顶的投影面积及确定的排水坡面数，考虑到每个水落口、水落管的汇水面积及屋面变形缝的影响，合理划分排水区域，确定排水装置的规格并对其进行布置。一般应遵循如下原则：

1）每个水落口、水落管的汇水面积不宜超过 $200m^2$，可按 $150\sim200m^2$ 计算，使每个排水区域的雨水流向各自的水落管。当屋面有高差时，如果高处屋面的投影面积小于 $100m^2$，可将高处屋面的雨水直接排在低处屋面上，但需对低处屋面受水冲刷的部位做好防护措施（平屋顶可加铺卷材，再铺 300～500mm 宽的细石混凝土滴水板，坡屋顶可用镀锌铁皮泛水）；若高处屋面的投影面积大于 $100mm^2$，高处屋面则应自成排水系统。

2）檐沟或天沟的形式和材料可根据屋面类型的不同有多种选择，例如坡屋顶中可用钢筋混凝土、镀锌铁皮、石棉水泥等做成槽形或三角形天沟。平屋顶中可采用钢筋混凝土槽形天沟或女儿墙 V 形自然天沟。

3）天沟断面尺寸应根据地区降雨量和汇水面积的大小来确定。槽形天沟的净宽应不小于 200mm，且沟底应分段设置不小于 1%的纵向坡度，沟底水落差不得超过 200mm。天沟、檐沟排水不能流经屋面变形缝和防火墙。

4）水落管的管径有 75mm、100mm、125mm 等几种，其间距宜在 18m 以内，最大不应超过 24m。一般民用建筑常用管径为 100mm 的 PVC 管或镀锌铁管。水落管应位于建筑的实墙处，距墙面不应小于 20mm，管身应用管箍与墙面固定，管箍的竖向间距不应大于 1.2m。水落管下端出水口距散水坡的高度不应大于 200mm。

15.2.2 屋顶防水

屋顶防水设计须由有防水设计经验的人员承担，其内容主要包括：确定建筑物屋面防水等级以及设防要求；选定合适的防水材料；进行屋面防水构造设计并绘出节点详图。

15.2.2.1 防水等级

我国现行的《屋面工程质量验收规范》（GB 50207—2002）根据建筑物的性质、重要程度、使用功能要求及防水层合理使用年限等，将屋面防水划分为四个等级，各等级均有不同的设防要求，详见表 15-1。

表 15-1 屋面防水等级和设防要求

项目	屋面防水等级			
	Ⅰ	Ⅱ	Ⅲ	Ⅳ
建筑物类别	特别重要或对防水有特殊要求的建筑	重要的建筑和高层建筑	一般的建筑	非永久性的建筑
防水层合理使用年限	25 年	15 年	10 年	5 年
防水层选用材料	宜选用合成高分子防水卷材、高聚物改性沥青防水卷材、金属板材、合成高分子防水涂料、细石防水混凝土等材料	宜选用高聚物改性沥青防水卷材、合成高分子防水卷材、金属板材、合成高分子防水涂料、高聚物改性沥青防水涂料、细石防水混凝土、平瓦、油毡瓦等材料	宜选用三毡四油沥青防水卷材、高聚物改性沥青防水卷材、合成高分子防水卷材、金属板材、合成高分子防水涂料、高聚物改性沥青防水涂料、细石混凝土、平瓦、油毡瓦等材料	宜选用二毡三油沥青防水卷材、高聚物改性沥青防水涂料等材料

续表

项　　目	屋 面 防 水 等 级			
	Ⅰ	Ⅱ	Ⅲ	Ⅳ
设防要求	三道或三道以上防水设防	二道防水设防	一道防水设防	一道防水设防

15.2.2.2　防水材料

(1) 防水材料的种类

防水材料根据其防水性能以及适应变形能力的差异，可分成柔性防水材料和刚性防水材料两大类。

1) 柔性防水材料

目前常用的屋面防水材料除了传统的沥青卷材外，还有高聚物改性沥青防水卷材、合成高分子防水卷材、防水涂料等新型防水材料。

①高聚物改性沥青防水卷材。是以高分子聚合物改性沥青为涂盖层，纤维织物或纤维毡为胎体，粉状、粒状、片状或薄膜材料为复面材料制成的可卷曲的片状防水材料，主要品种有 SBS、APP、再生橡胶防水卷材、铝箔橡胶改性沥青防水卷材等，特点是较沥青防水卷材抗拉强度高，抗裂性好，有一定的温度适用范围。

②合成高分子防水卷材。是以各种合成橡胶或合成树脂或二者的混合物为主要原料，加入适量的化学助剂和填充料加工制成的弹性或弹塑性防水卷材。主要品种有三元乙丙橡胶、聚氯乙烯（PVC)、氯化聚乙烯（CPE)、氯化聚乙烯橡胶共混防水卷材等。合成高分子防水卷材具有抗拉强度高，抗老化性能好，抗撕裂强度高，低温柔韧性好以及冷施工等特性。

③防水涂料有高、中、低档三类。高档防水涂料主要品种有聚氨酯防水涂料、橡胶和树脂基防水涂料；中档防水涂料有氯丁橡胶改性沥青涂料及其他橡胶改性沥青涂料；低档防水涂料有再生胶改性沥青涂料、石油沥青基防水涂料等。防水涂料具有温度适应性好、施工操作简单、速度快、劳动强度低、污染小、易于修补等特点，特别适用于轻型、薄壳等异型屋面的防水。

2) 刚性防水材料

刚性防水材料除了传统的黏土平瓦外，所用的防水材料还有防水砂浆、细石混凝土、油毡瓦和金属瓦等。

①防水砂浆、细石混凝土是利用材料自身的防水性和密实性，加入适量的外加剂制成的刚性防水材料。这些防水材料构造简单，施工方便，造价低廉，但对温度变化和结构变形比较敏感，易产生裂缝，适用于我国南方地区的屋面防水。

②油毡瓦是以玻璃纤维为胎基，经浸涂石油沥青后，面层压天然色彩砂，背面撒以隔离材料而制成的瓦状片材，形状有方形和半圆形。它具有质量轻、柔性好、耐酸碱、不褪色等特点，适用于坡屋面的防水层，也可做多层防水层的面层。

(2) 防水材料厚度要求

为了确保屋面防水质量，使屋面防水层在合理使用年限内不发生渗漏，不仅应选定合适的防水材料，而且应根据设防要求选定其厚度。卷材和涂膜的厚度选用应符合表 15-2 的要求。

总之，屋顶防水是一项综合技术，它涉及建筑、结构、防水材料、施工技术和自然条件等，要求专业设计人员必须结合工程特点，综合考虑各个因素，并遵循防、排结合的原则对屋顶构造进行设计，重要部位应有详图。

表 15-2　屋面防水材料厚度要求

防水等级	防水层选用材料	厚度（mm）	防水等级	防水层选用材料	厚度（mm）
Ⅰ	合成高分子 防水卷材；	≥1.5	Ⅲ（复合使用）	合成高分子防水卷材；	≥1.0
	高聚物改性沥青防水卷材；	≥3.0		高聚物改性沥青防水卷材；	≥1.5
	合成高分子防水涂膜	≥2.0		合成高分子防水涂膜；	≥1.0
Ⅱ	合成高分子防水卷材；	≥1.2		高聚物改性沥青防水涂膜；	≥1.5
	高聚物改性沥青防水卷材；	≥3.0		沥青基防水涂膜	≥4.0
	合成高分子防水涂膜；	≥2.0	Ⅳ	沥青基防水涂膜；	≥4.0
	高聚物改性沥青防水涂膜	≥3.0		高聚物改性沥青防水涂膜	≥3.0
Ⅲ（单独使用）	合成高分子防水卷材；	≥1.2		沥青防水卷材	二毡三油
	高聚物改性沥青防水卷材；	≥4.0			
	合成高分子防水涂膜；	≥2.0			
	高聚物改性沥青防水涂膜；	≥3.0			
	沥青基防水涂膜	≥8.0			
	沥青防水卷材	三毡四油			

注：防水材料复合使用时，耐老化、耐穿刺的防水材料应放在最上面。

15.3　平屋顶的构造

15.3.1　卷材防水平屋顶

卷材防水屋面是用防水卷材和胶结材料分层粘贴形成防水层的屋面，具有优良的防水性和耐久性，被广泛应用，本节将重点介绍卷材防水屋面。

15.3.1.1　卷材防水屋面的基本构造（图 15-9）

（1）结构层

各种类型的钢筋混凝土屋面板均可作为柔性防水屋面的结构层。

（2）找坡层

当屋顶采用材料找坡来形成坡度时，找坡层一般位于结构层之上，采用轻质、廉价的材料，例如 1∶6～1∶8 的水泥焦渣或水泥膨胀蛭石垫置形成坡度，最薄处的厚度不宜小于 30mm。

当屋顶采用结构找坡时，则不需设置找坡层。

（3）找平层

卷材防水层要求铺贴在坚固、平整的基层上，以避免卷材凹陷或被穿刺，因此，必须在找坡层或结构层上设置找平层，找平层一般采用 1∶3 的水泥砂浆或细石混凝土、沥青砂浆，厚度为 20～30mm。

（4）结合层

为了保证防水层与找平层能很好地粘结，在铺贴卷材防水层之前，必须在找平层上涂刷基层处理剂作结合层。结

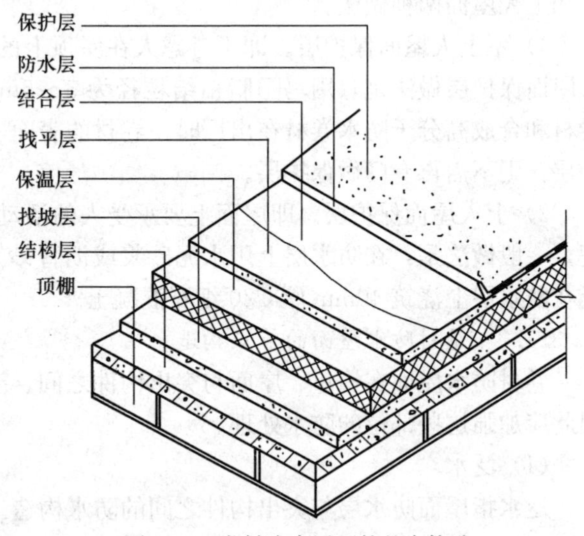

图 15-9　卷材防水屋面的基本构造

合层材料应与卷材的材质相适应，当采用沥青类卷材和高聚物改性沥青防水卷材时，一般采用冷底子油（冷底子油就是将沥青溶解在一定量的煤油或汽油中，所配成的沥青溶液）作结合层；当采用合成高分子防水卷材时，则用专用的基层处理剂作结合层。

（5）防水层

卷材防水层的防水卷材包括：沥青类卷材、高聚物改性沥青防水卷材和合成高分子防水卷材三类，见表 15-3。

表 15-3 卷 材 防 水 层

卷 材 分 类	卷 材 名 称 举 例	卷 材 粘 结 剂
沥青类卷材	石油沥青油毡	石油沥青玛□脂
	焦油沥青油毡	焦油沥青玛□脂
高聚物改性沥青防水卷材	SBS 改性沥青防水卷材	热熔、自粘、粘贴均有
	APP 改性沥青防水卷材	
合成高分子防水卷材	三元乙丙丁基橡胶防水卷材	丁基橡胶为主体的双组份 A 与 B 液 1∶1 配比搅拌均匀
	三元乙丙橡胶防水卷材	
	氯磺化聚乙烯防水卷材	CX—401 胶
	再生胶防水卷材	氯丁胶粘结剂
	氯丁橡胶防水卷材	CY—409 液
	氯丁聚乙烯—橡胶共混防水卷材	BX—12 及 BX—12 乙组份
	聚氯乙烯防水卷材	粘结剂配套供应

在选择防水材料和做法时，应根据建筑物对屋面防水等级的要求来确定。沥青类卷材属于传统的卷材防水材料，一般只用石油沥青油毡，因为其强度低，耐老化性能差，施工时需多层粘贴形成防水层，施工复杂，因此在现在工程中已较少采用，采用较多的是新型的防水卷材，如高聚物改性沥青防水卷材和合成高分子防水卷材。

（6）保护层

卷材防水层的材质呈黑色，极易吸热，夏季屋顶表面温度达 60～80℃以上，高温会加速卷材的老化，因此卷材防水层做好以后，一定要在上面设置保护层。保护层分为不上人屋面和上人屋面两种做法。

1）不上人屋面保护层。即不考虑人在屋顶上的活动情况。石油沥青油毡防水层的不上人屋面保护层做法是，用玛□脂粘结粒径为 3～5mm 的浅色绿豆砂。高聚物改性沥青防水卷材和合成高分子防水卷材在出厂时，卷材的表面一般已做好了铝箔面层、彩砂或涂料等保护层，则不需再专门做保护层。

2）上人屋面保护层。即屋面上要承受人的活动荷载，故保护层应有一定的强度和耐磨度，一般做法是：在防水层上用水泥砂浆或沥青砂浆铺贴缸砖、大阶砖、预制混凝土板等，或在防水层上浇筑 40mm 厚 C20 细石混凝土。

15.3.1.2 *卷材防水屋面的节点构造*

卷材防水屋面在檐口、屋面与突出构件之间、变形缝、上人孔等处特别容易产生渗漏，因此应加强这些部位的防水处理。

（1）泛水

泛水指屋面防水层与突出构件之间的防水构造。一般在屋面防水层与女儿墙、上人屋面的楼梯间、突出屋面的电梯机房、水箱间、高低屋面交接处等，都需做泛水。泛水的高度一般不小于250mm，在垂直面与水平面交接处需加铺一层卷材，并且转圆角做45°斜面，防水卷材的收头处要进行粘结固定（图15-10）。

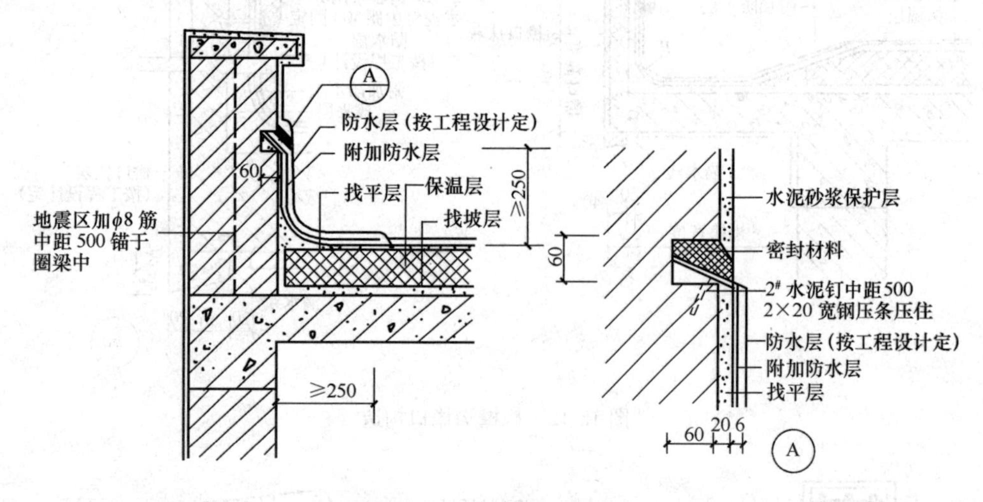

图15-10 女儿墙泛水构造

（2）檐口

檐口是屋面防水层的收头处，此处的构造处理方法与檐口的形式有关。檐口的形式由屋面的排水方式和建筑物的立面造型要求来确定，一般有无组织排水檐口、挑檐沟檐口、女儿墙檐口和斜板挑檐檐口等。

1）无组织排水檐口。无组织排水檐口的挑檐板一般与屋顶圈梁整体浇筑，屋面防水层的收头压入距挑檐板前端40mm处的预留凹槽内，先用钢压条固定，然后用密封材料进行密封（图15-11）。

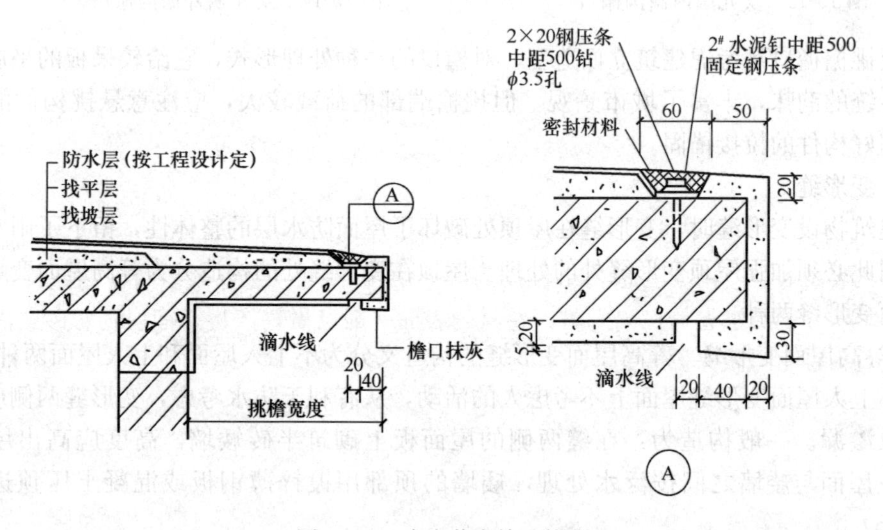

图15-11 自由落水檐口构造

2）挑檐沟檐口。檐口处采用挑檐沟檐口时，卷材防水层应在檐沟处加铺一层附加卷材，并注意做好卷材的收头（图15-12）。

3）女儿墙檐口和斜板挑檐檐口。女儿墙檐口和斜板挑檐檐口的构造要点同泛水（图15-13、图15-14）。

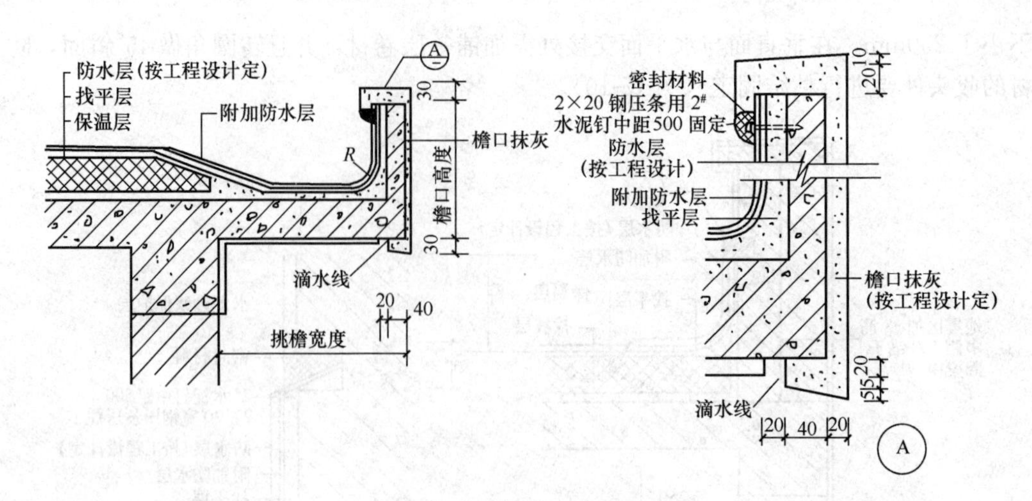

图 15-12　挑檐沟檐口构造

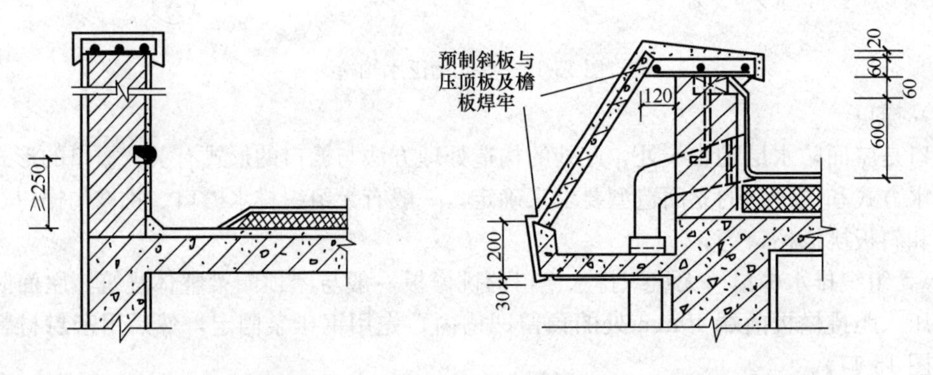

图 15-13　女儿墙内檐沟檐口　　　　　　图 15-14　女儿墙外檐沟檐口

斜板挑檐檐口是考虑建筑立面造型，对檐口的一种处理形式，它给较呆板的平屋顶建筑增添了传统的韵味，丰富了城市景观。但挑檐端部的荷载较大，应注意悬挑构件的倾覆问题，处理好构件的拉接锚固。

(3) 变形缝

当建筑物设变形缝时，变形缝在屋顶处破坏了屋面防水层的整体性，留下了雨水渗漏的隐患，因此必须加强屋顶变形缝处的处理。屋顶在变形缝处的构造分为等高屋面变形缝和不等高屋面变形缝两种。

1) 等高屋面变形缝。等高屋面变形缝的构造又分为不上人屋面和上人屋面两种做法：

①不上人屋面变形缝屋面上不考虑人的活动，从有利于防水考虑，变形缝两侧应避免因积水导致渗漏。一般构造为：在缝两侧的屋面板上砌筑半砖矮墙，高度应高出屋面至少250mm，屋面与矮墙之间按泛水处理，矮墙的顶部用镀锌薄钢板或混凝土压顶进行盖缝(图 15-15)。

②上人屋面变形缝屋面上需考虑人活动的方便，变形缝处在保证不渗漏、满足变形需求时，应保证平整，以有利于行走（图 15-16)。

2) 不等高屋面变形缝。不等高屋面变形缝，应在低侧屋面板上砌筑半砖矮墙，与高侧墙体之间留出变形缝。矮墙与低侧屋面之间做好泛水，变形缝上部用由高侧墙体挑出的钢筋混凝土板或在高侧墙体上固定镀锌薄钢板进行盖缝（图 15-17)。

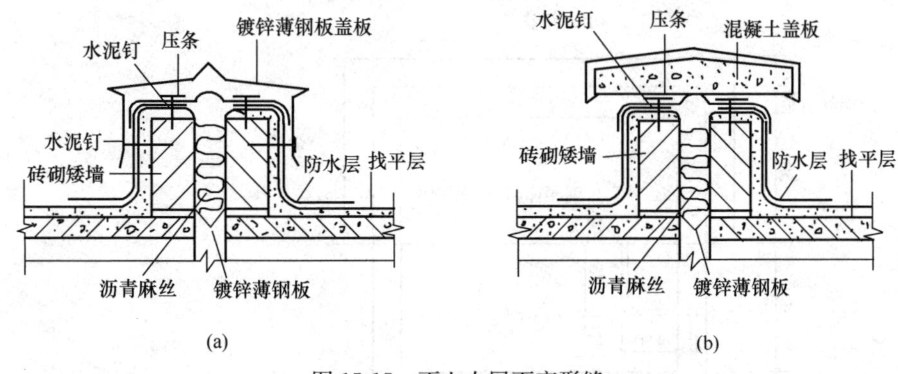

图 15-15　不上人屋面变形缝

(a) 横向变形缝泛水之一；(b) 横向变形缝泛水之二

(4) 上人孔

上人屋面需设屋面上人孔，以方便对屋面进行维修和安装设备。上人孔的平面尺寸不小于 600mm×700mm，且应位于靠墙处，以方便设置爬梯。上人孔的孔壁一般与屋面板整浇，至少高出屋面 250mm，孔壁与屋面之间做成泛水，孔口用木板上加钉 0.6mm 厚的镀锌薄钢板进行盖孔（图 15-18）。

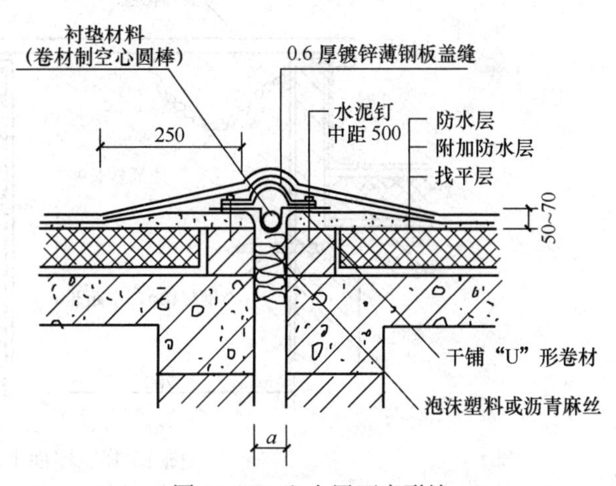

图 15-16　上人屋面变形缝

15.3.2　刚性防水平屋顶

刚性防水屋面是用刚性防水材料（如防水砂浆、细石混凝土、配筋的细石混凝土等）做防水层的屋面。这种屋面构造简单、施工方便、造价低廉，但对温度变化和结构变形较敏感，易产生裂缝而渗漏。因此刚性防水屋面不宜用于温差变化大、有振动荷载和基础有较大不均匀沉降的建筑，一般适用于南方地区的建筑。

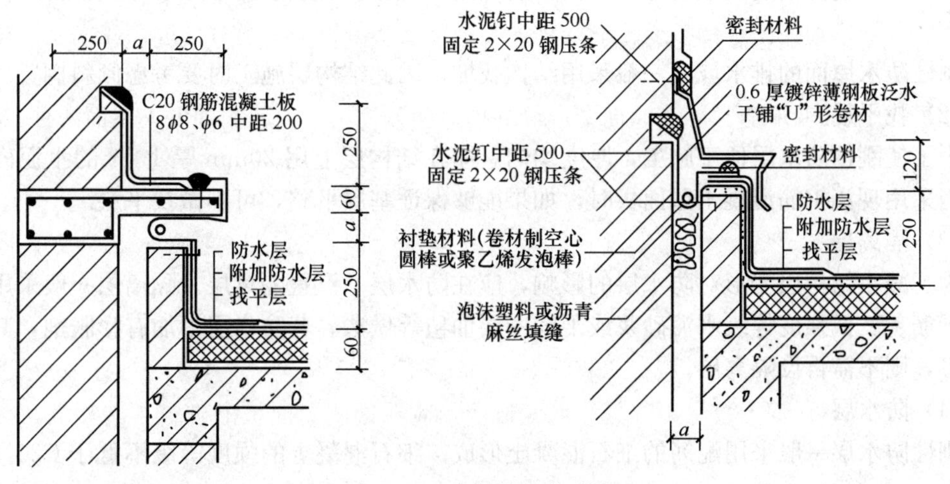

图 15-17　高低屋面变形缝

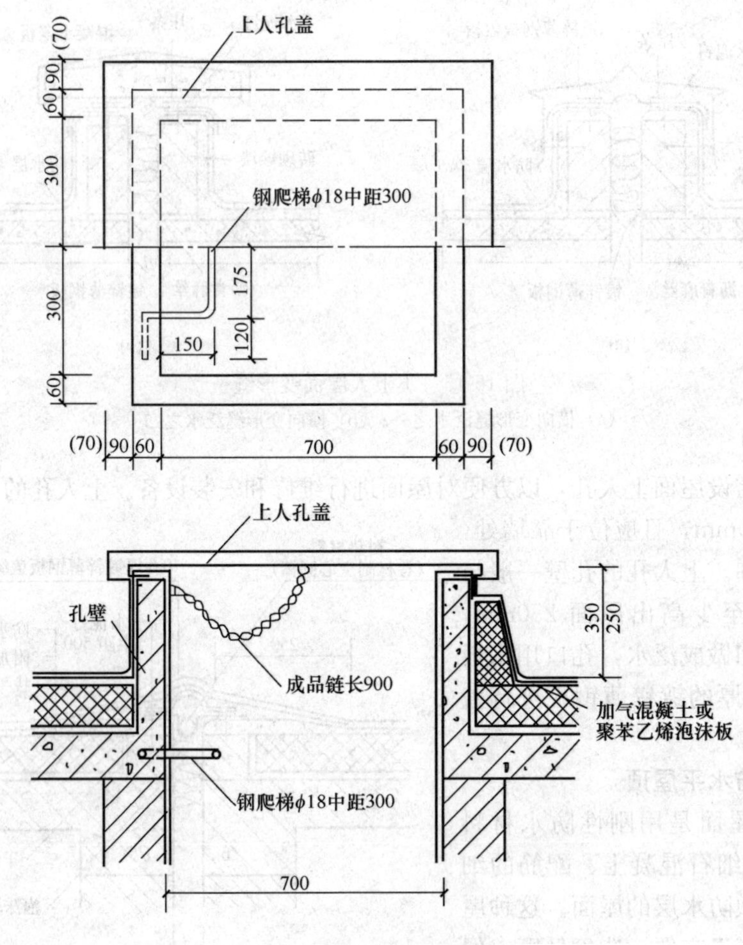

图 15-18　屋面上人孔

15.3.2.1　刚性防水屋面的基本构造

(1) 结构层

刚性防水屋面的结构层应具有足够的强度和刚度，尽量减小结构层变形对防水层的影响。一般采用现浇钢筋混凝土屋面板，当采用预制钢筋混凝土屋面板时，应加强对板缝的处理。

刚性防水屋面的排水坡度一般采用结构找坡，因此结构层施工时要考虑倾斜搁置。

(2) 找平层

为了使刚性防水层便于施工，厚度均匀，应在结构层上用 20mm 厚 1∶3 的水泥砂浆找平。当采用现浇钢筋混凝土屋面板时，如果能够保证基层平整，可不做找平层。

(3) 隔离层

为了减小结构层变形对防水层的影响，应在防水层下设置隔离层。隔离层一般采用麻刀灰、纸筋灰、低强度等级水泥砂浆或干铺一层油毡等做法。若防水层中加有膨胀剂，其抗裂性较好，则不需再设隔离层。

(4) 防水层

刚性防水层一般采用配筋的细石混凝土形成。细石混凝土的强度等级不低于 C20，厚度不小于 40mm，并应配置直径为 $\phi4 \sim \phi6$ 的双向钢筋，间距 100～200mm。钢筋应位于防水层中间偏上的位置，上面保护层的厚度不小于10mm（图 15-19）。

15.3.2.2 刚性防水屋面的节点构造

（1）分格缝

分格缝是为了避免刚性防水层因结构变形、温度变化和混凝土干缩等产生裂缝，所设置的“变形缝”。分格缝的间距应控制在刚性防水层受温度影响产生变形的许可范围内，一般不宜大于6m，并应位于结构变形的敏感部位，例如预制板的支承端、不同屋面板的交接处、屋面与女儿墙的交接处等，并与板缝上下对齐（图 15-20）。

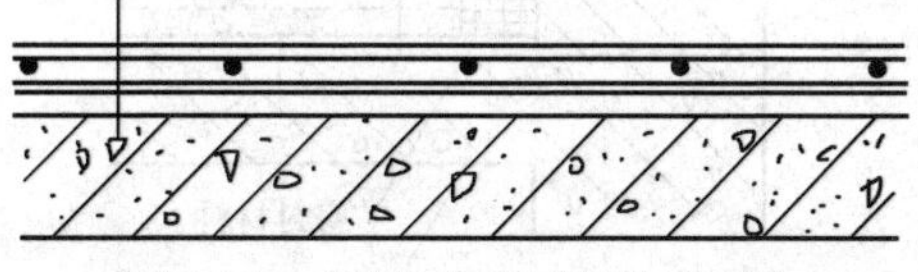

图 15-19 刚性防水屋面构造层次

分格缝的宽度为 20～40mm 左右，有平缝和凸缝两种构造形式。平缝适用于纵向分格缝，凸缝适用于横向分格缝和屋脊处的分格缝。为了有利于伸缩变形，缝的下部用弹性材料，例如聚乙烯发泡棒、沥青麻丝等填塞；上部用防水密封材料嵌缝。当防水要求较高时，可再在分格缝的上面加铺一层卷材进行覆盖（图15-21）。

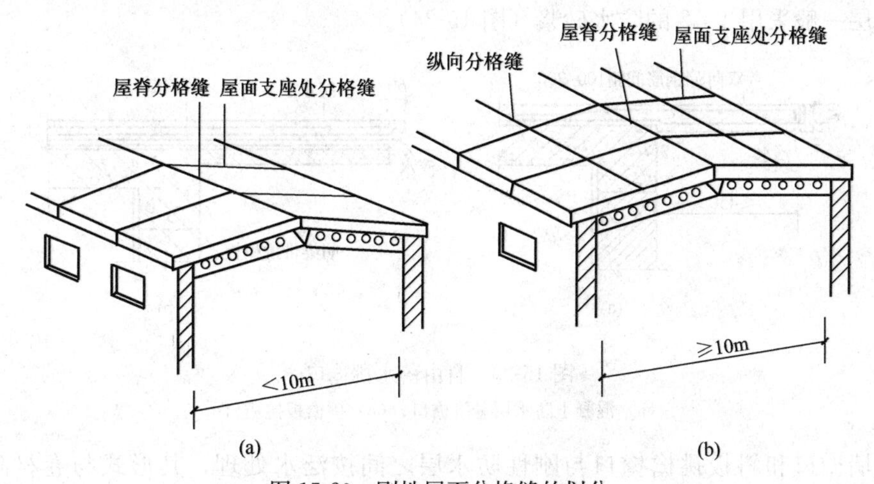

图 15-20 刚性屋面分格缝的划分

（a）房屋进深小于 10m，分格缝的划分；（b）房屋进深大于 10m，分格缝的划分

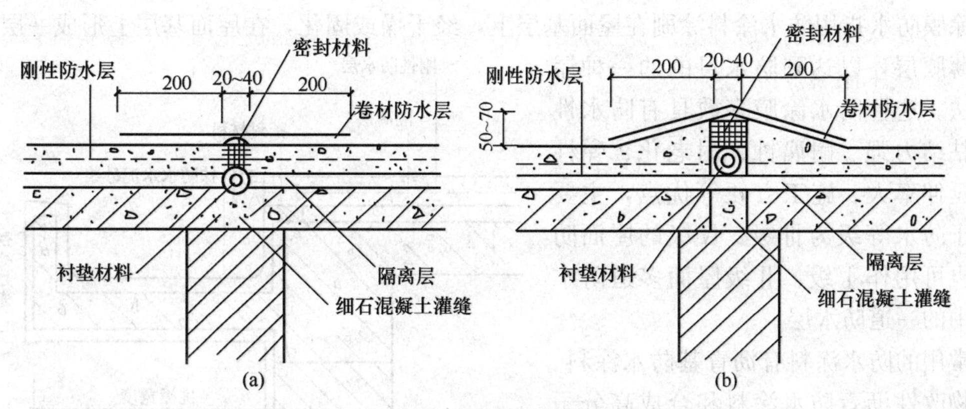

图 15-21 分格缝的构造

（a）平缝；（b）凸缝

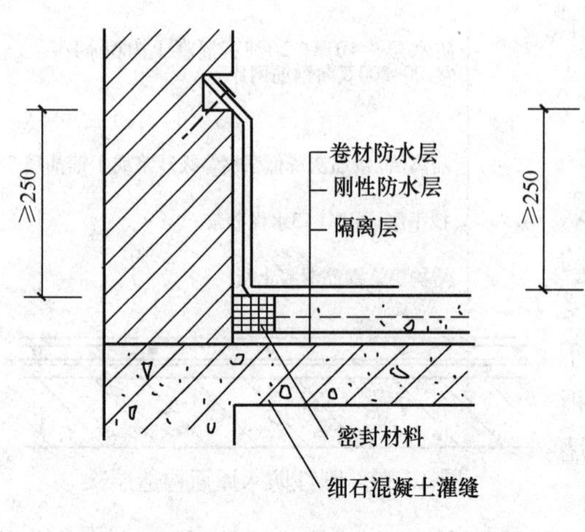

图 15-22　泛水构造

(2) 泛水

刚性防水层与山墙、女儿墙处应做泛水，泛水的下部设分格缝，上部加铺卷材或涂膜附加层，其处理方法同卷材防水屋面（图 15-22）。

(3) 檐口

刚性防水屋面的檐口形式分为无组织排水檐口和有组织排水檐口。

1）无组织排水檐口。无组织排水檐口通常直接由刚性防水层挑出形成，挑出尺寸一般不大于 450mm［图 15-23（a）］；也可设置挑檐板，刚性防水层伸到挑檐板之外［图 15-23（b）］。

2）有组织排水檐口。有组织排水檐口有挑檐沟檐口、女儿墙檐口和斜板挑檐檐口等做法。挑檐沟檐口的檐沟底部应用找坡材料垫置形成纵向排水坡度，铺好隔离层后再做防水层，防水层一般采用 1∶2 的防水砂浆（图 15-24）。

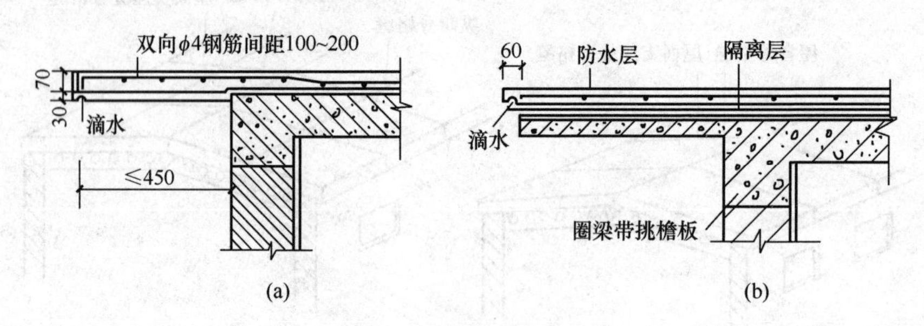

图 15-23　自由落水挑檐口

(a) 混凝土防水层悬挑檐口；(b) 挑檐板挑檐口

女儿墙檐口和斜板挑檐檐口与刚性防水层之间按泛水处理，其形式与卷材防水屋面相同。

15.3.3　涂膜防水平屋顶

涂膜防水指用防水涂料涂刷在屋面基层上，经干燥或固化，在屋面基层上形成一层不透水的薄膜层，以达到防水目的的一种屋面做法。这种防水涂膜多数具有防水性好、粘结力强、耐腐蚀、耐老化、弹性好、延伸率大、施工方便等优点，主要适用于防水等级为Ⅲ级、Ⅳ级的屋面防水，也可用作Ⅰ级、Ⅱ级屋面多道防水设防中的一道防水层。

常用的防水涂料有沥青基防水涂料、高聚物改性沥青防水涂料和合成高分子防水涂料三大类。

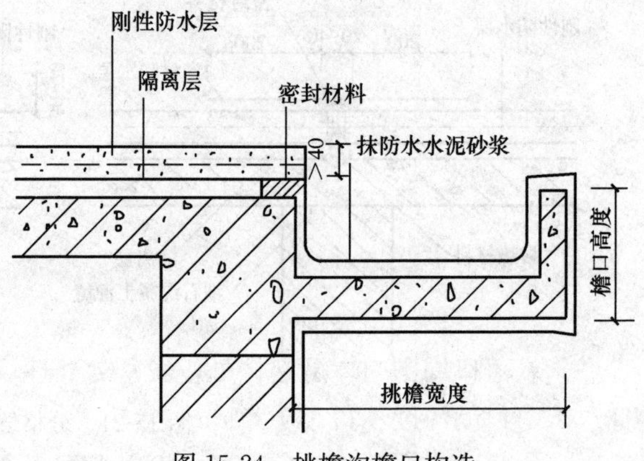

图 15-24　挑檐沟檐口构造

15.3.3.1　涂膜防水平屋顶的构造层次及做法

涂膜防水平屋顶的构造层次及做法与卷材防水平屋顶基本相同，均由结构层、找平层、找坡层、结合层、防水层和保护层等组成（图15-25），且防水层以下的各基层的做法均应符合卷材防水的有关规定。防水涂膜层应满足如下要求：

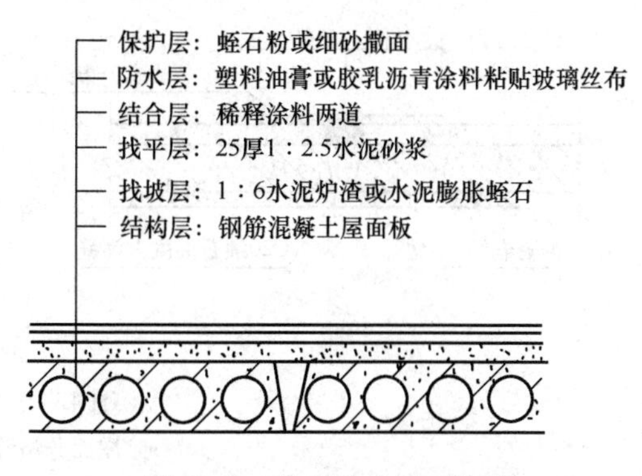

图 15-25　涂膜防水屋面构造

（1）防水涂膜应分层分遍涂布，每一涂层应厚薄均匀，表面平整，待先涂的涂层干燥成膜后方可涂布后一遍涂料。

（2）防水涂膜层一般应由两层或两层以上的涂层组成。

（3）某些防水涂料（如氯丁胶乳沥青涂料）需铺设胎体增强材料，以增强涂层的贴附覆盖能力和抗变形能力。当屋面坡度小于15%时，可平行屋脊铺设，当屋面坡度大于15%时，应垂直屋脊铺设，并由屋面最低处向上操作。胎体增强材料的搭接长度应满足长边不小于50mm，短边不小于70mm。当采用两层胎体增强材料时，上下层不得相互垂直铺设，搭接缝应错开，其间距不应小于幅宽的1/3。

涂膜防水屋面应设置保护层，其材料可采用细砂、云母、蛭石、浅色涂料、水泥砂浆或块材等。采用水泥砂浆或块材时，应在涂膜与保护层之间设置隔离层。水泥砂浆保护层的厚度不宜小于20mm。

15.3.3.2　涂膜防水平屋顶的细部构造

涂膜防水屋面的细部构造包括泛水（图15-26）、檐口、天沟、檐沟（图15-27）及分格缝（图15-28）等部位，其构造要求及做法类似于卷材防水屋面，具体构造要点有以下几个方面：

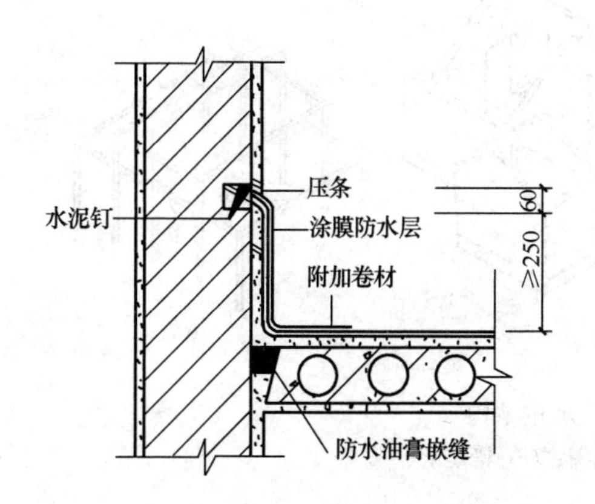

图 15-26　涂膜防水屋面泛水构造图

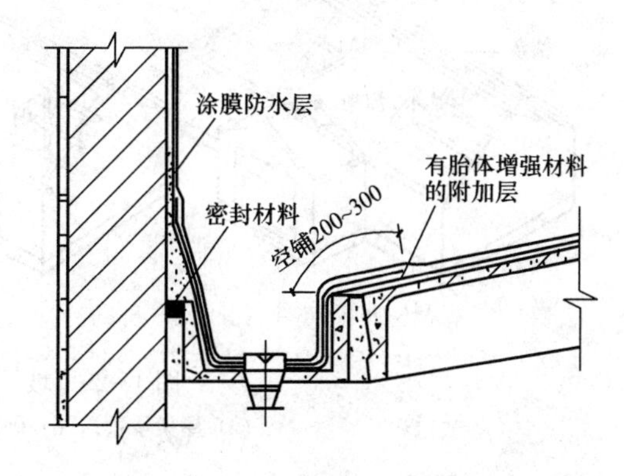

图 15-27　天沟、檐沟构造

（1）在节点部位均应加铺有胎体增强材料的附加层。

（2）天沟、檐沟与屋面交接处的附加层宜空铺，空铺的宽度宜为200～300mm。

（3）水落口周围与屋面交接处应做密封处理，并加铺两层有胎体增强材料的附加层，涂膜伸入水落口的深度不得小于50mm。

（4）涂膜防水层的收头应用防水涂料多遍涂刷或用密封材料封严，压顶应做防水处理。

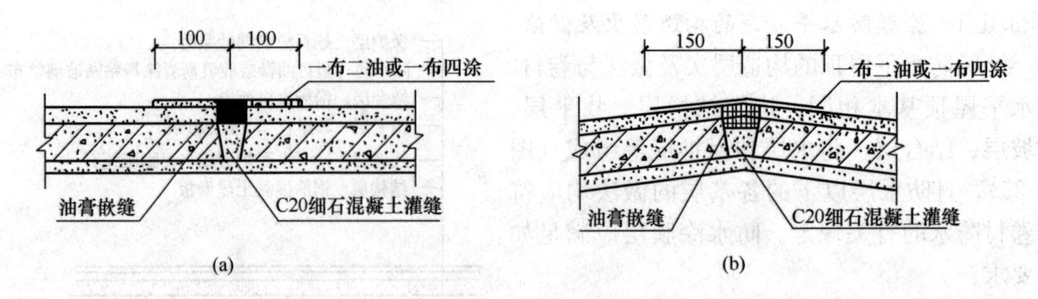

图 15-28　分格缝构造

(a) 屋面分格缝；(b) 屋脊分格缝

15.4　坡屋顶的构造

坡屋顶是由一些坡度相同的斜面相互交接而成。斜面相交形成的阳角称为脊（正脊、斜脊），阴角称为沟（天沟、斜天沟）。

15.4.1　坡屋顶的承重结构

坡屋顶的承重结构与平屋顶有明显的不同，其结构层顶面坡度较大，直接形成屋顶的排水坡度。常见的结构形式有檩式、板式和椽式。本节主要介绍檩式和板式结构。

15.4.1.1　檩式结构

檩式结构是在屋架或山墙上支承檩条，檩条上支承屋面板或椽条的结构系统。常见的形式有：

（1）屋架承重

当房屋的内横墙较少，需有较大的使用空间时，常采用三角形桁架来架设檩条，以承受屋顶荷载，如图 15-29（a）所示。

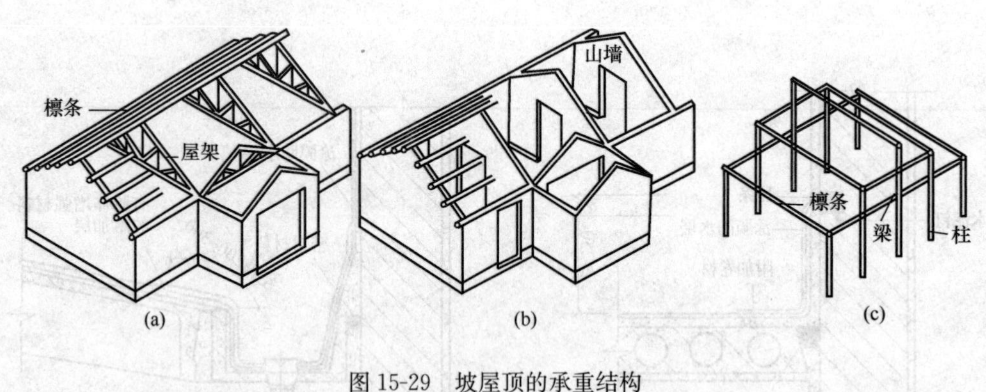

图 15-29　坡屋顶的承重结构

(a) 屋架承重；(b) 硬山搁檩；(c) 梁架承重

（2）山墙承重

当房屋横墙间距较小时，可以将横墙上部砌成三角形，直接搁置檩条以承受屋顶荷载，这种方式称为硬山搁檩，如图 15-29（b）所示。

（3）梁架承重

梁架承重是我国民间传统的结构形式，由木柱和木梁组成，如图 15-29（c）所示。这种结构的墙只起到围护和分隔的作用，不承重，因此有“墙倒，屋不塌”之称。

15.4.1.2　板式结构

板式结构是将钢筋混凝土屋面板直接搁置在上部为三角形的横墙、屋架或斜梁上的支承方式。这种承重方式构造简单，节省木材，并可提高房屋的耐久性和防火性，近年来常用于民用住宅或风景园林建筑的屋顶（图15-30）。

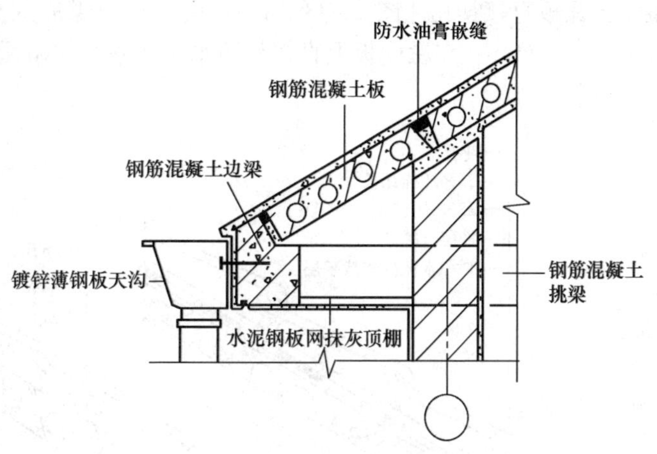

图15-30　钢筋混凝土板式结构瓦屋顶

15.4.2　坡屋顶的屋面构造

坡屋面是利用各种瓦材作防水层，靠瓦与瓦之间的搭盖来达到防水的目的。目前常用的屋面材料有平瓦、波形瓦、油毡瓦、金属压型板等。

瓦屋面的名称随瓦的种类而定，例如平瓦屋面、波瓦屋面、油毡瓦屋面等。基层的做法则随瓦的种类和房屋的质量要求而定。在檩式结构中，瓦材通常铺设在由檩条、椽条、屋面板、挂瓦条等组成的基层上；在板式结构中，瓦材可以通过水泥钉、泥背或挂瓦条等直接固定在各类钢筋混凝土板上。

15.4.2.1　平瓦屋面

平瓦有黏土瓦和水泥瓦两种，其外形按排水要求设计和制作。每片瓦尺寸为（380～420）mm×（230～250）mm，相互搭接后的有效尺寸约为330mm×200mm，每平方米约需15块瓦。平瓦屋面适用于防水等级为Ⅱ级、Ⅲ级、Ⅳ级的屋面防水，适宜的排水坡度为20%～50%。

（1）平瓦屋面的基本构造

根据基层的不同有三种常见的做法：

1）冷摊瓦屋面。即在檩条上安装椽条，椽条上钉挂瓦条，挂瓦条上直接挂瓦的屋面（图15-31）。这种屋面构造简单、经济，但易飘进雨雪，多用于南方地区非保温及简易建筑。

2）木望板平瓦屋面。即在檩条或椽条上钉屋面板，屋面板上铺油毡，钉顺水条和挂瓦条，上铺平瓦的屋面（图15-32）。这种屋面的防水和保温效果均比冷摊瓦屋面好，多用于质量及防水要求较高的建筑。

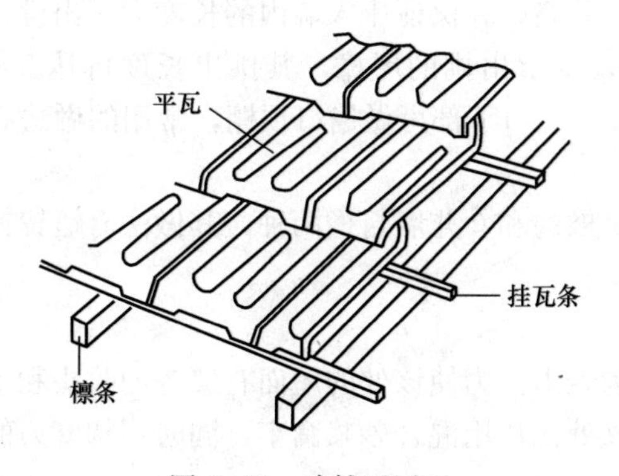

图15-31　冷摊瓦屋面

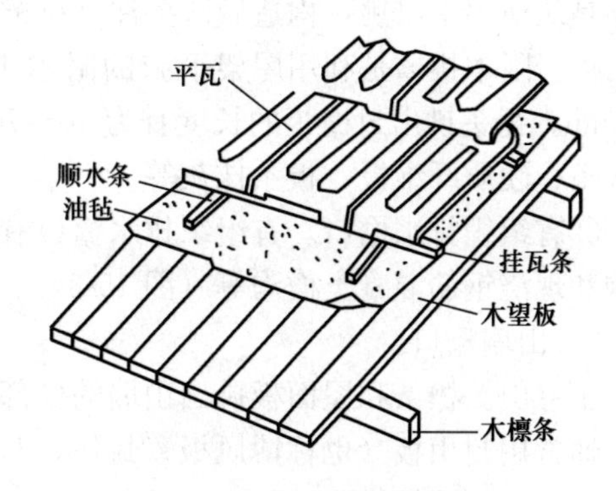

图15-32　木望板平瓦屋面

3）钢筋混凝土板盖瓦屋面。即将各类钢筋混凝土屋面板（现浇板、预制空心板、挂瓦板等）作为瓦屋面的基层，然后盖瓦的屋面。盖瓦的方式有三种：钉挂瓦条挂瓦或用钢筋混凝土挂瓦板直接挂瓦［图 15-33（a）］；用草泥或煤渣灰窝瓦［图 15-33（b）］，泥背的厚度宜为 30～50mm；在屋面板上直接粉防水水泥砂浆并贴瓦或齿形面砖（又称装饰瓦）［图 15-33（c）］。

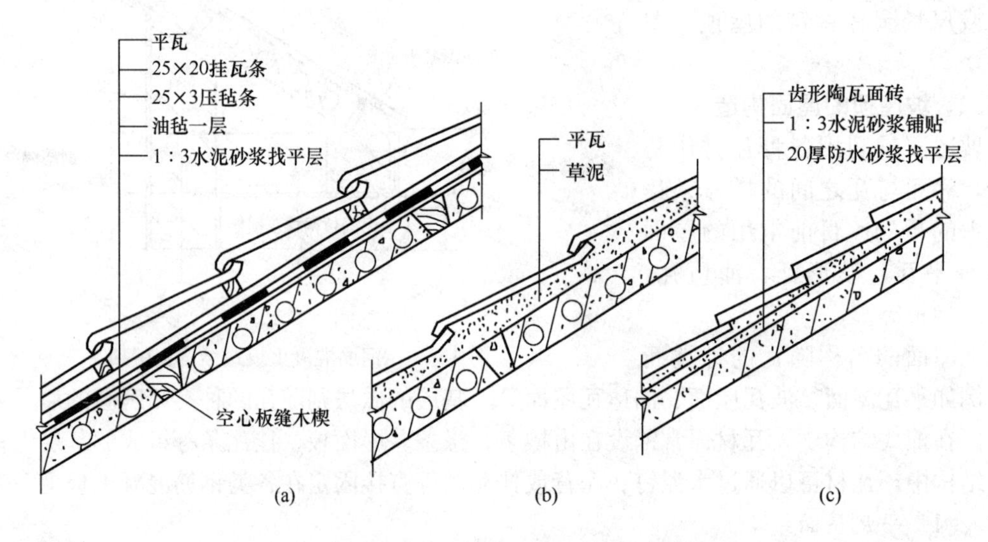

图 15-33　钢筋混凝土屋面板盖瓦屋面

（a）挂瓦条挂瓦；（b）草泥窝瓦；（c）砂浆贴瓦

（2）平瓦屋面的细部构造

1）纵墙檐口。纵墙檐口的构造与屋顶的排水方式、屋顶承重结构、屋面基层、屋面出檐长度的大小等有关，分无组织排水和有组织排水两大类。

①无组织排水檐口。无组织排水檐口常见的做法有以下几种：砖挑檐、木望板挑檐、椽挑檐、附木挑檐和挑檐木挑檐等；对于钢筋混凝土板式结构坡屋顶，可由现浇钢筋混凝土屋面板直接悬挑（图 15-34）。

砖挑檐是在檐口处将砖逐层向外出挑 60mm，每层两皮砖，高约 120mm，一般出挑总长度不大于墙厚的一半。屋面板挑檐是利用木望板或钢筋混凝土板直接悬挑，其中木望板较薄，出挑长度不宜大于 300mm，而钢筋混凝土屋面板的出挑长度可大于 500mm。椽挑檐是将椽条直接出挑，出挑长度一般为 300～500mm，檐口处可将椽条外露或钉封檐板。挑檐木挑檐是从横墙中出挑，构造做法要注意挑檐木的防腐，并保证压入墙内的长度大于出挑长度的两倍。附木挑檐是利用屋架下弦的附木出挑，支承出挑的屋檐，其挑出长度可达 500～800mm。瓦头挑出封檐板的长度宜为 50～70mm。檐口下部可做檐口顶棚，常用的做法有露缝板条、硬质纤维板、板条抹灰等。

②有组织排水檐口。有组织排水檐口有外挑檐沟和女儿墙封檐两种，其做法有镀锌铁皮檐沟和现浇钢筋混凝土檐沟等（图 15-35）。

2）山墙檐口。

①悬山。檩条和屋面板挑出山墙的檐部称为悬山。为使该处的屋面有整齐的收头和不漏水，通常用封山板（也称博风板）封住，并将该处瓦片用混合砂浆窝牢，同时用掺麻刀的混合砂浆抹出“瓦楞线”（图 15-36）。

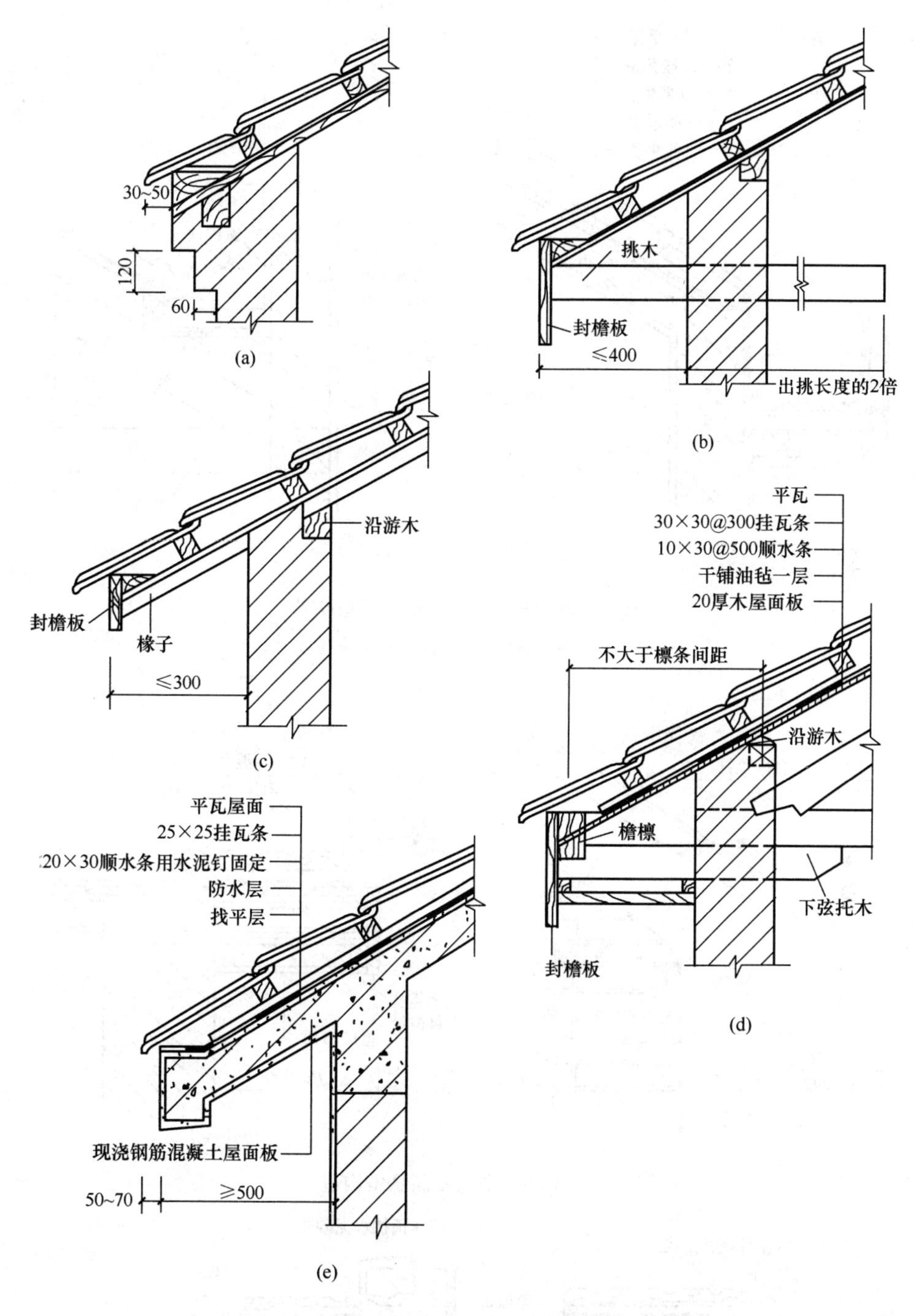

图 15-34　平瓦屋面挑檐构造

（a）砖挑檐；（b）挑檐木挑檐；（c）椽挑檐；（d）附木挑檐；

（e）钢筋混凝土屋面板挑檐

②硬山。山墙砌至屋面收头或山墙高出屋面形成女儿墙的做法称为硬山。当山墙与屋面平齐时，瓦片要盖过山墙并用掺麻刀的混合砂浆抹出“瓦出线”（图 15-37）；当山墙高出屋面时，墙和屋面的交接处要做泛水。常见的做法有细石混凝土泛水、水泥石灰麻刀砂浆泛水［图 15-38（a）］、小青瓦坐浆泛水［图 15-38（b）］和镀锌铁皮泛水［图 15-38（c）］等。

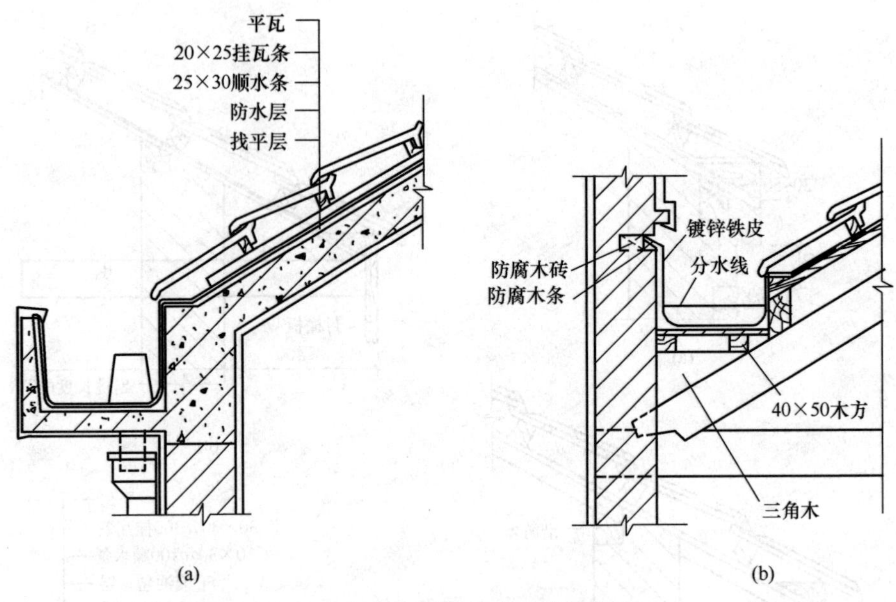

图 15-35 纵墙有组织排水檐口构造

（a）挑檐沟构造；（b）女儿墙封檐构造

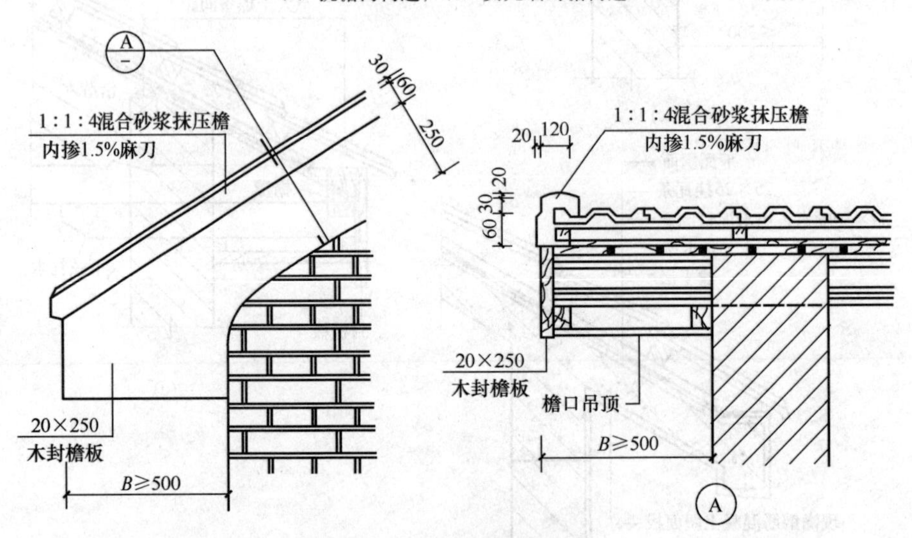

图 15-36 平瓦屋面悬山构造

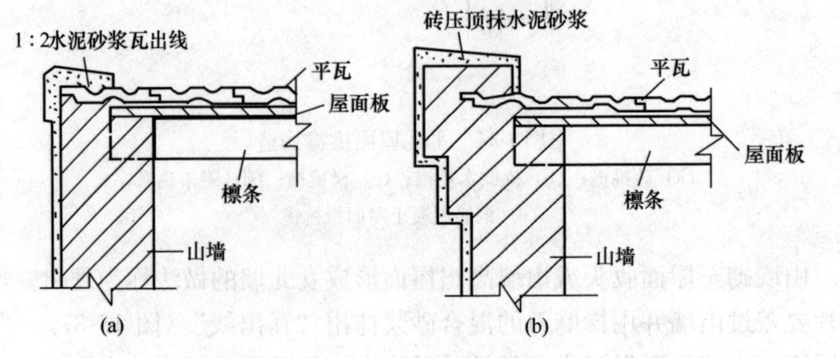

图 15-37 平瓦屋面硬山构造之一

（a）屋面和山墙平齐；（b）屋面挑出 1 皮砖

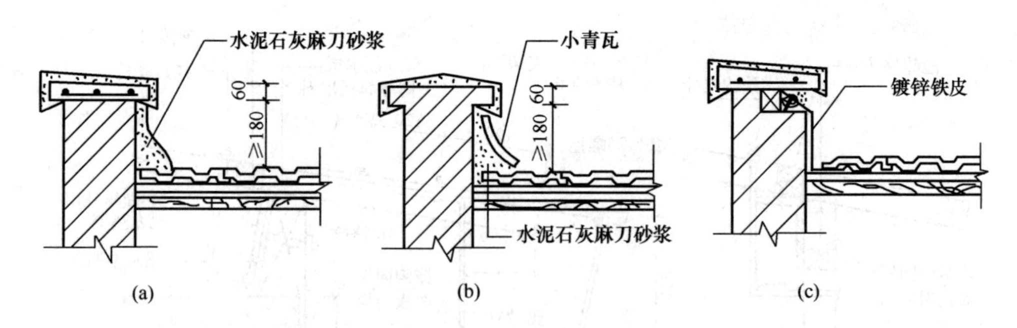

图 15-38 平瓦屋面硬山泛水构造之二

(a) 水泥石灰麻刀砂浆泛水；(b) 小青瓦坐浆泛水；(c) 镀锌铁皮泛水

15.4.2.2 金属压型板屋面

金属压型钢板是以镀锌钢板为基料，经轧制成型并敷以各种防腐涂层和彩色烤漆而成的轻质屋面板。这种屋面板具有自重轻，施工方便，抗震好，装饰性和耐久性强的特点，且规格种类繁多，如中间填充保温材料的夹心板，具有防水、保温和承重三重功效。常用于装饰要求较高的大空间建筑，其适用的防水等级为Ⅱ级。

(1) 金属压型板屋面的基本构造

压型钢板与檩条的连接固定应采用带防水垫圈的镀锌螺栓（螺钉）在波峰固定。当压型钢板波高超过 35mm 时，压型钢板应通过钢支架与檩条相连，檩条多为槽钢、工字钢等（图 15-39）。

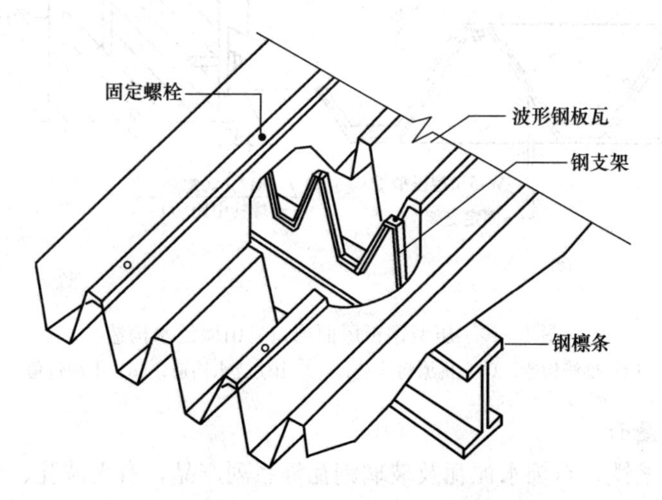

图 15-39 彩色压型钢板屋面

(2) 金属压型板屋面的细部构造

当压型钢板屋面采用无组织排水时，多用压型钢板直接出挑，其出挑长度不宜大于 300mm。挑檐板与墙板之间应设封檐板密封，以提高屋面围护效果，如图 15-40 (a) 所示。

当压型钢板屋面采用有组织排水时，应在檐口处设置檐沟，檐沟可采用钢板或与屋面板同样的材料制作，压型钢板伸入檐沟的长度不小于 150mm，并用镀锌螺栓固定，如图 15-40 (b)所示。

山墙泛水及山墙包角均采用与屋面金属压型板同一材料进行封盖处理，如图 15-40 (c)、(d) 所示。

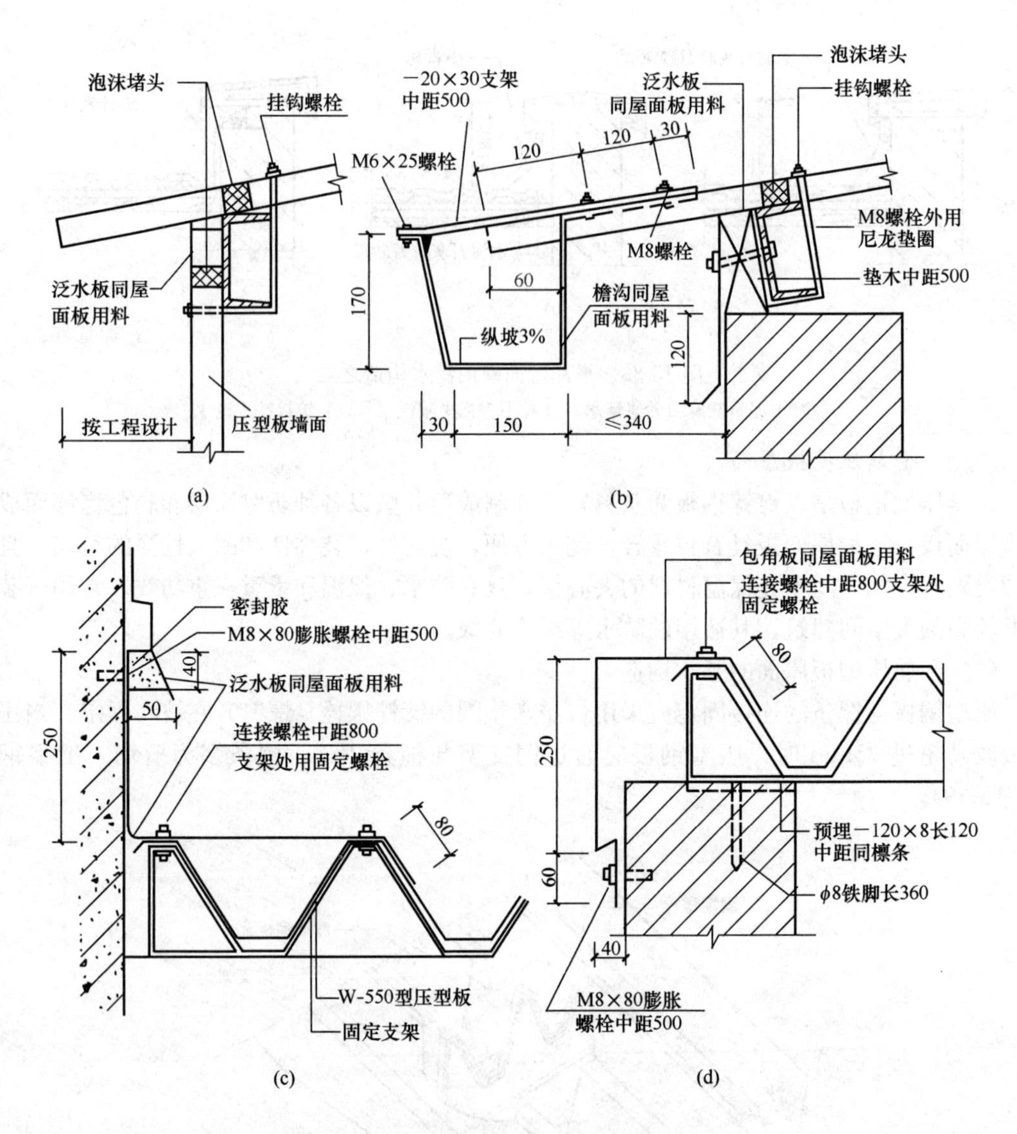

图 15-40 压型钢板屋面檐口、山墙泛水构造

(a) 挑檐构造；(b) 挑檐沟构造；(c) 山墙泛水构造；(d) 山墙包角

15.4.2.3 *波形瓦屋面*

波形瓦包括瓦垄铁、石棉水泥瓦及玻璃钢瓦等系列产品，有大波瓦、中波瓦和小波瓦之分。其适宜的排水坡度为10%～50%，常用33%。

波瓦可直接固定在檩条上，每块瓦应固定在三根檩条上，瓦的端部搭接也必须在檩条上，搭接长度不小于100mm。横向相邻两瓦搭接，应按主导风向，大波瓦和中波瓦不少于半个波，小波瓦应不少于一个波。铺瓦时应由檐口铺向屋脊，屋脊处盖脊瓦并用麻刀灰或纸筋灰嵌缝。

瓦的铺设，大面积宜采用不切角长边错缝法铺设。当采用切角铺设时，应切去第二块开始的重叠角（玻璃钢瓦可不切），切角时对角缝隙不宜大于5mm（图 15-41）。

15.4.2.4 *油毡瓦屋面*

油毡瓦是以玻璃纤维为胎基，经浸涂石油沥青后面层压天然各色彩砂，背面撒以隔离材

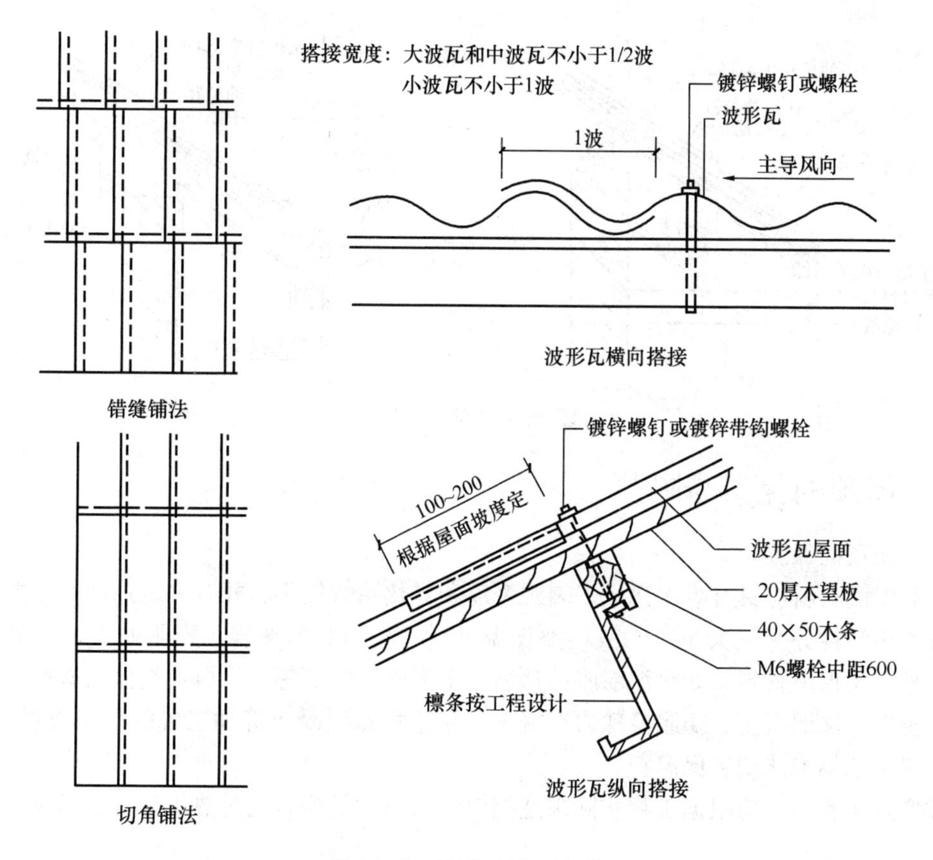

图 15-41　波形瓦屋面构造

料而制成的瓦状片材，形状有方形和半圆形（图 15-42）。它具有质量轻、柔性好、耐酸碱、不褪色等特点，适用于坡屋面的防水层，也可做多层防水层的面层。

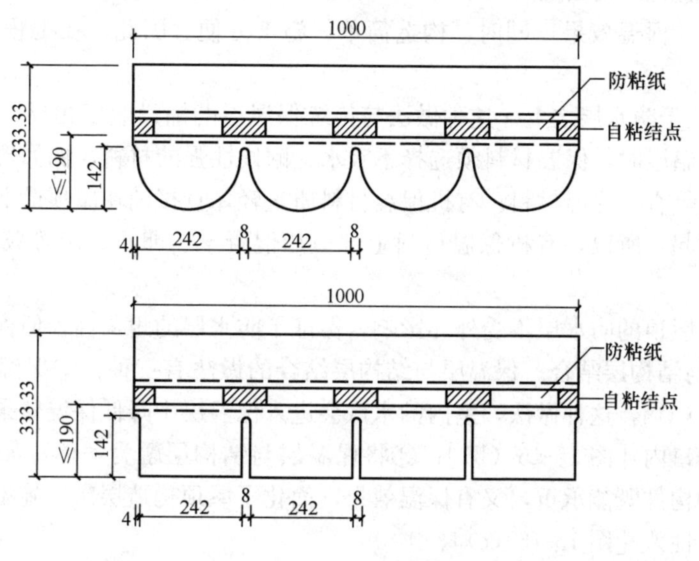

图 15-42　油毡瓦的规格

油毡瓦适用于排水坡度大于 20％的坡屋面，一般用油毡钉固定（木基层），或用水泥钉固定（混凝土基层上的水泥砂浆找平层）（图 15-43）。

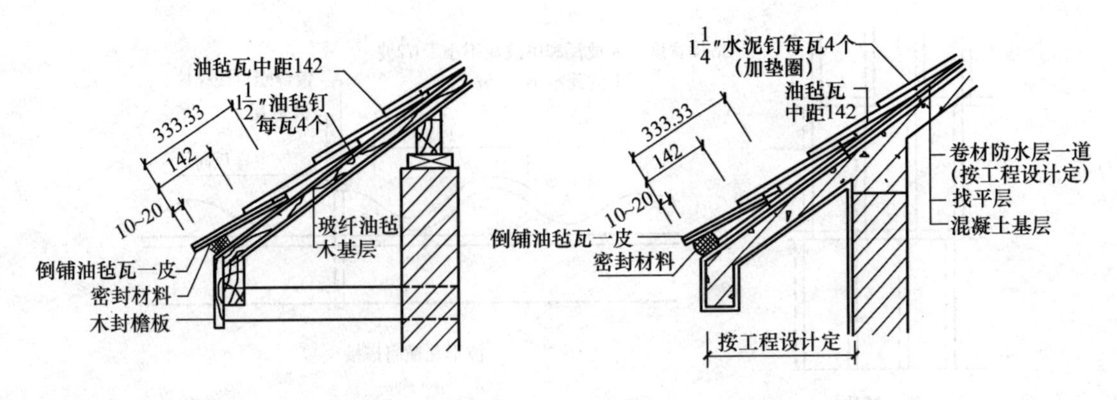

图 15-43　油毡瓦屋面

15.5　屋顶的保温与隔热

15.5.1　屋顶的保温

屋面保温材料应具有吸水率低、表观密度和导热系数较小、并有一定强度的性能。保温材料按物理特性分为三大类：①散料类保温材料，如膨胀珍珠岩、膨胀蛭石、炉渣、矿渣等；②整浇类保温材料，如水泥膨胀珍珠岩、水泥膨胀蛭石等；③板块类保温材料，如用加气混凝土、泡沫混凝土、膨胀珍珠岩混凝土、膨胀蛭石混凝土等加工成的保温块材或板材，或采用聚苯乙烯泡沫塑料保温板。

在实际工程中，应根据工程实际来选择保温材料的类型，通过热工计算来确定保温层的厚度。

（1）平屋顶的保温构造

1）保温层位于结构层与防水层之间。这种做法符合热工学原理，保温层位于低温一侧，也符合保温层搁置在结构层上的力学要求，同时上面的防水层避免了雨水向保温层渗透，有利于维持保温层的保温效果，同时，构造简单、施工方便。因此，在工程中应用最为广泛（图 15-44）。

2）保温层位于防水层之上。这种做法与传统保温层的铺设顺序相反，所以又称为倒铺保温层。倒铺保温层时，保温材料须选择不吸水、耐候性强的材料，例如聚氨酯或聚苯乙烯泡沫塑料保温板等有机保温材料。有机保温材料质量轻，直接铺在屋顶最上部时，容易受雨水冲刷，被风吹起，所以，有机保温材料上部应用混凝土、卵石、砖等较重的覆盖层压住（图 15-45）。

倒铺保温层屋顶的防水层不受外界影响，保证了防水层的耐久性，但保温材料受限制。

3）保温层与结构层结合。保温层与结构层结合的做法有三种：①保温层设在槽形板的下面［图 15-46（a）］，这种做法，室内的水汽会进入保温层中降低保温效果；②保温层放在槽形板朝上的槽口内［图 15-46（b）］；③将保温层与结构层融为一体，如配筋的加气混凝土屋面板，这种构件既能承重，又有保温效果，简化了屋顶构造层次，施工方便，但屋面板的强度低、耐久性差［图 15-46（c）］。

（2）坡屋顶的保温构造

坡屋顶的保温有顶棚保温和屋面保温两种。

1）顶棚保温。顶棚保温是在坡屋顶的悬吊顶棚上加铺木板，上面干铺一层油毡做隔汽

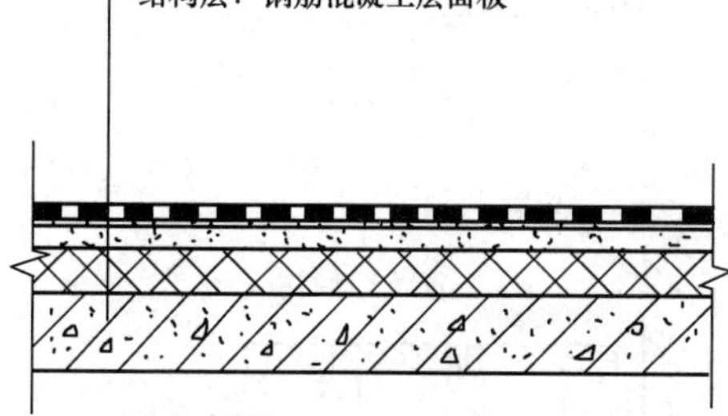

图 15-44　保温层位于结构层与防水层之间

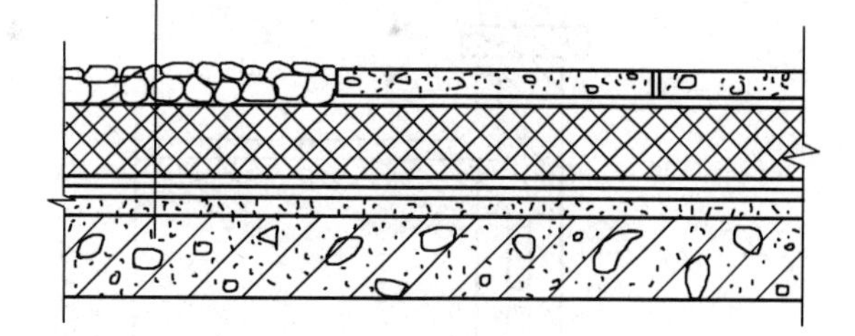

图 15-45　倒铺保温油毡屋面

层，然后在油毡上面铺设轻质保温材料，例如聚苯乙烯泡沫塑料保温板、木屑、膨胀珍珠岩、膨胀蛭石、矿棉等（图 15-47）。

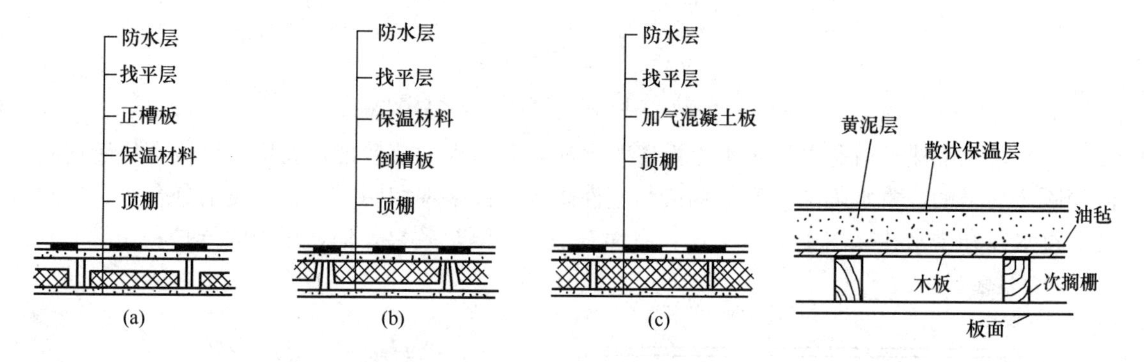

图 15-46　保温层与结构层结合

(a) 保温层设在槽形板下；(b) 保温层设在反槽板上；(c) 保温层与结构层合为一体

图 15-47　顶棚层保温构造

2）屋面保温。传统的屋面保温是在屋面铺草秸、将屋面做成麦秸泥青灰顶、或将保温材料设在檩条之间（图 15-48）。这些做法工艺落后，目前已基本不应用。现在工程中，一般是在屋面压型钢板下铺钉聚苯乙烯泡沫塑料保温板，或直接采用带有保温层的夹芯板。

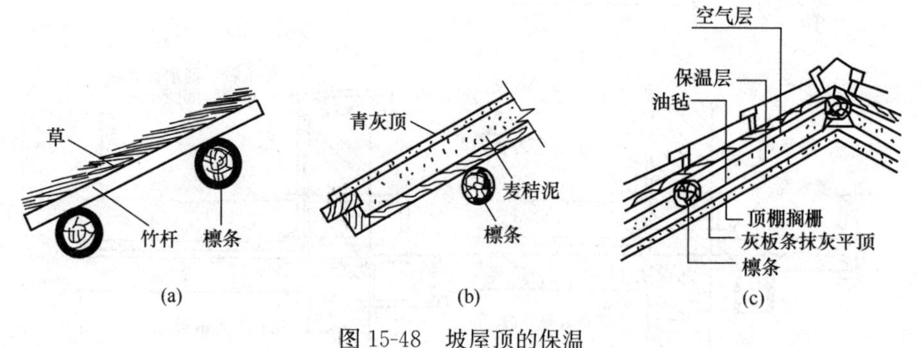

图 15-48　坡屋顶的保温

(a)、(b) 保温层在屋面层中；(c) 保温层在檩条之间

15.5.2 屋顶的隔热

15.5.2.1 平屋顶的隔热

平屋顶隔热的构造做法主要有：通风隔热、蓄水隔热、植被隔热、反射降温等。

（1）通风隔热。是在屋顶设置通风间层，利用空气的流动带走大部分的热量，达到隔热降温的目的。通风隔热屋面有两种做法：①在结构层与悬吊顶棚之间设置通风间层，在外墙上设进气口与排气口［图 15-49（a）］；②设架空屋面［图 15-49（b）］。

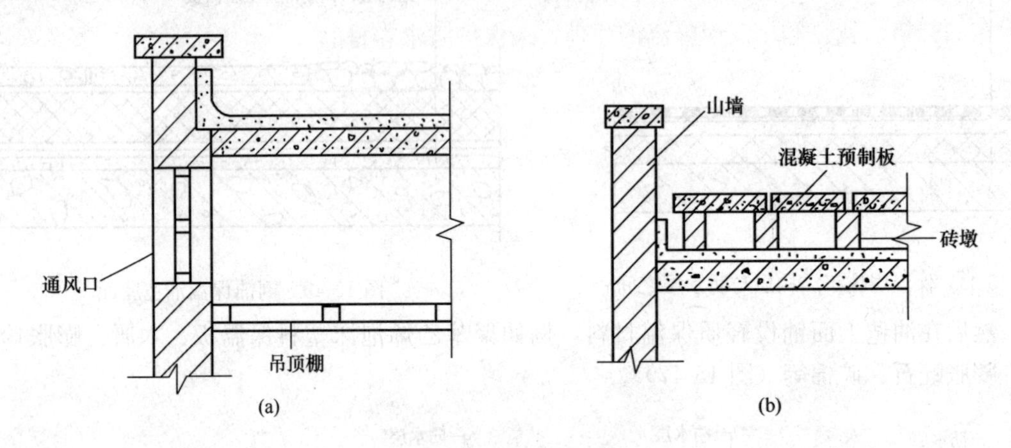

图 15-49 通风降温屋面

（a）顶棚通风；（b）架空大阶砖或预制板通风

（2）蓄水隔热。就是在屋顶上面设置蓄水池，利用水的蒸发带走大量的热量，从而达到降温隔热的目的。蓄水隔热屋面的构造与刚性防水屋面基本相同，只是增设了分仓壁、泄水孔、过水孔和溢水孔（图 15-50）。这种屋面有一定的隔热效果，但使用中的维护费用较高。

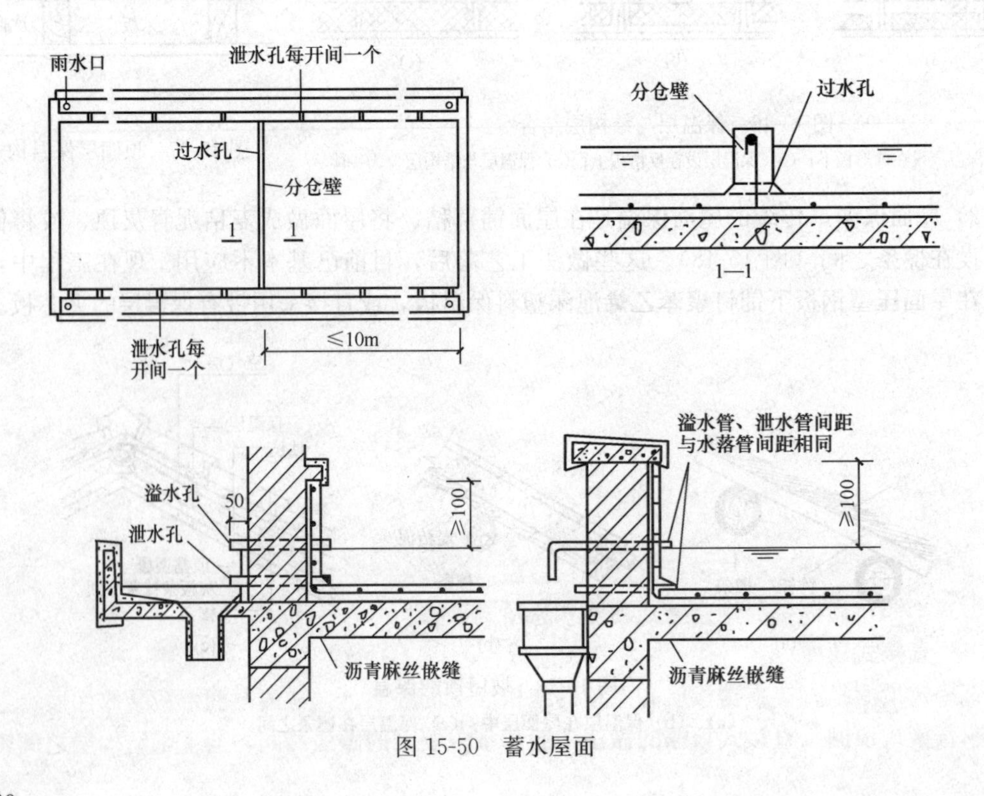

图 15-50 蓄水屋面

（3）植被隔热。在平屋顶上种植植物，利用植物光合作用时吸收热量和植物对阳光的遮挡功能来达到隔热的目的。这种屋面在满足隔热要求时，还能够提高绿化面积，对于净化空气，改善城市整体空间景观都非常有意义，因此在现在的中高层以下建筑中应用越来越多。

（4）反射降温。是在屋面铺浅色的砾石或刷浅色涂料等，利用浅色材料的颜色和光滑度对热辐射的反射作用，将屋面的太阳辐射热反射出去，从而达到降温隔热的作用。现在，卷材防水屋面采用的新型防水卷材，例如高聚物改性沥青防水卷材和合成高分子防水卷材的正面覆盖的铝箔，就是利用反射降温的原理，来保护防水卷材的。

15.5.2.2　坡屋顶的隔热

坡屋顶一般利用屋顶通风来隔热，有屋面通风和吊顶棚通风两种做法。

（1）屋面通风。在屋顶檐口设进风口，屋脊设出风口，利用空气流动带走间层的热量，以降低屋顶的温度（图 15-51）。

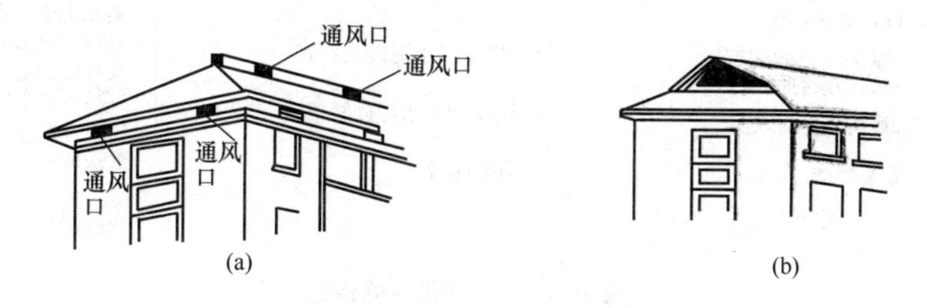

图 15-51　坡屋顶的隔热与通风

（a）檐口和屋脊通风；（b）歇山通风百叶窗

（2）吊顶棚通风。利用吊顶棚与坡屋面之间的空间作为通风层，在坡屋顶的歇山、山墙或屋面等位置设进风口。其隔热效果显著，是坡屋顶最常用的隔热形式（图 15-52）。

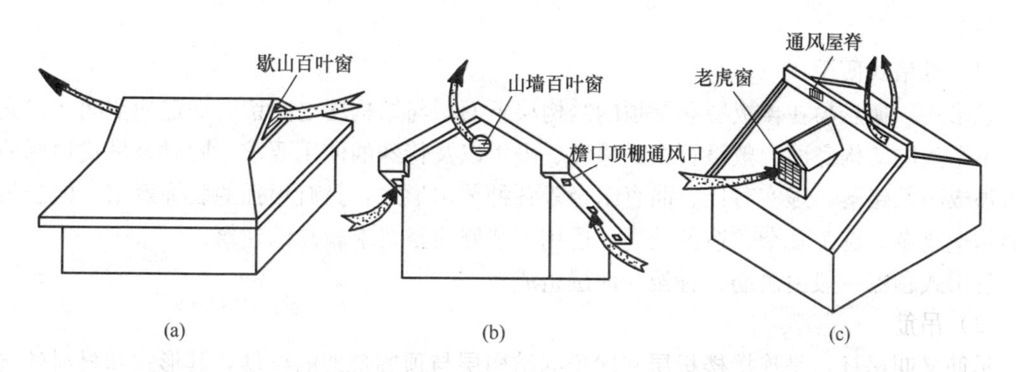

图 15-52　吊顶通风

（a）歇山百叶窗；（b）山墙百叶窗和檐口通风口；（c）老虎窗与通风屋脊

15.6　顶棚的构造

顶棚是位于楼板层和屋顶最下面的装修层，以满足室内的使用和美观要求。按照顶棚的构造形式不同，顶棚可分为直接式顶棚和悬吊式顶棚。

15.6.1　直接式顶棚

直接式顶棚是直接在楼板层和屋顶的结构层下面喷涂、抹灰或贴面形成装修面层，这种顶棚叫直接式顶棚。直接式顶棚的做法一般和室内墙面的做法相同，与上部结构层之间不留空隙，具有取材容易、构造简单、施工方便、造价较低的优点，因此得到广泛应用。

（1）喷涂顶棚

是在楼板或屋面板的底面填缝刮平后，直接喷、涂大白浆、石灰浆等涂料形成顶棚。喷涂顶棚的厚度较薄，装饰效果一般，适用于对观瞻要求不高的建筑［图 15-53（a）］。

（2）抹灰顶棚

是在楼板或屋面板的底面勾缝或刷素水泥浆后，进行表面抹灰，有的还在抹灰层的上面再刮仿瓷涂料或喷涂乳胶漆等涂料形成顶棚，其装饰效果优于喷涂顶棚，适用于室内装饰要求一般的建筑［图 15-53（b）］。

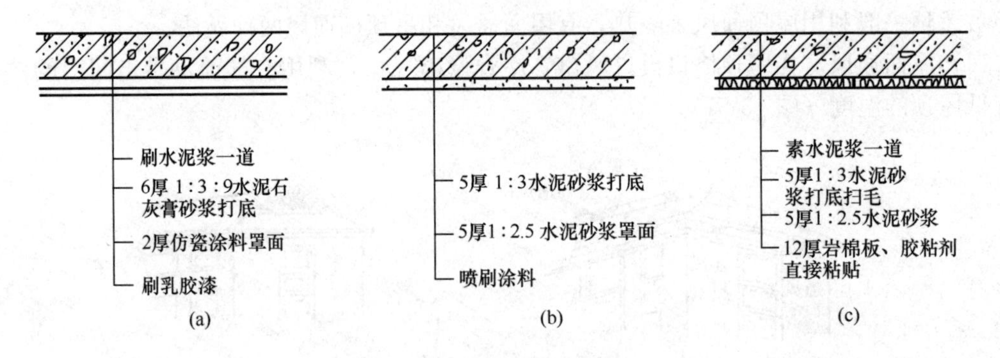

图 15-53　直接式顶棚构造

（a）喷涂顶棚；（b）抹灰顶棚；（c）粘贴顶棚

（3）贴面顶棚

是在楼板或屋面板的底面用砂浆找平后，用胶粘剂粘贴墙纸、泡沫塑料板或装饰吸声板等形成顶棚。贴面顶棚的材料丰富，能满足室内不同的使用要求，例如保温、隔热、吸声等［图 15-53（c）］。

15.6.2　悬吊式顶棚

悬吊式顶棚悬吊在楼板层和屋顶的结构层下面，与结构层之间留有一定的空间，以满足遮挡不平整的结构底面、敷设管线、通风、隔声以及特殊的使用要求。同时悬吊式顶棚的面层可做成高低错落、虚实对比、曲直组合等各种艺术形式，具有很强的装饰效果。但悬吊式顶棚构造复杂、施工繁杂、造价较高，适用于装修质量要求较高的建筑。

悬吊式顶棚一般由吊筋、骨架和面层组成。

（1）吊筋

吊筋又叫吊杆，是连接楼板层和屋顶的结构层与顶棚骨架的杆件，其形式和材料的选用与顶棚的重量、骨架的类型有关，一般有 $\phi6$～$\phi8$ 的钢筋、8 号钢丝或 $\phi8$ 的螺栓。吊筋与楼板和屋面板的连接方式与楼板和屋面板的类型有关（图 15-54）。

（2）骨架

骨架由主龙骨和次龙骨组成，其作用是承受顶棚荷载并将荷载由吊筋传给楼板或屋面板。骨架按材料分有木骨架和金属骨架两类。木骨架制作工效低，不耐火，现已较少采用。金属骨架多用的是轻钢龙骨和铝合金龙骨，一般是定型产品，装配化程度高，现已被广泛采用。

（3）面层

面层的作用是装饰室内，并满足室内的吸声、反射等特殊要求。其材料和构造形式应与

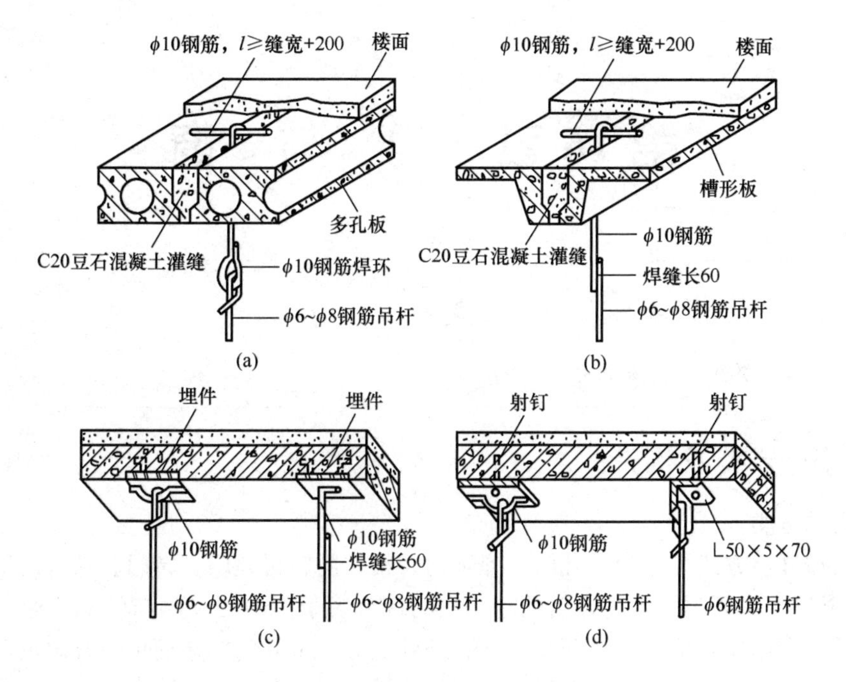

图 15-54　吊筋与楼板连接

(a) 空心板吊筋；(b) 槽形板吊筋；(c) 现浇板预埋铁件；
(d) 现浇板射钉安装铁件

骨架相匹配，一般有抹灰类、板材类和搁栅类等。

上岗工作要点

1. 掌握平屋顶、坡屋顶及顶棚的构造。
2. 掌握屋顶的保温与隔热做法，在实际工作中能够熟练应用。

思 考 题

15-1　屋顶的作用有哪些？

15-2　屋顶有哪些构造要求？

15-3　屋面排水方式的选择应遵循哪些原则？

15-4　卷材防水屋面的节点构造是什么？

15-5　常见坡屋顶的承重结构有哪些？

15-6　平瓦屋面的基本构造是什么？

15-7　屋顶的保温材料有哪些？

15-8　平屋顶隔热的构造做法主要有什么？

15-9　什么是直接式顶棚？

15-10　悬吊式顶棚的组成有哪些？

第16章 门 与 窗

重 点 提 示

了解门窗的分类，熟悉其构造方法。

16.1 门的分类及构造

16.1.1 门的分类

（1）门按开启方式可分为平开门、弹簧门、推拉门、折叠门、转门、卷帘门等。

1）平开门。平开门是水平开启的门，它的铰链装于门扇的一侧与门框相连，使门扇围绕铰链轴转动。门扇有单扇、双扇和内开、外开之分。平开门构造简单，开启灵活，加工制作简便，易于维修，是建筑中最常见、使用最广泛的门。

2）弹簧门。弹簧门的开启方式与普通平开门相同，所不同的是以弹簧铰链代替了普通铰链，借助弹簧的力量使门扇能向内、向外开启并经常保持关闭。弹簧门使用方便、美观大方，广泛用于学校、医院、商店、办公楼和商业大厦。为避免人流相撞，门扇或门扇上部应镶嵌玻璃。

3）推拉门。推拉门是门扇通过上下轨道，左右推拉滑行进行开关，有单扇和双扇之分。推拉门受力合理、开启时不占空间，但构造复杂，多用于办公楼、宾馆、大酒店等公共建筑中的门。推拉门常采用玻璃门扇，可设置光电管或触动式设施实现自动启闭。

4）折叠门。折叠门可分为侧挂式和推拉式两种。由多扇门构成，每扇门宽度为500～1000mm，一般以600mm为宜，适用于宽度较大的洞口。侧挂式折叠门与普通平开门相似，只是门扇之间用铰链相连而成。推拉式折叠门与推拉门构造相似，在门顶或门底装滑轮及导向装置，每扇门之间以铰链相连，开启时门扇通过滑轮沿着导向装置移动。

折叠门开启时占用空间少，但构造较复杂，一般用于宽度较大的门，例如仓库、商店或公共建筑中作灵活分隔空间用。

5）转门。由两个固定的弧形门套和垂直旋转的门扇构成。门扇可分为三扇或四扇，绕竖轴旋转。转门对隔绝室外气流有一定作用，可作为寒冷地区公共建筑的外门，但不能作为疏散门。当设置在疏散口时，需在转门两旁另设疏散用门。转门构造复杂，造价高，不宜大量采用。

6）卷帘门。多用于商店橱窗或商店出入口外侧的封闭门。卷帘门加工制作复杂，造价高。

（2）门按主要制作材料可分为木门、钢门、铝合金门、塑料门等。

（3）门按形式和制造工艺可分为镶板门、纱门、实拼门、夹板门等。

（4）门按特殊需要可分为防火门、隔声门、保温门、防盗门等。

16.1.2 门的尺度与组成

(1) 门的尺度

门的尺度指门洞的高宽尺寸，应满足人流疏散，搬运家具、设备的要求，并应符合《建筑模数协调统一标准》(GBJ 2—1986) 的规定。一般情况下，门保证通行的高度不小于2000mm，当上方设亮子时，应加高 300～600mm。门的宽度应满足一个人通行，并考虑必要的空隙，一般为 700～1000mm，通常设置为单扇门。对于人流量较大的公共建筑的门，其宽度应满足疏散要求，可设置两扇以上的门。

公共建筑大门的尺度在保证通行的情况下，应结合建筑立面形象进行确定。

(2) 门的组成

门一般由门框、门扇、五金零件及附件组成（图 16-1）。门框是门与墙体的连接部分，由上框、边框、中横框和中竖框组成。门扇一般由上、中、下冒头和边梃组成骨架，中间固定门芯板。五金零件包括铰链、插销、门锁、拉手等。附件有贴脸板、筒子板等。

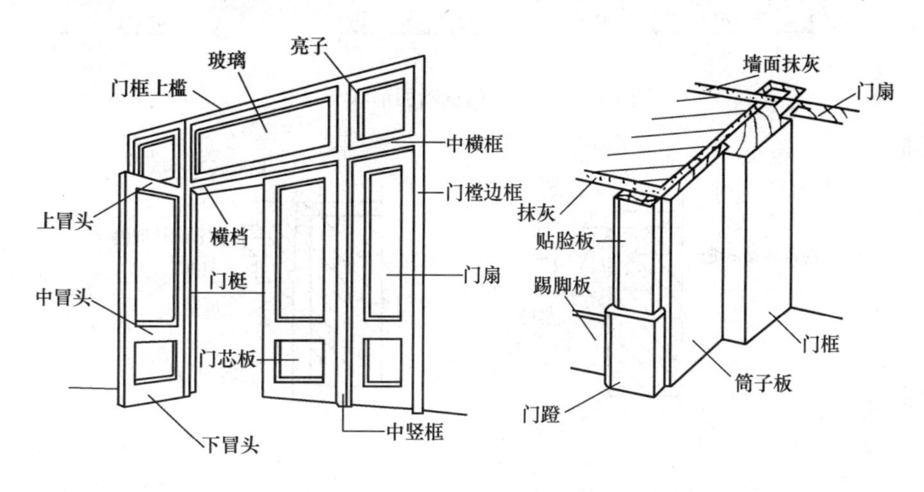

图 16-1 门的组成

16.1.3 门的构造

16.1.3.1 平开木门

平开木门是普通建筑中最常用的一种，它主要由门框、门扇、亮子、五金配件等组成，如图 16-2 所示。

(1) 门框。门框由上框、边框组成，当设门的亮子时应加设中横档。三扇以上的门则加设中竖框，每扇门的宽度不超过 900mm。门框截面尺寸和形状取决于门扇的开启方向、裁口大小等，一般裁口深度为 10～12mm，单扇门框断面为 60mm×90mm，双扇门 60mm×100mm。其断面如图 16-3 所示。门框安装分为立口和塞口两种，其构造处理同木窗框一致。如图 16-4 所示。

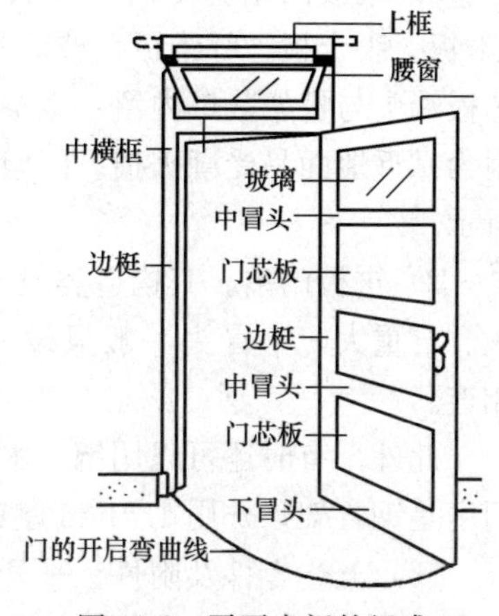

图 16-2 平开木门的组成

(2) 门扇。依门扇构造不同，民用建筑中常见的有夹板门扇、镶板门扇、拼板门扇等，门也因此被称为夹板门、镶板门和拼板门。

1) 夹板门扇。是用方木钉成横向和纵向的密肋骨架，

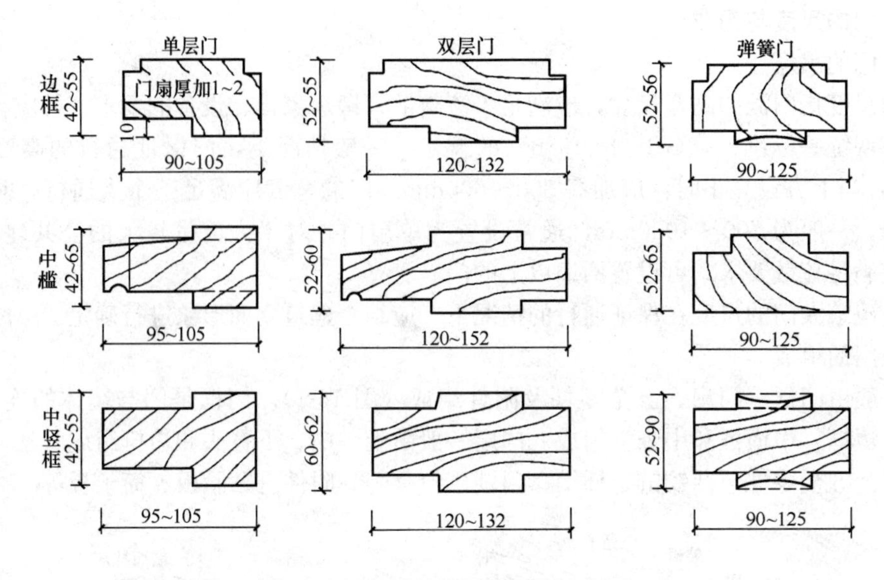

图 16-3　平开门门框断面形状与尺寸

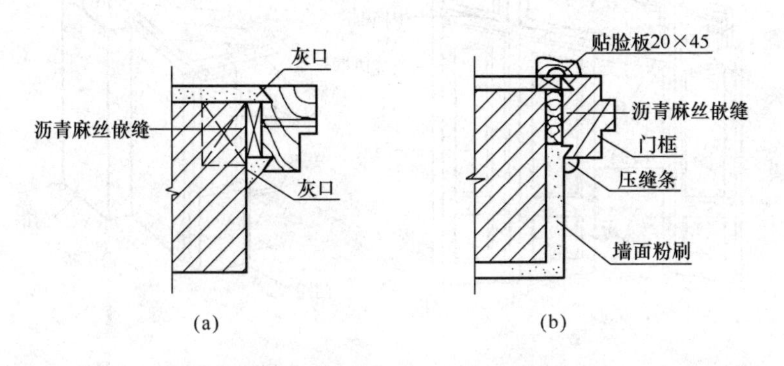

图 16-4　门框的安装与接缝处理

(a) 墙中预埋木砖用圆钉固定；(b) 灰缝处加压缝条和贴脸板

在骨架两面贴胶合板、硬质纤维板、塑料板等而成。为提高门的保温、隔声性能，在夹板中间填入矿物毡等。如图 16-5 所示。

2) 镶板门扇。是由上冒头、下冒头、中冒头、边梃组成骨架，在骨架内镶入门芯板（木板、胶合板、纤维板、玻璃等）而成。木板作为门芯板的门扇通常又称为实木门扇。门芯板端头与骨架裁口内留一定空隙以防板吸潮膨胀鼓起，下冒头比上冒头尺寸要大，主要是因为靠近地面易受潮破损。门扇的底部要留出 5mm 空隙，以保证门的自由开启。如图 16-6 所示。

3) 拼板门扇。其构造类似于镶板门，只是芯板规格较厚，一般为 15～20mm，坚固耐久、自重大，中冒头一般只设一个或不设，有时不用门框，直接用门铰链与墙上预埋件相连。

此外，有时还可以用钢、木组合材料制成钢木门。用于防盗时，可利用型钢作成门框，门扇是钢骨架，外用 1.5mm 厚钢板经高频焊接在钢骨架上，内设若干个锁点。

(3) 五金零件及附件。平开木门上常用五金零附件有铰链（合页）、拉手、插锁、门锁、三角、门碰头等。

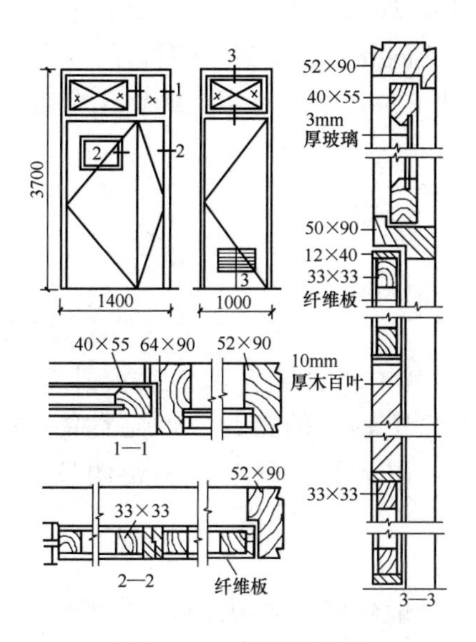

图 16-5　夹板门的构造

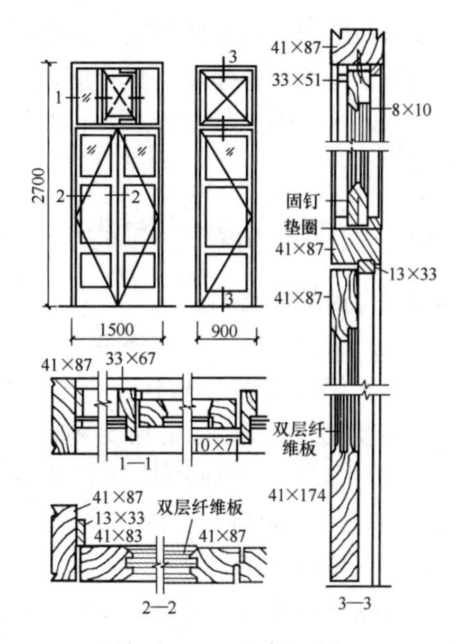

图 16-6　镶板门的构造

16.1.3.2　铝合金门

铝合金门的门框、门扇均用铝合金型材制作，避免了其他金属门易锈蚀、密封性能差、保温性能差的不足。为了改善铝合金门的热桥散热，可在其内部夹泡沫塑料等材料。由于生产厂家不同，门框、门扇及配件型材种类繁多。以铝合金地弹簧门为例（图 16-7），进行简

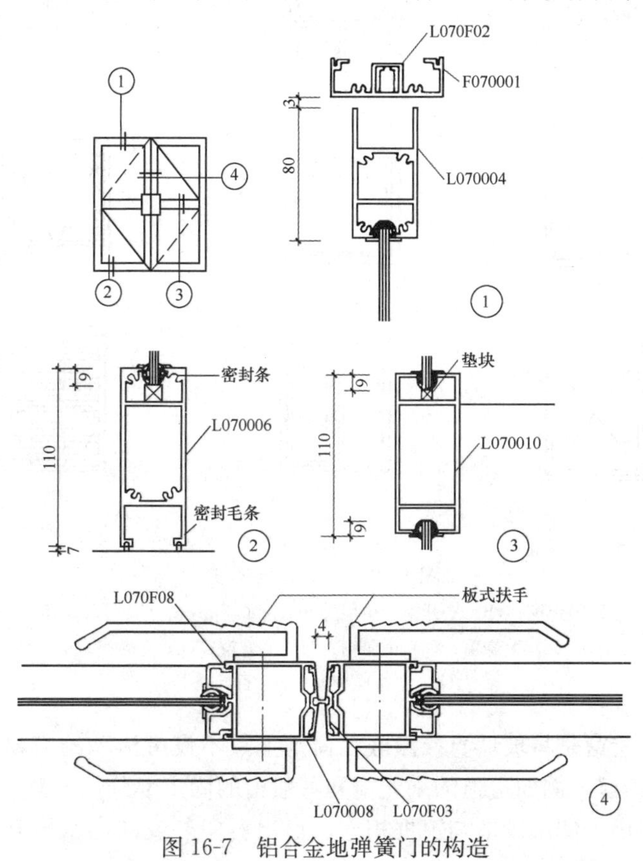

图 16-7　铝合金地弹簧门的构造

要说明。地弹簧门是使用地弹簧作开关装置的平开门，门可以向内或向外开启。铝合金地弹簧门可分为无框地弹簧门和有框地弹簧门。地弹簧门向内或向外开启不到90°时，门扇会自动关闭，开启到90°时，门扇可固定不动。门扇玻璃应采用6mm或6mm以上的钢化玻璃或夹层玻璃。

16.2 窗的分类及构造

16.2.1 窗的分类

(1) 按窗的框料材质分

包括铝合金窗、塑钢窗、彩板窗、木窗、钢窗等，其中铝合金窗和塑钢窗外观精美、造价适中、装配化程度高，铝合金窗的耐久性好，塑钢窗的密封、保温性能优，因此在建筑工程中应用广泛；木窗由于消耗木材量大，耐火性、耐久性和密闭性差，其应用已受到限制。

(2) 按窗的层数分

包括单层窗和双层窗。单层窗构造简单，造价低，在一般建筑中多用。双层窗的保温、隔声、防尘效果好，用于对窗有较高功能要求的建筑中。

(3) 按窗扇的开启方式分

包括固定窗、平开窗、悬窗、立转窗、推拉窗、百叶窗等（图16-8）。

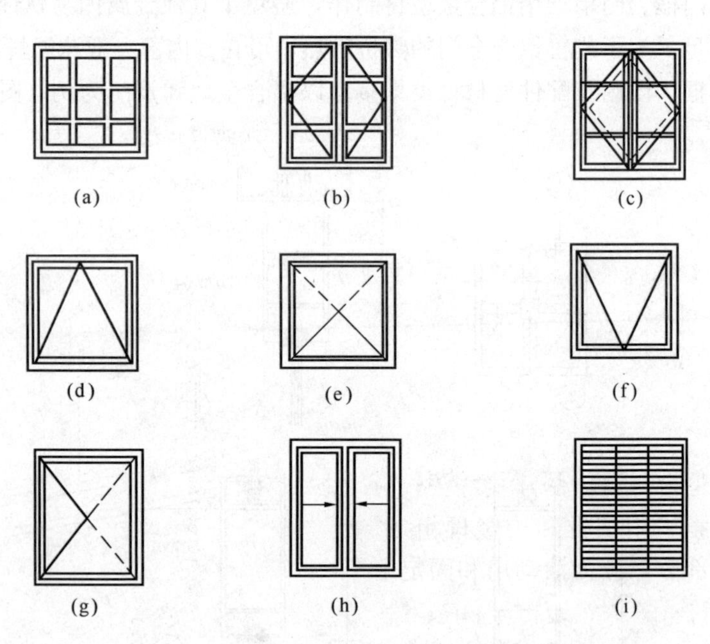

图16-8　窗的开启形式

(a) 固定窗；(b) 平开窗（单层外开）；(c) 平开窗（双层内外开）；(d) 上悬窗；(e) 中悬窗；(f) 下悬窗；(g) 立转窗；(h) 左右推拉窗；(i) 百叶窗

1）固定窗。固定窗是将玻璃直接镶嵌在窗框上，不设可活动的窗扇。一般用于只要求有采光、眺望功能的窗，例如走道的采光窗和一般窗的固定部分。

2）平开窗。窗扇一侧用铰链与窗框相连，窗扇可向外或向内水平开启。平开窗构造简单，开关灵活，制作与维修方便，在一般建筑中采用较多。

3）悬窗。窗扇绕水平轴转动的窗为悬窗。按照旋转轴的位置可分为上悬窗、中悬窗和下悬窗，上悬窗和中悬窗的防雨、通风效果好，常用作门上的亮子和不方便手动开启的高侧窗。

4）立转窗。窗扇绕垂直中轴转动的窗为立转窗。这种窗通风效果好，但不严密，不宜用于寒冷和多风沙的地区。

5）推拉窗。窗扇沿着导轨或滑槽推拉开启的窗为推拉窗，有水平推拉窗和垂直推拉窗两种。推拉窗开启后不占室内空间，窗扇的受力状态好，适宜安装大玻璃，但通风面积受限制。

6）百叶窗。窗扇一般用塑料、金属或木材等制成小板材，与两侧框料相连接，有固定式和活动式两种。百叶窗的采光效率低，主要用作遮阳、防雨及通风。

（4）按窗扇或玻璃的层数分

包括单层窗扇和双层窗扇，按玻璃的层数分有单层玻璃窗和双层中空玻璃窗，双层窗扇和双层中空玻璃窗的保温、隔声性能优良，是节能型窗的理想类型。

16.2.2 窗的尺度与组成

（1）窗的尺度

窗的尺度应根据采光、通风的需要来确定，同时兼顾建筑造型和《建筑模数协调统一标准》（GBJ 2—1986）等的要求。为确保窗的坚固、耐久，应限制窗扇的尺寸，一般平开木窗的窗扇高度为800～1200mm，宽度不大于500mm；上下悬窗的窗扇高度为300～600mm；中悬窗窗扇高度不大于1200mm，宽度不大于1000mm；推拉窗的高宽均不宜大于1500mm。目前，各地均有窗的通用设计图集，可根据具体情况直接选用。

（2）窗的组成

窗一般由窗框、窗扇和五金零件组成（图16-9）。窗框是窗与墙体的连接部分，由上框、下框、边框、中横框和中竖框组成。窗扇是窗的主体部分，分为活动扇和固定扇两种，一般由上、下冒头、边梃和窗芯（又叫窗棂）组成骨架，中间固定玻璃、窗纱或百叶。五金零件包括铰链、插销、风钩等。

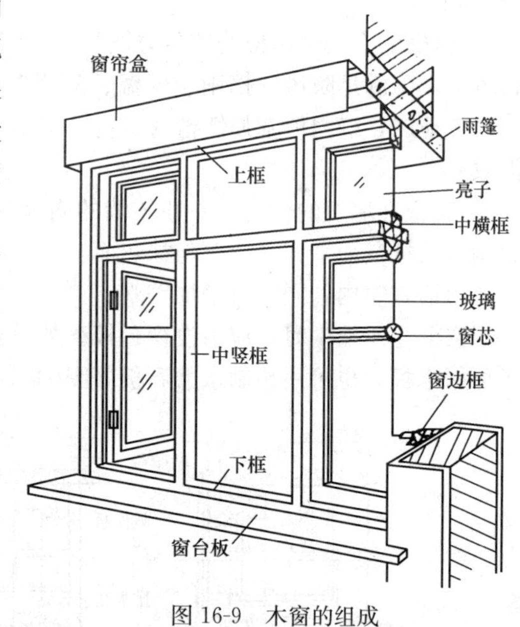

图16-9 木窗的组成

当建筑的室内装修标准较高时，窗洞口周围可增设贴脸、筒子板、压条、窗台板及窗帘盒等附件。

16.2.3 窗的构造

16.2.3.1 平开木窗

（1）窗框

1）窗框的断面形式与尺寸。窗框的断面形式与窗的类型有关，同时应利于窗的安装，并应具有一定的密闭性。窗框的断面尺寸应根据窗扇层数和榫接的需要来确定（图 16-10）。一般单层窗的窗框断面厚 40～60mm，宽 70～95mm，中横框和中竖框因两面有裁口，并且横框常有披水，断面尺寸应相应增大。双层窗窗框的断面宽度应比单层窗宽 20～30mm。

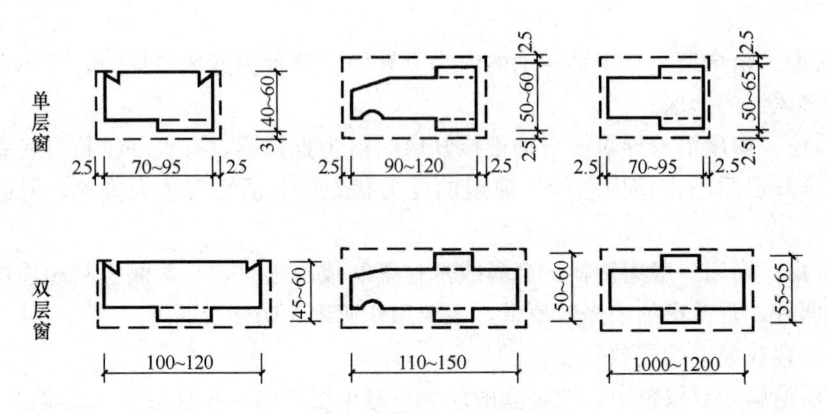

图 16-10　窗框的断面形式与尺寸

同门框一样，窗框在构造上也应做裁口和背槽。裁口有单裁口和双裁口之分。在窗框上做裁口，以利于窗扇的安装和开启，裁口宽度比窗扇厚度大 1～2mm，裁口深度一般为 8～12mm。

2）窗框的安装。窗框的安装方法与门框基本相同。窗框与墙体之间的缝隙应用砂浆或油膏填实，以满足防风、挡雨、保温、隔声等的要求。标准较高的常做贴脸板或筒子板封盖。寒冷地区，缝内填塞弹性密封材料，例如毛毡、矿棉或聚乙烯泡沫塑料等，以增强密封保温效果。

3）窗框在墙上的位置。一般与墙的内表面平齐，安装时窗框突出砖面 20mm，以便墙面粉刷后与抹灰面平齐。窗框与抹灰面交接处应用贴脸板搭盖，以阻止因为抹灰干缩形成缝隙后风雨透入室内，同时可增加美观。

当窗框立于墙中时，应内设窗台板，外设窗台。窗框外平时，靠室内一面设窗台板。窗台板可用木板，也可用预制水磨石板（图 16-11）。

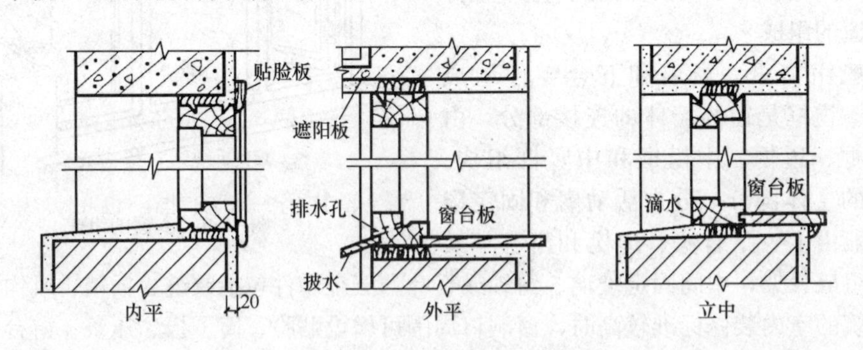

图 16-11　窗框在墙中的位置

（2）窗扇

平开窗常见的窗扇有玻璃窗扇、纱窗扇和百叶窗，其中玻璃窗扇最普遍。一般平开窗的窗扇高度为 600～1200mm，宽度不宜大于 600mm。推拉窗的窗扇高度不宜大于 1500mm，窗扇由上、下冒头和边梃组成，为减少玻璃尺寸，窗扇上常设窗芯分格。在下冒头上设披水板以防止雨水进入室内［图 16-12（a)］。

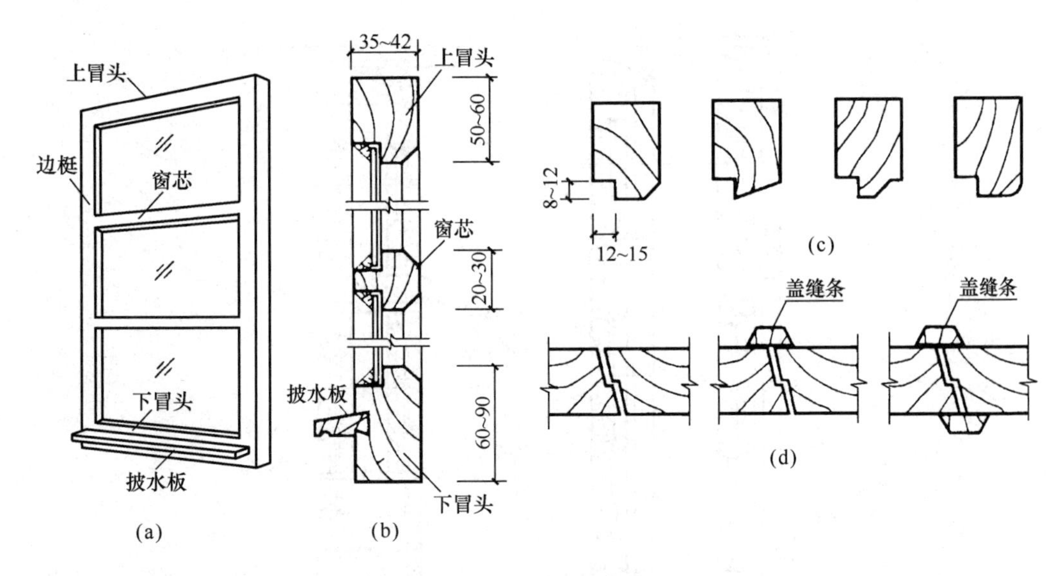

图 16-12　窗扇的构造处理

（a）窗扇立面；（b）窗扇剖面；（c）线脚示例；（d）盖缝处理

玻璃窗扇的上、下冒头及边梃的断面尺寸一般为（35～40）mm×（50～60）mm，下冒头若加披水板，应比上冒头加宽 10～25mm；窗芯断面尺寸一般为（35～40）mm×（30～40）mm。为镶嵌玻璃，在上冒头、下冒头、窗芯及边梃外侧做裁口，其深度为 8～12mm，宽度为 10mm，玻璃镶入裁口，用小铁钉固定，然后用油灰或玻璃密封膏镶嵌成斜三角，也可采用小木条镶钉［图 16-12（b）］。玻璃一般采用 3mm 厚的普通平板玻璃。为满足保温、隔声、遮挡视线、使用安全以及防晒等方面的要求，可选择双层中空玻璃、磨砂和压花玻璃、夹层玻璃、钢化玻璃、吸热玻璃和热反射玻璃等。

窗扇的上下冒头、窗芯及边梃内侧常做装饰性线脚，既可挡光又美观［图 16-12（c）］。两窗扇之间的接缝处常做高低缝盖口，也可加钉盖缝木条，以提高防风雨能力，减少冷风渗透［图 16-12（d）］。

（3）双层窗

在寒冷地区或有隔声要求的房间，为了减少热损失和隔声，多设置双层窗扇。夏季为防蚊蝇，内扇可以取下，改换成纱窗。南方炎热地区多采用一玻一纱的双层窗。双层窗依其构造以及开启方向不同，有以下几种：

1）双层内开窗。双层内开窗的双层窗扇一般共用一个窗框，也可分开为双层窗框，双层窗扇都内开，双层窗扇内大外小，为防止雨水的渗入，外层窗扇的下冒头外侧应设披水板［图 16-13（a）］。全内开窗扇可免受风雨侵袭，便于擦洗，但构造复杂，透光面积有所减少。

2）双层内外开窗。双层内外开窗是在一个窗框上设内外双裁口，或设双层窗框，外层窗扇外开，内层窗扇内开［图 16-13（b）］。这种窗内外扇的形式、尺寸完全相同，构造简单，但有时擦洗玻璃比较困难。

在通风要求不高的地区，为节省材料，简化窗的构造，多设置一些固定窗扇。如有亮子窗时，把亮子窗做成固定扇；三扇窗将中间一扇做成固定扇等。这样既能满足通风要求，又可利用固定窗省去窗框中的中横框和中竖框。

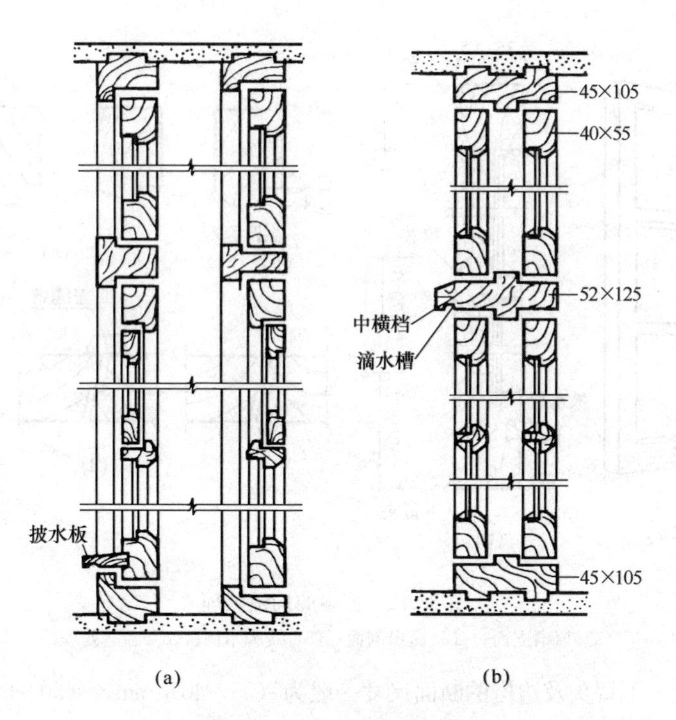

图 16-13　双层窗构造

(a) 分框内开双层窗；(b) 单框内外开双层窗

16.2.3.2　铝合金窗与塑钢窗

铝合金窗、塑钢窗的开启方式大多采用水平推拉窗，根据特殊需要也可以上下推拉或平开。目前还有将水平推拉与平开相互转换的较复杂构造的塑钢窗，可弥补推拉窗通风面积小的不足，但造价较高。

(1) 铝合金窗的安装。一般采用塞口法施工。安装前用木楔、垫块临时固定，在窗的外侧用射钉、塑料膨胀螺钉或小膨胀螺栓固定厚度不小于 1.5mm、宽度不小于 15mm 的 Q235-A冷轧镀锌钢板（固定板）于洞口砖墙上，并不得固定在砖缝处。如果为加气混凝土洞口时，则应采用木螺钉固定在胶粘圆木上；如果设有预埋件可采用焊接或螺栓连接。固定片离中竖框、横框的档头不小于 150mm，每边固定片至少有两个且间距不大于 600mm，交错固定在窗所在平面两侧的墙上。窗框与洞口用与其材料相容的闭孔泡沫塑料、发泡聚苯乙烯等填塞嵌缝（不得填实）。窗框安装时一定要保证窗的水平精度和垂直精度，以满足开启灵活的要求。洞口被窗分成的内、外两侧与窗框之间采用水泥砂浆填实抹平，洞口内侧与窗框之间还应该用嵌缝膏密封。窗框下方设排水孔。窗框与墙体连接如图 16-14 所示。

(2) 铝合金窗扇。一般由组合件与内设连接件间用螺丝连接，并选用符合标准的中空玻璃、单层玻璃组装而成。玻璃尺寸应比相应的框、扇（梃）内口尺寸小 4～6mm，安装时先用长度不小于 80～150mm，厚度依间隙而定（宜为 2～6mm）的硬橡胶或塑料垫块塞严，然后用密封条或用玻璃胶密封固定。窗扇间、窗扇与窗框的接缝处用安装在窗扇上的密封条密封以满足保温、隔声等要求。窗框与墙体连接，推拉式铝合金窗的构造如图 16-15 所示。

(3) 塑钢窗。是用塑钢型材焊接而成，焊口质量一定要保证其安装构造同铝合金窗，具体构造如图 16-16 所示。

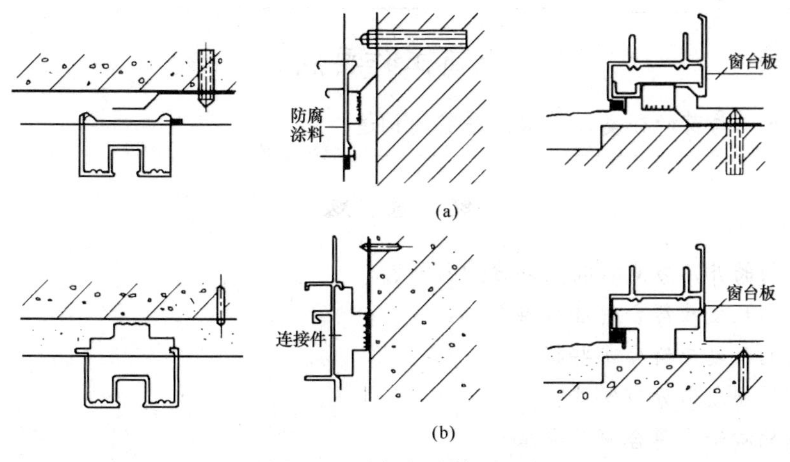

图 16-14　窗框与墙体的连接

（a）膨胀螺栓固定；（b）射钉固定

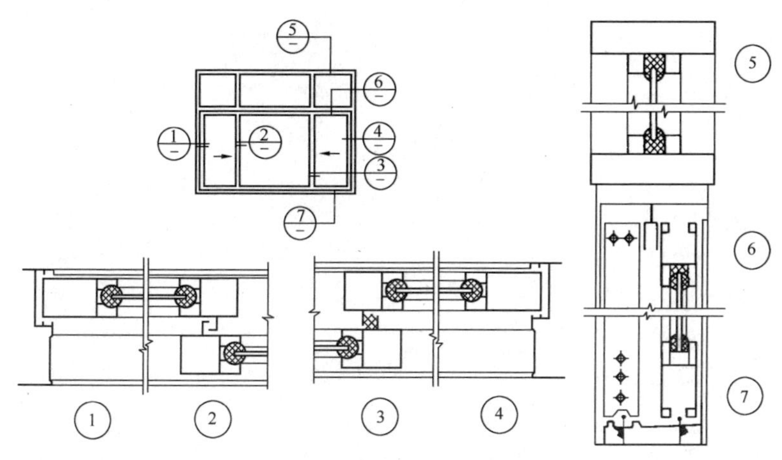

图 16-15　推拉式铝合金窗的构造

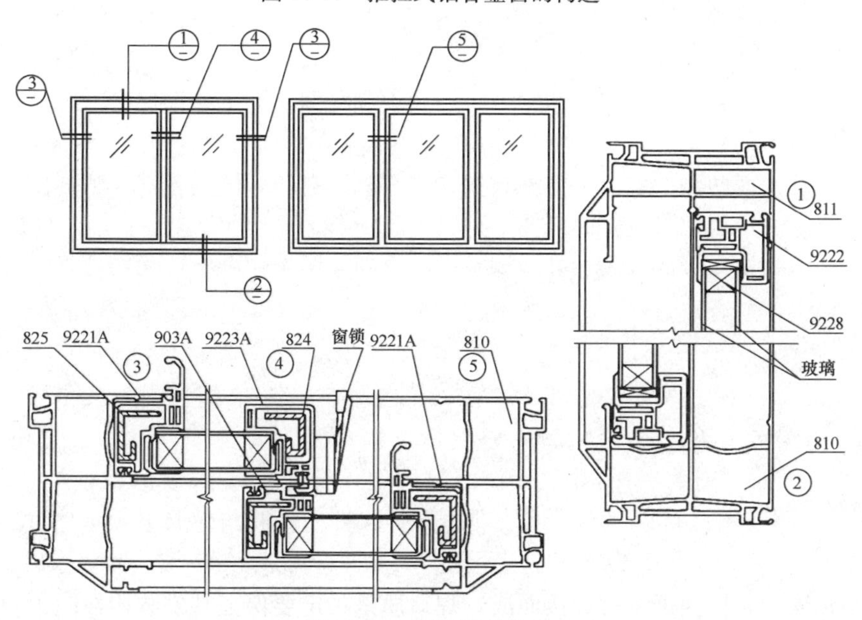

图 16-16　塑钢窗的构造

上岗工作要点

了解门和门与窗的分类，掌握门与窗的构造。

思考题

16-1　按门的开启方式可将门划分为几种？

16-2　门的尺度应符合哪些标准？

16-3　窗的尺度应符合哪些标准？

16-4　窗的组成部分有哪些？

16-5　窗的构造应符合哪些要求？

第17章　工 业 建 筑

重　点　提　示

1. 了解工业建筑的分类，熟悉单层工业厂房的结构组成。
2. 熟悉屋顶与天窗的构造，熟悉厂房外墙、地面构造做法。
3. 了解其他构造设施的作用。

17.1　工业建筑概述

17.1.1　工业建筑的分类

工业建筑的类型很多，在建筑设计中常按用途、层数和生产状况等进行分类。

17.1.1.1　*按厂房的用途分类*

（1）主要生产厂房。指各类工厂的主要产品从备料、加工到装配等主要工艺流程的厂房，例如机械制造厂的机械加工与机械制造车间，钢铁厂的炼钢、轧钢车间。在主要生产厂房中常常布置有较大的生产设备和起重运输设备。

（2）生产辅助厂房。指不直接加工产品，只是为生产服务的厂房，例如机修车间、工具车间、模型车间等。

（3）动力用厂房。指为全厂提供能源和动力的厂房，例如发电站、锅炉房、氧气站等。

（4）材料仓库建筑。指贮存原材料、半成品、成品的房屋（一般称仓库），例如机械厂的金属料库、油料库、燃料库等。因为储存物质不同，在防火、防爆、防潮、防腐等方面有不同的设计要求。

（5）运输用建筑。指贮存及检修运输设备及起重消防设备等的房屋，例如汽车库、机车库、起重机库、消防车库等。

（6）其他。例如水泵房、污水处理设施等。

17.1.1.2　*按厂房的层数分类*

（1）单层工业厂房（图17-1）。这类厂房多用于冶金、机械等重工业。特点是设备体积大、载量重，车间内以水平运输为主，大多靠厂房中的起重运输设备和车辆进行运输。厂房内的生产工艺路线和运输路线较容易组织，但单层厂房占地面积大，围护结构多，道路管线长，立面较单调。单层厂房又可分为单跨和多跨两种。

（2）多层工业厂房（图17-2）。这类厂房通常用于轻工业类，例如纺织、仪表、电子、食品、印刷、皮革、服装等工业，常见的层数为2～6层。此类厂房的设备质量轻、体积小，大型机床一般安装在底层，小型设备一般安装在楼层。车间运输分垂直和水平两大部分，垂直运输靠电梯，水平运输则通过小型运输工具。

（3）层数混合的工业厂房（图17-3）。在厂房中既有单层又有多层，这种厂房常用于化学工业、热电站的主厂房等。例如热电厂主厂房，汽机间设在单层单跨内，其他可设在多层

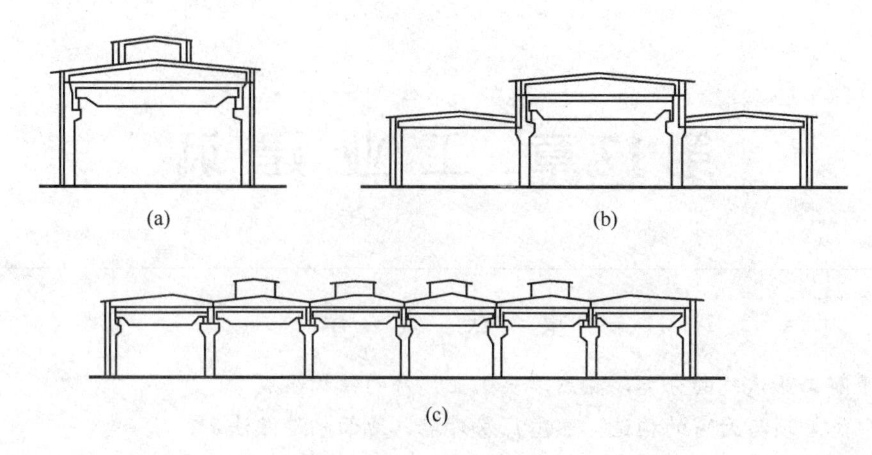
图 17-1　单层工业厂房

（a）单跨；（b）高低跨；（c）多跨

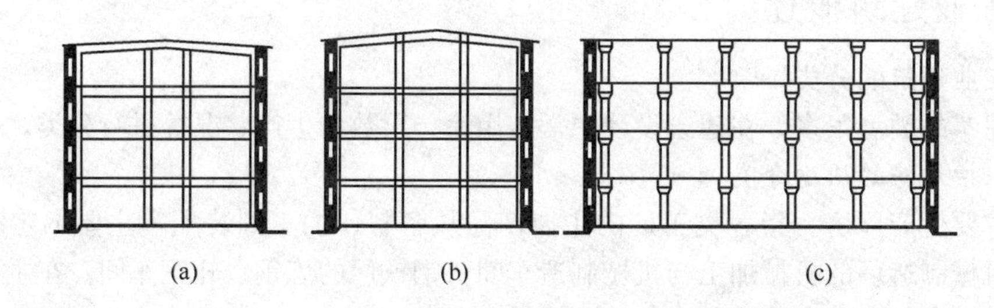
图 17-2　多层工业厂房

（a）内廊式；（b）统间式；（c）大宽度式

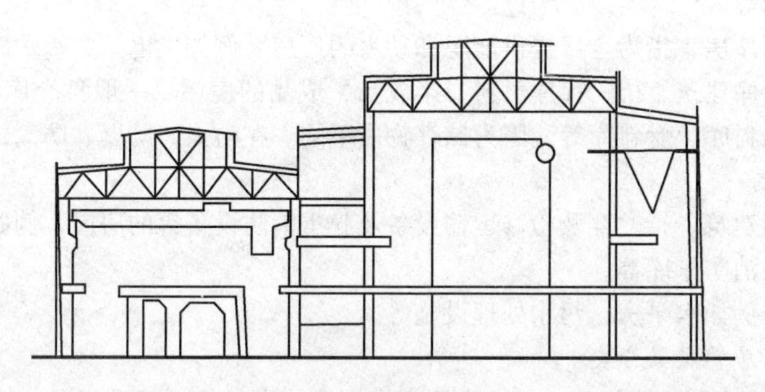
图 17-3　混合层工业厂房

内；又如化工车间，高大的生产设备可设在单层单跨内，其他可设在多层内。

17.1.1.3　按厂房的生产状况分类

（1）冷加工车间。指在正常温度、湿度条件下进行生产的车间，例如机械制造类的金工车间、机修车间、装配车间等，生产要求车间内部有良好的通风和采光。

（2）热加工车间。指生产过程是在高温和熔化状态下，加工非燃烧材料的生产车间，生产中散发大量的余热、废气等，例如铸造、锻压、冶炼、热轧、热处理等车间。因为热加工生产对人的健康、厂房结构的坚固耐久性均有直接影响，所以要求厂房内部加强通风措施。

（3）恒温、恒湿车间。指产品生产需要在恒定的温、湿度条件下进行的车间，例如精密仪器、纺织等车间。这些车间除应装有空调设备外，还应采取其他措施，以减少室外气候对室内温度、湿度的影响。

（4）洁净车间。指产品生产需要在空气净化、无尘甚至无菌的条件下进行的车间，例如药品车间、电视机显像管车间、集成电路车间等。这些车间除了要经过净化处理，将空气中的含尘量控制在允许范围内之外，车间围护结构应保证严密，以免大气灰尘的侵入，以确保生产条件。

（5）其他特种状况的车间。有的产品生产对环境有特殊的需要，例如防爆、防腐蚀、防放射性物质、防电磁波干扰、防微振、高度隔声等车间。

17.1.1.4 按厂房的跨度尺寸分类

（1）小跨度厂房。指跨度小于或等于15m的单层工业厂房。这类厂房的结构类型以砖混结构为主。

（2）大跨度厂房。指跨度在15～30m及36m以上的单层工业厂房。其中15～30m的厂房以钢筋混凝土结构为主，跨度在36m及以上时，一般以钢结构为主。

17.1.2 工业建筑的特点

工业建筑在设计原则、建筑材料和建筑技术等方面与民用建筑相似，但工业建筑以满足工业生产为前提，生产工艺对建筑的平、立、剖面，建筑构造、建筑结构体系和施工方式均有很大影响，主要体现在以下几方面：

（1）生产工艺流程决定着厂房的平面形式

厂房的平面布置形式首先必须保证生产的顺利进行，并为工人创造良好的劳动卫生条件，以利于提高产品质量和劳动生产率。

（2）厂房内有较大的面积和空间

由于厂房内生产设备多、体量大，并且需有各种起重运输设备的通行空间，这就决定了厂房内应有较大的面积和宽敞的空间。

（3）厂房的荷载大

厂房内一般都有相应的生产设备、起重运输设备和原材料、半成品、成品等，加之生产时可能产生的振动和其他荷载的作用，所以多数厂房采用钢筋混凝土骨架或钢骨架承重。

（4）厂房构造复杂

对于大跨度和多跨度厂房，应考虑解决室内的通风、采光和屋面的防水、排水问题，需在屋顶上设置天窗以及排水系统；对于有恒温、防尘、防振、防爆、防菌、防射线等要求的厂房，应考虑采取相应的特殊构造措施；对于生产过程中有大量原料、半成品、成品等需要运输的厂房，应考虑所采用的运输工具的通行问题；大多数厂房生产时，需要各种工程技术管网，例如上下水、热力、压缩空气、煤气、氧气管道和电力线路等，厂房设计时应考虑各种管线的敷设要求。

这些因素都使工业厂房的构造比民用建筑复杂很多。

17.2 单层工业厂房结构组成

17.2.1 墙承重结构

厂房的承重结构由墙和屋架（或屋面梁）组成，墙承受屋架传来的荷载并传给基础。这种结构构造简单，造价经济，施工方便。但由于墙体材料多为实心黏土砖，并且砖墙的承载能力和抗震性能较差，因此只适用于跨度不超过15m，檐口标高低于8m，吊车起重吨位不

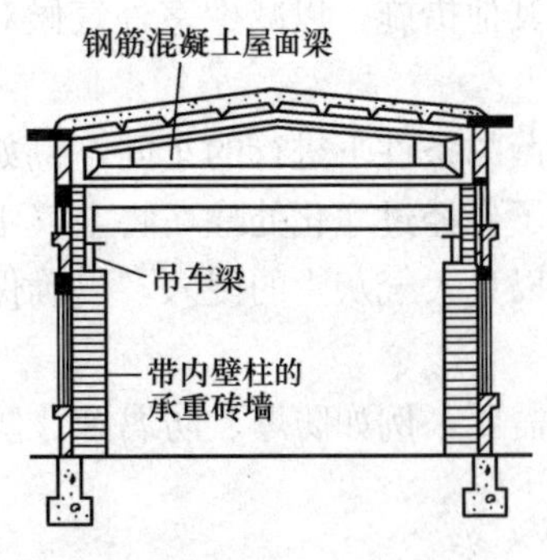

图 17-4　墙承重结构的单层厂房

超过 5t 的中小型厂房（图 17-4）。

17.2.2　骨架承重结构

骨架承重结构的单层厂房一般采用装配式钢筋混凝土排架结构。它主要由承重结构和围护结构组成（图 17-5）。

（1）承重结构

装配式排架结构由横向排架、纵向连系构件和支撑构成。横向排架由屋架（或屋面梁）、柱和基础组成，沿厂房的横向布置；纵向连系构件包括吊车梁、连系梁和基础梁，它们沿厂房的纵向布置建立起了横向排架的纵向连系；支撑包括屋盖支撑和柱间支撑。各构件在厂房中的作用分别是：

1）屋架（或屋面梁）。屋架搁置在柱上，它承受屋面板、天窗架等传来的荷载，并将这些荷载传给柱子。

2）柱。承受屋架、吊车梁、连系梁及支撑传来的荷载，并把荷载传给基础。

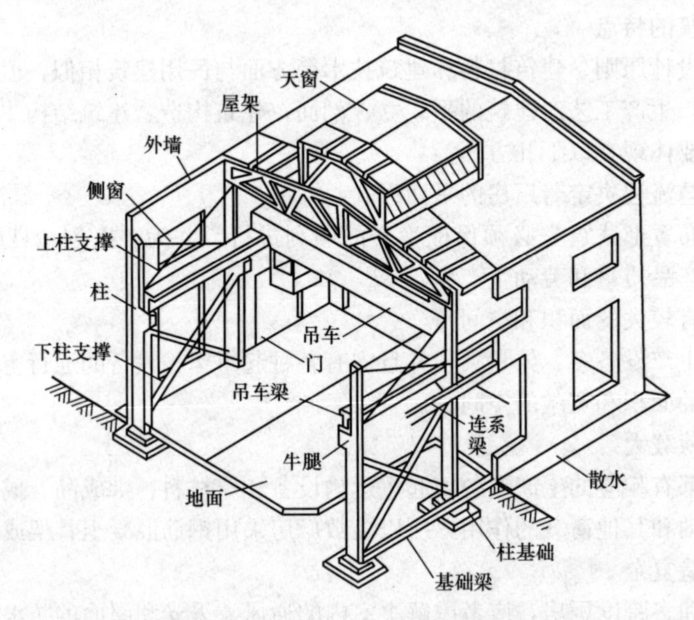

图 17-5　排架结构单层厂房的组成

3）基础。承受柱及基础梁传来的荷载，并将荷载传给地基。

4）吊车梁。吊车梁支撑在柱牛腿上，承受吊车传来的荷载并传给柱，同时加强纵向柱列的联系。

5）连系梁。其作用主要是加强纵向柱列的联系，同时承受其上外墙的重量并传给柱。

6）基础梁。基础梁一般搁置在柱下基础上，承受其上墙体重量，并传给基础，同时加强横向排架间的联系。

7）屋架支撑。设在相邻的屋架之间，用来加强屋架的刚度和稳定性。

8）柱间支撑。包括上柱支撑与下柱支撑，用来传递水平荷载，提高厂房的纵向刚度和稳定性。

（2）围护结构

排架结构厂房的围护结构由屋顶、外墙、门窗和地面组成。

1）屋顶。承受屋面传来的雨、雪、风、积灰、检修等荷载，并防止外界的寒冷、酷暑对厂房内部的影响，同时屋面板也加强了横向排架的纵向联系，有利于保证厂房的整体性。

2）外墙。指厂房四周的外墙和抗风柱。外墙主要起防风雨、保温、隔热等作用，一般分上下两部分，上部分砌在连系梁上，下部分砌在基础梁上，属自承重墙。抗风柱主要承受山墙传来的水平荷载，并传给屋架和基础。

3）门窗。门窗作为外墙的重要组成部分，主要用来交通联系、采光、通风，同时具有外墙的围护作用。

4）地面。承受地面的原材料、产品、生产设备等荷载，并根据生产使用要求，提供良好的劳动条件。

17.3　单层厂房内部起重运输设备

在生产过程中，为装卸、搬运各种原材料、产品以及检修、安装设备，都需要起重运输机械。

厂房的上部空间应设置各类起重运输设备，常见的有单轨悬挂吊车、梁式吊车、桥式吊车。

17.3.1　单轨悬挂吊车

单轨悬挂吊车是在屋架（或屋面梁）下弦悬挂梁式钢轨，轨梁上安装可以水平移动的滑轮组（俗称电动葫芦），利用滑轮组升降起重的一种起重设备，其起重量一般在5t以下，有手动和电动两种类型（图17-6）。

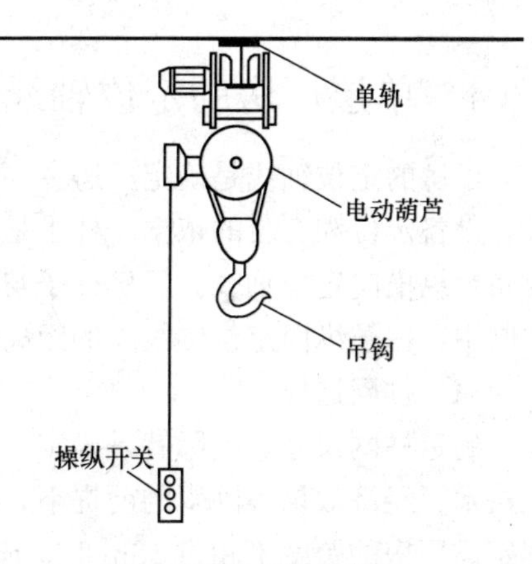

图17-6　单轨悬挂吊车

17.3.2　梁式吊车

梁式吊车是由梁架和电动葫芦组成，可分为悬挂式和支承式两种。悬挂式是在屋架（或屋面梁）下弦悬挂梁式钢轨，钢轨成两平行直线，钢轨梁上安放滑行的单梁，单梁上设有可移动的滑轮组（即电动葫芦）以升降重物。支承式是在排架柱上设牛腿，牛腿上搁置吊车梁，吊车梁上安装钢轨，钢轨上设有可滑行的单梁，在单梁上设有可移动的滑轮组（电动葫芦）以升降重物。梁式吊车的起重量一般不超过50t（图17-7）。

17.3.3　桥式吊车

桥式吊车是由桥架以及起重小车（也称行车）组成。通常在排架柱的牛腿上设置的吊车

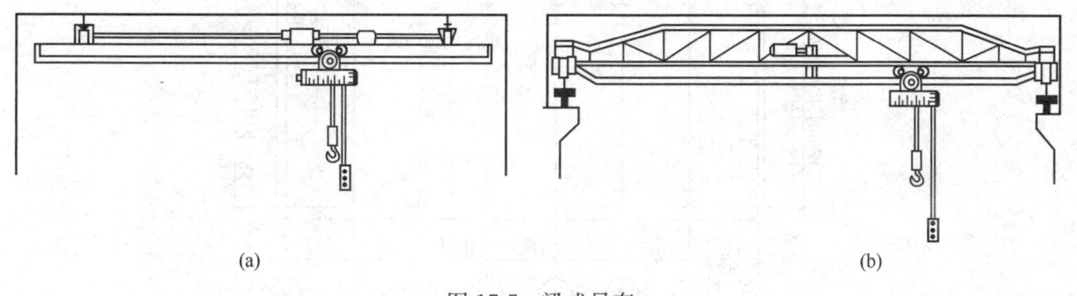

图17-7　梁式吊车

（a）悬挂式；（b）支承式

梁上安放轨道，桥架行驶在吊车梁上。在桥架上设置起重小车，小车沿桥架横向移动。小车上有供起重用的滑轮组。桥式吊车的起重量为50～400t，甚至更大。桥式吊车适用于大跨度的厂房。吊车一般由专职人员在吊车一端的司机室内操纵，厂房内应设置供人员上下的钢梯（图17-8）。

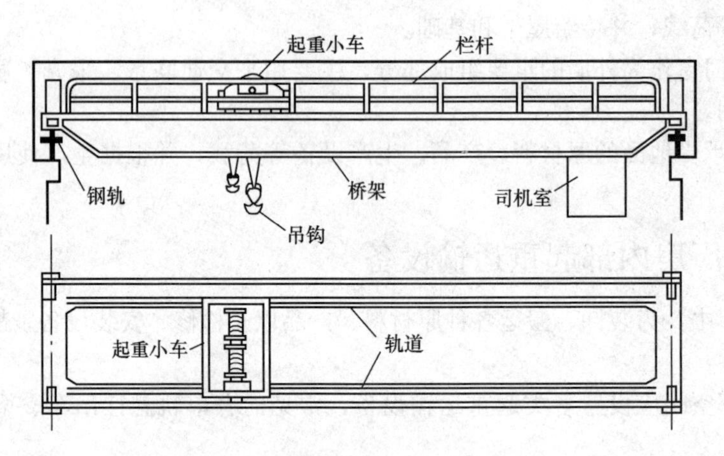

图17-8　桥式吊车

17.4　单层厂房的定位轴线

厂房的定位轴线是确定厂房主要承重构件的位置及其标志尺寸的基线，同时也是施工放线、设备定位和安装的依据。柱子是单层厂房的主要承重构件，为了确定其位置，在平面上要布置纵横向定位轴线。厂房柱子与纵横向定位轴线在平面上形成有规律的网格，称柱网。柱网中，柱子纵向定位轴线间的距离称为跨度，横向定位轴线间的距离称为柱距。

17.4.1　柱网选择

确定柱网尺寸，实际就是确定厂房的跨度和柱距。在考虑厂房生产工艺、建筑结构、施工技术、经济效果等因素的前提下，应符合《厂房建筑模数协调标准》（GBJ 6—1986）的规定。厂房的跨度不超过18m时，应采用扩大模数30M数列，超过18m时应采用扩大模数60M数列；厂房的柱距应采用扩大模数60M数列，山墙处抗风柱柱距应采用扩大模数15M数列（图17-9）。

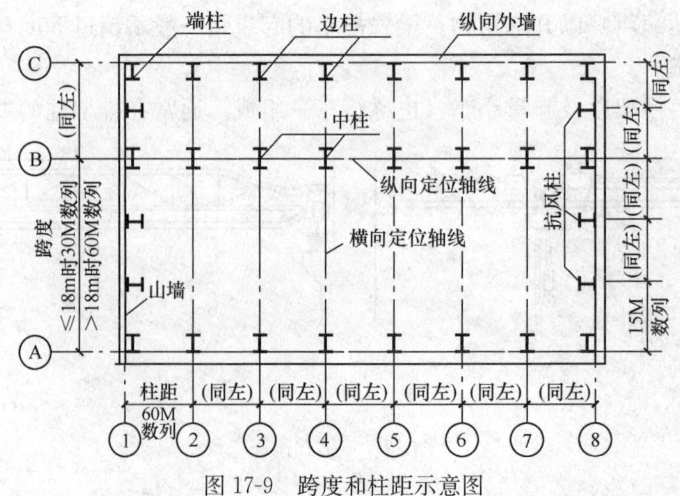

图17-9　跨度和柱距示意图

17.4.2 定位轴线划分

定位轴线有纵向与横向之分。通常，与厂房横向排架平面相平行的轴线称为横向定位轴线，与横向排架平面相垂直的轴线称为纵向定位轴线。

（1）横向定位轴线

与横向定位轴线有关的主要承重构件是屋面板、柱和吊车梁，此外连系梁、基础梁、纵向支撑、外墙板等构件的标志尺寸及其位置也与横向定位轴线有关。

横向定位轴线一般与屋架及柱的中心线相重合，如图 17-10（a）所示，但当山墙为承重墙时，墙内缘位置与横向定位轴线相重合。在横向伸缩缝兼作防震缝时，柱应采用双柱及两条横向定位轴线，柱的中心线均应自横向定位轴线向两侧各移 600mm，这样两条定位轴线之间的一段尺寸叫做“插入距”，如图 17-10（b）所示。

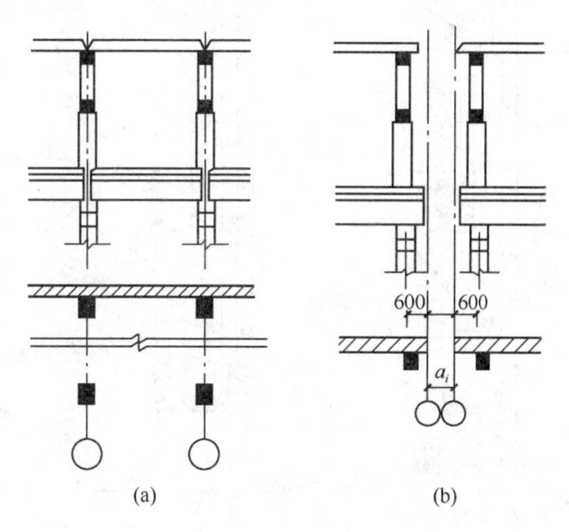

图 17-10　墙、柱与横向定位轴线的关系

（a）中间柱与横向定位轴线；

（b）横向伸缩缝兼防震缝时，柱与横向定位轴线

a_i—插入距

（2）纵向定位轴线

与纵向定位轴线有关的主要承重构件是屋架（或屋面梁）。一般来说，边柱外缘和墙内缘宜与纵向定位轴线相重合，如图 17-11（a）所示。图中：h 表示上柱截面宽度；B 表示轨道中心至吊车端部外缘距离；m 表示安全缝隙；K 表示吊车轨道中心至纵向定位轴线间的距离，一般为 750mm。但在有桥式吊车的厂房中，由于起吊重物、柱距或构造要求等原因，边柱外缘和纵向定位轴线间可加设联系尺寸，如图 17-11（b）所示。联系尺寸应为 300mm 或其整数倍，但围护结构为砌体时，联系尺寸可采用 50mm 或其整数倍。

中柱与纵向轴线的定位，根据厂房的相邻跨为等高还是不等高，大致有下述几种情况：

1）当厂房的相邻跨为等高时，宜设置单柱和一条纵向定位轴线，柱的中心线宜与纵向定位轴线相重合，如图 17-12（a）所示。当等高厂房的中柱需要设插入距时，中柱可采用单柱及两条纵向定位轴线，其插入距应符合 3M，柱中心线与插入距中心线相重合，如图 17-12（b)所示。

2）当厂房两侧为高低跨时，应采用两条纵向定位轴线，并设插入距，插入距分别等于“缝隙＋墙厚”和“缝隙＋墙厚＋联系尺寸”，如图 17-13 所示。

3）当厂房的相邻跨为不等高，中柱采用单柱时，高跨上柱外缘与封墙内缘宜与纵向定位轴线相重合，如图 17-14 所示；当上柱外缘与纵向定位轴线不能重合时，应采用两条纵向定位轴线，插入距与联系尺寸相同，或等于墙体厚度，或等于“封墙厚度＋联系尺寸”。

4）当等高厂房设纵向伸缩缝时，可采用单柱并设两条纵向定位轴线，伸缩缝一侧的屋架（或屋面梁）应搁置在活动支座上。

5）高低跨处采用单柱设伸缩缝时，低跨的屋架或屋面梁可搁置在活动支座上，高低跨处应采用两条纵向定位轴线，并设插入距。

6）等高厂房设纵向防震缝时，应采用双柱及两条纵向定位轴线。

7）不等高厂房设纵向防震缝时，应设在高低跨处，并采用双柱及两条纵向定位轴线。

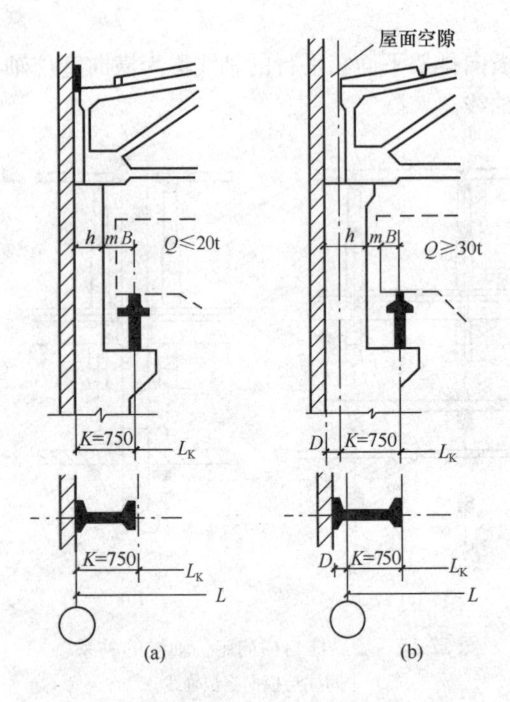

图 17-11　使用桥式或梁式吊车厂房外墙、边柱与纵向定位轴线的关系

（a）封闭结合；（b）非封闭结合

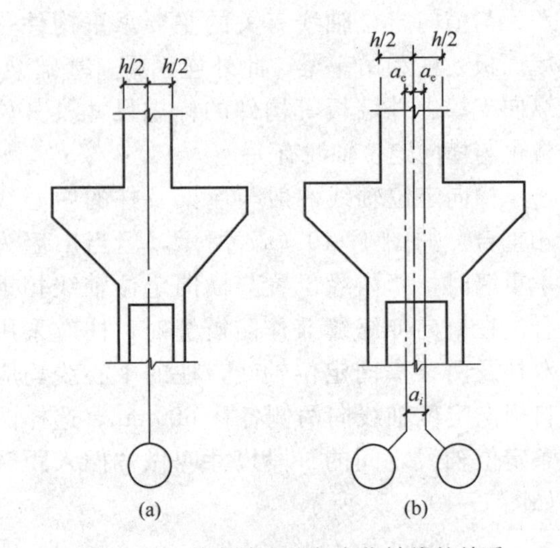

图 17-12　等高跨中柱与定位轴线的关系

（a）柱的中心线与纵向定位轴线相重合；

（b）柱的中心线与插入距中心线相重合

a_e—缝隙；a_i—插入距

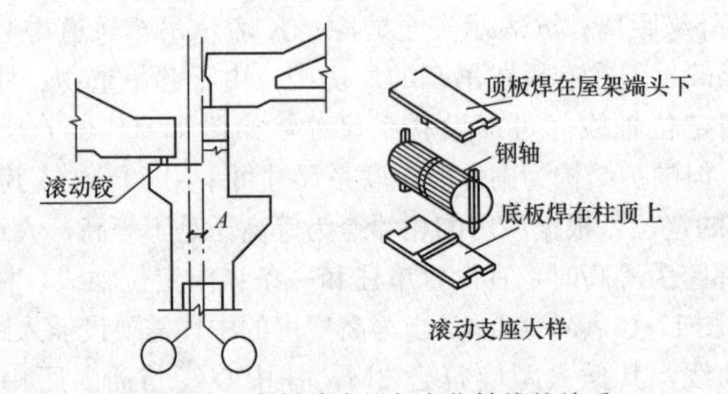

图 17-13　高低跨中柱与定位轴线的关系

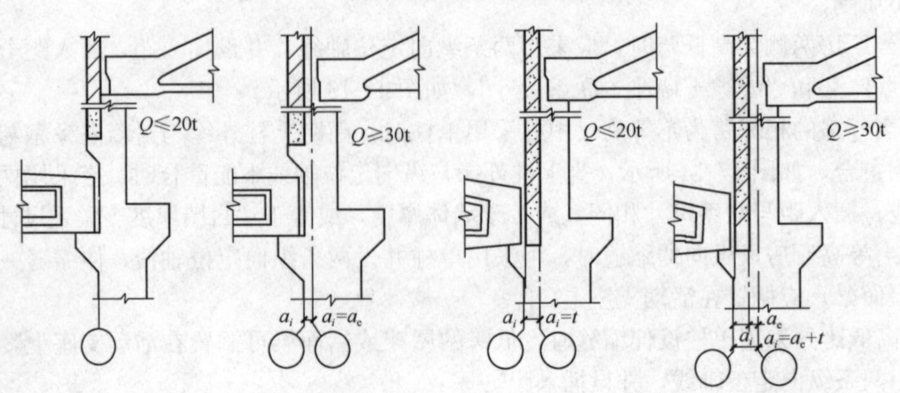

图 17-14　高低跨中柱与定位轴线的关系

a_e—缝隙；a_i—插入距；t—墙厚

8）厂房纵横跨相交处，应采用双柱并设置伸缩缝或防震缝。当纵跨低于横跨时，其纵横跨相交处两定位轴线的插入距分别等于“变形缝宽度＋墙厚”（$a_i=a_e+t$）和“变形缝宽度＋非封闭结合的联系尺寸＋墙厚”（$a_i=a_e+a_c+t$），如图 17-15 所示。

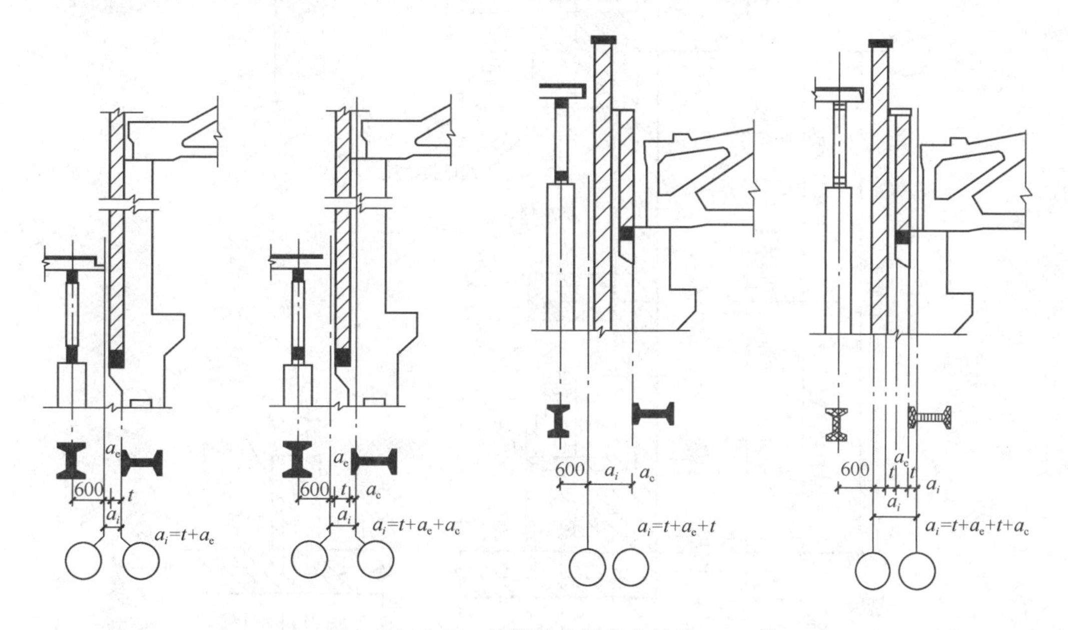

图 17-15　纵跨处各种定位轴线

a_e—缝隙；a_i—插入距；a_c—非封闭结合的联系尺寸；t—墙厚

17.5　单层厂房的构造

17.5.1　外墙

装配式钢筋混凝土排架结构的厂房外墙只起围护作用，根据外墙所用材料的不同，有砖墙（砌块墙）、板材墙和开敞式外墙等几种类型。

17.5.1.1　*砖墙（砌块墙）*

砖墙（砌块墙）和柱子的相对位置有两种基本方案（图 17-16）：①外墙包在柱的外侧，具有构造简单、施工方便、热工性能好，便于基础梁与连系梁等构配件的定型化和统一化等优点，所以在单层厂房中被广泛采用；②外墙嵌在柱列之间，具有节省建筑占地面积，可增加柱列刚度，代替柱间支撑的优点，但要增加砍砖量，施工麻烦，不利于基础梁、连系梁等构配件统一化，且柱子直接暴露在外，不利于保护，热工性能也较差。

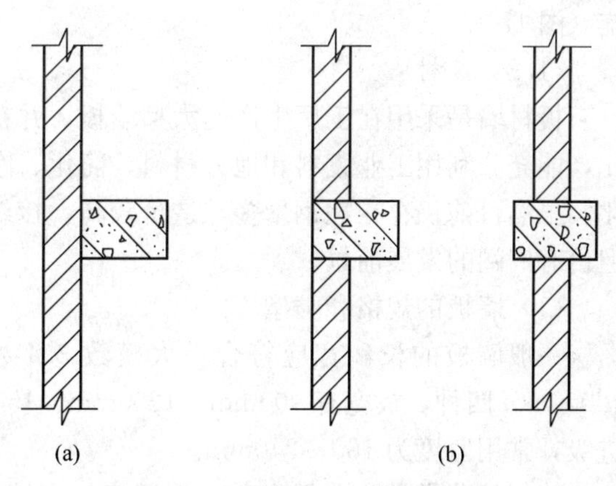

图 17-16　砖墙与柱的相对位置

（a）外墙包在柱外侧；（b）外墙嵌在柱列之间

（1）墙与柱的连接

为保证墙体的稳定性和提高其整体性，墙体应和柱子（包括抗风柱）有可靠的连接。常用做法是沿柱高每隔 500～600mm 预埋伸出两根 $\phi6$ 钢筋，砌墙时把伸出钢筋砌在灰缝中（图 17-17）。

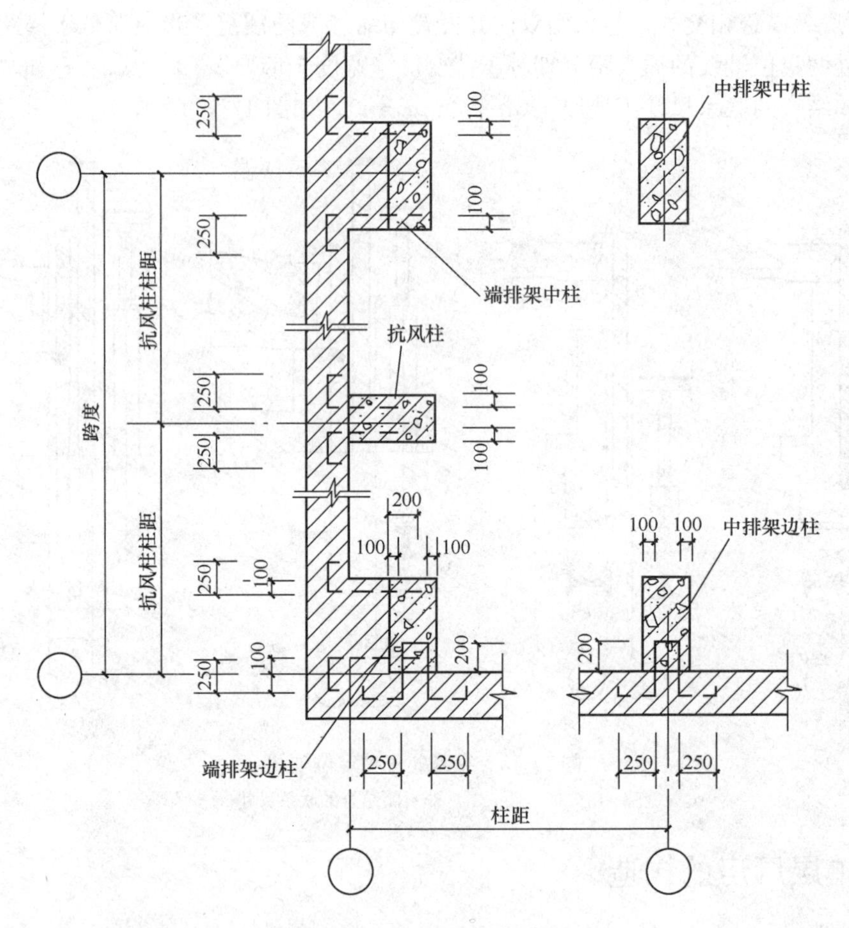

图 17-17　墙与柱的连接构造

(2) 墙与屋架的连接

一般在屋架上下弦预埋拉接钢筋，如果在屋架的腹杆上不便预埋钢筋时，可在腹杆上预埋钢板，再焊接钢筋与墙体连接（图 17-18)。

(3) 墙与屋面板的连接

当外墙伸出屋面形成女儿墙时，为了保证女儿墙的稳定性，墙和屋面板间应采取拉接措施（图 17-19)。

17.5.1.2　板材墙

板材墙是采用在工厂生产的大型墙板，并在现场装配而成的墙体。与砖墙（砌块墙）相比，能充分利用工业废料和地方材料，简化、净化施工现场，加快施工速度，促进建筑工业化。虽然目前仍存在耗钢量多，造价较高，接缝不易保证，保温、隔热效果不理想的问题，但仍有广阔的发展前景。

(1) 墙板的规格和类型

一般墙板的长和宽应符合扩大模数 3M 数列，板长有 4500mm、6000mm、7500mm、12000mm 四种，板宽有 900mm、1200mm、1500mm、1800mm 四种，板厚以 20mm 为模数进级，常用厚度为 160～240mm。

墙板的分类方法有很多种，按照墙板在墙面位置不同，可分为檐口板、窗上板、窗下板、窗框板、一般板、山尖板、勒脚板、女儿墙板等。按照墙板的构造和组成材料不同，分

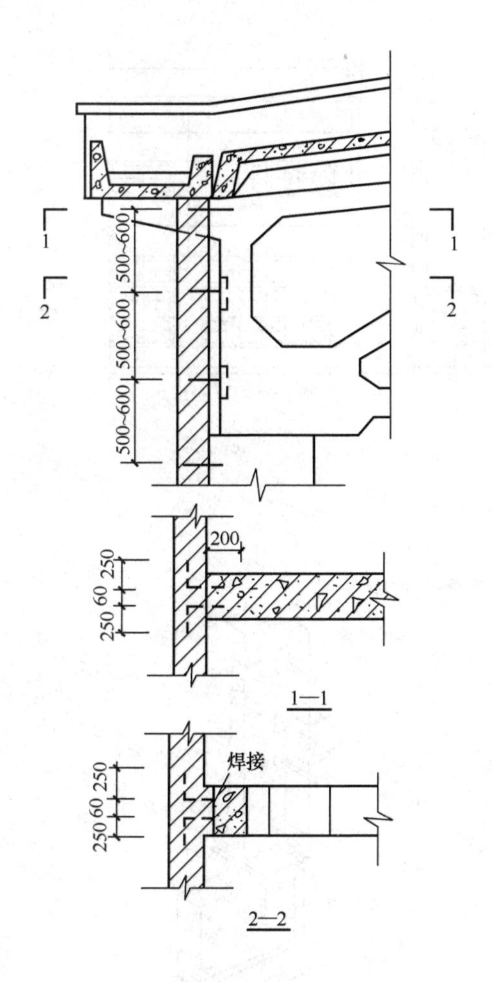

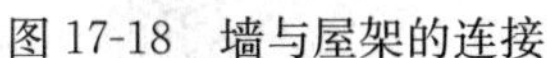

图 17-18　墙与屋架的连接

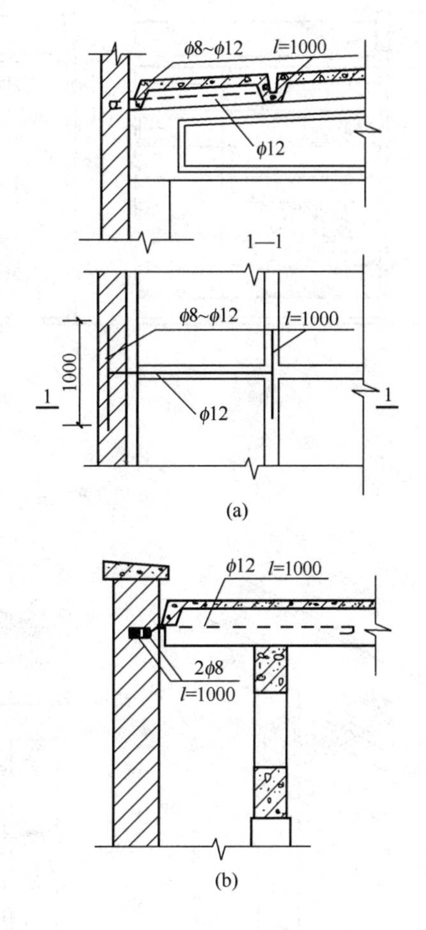

图 17-19　外墙与屋面板的连接

（a）纵向女儿墙与屋面板的连接；（b）山墙与屋面板的连接

为单一材料的墙板（如钢筋混凝土槽形板、空心板、配筋钢筋混凝土墙板等）和复合墙板（如各种夹心墙板）。

（2）墙板的布置

墙板的布置方式有横向布置、竖向布置和混合布置三种（图 17-20），其中以横向布置应用最多，特点是以柱距为板长，板型少，可省去窗过梁和连系梁，便于布置窗框或带形窗，连接简单，构造可靠，有利于增强厂房的纵向刚度。

（3）墙板与柱的连接

墙板与柱的连接分为柔性连接和刚性连接。

1）柔性连接。柔性连接包括螺栓连接和压条连接等做法。螺栓连接是在水平方向用螺栓、挂钩等辅助件拉接固定，在垂直方向每 3～4 块板在柱上焊一个钢支托支承［图 17-21（a）］。压条连接是在柱上预埋或焊接螺栓，然后用压条和螺母将两块墙板压紧固定在柱上，最后将螺母和螺栓焊牢［图 17-21（b）］。

柔性连接可使墙与柱在一定范围内相对位移，能够较好地适应变形，适用于地基沉降较大或有较大振动影响的厂房。

2）刚性连接。刚性连接是在柱子和墙板上先分别设置预埋件，安装时用角钢或 $\phi16$ 的

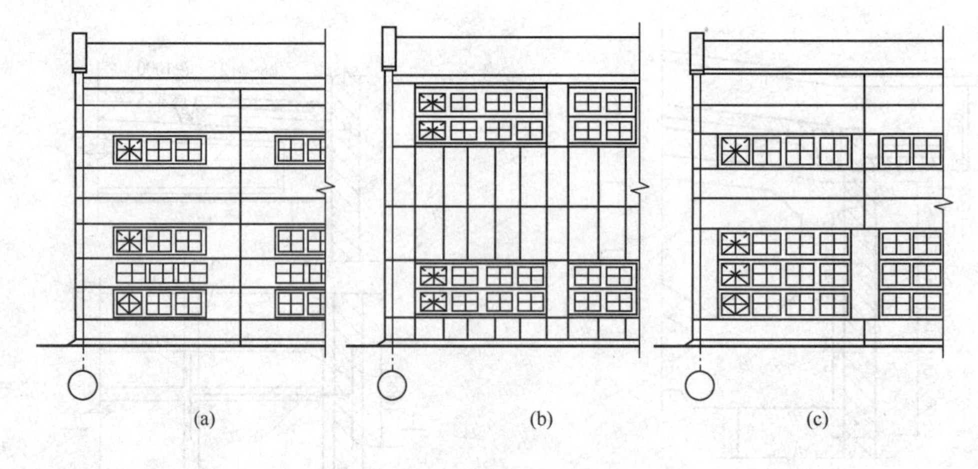

图 17-20　板材墙板的布置

（a）横向布置；（b）竖向布置；（c）混合布置

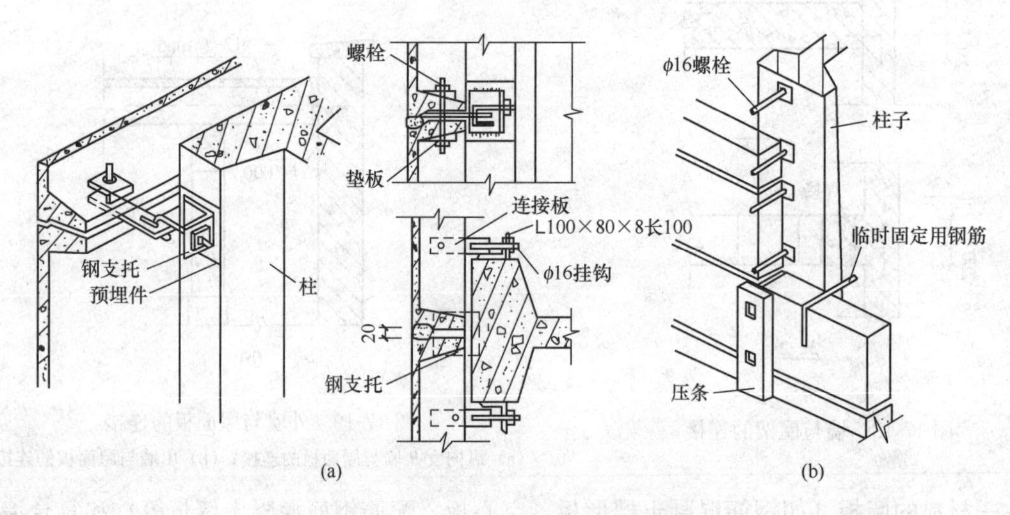

图 17-21　板材墙板的柔性连接构造

（a）螺栓连接；（b）压条连接

钢筋段把它们焊接在一起（图 17-22）。其优点是用钢量少、厂房纵向刚度强、施工方便，但楼板与柱间不能相对位移，适用于非地震地区和地震烈度较小的地区。

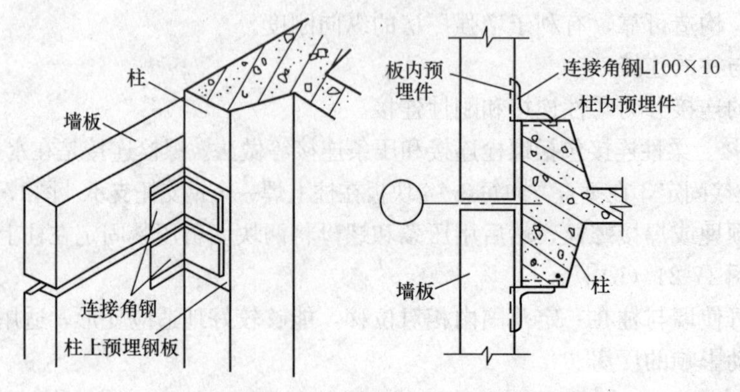

图 17-22　板材墙板的刚性连接构造

(4) 板缝处理

无论是水平缝还是竖直缝，均应满足防水、防风、保温、隔热要求，便于施工制作、经济美观、坚固耐久。板缝的防水处理一般是在墙板相交处做出挡水台、滴水槽、空腔等，然后在缝中填充防水材料（图 17-23）。

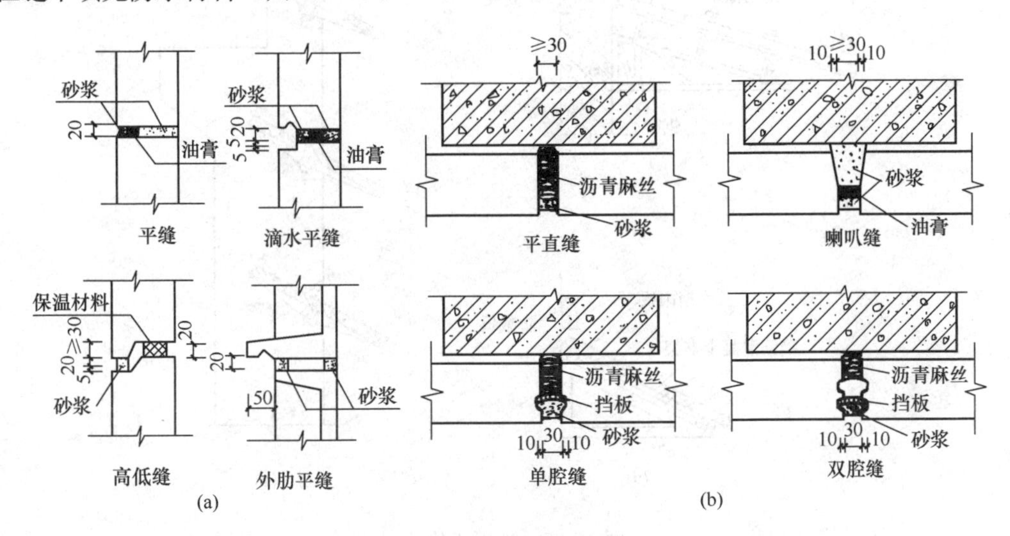

图 17-23　板材墙的板缝构造

（a）水平缝构造；（b）垂直缝构造

17.5.1.3　开敞式外墙

在南方炎热地区和热加工车间，为了获得良好的通风，厂房外墙可做成开敞式外墙。开敞式外墙最常见的形式是上部为开敞式墙面，下部设矮墙（图 17-24）。

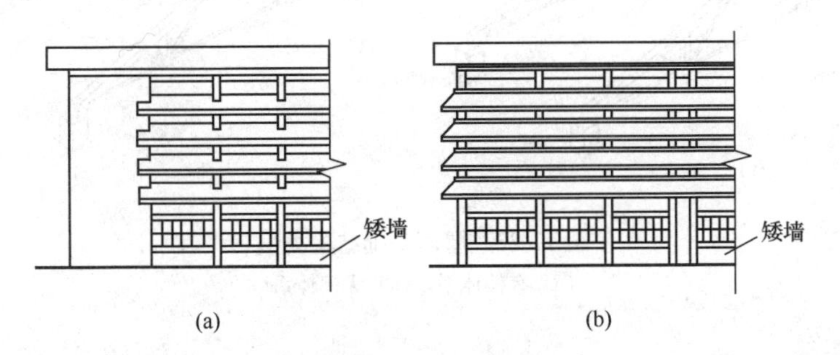

图 17-24　开敞式外墙的形式

（a）单面开敞式外墙；（b）四面开敞式外墙

为了防止太阳光和雨水通过开敞口进入厂房，一般要在开敞口处设置挡雨遮阳板。挡雨遮阳板有两种做法：①用支架支承石棉水泥瓦挡雨板或钢筋混凝土挡雨板［图 17-25（a）］；②无支架钢筋混凝土挡雨板［图 17-25（b）］。

17.5.2　屋面及天窗

17.5.2.1　屋面类型及组成

单层厂房屋面是由屋面的面层部分和基层部分组成，通常将面层部分叫做屋面，所以，屋面做法主要指基层以上部分的做法。

厂房屋面的基层分为有檩体系和无檩体系两种，如图 17-26 所示。

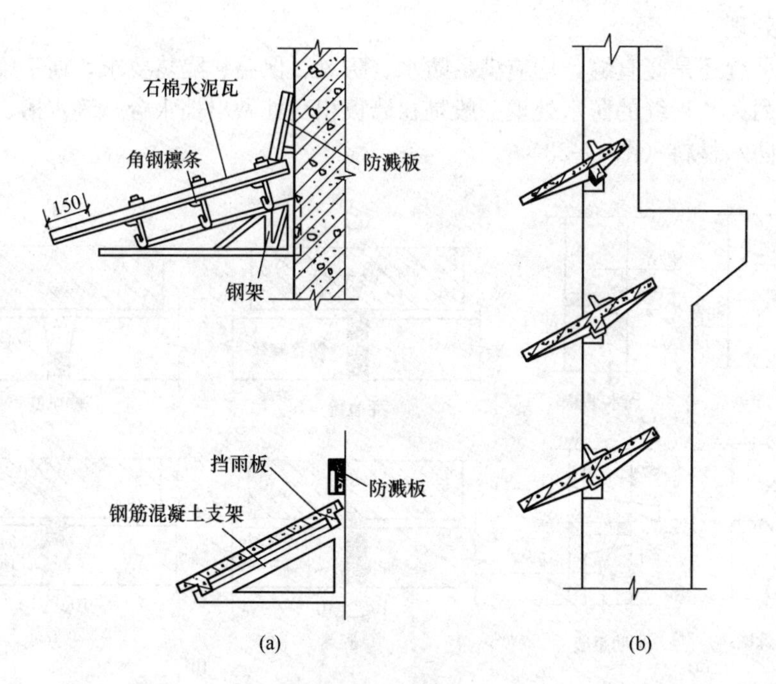

图 17-25 挡雨板构造

(a) 有支架的挡雨板；(b) 无支架钢筋混凝土挡雨板

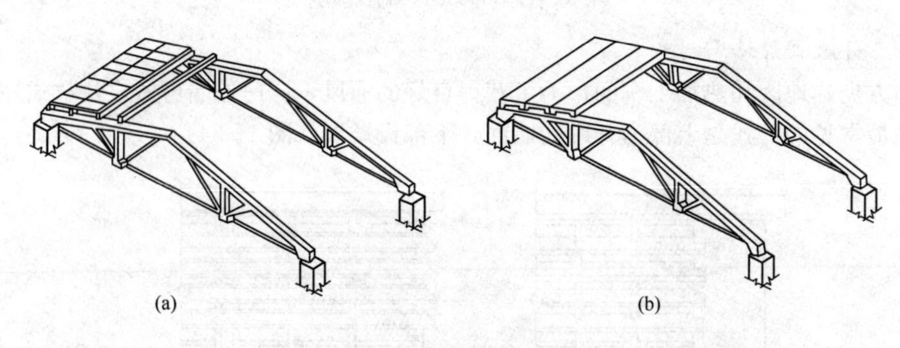

图 17-26 屋面基础结构类型

(a) 有檩体系；(b) 无檩体系

（1）有檩体系

在屋架（或屋面梁）上弦搁置檩条，在檩条上铺小型屋面板（或瓦材）称为有檩体系。特点是构件小、质量轻、吊装方便，但构件数量多，施工繁琐，工期长，因此多用在施工机械起吊能力较小的施工现场。

（2）无檩体系

无檀体系是在屋架（或屋面大梁）上弦直接铺设大型屋面板。特点是构件大、类型少，便于工业化施工，但要求有较强的施工吊装能力。无檩体系目前在工程中广为应用。屋面基层结构常用的大型屋面板及檩条如图 17-27 所示。

17.5.2.2 屋面排水与防水

（1）屋面排水

按照屋面雨水排离屋面时是否经过檐沟、雨水斗、雨水管等排水装置，屋面排水分为无

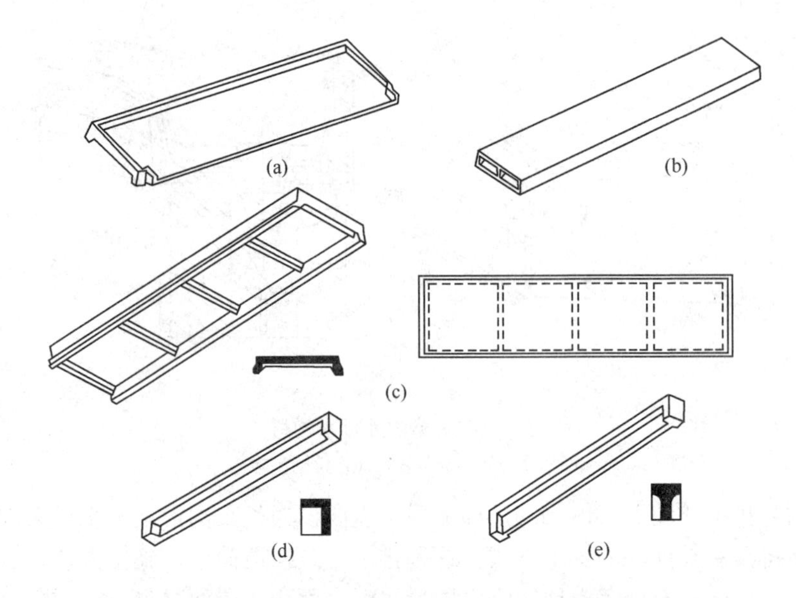

图 17-27　钢筋混凝土大型屋面板及檩条

(a) F 形板；(b) 预应力空心屋面板；(c) 肋形板；
(d) L 形檩条；(e) T 形檩条

组织排水和有组织排水，有组织排水又分为檐沟外排水、长天沟外排水、内排水和内落外排水等方式。

1) 无组织排水。无组织排水适用于地区年降雨量不超过 900mm，檐口高度小于 10m，和地区年降雨量超过 900mm 时，檐口高度小于 8m 的厂房。对于屋面容易积灰的冶炼车间和对雨水管具有腐蚀作用的炼铜车间，也宜采用无组织排水。

无组织排水挑檐长度与檐口高度有关，当檐口高度在 6m 以下时，挑檐挑出长度不宜小于 300mm；当檐口高度超过 6m 时，挑檐挑出长度不宜小于 500mm。挑檐可由外伸的檐口板形成，也可利用顶部圈梁挑出挑檐板（图 17-28）。

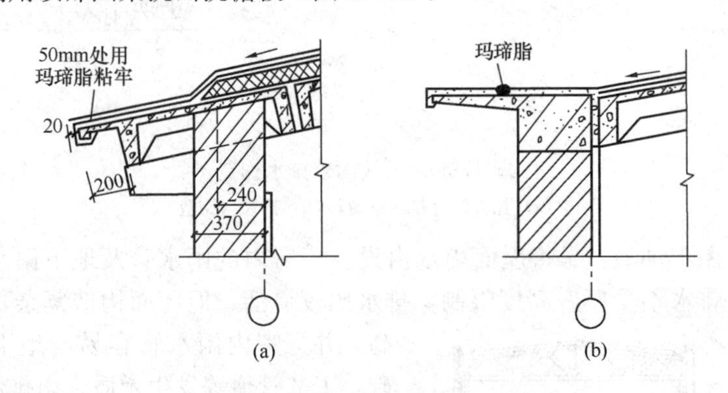

图 17-28　挑檐构造

(a) 檐口板挑檐；(b) 圈梁挑出挑檐

2) 有组织排水

①檐沟外排水 [图 17-29 (a)]。这种排水方式具有构造简单，施工方便，造价低，且不影响车间内部工艺设备的布置等特点，因此在南方地区应用较广。檐沟一般采用钢筋混凝土槽形天沟板，天沟板支承在屋架端部的水平挑梁上 [图 17-29 (b)]。

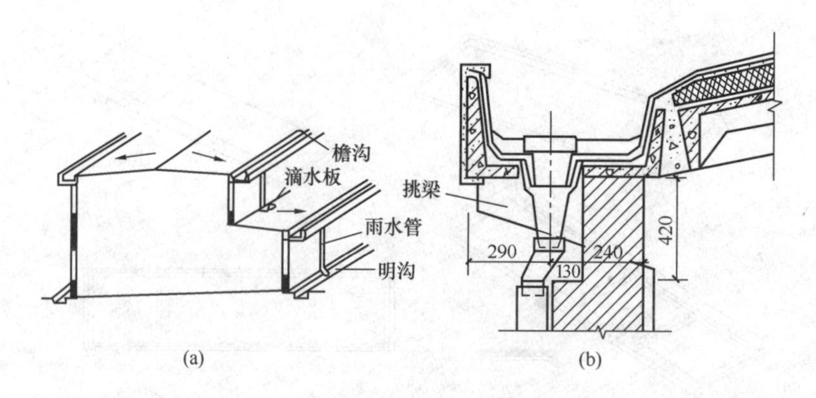

图 17-29　檐沟外排水构造

(a) 檐沟外排水示意；(b) 挑檐沟构造

②长天沟外排水［图 17-30 (a)］。即沿厂房纵向设通长天沟汇集雨水，天沟内的雨水由端部的雨水管排至室外地坪的排水方式。这种排水方式构造简单，施工方便，造价较低。但天沟长度大，采用时应充分考虑地区降水雨量、汇水面积、屋面材料、天沟断面和纵向坡度等因素进行确定。

当采用长天沟外排水时，须在山墙上留出洞口，天沟板伸出山墙，并在天沟板的端壁上方留出溢水口［图 17-30 (b)］。

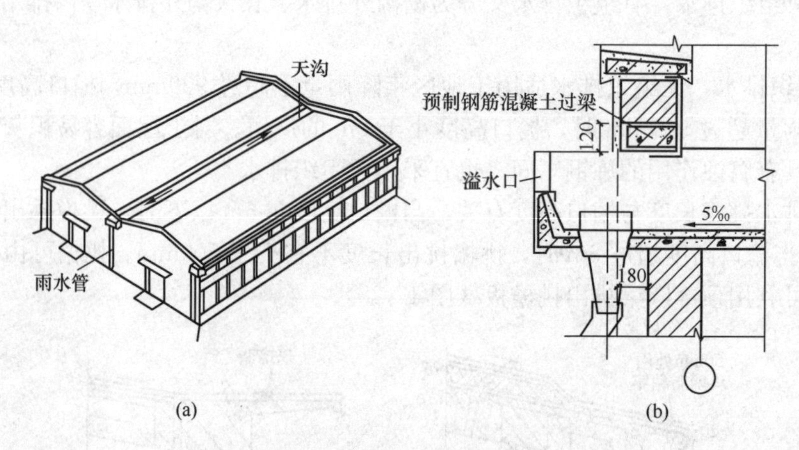

图 17-30　长天沟外排水构造

(a) 长天沟外排水示意；(b) 长天沟构造

③内排水（图 17-31）。是将屋面雨水由设在厂房内的雨水管及地下雨水管沟排除的排水方式。特点是排水不受厂房高度限制，排水比较灵活，但屋面构造复杂，造价及维修费高，并且室内雨水管容易与地下管道、设备基础，工艺管道等发生矛盾。内排水常用于多跨厂房，特别是严寒多雪地区的采暖厂房和有生产余热的厂房。

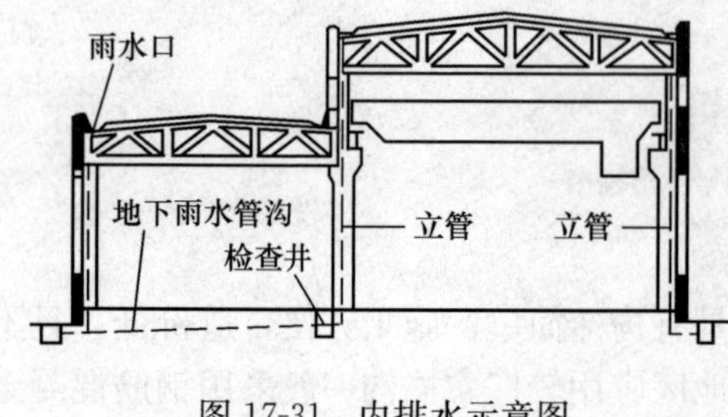

图 17-31　内排水示意图

④内落外排水（图 17-32）。是将屋面雨水先排至室内的水平管（为了保证排水顺畅，水平管设有 0.5%～1%的纵坡度），由室内水平管将雨

水导至墙外的排水立管来排除雨水的排水方式。这种排水方式克服了内排水需在厂房地面下设雨水地沟、室内雨水管影响工艺设备的布置等缺点，但水平管易被堵塞，不宜用于屋面有大量积尘的厂房。

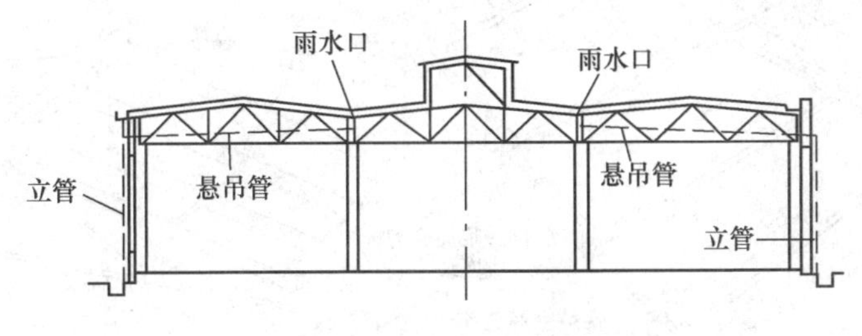

图 17-32　内落外排水示意图

（2）屋面防水

按照屋面防水材料和构造做法，单层厂房的屋面有柔性防水屋面和构件自防水屋面。柔性防水屋面适用于有振动影响和有保温隔热要求的厂房屋面。构件自防水屋面适用于南方地区和北方无保温要求的厂房。

1）卷材防水屋面。单层厂房中卷材防水屋面的构造原则和做法与民用建筑基本相同。但厂房屋面往往荷载大、振动大、变形可能性大，易导致卷材被拉裂，所以应加以处理。具体做法是：屋面板的缝隙须用 C20 细石混凝土灌实，在板的横缝上加铺一层干铺卷材延伸层后，再做屋面防水层（图 17-33）。

2）构件自防水屋面。构件自防水屋面是利用屋面板自身的密实性和抗渗性来承担屋面防水作用，其板缝的防水则靠嵌缝、贴缝或搭盖等措施来解决。

①嵌缝式、贴缝式构件自防水屋面是利用屋面板作为防水构件，板缝镶嵌油膏防水为嵌缝式。在嵌油膏的板缝上再粘贴一条卷材覆盖层则成为贴缝式（图 17-34）。

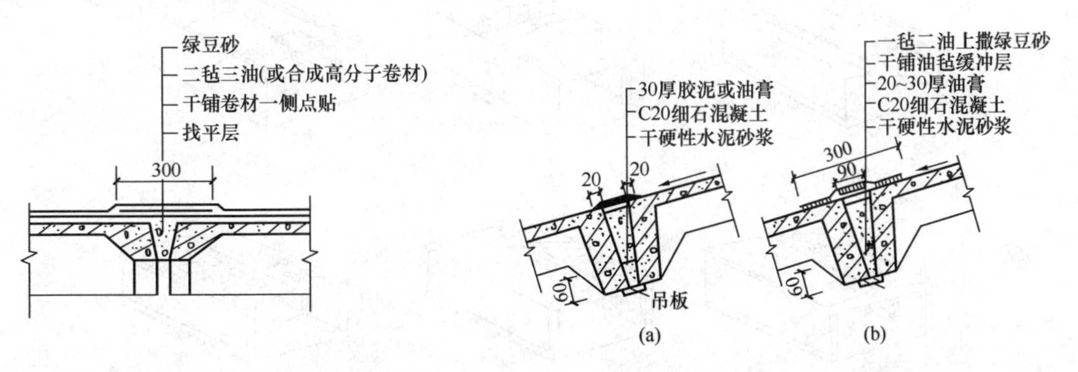

图 17-33　屋面板横缝处构造

图 17-34　嵌缝式、贴缝式板缝构造
（a）嵌缝式；（b）贴缝式

②搭盖式构件自防水屋面是利用屋面板上下搭盖住纵缝，用盖瓦、脊瓦覆盖横缝和脊缝的方式来达到屋面防水的目的。常见的有 F 形板和槽瓦屋面（图 17-35）。

17.5.2.3　天窗

对于多跨厂房和大跨度厂房，为了解决厂房内的天然采光和自然通风问题，除了在侧墙上设置侧窗之外，往往还需在屋顶上设置天窗。

（1）天窗的类型和特点

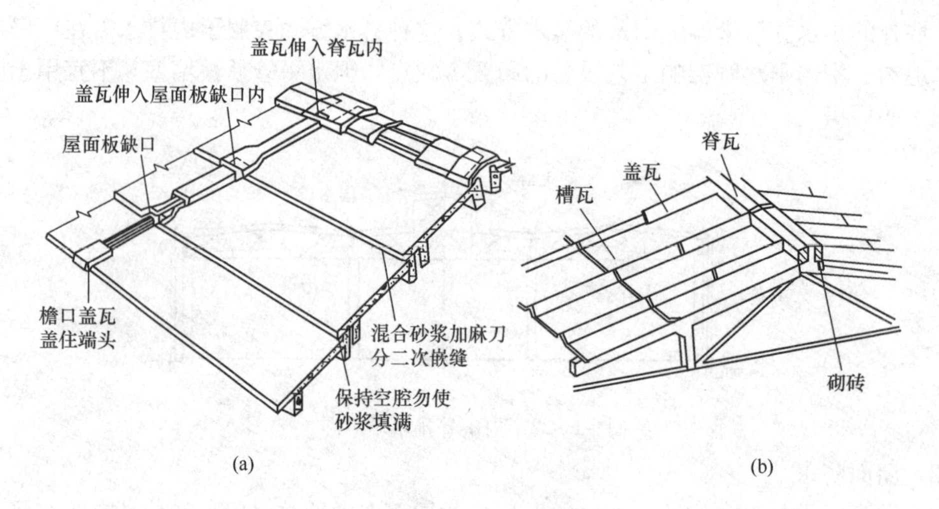

图 17-35 搭盖式构件自防水屋面构造

（a）F形板屋面；（b）槽瓦屋面

天窗的类型很多，按构造形式分有矩形天窗、M形天窗、锯齿形天窗、纵横向下沉式天窗、井式天窗、平天窗等（图 17-36）。

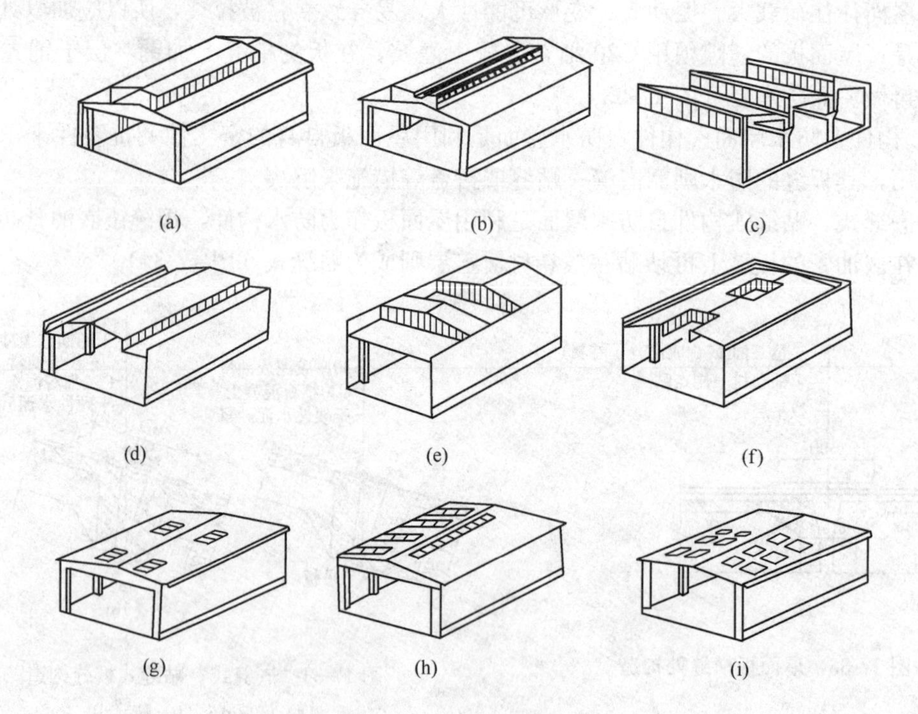

图 17-36 天窗的类型

（a）矩形天窗；（b）M形天窗；（c）锯齿形天窗；（d）纵向下沉式天窗；

（e）横向下沉式天窗；（f）井式天窗；（g）采光板平天窗；

（h）采光带平天窗；（i）采光罩平天窗

1）矩形天窗［图 17-36（a）］。矩形天窗一般沿厂房纵向布置，断面呈矩形，两侧的采光面垂直，采光通风效果好，因此在单层厂房中应用最广泛。其缺点是构造复杂、自重大、造价较高。

2）M形天窗［图17-36（b）］。与矩形天窗的区别是天窗屋顶从两边向中间倾斜，倾斜的屋顶有利于通风，且能增强光线反射，因此M形天窗的采光、通风效果比矩形天窗好，缺点是天窗屋顶排水构造复杂。

3）锯齿形天窗［图17-36（c）］。是将厂房屋顶做成锯齿形，在其垂直（或稍倾斜）面设置采光、通风口。当窗口朝北或接近北向时，可避免因光线直射而产生的眩光现象，获得均匀、稳定的光线，有利于保证厂房内恒定的温度、湿度，适用于纺织厂、印染厂和某些机械厂。

4）纵向下沉式天窗［图17-36（d）］。是将厂房的屋面板沿纵向连续下沉搁置在屋架下弦上，利用屋面板的高度差在纵向垂直面设置天窗口。这种天窗适用于纵轴为东西向的厂房，且多用于热加工车间。

5）横向下沉式天窗［图17-36（e）］。是将左右相邻的整跨屋面板上下交替布置在屋架上下弦上，利用屋面板的高度差在横向垂直面设天窗口。这种天窗适用于纵轴为南北向的厂房，天窗采光效果较好，但均匀性差，且窗扇形式受屋架形式限制，规格多，构造复杂，屋面的清扫、排水不便。

6）井式天窗［图17-36（f）］。是将局部屋面板下沉铺在屋架下弦上，利用屋面板的高度差在纵横向垂直面设窗口，形成一个个凹嵌在屋面之下的井状天窗。特点是布置灵活，排风路径短捷，通风好，采光均匀，故广泛用于热加工车间，但屋面清扫不方便，构造较复杂，且使室内空间高度有所降低。

7）平天窗［图17-36（g）、（h）、（i）］。平天窗的形式有采光板、采光带和采光罩。采光板是在屋面上留孔，装设平板透光材料形成；采光带是将屋面板在纵向或横向连续空出来，铺上采光材料形成；采光罩是在屋面上留孔，装设弧形玻璃形成。这三种平天窗的共同特点是采光均匀，采光效率高，布置灵活，构造简单，造价低，因此在冷加工车间应用较多，但平天窗不易通风，易积灰，易眩光，透光材料易受外界影响而破碎。

（2）矩形天窗的构造

矩形天窗沿厂房纵向布置，为了简化构造并留出屋面检修和消防通道，在厂房两端和横向变形缝两侧的第一个柱间通常将矩形天窗断开，并在每段天窗的端壁设置上天窗屋面的检修梯。

矩形天窗由天窗架、天窗屋顶、天窗端壁、天窗侧板和天窗扇五部分组成（图17-37）。

1）天窗架。天窗架是天窗的承重构件，支承在屋架（或屋面梁）上，其高度据天窗扇的高度确定。天窗架的跨度一般为厂房跨度的1/3～1/2，且应符合扩大模数30M系列，常见的有6m、9m、12m。天窗架有钢筋混凝土天窗架和钢天窗架（图17-38）。为了便于天窗架的制作和吊装，钢筋混凝土天窗架一般加工成两榀或三榀，在现场组合安装，各榀之间采用螺栓连接，与屋架采用焊接连接。钢天窗架一般采用桁架式，自重轻，便于制作和安装，其支脚与屋架一般采用焊接连接，适用于较大跨度的厂房。

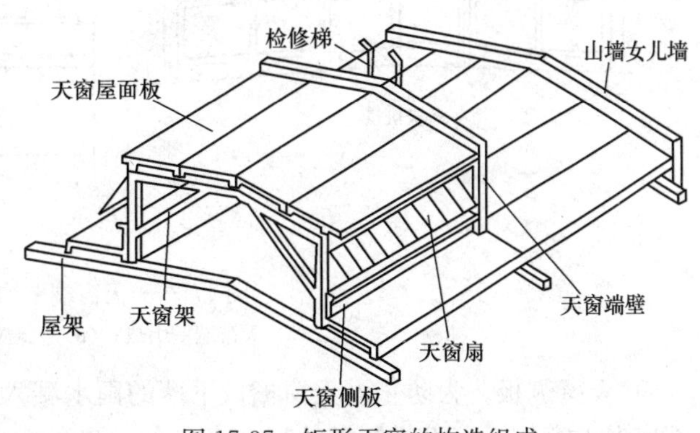

图17-37　矩形天窗的构造组成

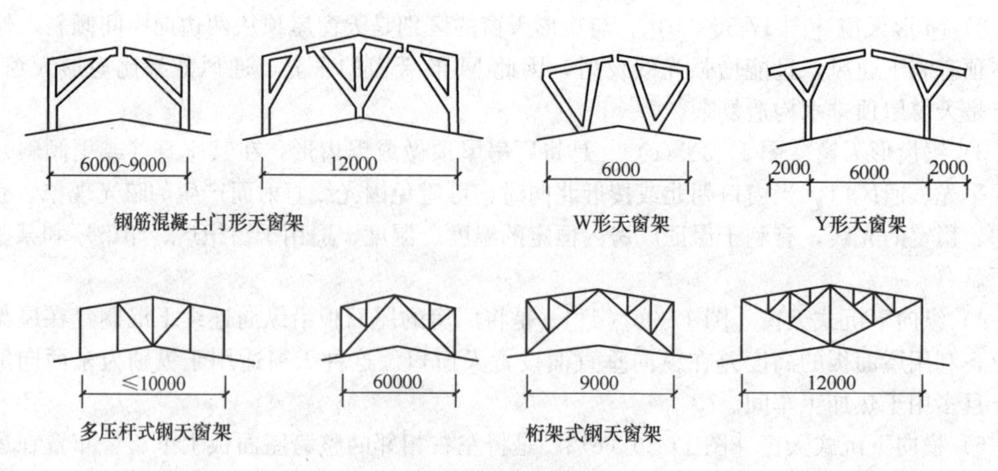

图 17-38 天窗架的形式

2）天窗屋顶。天窗屋顶的构造与厂房屋顶构造相同。因为天窗跨度和高度一般均较小，故天窗屋顶多采用无组织排水，挑檐板采用带挑檐的屋面板，挑出长度为 300～500mm。厂房屋面上天窗檐口滴水范围须铺滴水板，以保护厂房屋面。

3）天窗端壁。天窗端壁是天窗端部的山墙。有预制钢筋混凝土天窗端壁（可承重）、石棉瓦天窗端壁（非承重）等。

预制钢筋混凝土天窗端壁（图 17-39）可代替端部天窗架，具有承重与围护的双重功能。端壁板一般由两块或三块组成，其下部焊接固定在屋架上弦轴线的一侧，与屋面交接处应作泛水处理，上部与天窗屋面板的空隙，采用 M5 砂浆砌砖填补。对端壁有保温要求时，可在端壁板内侧加设保温层。

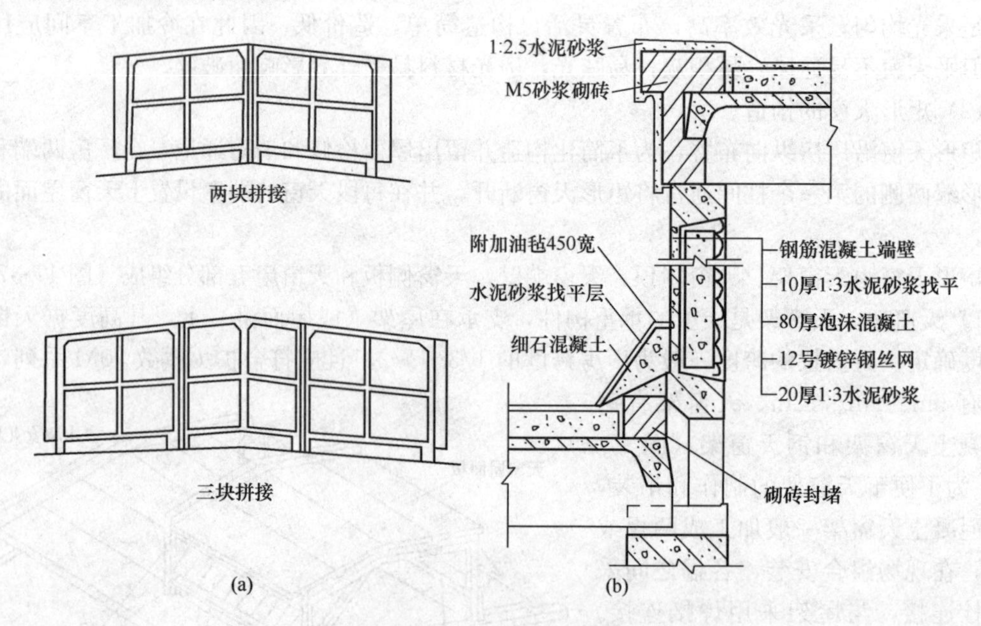

图 17-39 天窗端壁构造

（a）天窗端壁组成；（b）天窗端壁剖面

4）天窗侧板。为防止沿天窗檐口下落的雨水溅入厂房及积雪影响窗扇的开启，天窗扇下部应设天窗侧板。天窗侧板的高度不应小于 300mm，多雪地区可增高至 400～600mm。

天窗侧板的选择应与屋面构造及天窗架形式相适应，当屋面为无檩体系时，应采用与大型屋面板等长度的钢筋混凝土槽形侧板，侧板可以搁置在天窗架竖杆外侧的角钢牛腿上［图17-40（a）］，也可以直接搁置在屋架上［图 17-40（b）］，同时应做好天窗侧板处的泛水。

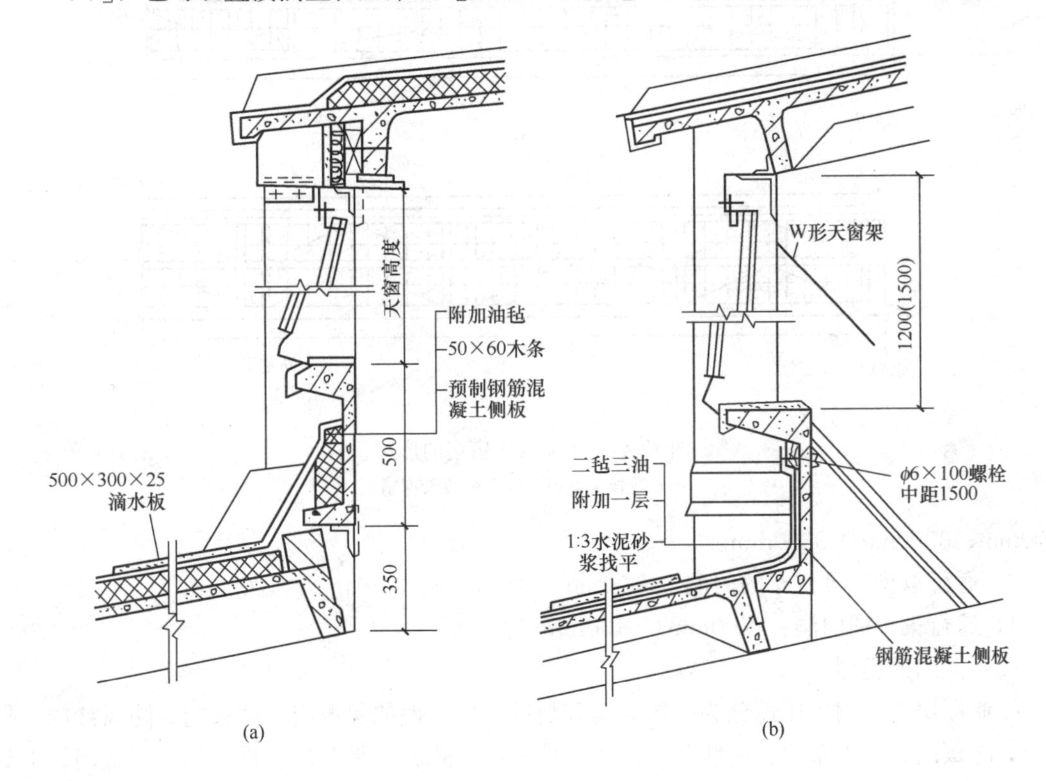

图 17-40　天窗侧板构造

（a）天窗侧板搁置在角钢牛腿上；（b）天窗侧板搁置在屋架上

5）天窗扇。工业厂房中的天窗扇有上悬式和中悬式等开启方式。上悬式天窗扇最大开启角为 45°，开启方便，防雨性能好，所以采用较多。

上悬式钢天窗扇主要由开启扇和固定扇组成，可布置成通长窗扇和分段窗扇（图 17-41）。通长窗扇由两个端部窗扇和若干个中间扇利用垫板和螺栓连接而成；分段窗扇是每个柱距设一个窗扇，各窗扇可独立开启。在天窗的开启扇之间及开启扇与天窗端壁之间，均须设置固定窗扇起竖框作用。为防止雨水从窗扇两端开口处飘入车间，须在固定扇的后侧附加 600mm 宽的固定挡雨板。

17.5.3　大门与侧窗

17.5.3.1　大门

（1）大门洞口尺寸

工业厂房的大门应满足运输车辆、人流通行等要求，为使满载货物的车辆能顺利通过大门，门洞的尺寸应比满载货物车辆的外轮廓加宽 600～1000mm，加高 400～500mm。同时，门洞的尺寸还应符合《建筑模数协调统一标准》（GBJ 2—1986）的规定，以 3M 为扩大模数进级。我国单层厂房常用的大门洞口尺寸（宽×高）有如下几种：

1）通行电瓶车的门洞：2100mm×2400mm；2400mm×2400mm。

2）通行一般载重汽车的门洞：3000mm×3000mm；3000mm×3300mm；3300mm×

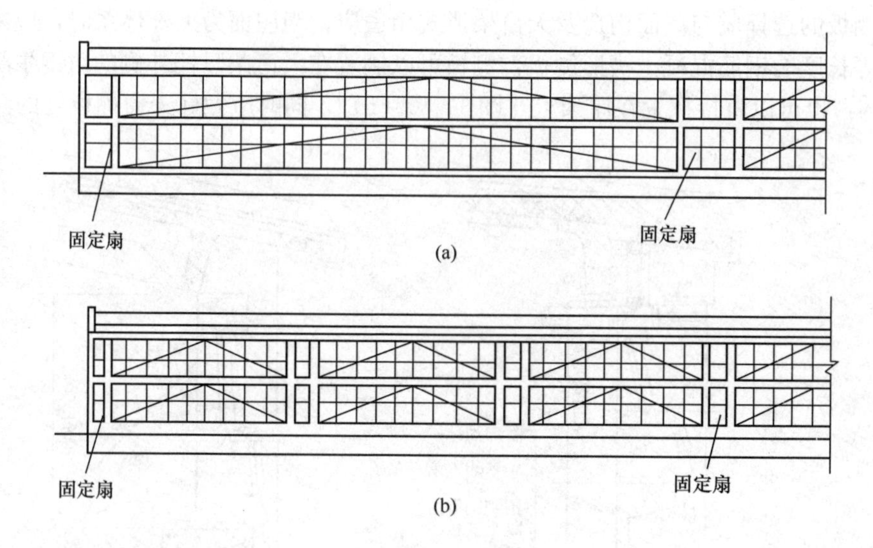

图 17-41　上悬式天窗扇的形式

(a) 通长天窗扇；(b) 分段天窗扇

3000mm；3300mm×3600mm。

3）通行重型载重汽车的门洞：3600mm×3600mm；3600mm×4200mm。

4）通行火车的门洞：4200mm×5100mm。

(2) 大门的类型

工业厂房的大门按用途分为一般大门和特殊大门，例如保温门、防火门、防风沙门、隔声门、冷藏门、烘干室门、射线防护门等。按开启方式分为平开门、推拉门、折叠门、上翻门、升降门、卷帘门等（图 17-42）。

1）平开门。构造简单，开启方便，是单层厂房常用的大门形式。门扇通常向外开，洞

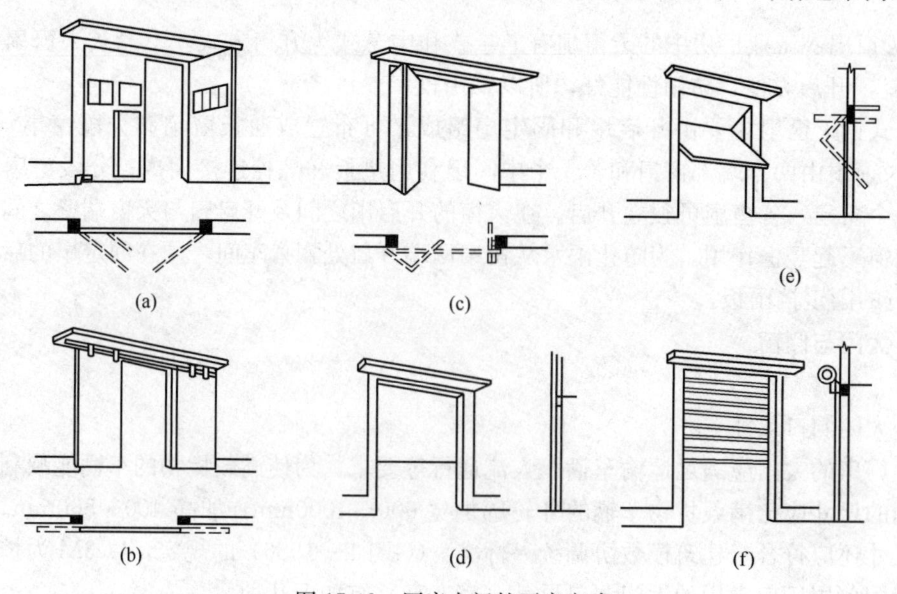

图 17-42　厂房大门的开启方式

(a) 平开门；(b) 推拉门；(c) 折叠门；(d) 升降门；

(e) 上翻门；(f) 卷帘门

口上部设雨篷。当平开门的门扇尺寸过大时，易产生下垂或扭曲变形。

2）推拉门。在门洞的上下部设轨道，门扇通过滑轮沿导轨左右推拉开启。推拉门扇受力合理，不易变形，但密闭性较差，不宜用于密闭要求高的车间。

3）折叠门。由几个较窄的门扇相互间用铰链连接而成，开启时门扇沿门洞上下导轨左右滑动，使中间扇开启一个或两个或全部开启，并且占用空间少，适用于较大的门洞。

4）上翻门。门洞只设一个大门扇，门扇两侧中部设置滑轮或销键，沿门洞两侧的竖向轨道提升，开启后门扇翻到门过梁下部，不占厂房使用面积，常用于车库大门。

5）升降门。开启时门扇沿导轨上升，门扇贴在墙面，不占使用空间，只需在门洞上部留有足够的上升高度。升降门可以手动或电动开启，适用于较高大的大型厂房。

6）卷帘门。门扇用冲压而成的金属片连接而成，开启时采用手动或电动开启，将帘板卷在门洞上部的卷筒上。这种门制作复杂，造价较高，适用于不经常开启的高大门洞。

（3）大门的构造

由于大门的规格、类型不同，构造也各不相同，这里只介绍工业厂房中较多采用的平开钢木大门和推拉门的构造，其他大门的构造做法参见厂房建筑有关的标准通用图集。

1）平开钢木大门。平开钢木大门由门扇和门框组成（图 17-43）。门扇采用角钢或槽钢焊成骨架，上贴 25mm 厚木门芯板并用 $\phi6$ 螺栓固定。当门扇尺寸较大时，可在门扇中间加设角钢横撑和交叉支撑以增强刚度。门框有钢筋混凝土门框和砖门框两种，当门洞宽度大于 3m 时，应采用钢筋混凝土门框，铰链与门框上的预埋件焊接。当门洞宽度小于 3m 时，一般采用砖门框，砖门框在安装门轴的部位砌入有预埋铁件的混凝土块。

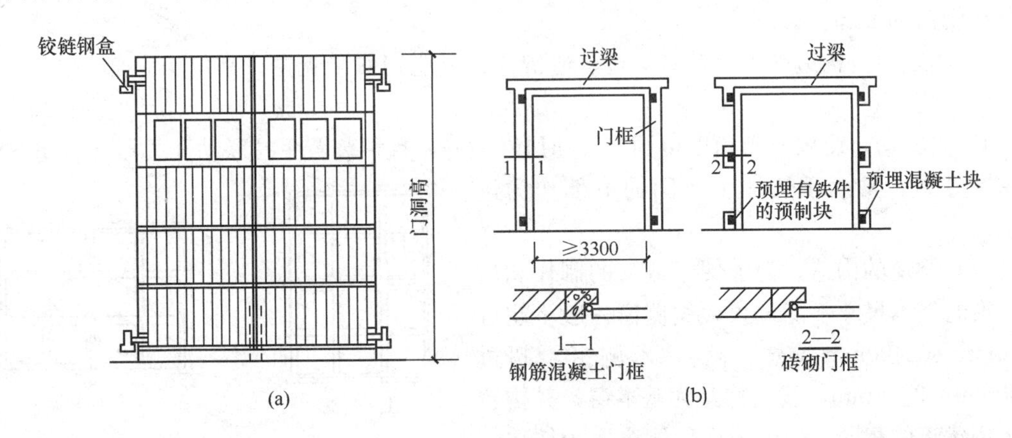

图 17-43　平开钢木大门构造

（a）平开钢木大门外形；（b）大门门框

2）推拉门。推拉门由门扇、门框、滑轮、导轨等部分组成。门扇有单扇、双扇或多扇，开启后藏在夹槽内或贴在墙面上。推拉门的支承方式分为上挂式和下滑式两种。当门扇高度小于 4m 时采用上挂式，即将门扇通过滑轮吊挂在导轨上推拉开启（图 17-44）。当门扇高度大于 4m 时，多采用下滑式，下部的导轨用来支承门扇的重量，上部导轨用于导向。

17.5.3.2　侧窗

单层厂房侧窗除了应满足采光通风要求之外，还应满足生产工艺上的特殊要求，例如泄压、保温、防尘、隔热等。侧窗需综合考虑上述要求来确定其布置形式和开启方式。

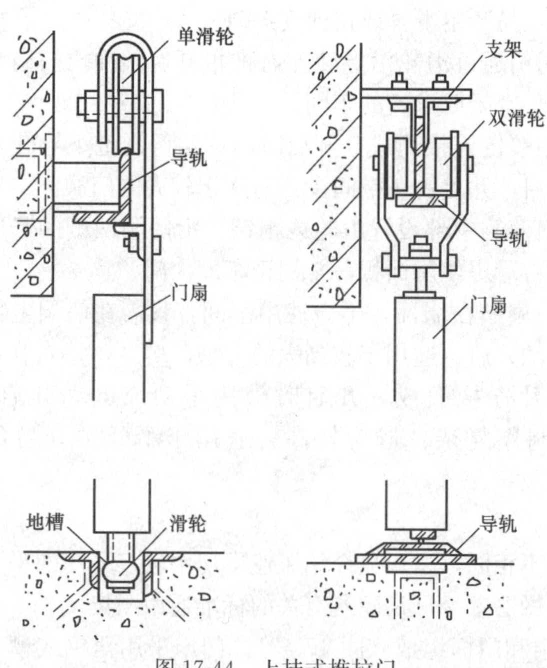

图 17-44　上挂式推拉门

（1）侧窗的布置形式及窗洞尺寸。单层厂房侧窗的布置形式有两种，一种是被窗间墙隔开的独立窗，一种是沿厂房纵向连续布置的带形窗。

窗口尺寸应符合《建筑模数协调统一标准》（GBJ 2—1986）的规定。洞口宽度在 900～2400mm 时，应以 3M 为扩大模数进级；在 2400～6000mm 时，应以 6M 为扩大模数进级；洞口高度一般在 900～4800mm，超过 1200mm 时，应以 6M 为扩大模数进级。

（2）侧窗的类型。侧窗按开启方式分为中悬窗、平开窗、固定窗、立转窗等。因为厂房的侧窗面积较大，所以一般采用强度较大的金属窗，例如铝合金窗、彩钢窗等，也可以采用塑钢窗，少数情况下采用木窗。

1）中悬窗。开启角度大，通风良好，有利于泄压，可采用机械或手动开关，但构造复杂，窗扇与窗框之间有缝隙，易漏雨，不利于保温。

2）平开窗。构造简单，通风效果好，但防水能力差，且不便于设置联动开关器，通常布置在侧窗的下部。

3）固定窗。构造简单，节省材料，造价低，只能用作采光窗，常位于中部，作为进排气口的过渡。

4）立转窗。窗扇开启角度可调节，通风性能好，且可装置手拉联动开关器，启闭方便，但密封性差，常用于热加工车间的下部作为进风口。

（3）侧窗的构造。为了便于侧窗的制作和运输，窗的基本尺寸不能过大，钢侧窗一般不超过 1800mm×2400mm（宽×高），木侧窗不超过 3600mm×3600mm，我们称其为基本窗，其构造与民用建筑的相同。而由于厂房侧窗面积往往较大，就必须选择若干个基本窗进行拼接组合。

1）木窗的拼接。两个基本窗可以左右拼接，也可以上下拼接。拼接固定的方法通常是，用间距不超过 1m 的 ϕ6 木螺栓或 ϕ10 螺栓将两个窗框连接在一起。窗框间的缝隙用沥青麻丝嵌缝，缝的内外两侧用木压条盖缝（图 17-45）。

2）钢窗的拼接。钢窗拼接时，需采用拼框构件来连系相邻的基本窗，以加强窗的刚度和调整窗的尺寸。左右拼接时应设竖梃，上下拼接时

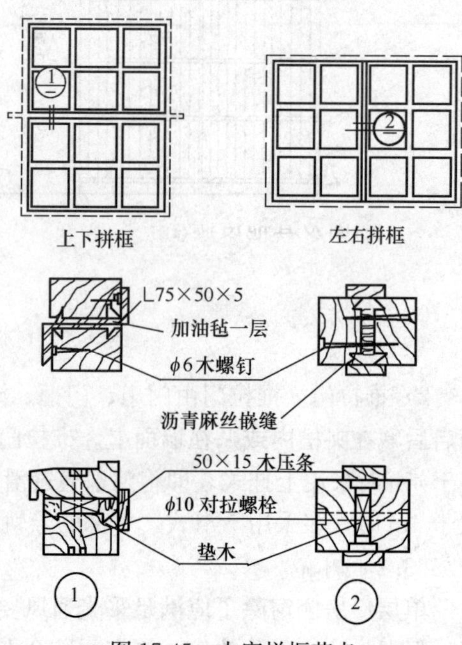

图 17-45　木窗拼框节点

应设横档，用螺栓连接，并在缝隙处填塞油灰（图 17-46）。竖梃与横档的两端或与混凝土墙洞上的预埋件焊接牢固，或插入砖墙洞的预留孔洞中，用细石混凝土嵌固（图 17-47）。

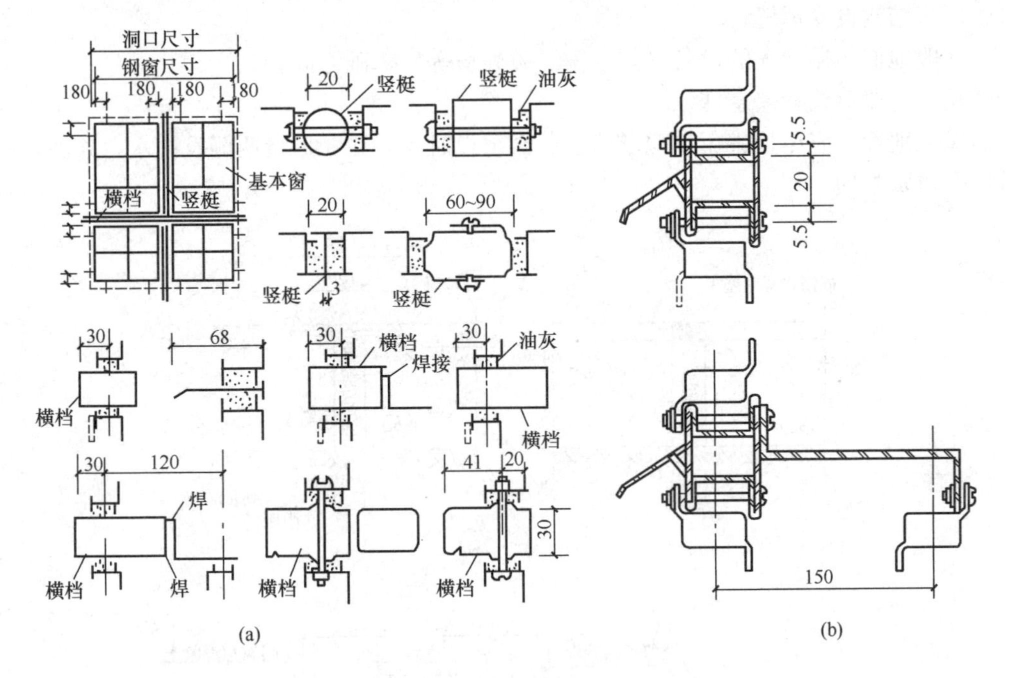

图 17-46　钢窗拼装构造举例

（a）实腹钢窗；（b）空腹钢窗（沪 68 型）

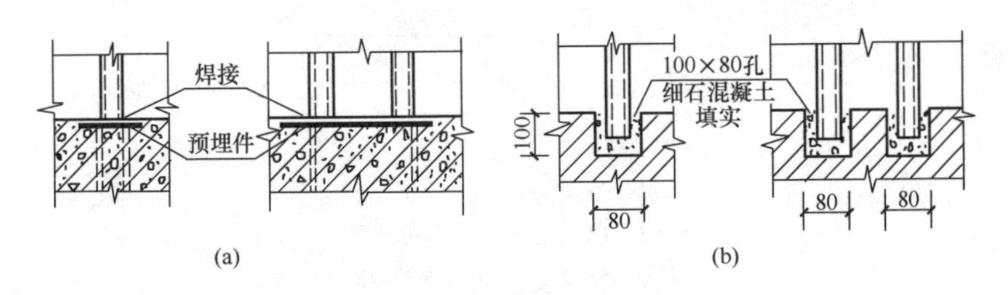

图 17-47　竖梃、横档安装节点

（a）竖梃安装；（b）横档安装

17.5.4　地面及其他设施

17.5.4.1　地面

（1）厂房地面的特点

厂房地面与民用建筑地面相比，其特点是面积较大，承受荷载较重，并应满足不同生产工艺的不同要求，例如防尘、防爆、耐磨、耐冲击、耐腐蚀等。同时厂房内工段多，各工段生产要求不同，地面类型也应不同，这就增加了地面构造的复杂性。因此正确而合理地选择地面材料和构造，直接影响到建筑造价和生产能否正常进行。

（2）厂房地面的构造

厂房地面由面层、垫层和基层三个基本层次组成，有时，为满足生产工艺对地面的特殊要求，需增设结合层、找平层、防潮层、保温层等，其基本构造与民用建筑相同。此处只介绍厂房地面特殊部位的构造。

1）地面变形缝（图 17-48）。当地面采用刚性垫层，且有下列三者之一时，应在地面相应位置设变形缝：

①厂房结构设变形缝；

②一般地面与振动大的设备（如锻锤、破碎机等）基础之间；

③相邻地段荷载相差悬殊。

防腐蚀地面处应尽量避免设变形缝，若必须设时，需在变形缝两侧设挡水，并做好挡水和缝间的防腐处理。

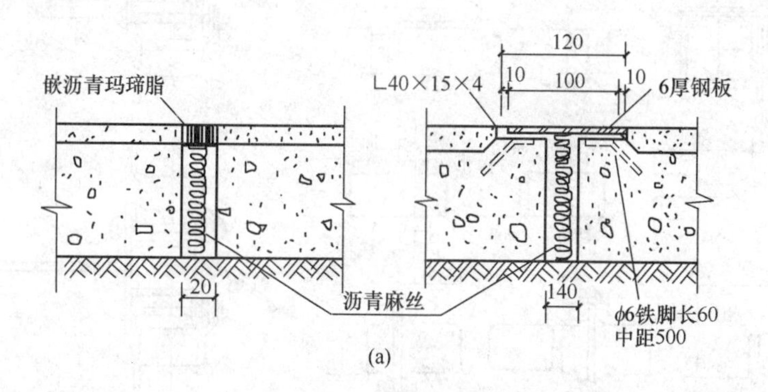

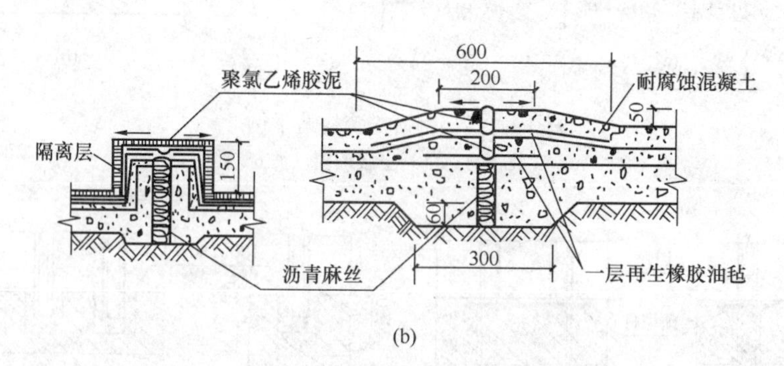

图 17-48　地面变形缝的构造

（a）一般地面变形缝；（b）防腐蚀地面变形缝

2）不同地面的接缝。厂房若出现两种不同类型的地面时，在两种地面交接处容易因强度不同而遭到破坏，应采取加固措施。当接缝两边均为刚性垫层时，交界处不做处理［图 17-49（a）］；当接缝两侧均为柔性垫层时，其一侧应用 C10 混凝土作堵头［图 17-49（b）］；当厂房内车辆频繁穿过接缝时，应在地面交界处设置与垫层固定的角钢或扁钢嵌边加固［图 17-49（c）］。

防腐地面与非防腐地面交接处，即两种不同的防腐地面交接处，均应设置挡水条，以防止腐蚀性液体或水漫流（图 17-50）。

3）轨道处地面处理。厂房地面设轨道时，为了使轨道不影响其他车辆和行人通行，轨顶应与地面相平。为了防止轨道被车辆碾压倾斜，轨道应用角钢或旧钢轨支撑。轨道区域地面宜铺设块材地面，以方便更换枕木（图 17-51）。

17.5.4.2　其他设施

（1）钢梯。厂房需设置供生产操作和检修使用的钢梯，如作业台钢梯、吊车钢梯、屋面消防检修钢梯等。

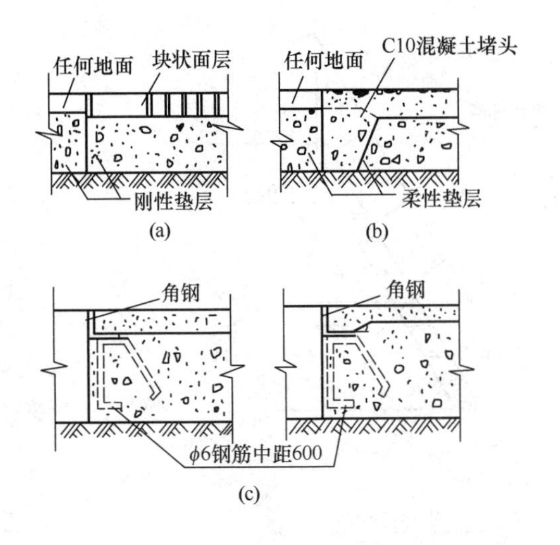

图 17-49　不同地面的接缝构造

（a）刚性垫层；（b）柔性垫层；（c）加固

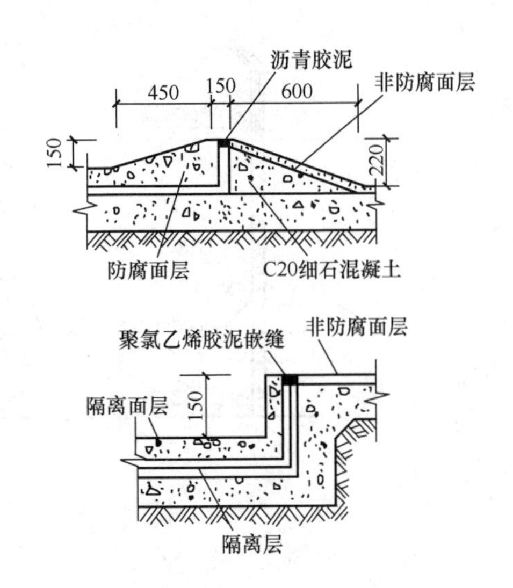

图 17-50　不同地面接缝处的挡水构造

1）作业钢梯。作业钢梯是为工人上下操作平台或跨越生产设备联动线而设置的钢梯。定型钢梯倾角有 45°、59°、73°、90°四种，宽度有 600mm、800mm 两种。

作业钢梯由斜梁、踏步和扶手组成。斜梁采用角钢或钢板，踏步一般采用网纹钢板，两者焊接连接。扶手用 ϕ22 的圆钢制作，其铅垂高度为 900mm。钢梯斜梁的下端和预埋在地面混凝土基础中的预埋钢板焊接，上端与作业台钢梁或钢筋混凝土梁的预埋件焊接固定（图 17-52）。

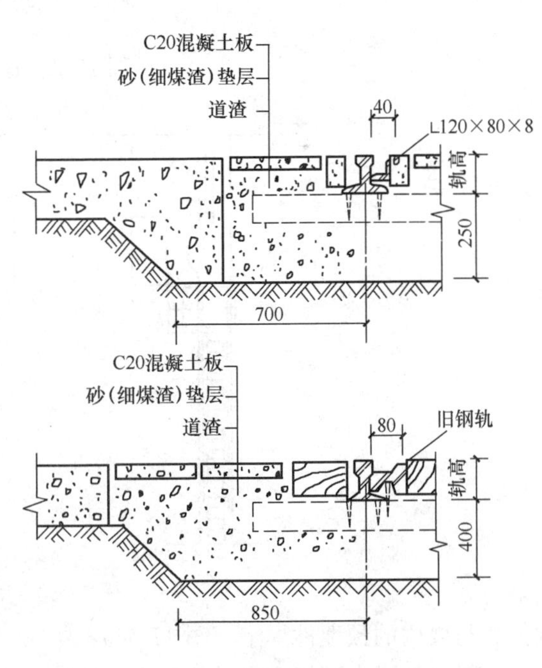

图 17-51　轨道区域的地面

2）吊车钢梯。吊车钢梯是为吊车司机上下司机室而设置的。为了避免吊车停靠时撞击端部的车挡，吊车钢梯宜布置在厂房端部的第二个柱距内，且位于靠司机室一侧。一般每台吊车都应有单独的钢梯，但当多跨厂房相邻跨均有吊车时，可在中部上设一部共用吊车钢梯（图 17-53）。

吊车钢梯由梯段和平台两部分组成。梯段的倾角为 63°，宽度为 600mm，其构造同作业台钢梯。平台支承在柱上，采用花纹钢板制作，标高应低于吊车梁底 1800mm 以上，以免司机上下时碰头。

3）屋面消防检修梯。消防检修梯是在发生火灾时供消防人员从室外上屋顶之用，平时兼作检修和清理屋面时使用。消防检修梯一般设于厂房的山墙或纵墙端部的外墙面上，不可面对窗口，当有天窗时应设在天窗端壁上。

消防检修梯一般为直立式，宽度为 600mm，为防止儿童和闲人随意上屋顶，消防梯应距下端 1500mm 以上。梯身与外墙应有可靠的连接，一般是将梯身上部伸出短角钢埋入墙

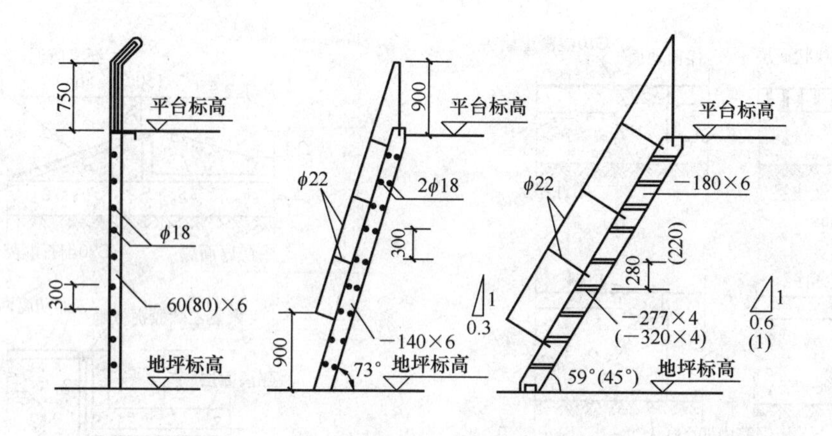

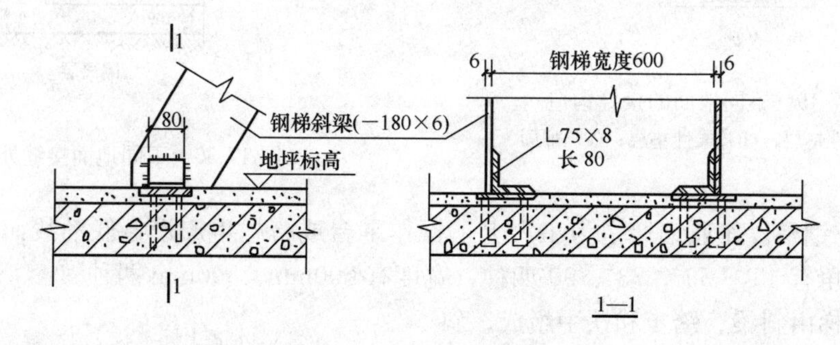

图 17-52　作业台钢梯

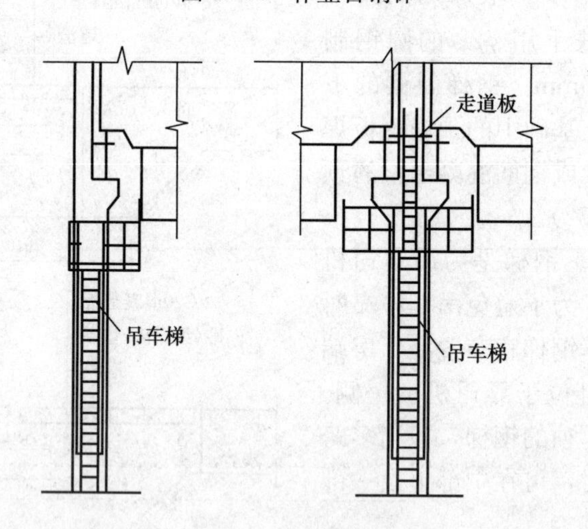

图 17-53　吊车钢梯

内，或与墙内的预埋件焊牢（图 17-54）。

（2）吊车梁走道板。走道板是为维修吊车和吊车轨道的人员行走而设置的，应沿吊车梁顶面铺设。目前走道板采用较多的是预制钢筋混凝土走道板，其宽度有 400mm、600mm、800mm 三种，长度与柱子净距相配套。走道板的铺设方法有以下三种：

1）在柱身预埋钢板，上面焊接角钢，将钢筋混凝土走道板搁置在角钢上［图 17-55（a）］。

2）走道板的一侧边支承在侧墙上，另一边支承在吊车梁翼缘上［图 17-55（b）］。

3）走道板铺放在吊车梁侧面的三角支架上［图 17-55（c）］。

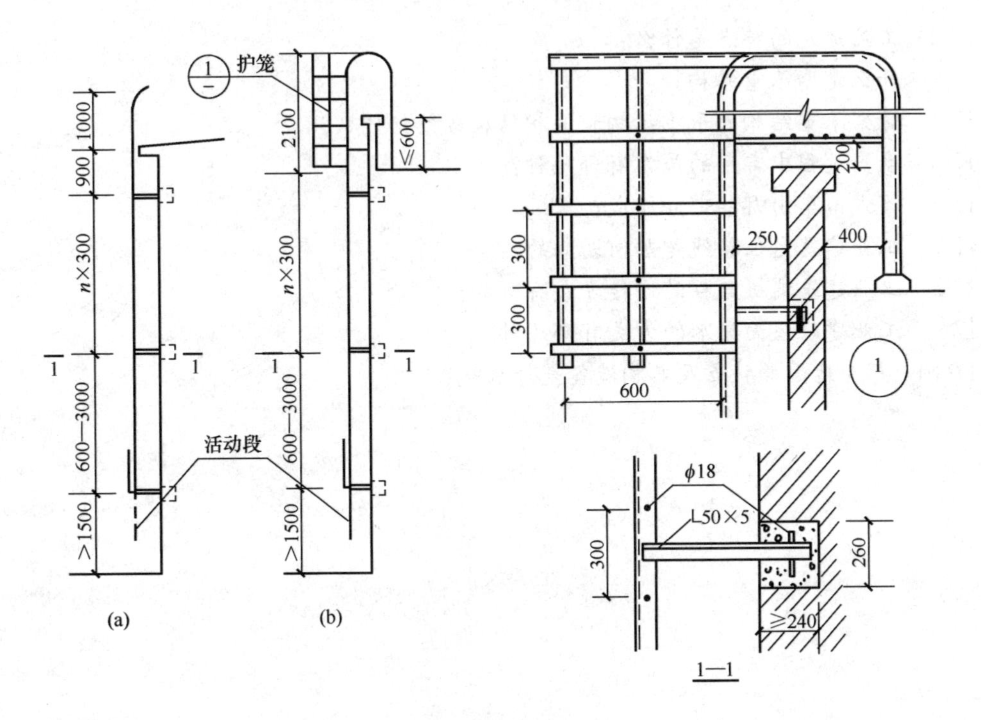

图 17-54　消防检修构造

(a) 无护笼梯；(b) 有护笼梯

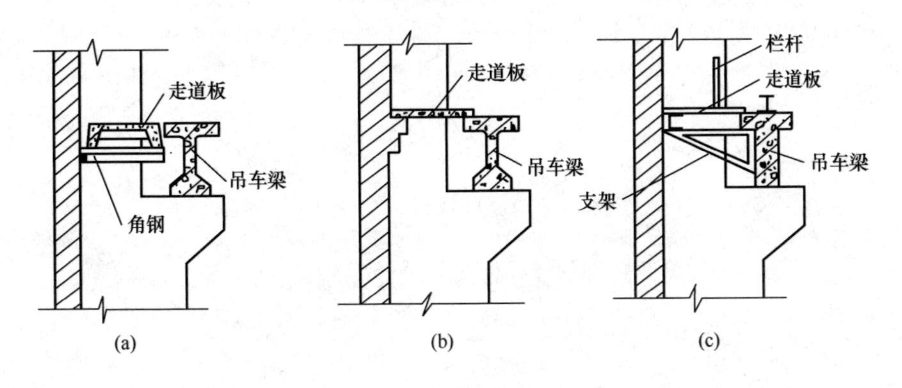

图 17-55　走道板的铺设方式

(a) 搁置在角钢上；(b) 搁置在翼缘上；(c) 搁置在三角支架上

上岗工作要点

1. 了解单层工业厂房的结构组成。

2. 掌握单层厂房（包括：外墙、屋面及天窗、大门与侧窗、地面及其他设施）的构造及其应用。

3. 了解单层厂房内部起重运输设备在实际工作中的应用。

思考题

17-1　什么是工业建筑？工业建筑是如何分类的？

17-2　工业建筑的特点是什么?
17-3　什么是墙承重结构?
17-4　骨架承重结构的承重结构和围护结构各包括什么?
17-5　生产过程中常用的吊车有哪几种?
17-6　梁式吊车由哪些部分组成?
17-7　工业建筑定位轴线是如何划分的?
17-8　工业建筑墙板与柱的连接方式有哪些?
17-9　工业建筑屋面排水的方式有哪几种?
17-10　厂房地面的特点及其构造各是什么?

参 考 文 献

［1］ 中国建筑标准设计研究所．房屋建筑制图统一标准（GB/T 50001—2001）［S］．北京：中国计划出版社，2002.

［2］ 中国建筑标准设计研究所．总图制图标准（GB/T 50103—2001）［S］．北京：中国计划出版社，2002.

［3］ 中国建筑标准设计研究所．总图制图标准（GB/T 50104—2001）［S］．北京：中国计划出版社，2002.

［4］ 何斌，陈锦昌，陈帜坤．建筑制图（第5版）［M］．北京：高等教育出版社，2005.

［5］ 潘展，高楷模，郑光文等．“建筑装饰制图”网络教学系统［EB/OL］．http://218.65.5.218/zhitu/.

［6］ 郑贵超，赵庆双．建筑构造与识图［M］．北京：北京大学出版社，2009.

［7］ 聂洪达，郄恩田．房屋建筑学［M］．北京：北京大学出版社，2007.

［8］ 龚小兰，钟建，章兵全．建筑工程施工图读解［M］．北京：化学工业出版社，2003.

［9］ 顾世权．建筑装饰制图［M］．北京：中国建筑工业出版社，2000.

［10］ 房志勇．房屋建筑构造学［M］．北京：中国建材工业出版社，2003.

［11］ 丁春静．建筑识图与房屋构造［M］．重庆：重庆大学出版社，2003.

［12］ 鲍凤英等．怎样看建筑施工图［M］．北京：金盾出版社，2001.